中国南方电网有限责任公司　编

发变电作业现场安全知识问答

内 容 提 要

本系列书包括《电力作业现场安全基础知识问答》《发变电作业现场安全知识问答》《输电作业现场安全知识问答》《配电作业现场安全知识问答》4 本，本书是《发变电作业现场安全知识问答》，主要内容包括电力基础知识、发变电安全生产基础知识、发变电主要设备、发变电现场安全管理，采用一问一答的形式，将相关知识点写得简明扼要、通俗易懂，容易被现场人员接受。

本书可作为电力作业现场人员的安全学习材料和安全知识查询的工具书，也可以作为高等院校电力相关专业的教材，还可以作为各类电网企业在职职工的岗位自学和培训教材。

图书在版编目（CIP）数据

发变电作业现场安全知识问答/中国南方电网有限责任公司编．—北京：中国电力出版社，2022.8（2022.10 重印）

ISBN 978-7-5198-6659-4

Ⅰ．①发…　Ⅱ．①中…　Ⅲ．①发电厂－电力工程－安全生产－问题解答②变电所－电力工程－安全生产－问题解答　Ⅳ．①TM62-44

中国版本图书馆 CIP 数据核字（2022）第 057658 号

出版发行：中国电力出版社
地　　址：北京市东城区北京站西街 19 号（邮政编码 100005）
网　　址：http://www.cepp.sgcc.com.cn
责任编辑：王杏芸（010-63412394）
责任校对：黄　蓓　郝军燕
装帧设计：赵姗姗
责任印制：杨晓东

印　　刷：北京雁林吉兆印刷有限公司
版　　次：2022 年 8 月第一版
印　　次：2022 年 10 月北京第二次印刷
开　　本：787 毫米×1092 毫米　16 开本
印　　张：22.25
字　　数：450 千字
定　　价：88.00 元

编　写　组

主　　编　龚建平　王科鹏　葛馨远

副 主 编　聂雷刚　陈　冲　侯世金

　　　　　蓝　盛　彭彦军　林司仲

编写人员　韩光新　周玉龙　覃智贤

　　　　　蒋连钿　慈超超　唐巧巧

　　　　　严　飞　卢业师　黄　勇

　　　　　徐兆丹　廖英怀　党永南

　　　　　邓高峰

序

我多年来从事电力系统继电保护工作，将电力系统继电保护、大电网安全稳定控制、特高压交直流输电和柔性交直流输电及保护控制等多个领域作为研究课题，致力于推进我国电力二次设备科技进步和重大电力装备国产化，构建电力系统的安全保护防线。

电力行业的一些领导和专家经常和我探讨如何从源头防控安全风险，从根本消除电网及设备事故隐患，使人、物、环境、管理各要素具有全方位预防和全过程抵御事故的能力。快速可靠的继电保护是电力系统安全的第一道防线，是保护电网安全的最有效的武器，而训练有素的一线员工，是守护电网安全的决定因素，也是作业现场安全的最重要防线。作业现场是风险聚集点和事故频发点，人是其中最活跃、最难控的因素。如何让生产一线员工不断提升安全意识和安全技能，成为想安全、会安全、能安全的人，是需要深入探讨和研究的重要课题。

当我看到南方电网公司组织编写的《电力作业现场安全基础知识问答》《发变电作业现场安全知识问答》《输电作业现场安全知识问答》《配电作业现场安全知识问答》系列书时，和我们思考的如何全面提升电网安全的想法非常契合。该系列书以安全、技术和管理为主线，融合了南方电网公司多年来的安全管理实践成果，涵盖了发变电、输电、配电等专业的作业现场知识，对电力作业现场可能遇到的情形进行了深入细致的分析和解答。期待本系列书的出版能够推动电力现场作业安全管理的提升，更好地为生产一线人员做好现场安全工作提供帮助。

中国工程院院士 沈国荣

前　言

安全生产是电力企业永恒的主题，也是一切工作的前提和基础。从电力生产特点来看，作业现场是关键的安全风险点以及事故多发点，基层员工是最核心的要素，安全意识和安全技能提升是最重要一环。

为提高电力行业相关从业者的安全意识、知识储备和技能水平，规范现场作业的安全行为，推动安全生产管理水平的提升，南方电网公司聚焦作业现场、聚焦一线员工、聚焦基本技能，组织各相关专业有经验的安全生产管理人员和技术人员编写了本系列书。

本系列书共 4 本，分别为《电力作业现场安全基础知识问答》《发变电作业现场安全知识问答》《输电作业现场安全知识问答》《配电作业现场安全知识问答》。编写过程中始终将安全和技术作为主线，内容涵盖了电力基础知识、现场安全基础、各类作业现场场景等，采用一问一答的形式，将相关知识点写得通俗易懂、简明扼要，容易被现场人员接受。

本系列书由南方电网公司安全监管部（应急指挥中心）组织，由龚建平、王科鹏、葛馨远负责整体的构思和组织工作，各分公司、子公司相关专家参与，《发变电作业现场安全知识问答》作为该系列书的发电、变电专业分册，由聂雷刚负责全书的构思、撰写和统稿工作。本书共四章，其中，第一章主要由聂雷刚编写并统稿，陈冲、覃智贤等参与编写；第二章主要由陈冲编写并统稿，聂雷刚、慈超超、蓝盛、周玉龙、黄勇等参与编写；第三章主要由林司仲编写并统稿，蒋连钿、韩光新、周玉龙等参与编写；第四章主要由侯世金、彭彦军、蓝盛、覃智贤、唐巧巧编写并统稿，周玉龙、林司仲、严飞、徐兆丹、廖英怀、慈超超、黄勇、韩光新、陈冲、卢业师等参与编写；附录部分主要由韩光新编写并统稿，蓝盛、陈冲、卢业师、周玉龙等参与编写。同时，也感谢方亮凯、黄维、肖拴荣、黄晓胜、毛学飞、黄维斌、罗传胜、李路、李炎、李宝锋、何位经等专家在书籍编写过程中协助进行资料查找、整理和审核等工作。

本系列书可作为电力作业现场人员的重要安全学习材料和疑问解答知识查询的工具书，也可以作为高等学校的培训教材。期待本系列书的出版能有效帮助各级安全生产人员增强安全意识、增长安全知识和提升安全技能，培育一批安全素质过硬的安全生产队伍，为打造本质安全型企业作出更大的贡献。与此同时，感谢南方电网公司各相关部门和单位对本书编写工作的大力支持和帮助，以及中国电力出版社的大力支持，在此致以最真挚的谢意。

本书在编写过程中，参考了国内外数十位专家、学者的著作，在此向这些作者表示由衷的感谢！鉴于编者水平有限，谬误疏漏之处在所难免，请广大读者和同仁不吝批评和指正。

本书编写组

2022 年 8 月

目 录

第一章 电力基础知识

第一节 电路基础知识

1．什么是电路？主要有哪些功能？

答：电路是由电工设备和电气元件按预期目的连接构成的电流通路，基本的电路元件有电阻、电感、电容、电源等。主要的功能有电能量的传输、分配与转换；信息的传递与处理。

2．什么是电流？什么是电流的方向？

答：电流是指带电粒子有规则地定向运动，电流强度是单位时间内通过导体横截面的电荷量，基本单位是A（安培），表达公式如下：

$$i(t)\overset{\text{def}}{=}\lim_{\Delta t\to 0}\frac{\Delta q}{\Delta t}=\frac{\mathrm{d}q}{\mathrm{d}t}$$

电流的方向是指规定正电荷的运动方向为电流的实际方向。电流的参考方向是指选定某一方向作为电流的参考方向。

3．什么是电压？什么是电压的方向？

答：电压是指单位正电荷 q 从电路中一点移至另一点时电场力做功的大小。电压的方向是电位真正降低的方向，电压的参考方向是假设的电压降低方向。

4．什么是欧姆定律？

答：欧姆定律是指在同一电路中，通过某一导体的电流跟这段导体两端的电压成正比，跟这段导体的电阻成反比，其公式为 $I=\frac{U}{R}$。

5．什么是基尔霍夫定律？

答：基尔霍夫定律包括基尔霍夫电流定律（KCL）和基尔霍夫电压定律（KVL）。它反映了电路中所有支路电压和电流所遵循的基本规律，是分析集总参数电路的基本定律。基尔霍夫电流定律（KCL）是指在集总参数电路中，任意时刻对任意节点流出或流入该节点电流的代数和等于零。基尔霍夫电压定律（KVL）是指在集总参数电路中，任意时刻沿任一闭合路径绕行，各支路电压的代数和等于零。

6．什么是叠加定理？

答：叠加定理是指对于一个线性系统，一个含多个独立源的双边线性电路的任何支路的响应（电压或电流），等于每个独立源单独作用时的响应的代数和，此时所有其他独立源被替换成他们各自的阻抗。

7．什么是替代定理？

答：替代定理是指如果网络 N 由一个电阻单口网络 NR 和一个任意单口网络 NL 连接而成，则：

（1）如果端口电压 u 有唯一解，则可用电压为 u 的电压源来替代单口网络 NL，只要替代后的网络仍有唯一解，则不会影响单口网络 NR 内的电压和电流。

（2）如果端口电流 i 有唯一解，则可用电流为 i 的电流源来替代单口网络 NL，只要替代后的网络仍有唯一解，则不会影响单口网络 NR 内的电压和电流。

8．什么是戴维南定理？

答：戴维南定理又称等效电压源定律，其内容是：一个含有独立电压源、独立电流源及电阻的线性网络的两端，就其外部形态而言，在电学上可以用一个独立电压源和一个松弛二端网络的串联电阻组合来等效。在单频交流系统中，此定理不仅适用于电阻，也适用于广义的阻抗。

9．什么是诺顿定理？

答：诺顿定理指的是一个由电压源及电阻所组成的具有两个端点的电路系统，都可以在电路上等效于由一个理想电流源 I 与一个电阻 R 并联的电路。对于单频的交流系统，此定理不只适用于电阻，亦可适用于广义的阻抗。诺顿等效电路是用来描述线性电源与阻抗在某个频率下的等效电路，此等效电路是由一个理想电流源与一个理想阻抗并联所组成的。

10．什么是最大功率传输定理？

答：最大功率传输定理是关于使含源线性阻抗单口网络向可变电阻负载传输最大功率的条件。定理满足时，称为最大功率匹配，此时负载电阻（分量）R_L 获得的最大功率为：$P_{max} = U_{oc}^2 / 4R_0$。最大功率传输定理是关于负载与电源相匹配时，负载能获得最大功率的定理。

11．什么是三相电路？主要具有哪些优点？

答：三相电路是由三个频率相同、振幅相同、相位彼此相差 120° 的正弦电动势作为供电电源的电路。在发电方面，三相电源比单相电源可提高一半左右功率；在输电方面，比单相输电节省钢材；三相变压器比单相变压器经济、方便；三相电路具有结构简单、成本低、运行可靠、维护方便等优点。

12．什么是正弦周期电流回路？什么是非正弦周期电流电路？

答：正弦周期电流回路是指电动势、电压和电流的大小、实际极性和方向均随时间做正弦规律变化的正弦交流电路。非正弦周期电流电路是指按非正弦规律作周期变化的电流和电压回路。在实际生产中，经常会遇到非正弦周期电流回路，在电子技术、自动控制、计算机和无线电技术等方面，电压和电流往往都是周期性的非正弦波形。

13．什么是线性电阻？

答：线性电阻是指电阻值的大小与电压（u）、电流（i）无关，其伏安特性为一过原点的直线，线性电阻的 u、i 取关联参考方向时，u、i 关系符合欧姆定律，如图 1-1 所示。

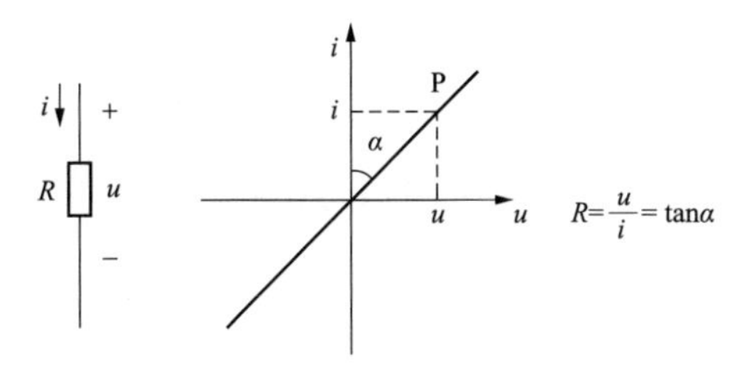

图 1-1 线性电阻

14．什么是非线性电阻？

答：非线性电阻是指电阻元件的伏安特性不满足欧姆定律，遵循某种特定的非线性函数关系。其电阻值的大小与电压（u）、电流（i）有关，伏安特性不是过原点的直线。

第二节 电机基础知识

1．什么是电机？主要有哪些分类？

答：电机是依据电磁感应定律实现电能的转换或传递的一种电磁装置。

（1）按照能量转换和信号传递所起的作用分类。

①发电机：将机械能转换为电能；

②电动机：将电能转换为机械能；

③变压器、交流器、变频机、移相器：交换电压、电流、频率、相位；

④控制电机：作为自动控制系统的控制元件，起检测、放大、执行和校正作用。

（2）按照运动方式和电源性质分类，如图 1-2 所示。

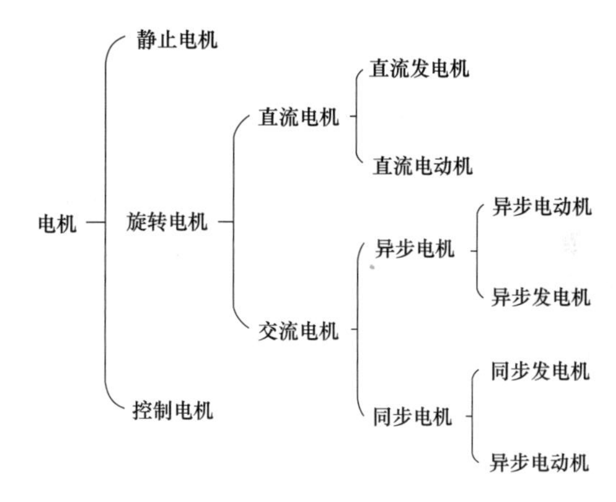

图 1-2 电机分类

2．何谓饱和现象？饱和程度高低对电机有何影响？

答：电机的磁路由铁芯部分和空气隙部分组成，当铁芯的磁通密度达到一定程度后，铁芯部分的磁压降开始不能忽略，此时随着励磁磁动势的增加，主磁通的增加渐渐变慢，电机进入饱和状态，即电机磁化曲线开始变弯曲。电机的饱和程度用饱和系数来表示，饱和系数的大小与电机的额定工作点在磁化曲线可以分为三段，如图 1-3 所示，a 点以下为不饱和段，ab 段为饱和段，b 点以上为高饱和段。将电机额定工作点选在不饱和段有以下两个缺点：①材料利用不充分；②磁场容易受到

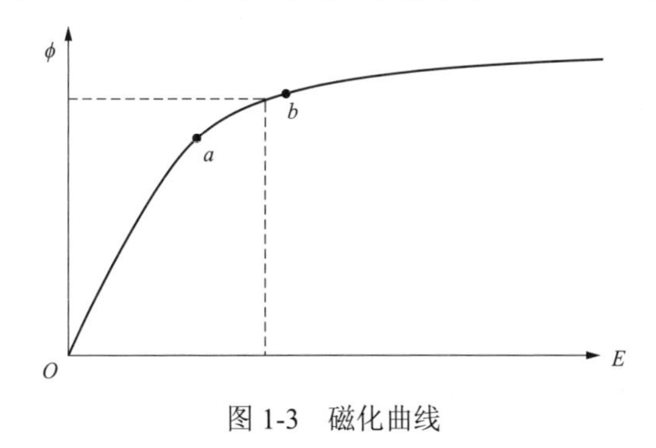

图 1-3 磁化曲线

励磁电流的干扰而不易稳定。额定工作点选在过饱和段，有以下三个缺点：①励磁功率大增；②磁场调节困难；③对电枢反应敏感。一般将额定工作点设计在 ab 段的中间，即所谓的“膝点”附近，这样选择的好处有：①材料利用较充分；②可调性较好；③稳定性较好。

3．什么是软磁材料？什么是硬磁材料？

答：铁磁材料按其磁滞回线的宽窄可分为软磁材料和硬磁材料。磁滞回线窄，即矫顽力小、剩磁也小的铁磁材料称为软磁材料。电机铁芯常用的硅钢片、铸钢、铸铁等都是软磁材料。磁滞回线较宽，即矫顽力大、剩磁也大的铁磁材料称为硬磁材料，也称为永磁材料。这类材料一经磁化就很难退磁，能长期保持磁性。常用的硬磁材料有铁氧体、钕铁硼等，这些材料可用来制造永磁电机。

4．基本磁化曲线与起步起始磁化曲线有何区别？磁路计算时用哪一种？

答：起始磁化曲线是将一块从未磁化过的铁磁材料放入磁场中进行磁化，所得的 $B=f(H)$ 曲线。基本磁化曲线是对同一铁磁材料，选择不同的磁场强度进行反复磁化，可得一系列大小不同的磁滞回线，再将各磁滞回线的顶点连接所得的曲线。二者区别不大。磁路计算时用的是基本磁化曲线。

5．磁路和电路主要有哪些不同点？

答：（1）电流通过电阻时有功率损耗，磁通过磁阻时无功率损耗。

（2）自然界中无对磁通绝缘的材料。

（3）空气也是导磁的，磁路中存在漏磁现象。

（4）含有铁磁材料的磁路几乎都是非线性的。

6．*H* 与 *B* 的关系与主要区别是什么？

答：H 代表电流本身产生的磁场的强弱，反映了电流的励磁能力，与介质的性质无关，$H \propto I$。B 代表电流产生的，以及介质被磁化后产生的总磁场的强弱，其大小不仅与电流的大小有关，还与介质的性质有关，即 $B=\mu H$。

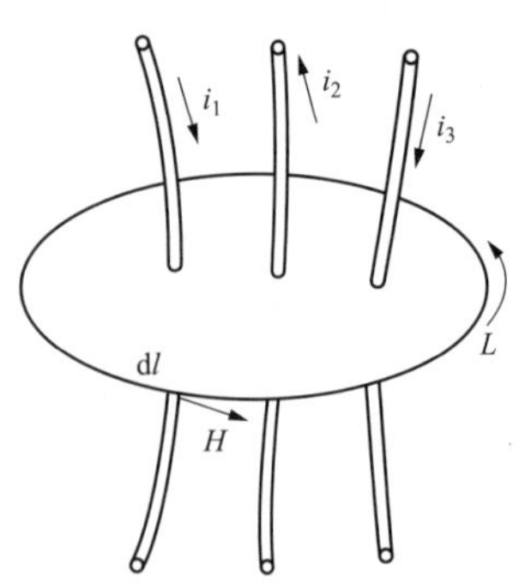

图 1-4　安培环路定律示意图

7．什么是安培环路定律？

答：在磁场中，磁场强度 H 沿任意闭合回路的线积分，等于该闭合回路所包围的所有电流的代数和，如图 1-4 所示，即 $\oint_L H\mathrm{d}l=\sum i$。

8．什么是电磁感应定律？感应电动势怎么计算？

答：简单地说电磁感应定律就是变化的电场附近会产生变化的磁场，而变化的磁场附近会产生变化的电场。无论何种原因使得与闭合线圈交链的磁链 ψ 随着时间 t 变化时，线圈中将会产生感应电动势 $e=-\dfrac{\mathrm{d}\psi}{\mathrm{d}t}=-N\dfrac{\Phi}{\mathrm{d}t}$。

9．电机和变压器的磁路常采用什么材料制成？这种材料主要有哪些特性？

答：电机和变压器的磁路常采用硅钢片制成。它的磁导率高，损耗小，有饱和现象存在。

10．直流电机主要结构包括哪些？

答：直流电机的主要结构是定子和转子。定子主要包括定子铁芯、励磁绕组、电刷。转子主要包括转子铁芯、电枢绕组、换向器。

11．直流电机的工作原理是什么？

答：直流电机的工作原理：通过电刷与换向器之间的切换，导体内的电流随着导体所处的磁极性的改变而同时改变其方向，从而使电磁转矩的方向始终不变。

12．直流电机常用的启动方法主要有哪些？

答：直流电机常用的启动方法：①直接启动；②接入变阻器启动；③降压启动。

13．直流电机的调速方法主要有哪些？

答：（1）电枢控制即用调节电枢电压，或者在电枢电路中接入调速电阻。

（2）磁场控制即用调速磁场来调速。

14．直流电机中换向器—电刷的主要作用是什么？

答：在直流电机中，电枢电路是旋转的，经换向器—电刷作用转换成静止电路，即构成每条支路的元件在不停地变换，但每个支路内的元件数及其所在位置不变，因而支路电动势为直流，支路电流产生的磁动势在空间的位置不动。

15．变压器主要有哪些主要部件？它们的主要作用是什么？

答：变压器主要部件有铁芯、绕组、分接开关、油箱和冷却装置、绝缘套管。

（1）铁芯，构成变压器的磁路，同时又起着器身的骨架作用。

（2）绕组，构成变压器的电路，它是变压器输入和输出电能的电气回路。

（3）分接开关，变压器为了调压而在高压绕组引出分接头，分接开关用以切换分接头，从而实现变压器调压。

（4）油箱和冷却装置，油箱容纳器身，盛变压器油，兼有散热冷却作用。

（5）绝缘套管，变压器绕组引线需借助于绝缘套管与外电路连接，使带电的绕组引线与接地的油箱绝缘。

16．变压器一次、二次侧额定电压的含义分别是什么？

答：变压器一次额定电压 U_{1N} 是指规定加到一次侧的电压，二次额定电压 U_{2N} 是指变压器一次侧加额定电压，二次侧空载时的端电压。

17．变压器 T 型、异步电动机、同步发电机的等效电路分别是什么？

答：变压器 T 型、异步电动机、同步发电机的等效电路分别如图 1-5～图 1-7 所示。

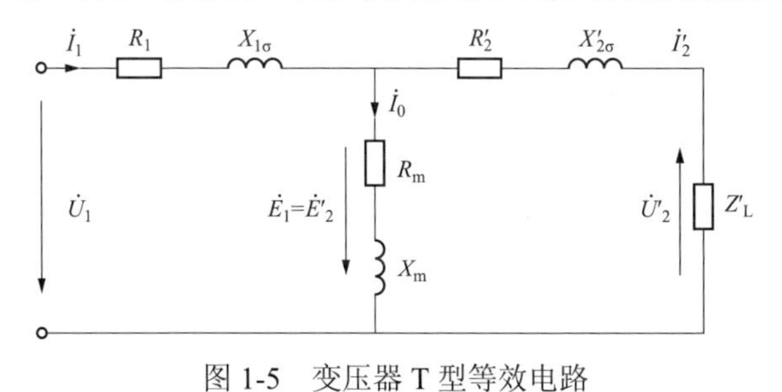

图 1-5 变压器 T 型等效电路

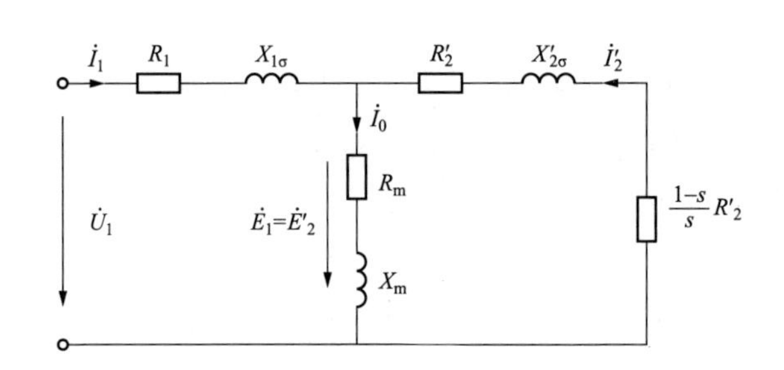

图 1-6 异步电动机的等效电路

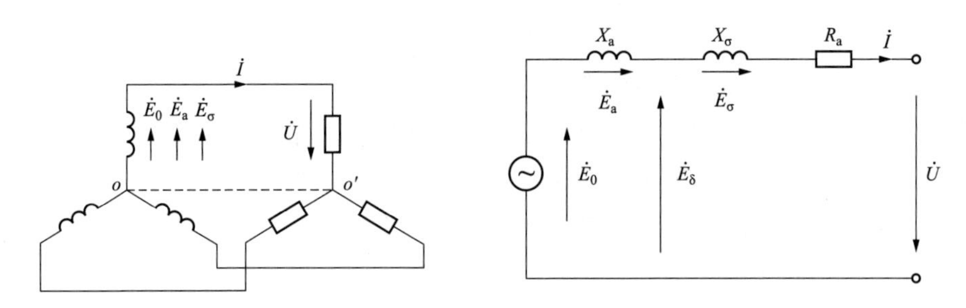

图 1-7 同步发电机的等效电路

18．感应电机中主磁通和漏磁通的性质和作用主要有什么不同？

答：主磁通通过气隙沿铁芯闭合，与定子、转子绕组同时交链，它是实现能量转换的媒介，占总磁通的绝大部分。主磁通可以由定子电流单独产生，也可以由定子、转子电流共同产生。主磁通路径的磁导率随饱和程度而变化，与之对应的励磁电抗不是常数。除主磁通以外的磁通统称为漏磁通，它包括槽漏磁通、端部漏磁通和谐波漏磁通。仅与定子交链的称为定子漏磁通，仅与转子交链的称为转子漏磁通。漏磁通在数量上只占总磁通的很小的一部分，没有传递能量。漏磁通路径的磁导率为常数，与之对应的定子漏电抗、转子漏电抗是常数。

19．异步电动机的转子主要有哪种类型？主要有何特点？

答：一种为绕线型转子，转子绕组像定子绕组一样为三相对称绕组，可以联结为星形或三角形。绕组的三根引出线接到装在转子一端轴上的三个集电环上，用一套三相电刷引出来，可以自行短路，也可以接三相电阻。串电阻是为了改善启动特性或为了调节转速。

另一种为笼型转子。转子绕组与定子绕组大不相同，在转子铁芯上也有槽，各槽里都有一根导条，在铁芯两端有两个端环，分别把所有导条伸出槽外的部分都联结起来，形成短路回路，所以又称短路绕组，具有结构简单、运行可靠的优点，但不能通过转子串电阻方式改善启动特性或调节转速。

20．变压器负载运行时的运行特性主要包括哪些？

答：变压器负载运行时的运行特性主要有外特性和效率特性。外特性是指变压器二次侧电压随负载变化的关系特性，又称为电压调整特性，常用电压变化率来表示二次侧电压变化的程度，它反映变压器供电电压的质量。效率特性是用效率来反映变压器运行时的经济指标。

21．短路阻抗的标幺值$|Z_s^*|$对变压器运行性能主要有什么影响？

答：变压器短路阻抗的标幺值$|Z_s^*|$与短路电压的标幺值U_s^*相等，是变压器的重要参数。$|Z_s^*|$的大小直接影响变压器的电压调整率和短路电流的大小。若$|Z_s^*|$小，则电压调整率小，负载变化时，变压器二次侧电压变化较小，供电比较稳定，但短路电流较大；反之，则变压器的供电不稳定，但短路电流较小。因此，设计时，要折中考虑两方面的影响。

22．同步电机的结构形式主要有哪些？

答：同步电机有旋转电枢和旋转磁极两种结构型式，如图1-8和图1-9所示。旋转电枢式结构只用于小容量电机，一般同步电机都采用旋转磁极式结构。

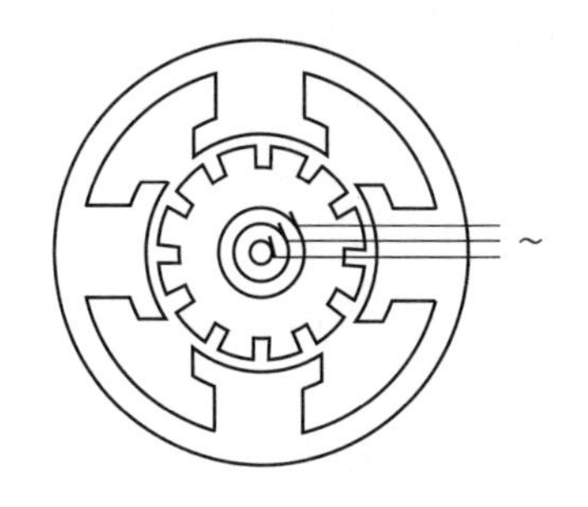

图1-8　旋转电枢式同步电机示意图

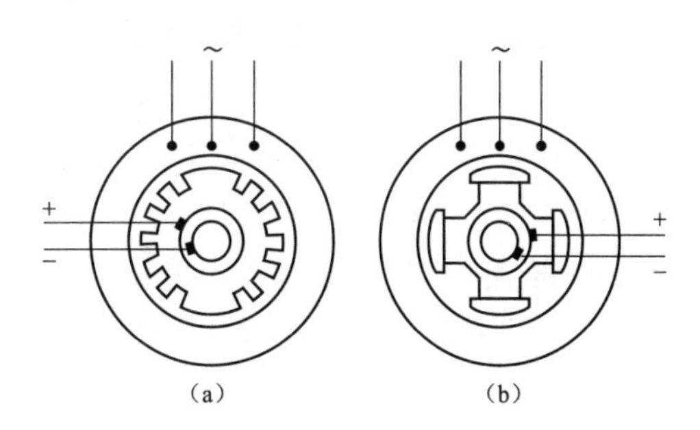

图1-9　旋转磁极式同步电机示意图

（a）隐极式；（b）凸极式

在旋转磁极式结构中，根据磁极形状又可分为隐极和凸极两种型式。隐极同步电机气隙均匀，转子机械强度高，适合于高速旋转，多与汽轮机构成发电机组，是汽轮发电机的基本结构型式。凸极同步电机的气隙不均匀，旋转时的空气阻力较大，比较适合于中速或低速旋转场合，常与水轮机构成发电机组，是水轮发电机的基本结构型式。

23．同步电机的励磁方式主要有哪些？

答：励磁系统是同步电机的重要组成部分，并且可分为两大类。一类是采用直流发电机供给励磁电流；另一类则通过整流装置将交流电流变为直流电流以满足需要。下面简要介绍：

（1）直流发电机励磁系统。这是一种经典的励磁系统，并称该系统中的直流发电机为直流励磁机。直流励磁机多采用他励或永磁励磁方式，且与同步发电机同轴旋转，输出的直流电流经电刷、滑环输入同步发电机转子励磁绕组。

（2）静止式交流整流励磁系统。这种励磁系统以将同轴旋转的交流励磁机的输出电流经整流后供给发电机励磁绕组的他励式系统应用最普遍。与传统直流系统相比，其主要区别是变直流励磁机为交流励磁机，从而解决了换向火花问题。

（3）旋转式交流整流励磁系统。静止式交流整流励磁系统去掉了直流励磁机的换向器，解决了换向火花问题，但电刷和滑环依然存在，还是有触点系统。如果把交流励磁机做成转枢式同步发电机，并将整流器固定在转轴上一道旋转，就可以将整流输出直接供给发电机的励磁绕组，而无须电刷和滑环，构成旋转的无触点（或称无刷）交流整流励磁系统，简称无刷励磁系统。

24．如何用转差率 s 来区分三相异步电动机的各种运行状态？

答：根据转差率 s 的正负和大小，异步电机可分为电动机、发电机和电磁制动 3 种状态。当 $0<s<1$ 时，电机处于电动机状态；当 $s<0$ 时，电机处于发电机状态；当 $s>1$ 时，电机处于电磁制动状态。

第三节　高电压基础知识

1．什么是电介质的极化？电介质中主要几种极化各有什么特点？

答：电介质极化是指外电场作用下，电介质显示电性的现象。主要特点有：

（1）在外电场的作用下，介质原子中的电子运动轨道将相对于原子核发生弹性位移，此为电子式极化或电子位移极化。

（2）离子式结构化合物，出现外电场后，正负离子将发生方向相反的偏移，使平均偶极距不再为零，此为离子位移极化。

（3）极性化合物的每个极分子都是一个偶极子，在电场作用下，原先排列杂乱的偶极子将沿电场方向转动，显示出极性，这称为偶极子极化。

（4）在电场作用下，带电质点在电介质中移动时，可能被晶格缺陷捕获或在两层介质的界面上堆积，造成电荷在介质空间中新的分布，从而产生电矩，这就是空间电荷化或夹层极化。

2．电介质电导与金属电导有何本质区别？

答：金属导电的原因是自由电子移动。电介质通常不导电，是在特定情况下电离、化学分解或热离解出来的带电质点移动导致。

3．电晕产生的物理机理是什么？主要有哪些有害影响？

答：电晕放电是极不均匀电场中的一种自持放电现象，在极不均匀电场中，在气体间隙还没有击穿之前，在电极曲率较大的附近空间的局部场强已经很大了，从而在这局部强场中产生强烈的电离，但离电极稍远处场强已大为减弱，故此电离区域不能扩展到很大，只能在电极的表面产生放电的现象。

电晕放电的危害主要有：

（1）伴随着游离、复合、激励、反激励等过程而有声光、热等效应，发出“嗞嗞”的声音，蓝色的晕光及周围气体温度升高等。

（2）在尖端或电极的某些突出处，电子和离子在局部强场的驱动下高速运动，与气体分子交换动量形成“电风”。当电极固定的刚性不够时，气体对“电风”的反作用力会使电晕极振动或转动。

（3）电晕会产生高频脉冲电流，其中还包含着许多高次谐波，这会造成对无线电的干扰。

（4）电晕产生的化学反应产物具有强烈的氧化和腐蚀作用，电晕是促使有机绝缘老化的重要因素。

（5）电晕还可能产生超过环保标准的噪声，对人们会造成生理、心理的影响。

（6）电晕放电会有能量损耗。

减少电晕放电的根本措施在于降低电极表面的场强，具体的措施有：改进电极形状、增大电极的曲率半径，采用分裂导线等。

4．什么是极性效应？主要产生机理是什么？

答：无论是长气隙还是短气隙，击穿的发展过程都随着电压极性的不同而有所不同，即存在极性效应。

主要机理是：当棒极为正时，电子崩从棒极开始发展（因为此处的电场强度较高），电子迅速进入阳极（棒极）离子运动速度慢。棒极前方的空间中留下了正离子，使电场发生了畸变，使接近棒极的电场减弱、前方电场增强，因此，正极性时放电产生困难但发展比较容易，击穿电压较低。

当棒极为负时，电子崩仍然从棒极（因为此处的场强度较高），电子向阳极（板极扩散），离子相对运动速度较慢，畸变了电场，使接近棒极的电场增强，前方电场减弱，因此，负极性时放电产生容易但发展比较困难，击穿电压较高。

正极性时放电产生困难但发展比较容易，击穿电压较低。负极性时放电产生容易但发展比较困难，击穿电压较高。对于极不均匀电场在加交流电压在缓慢升高电压的情况下，击穿通常发生在间隙为正极性时。

5．什么叫间隙的伏秒特性曲线？主要有什么作用？

答：工程上常用在同一波形，不同幅值的冲击电压作用下，气隙上出现的电压最大值和放电时间的关系，称为该气隙的伏秒特性，表示该气隙伏秒特性的曲线，称为伏秒特性曲线。特性曲线在工程上有很重要的应用，是防雷设计中实现保护设备和被保护设备绝缘配合的依据。

6．什么是气隙击穿电压？提高气隙击穿电压的方法主要有哪些？

答：气隙击穿电压是指使气体间隙击穿的最小电压，它是决定外绝缘水平的重要因素之一。

提高气隙击穿电压的方法主要有：

（1）改善电场分布。一般来说，电场分布越均匀，气隙的击穿电压就越高。故如能适当地改进电极形状、增大电极的曲率半径，改善电场分布，就能提高气隙的击穿电压；利用电晕提高击穿电压；利用屏障提高击穿电压。

（2）采用高度真空。从气体撞击游离的理论可知，将气隙抽成高度的真空能抑制撞击游离的发展，提高气隙的击穿电压。

（3）增高气压。增高气体的压力可以减小电子的平均自由行程，阻碍撞击游离的发展，从而提高气隙的击穿电压。

（4）采用高耐电强度气体。六氟化硫、氟利昂等耐电强度比气体高得多，采用该气体或在其他气体中混入一定比例的这类气体，可以大大提高击穿电压。

7．固体电介质的击穿主要有哪几种形式？影响固体电介质击穿电压的因素主要有哪些？

答：固体电介质击穿分为热击穿、电击穿、电化学击穿三种基本形式。影响固体电介质击穿电压的因素主要有：电压作用时间；温度的影响；电场均匀程度；电压的种类；累积效应的影响；固体电介质受潮；机械负荷的作用。

8．液体电介质的击穿原理是什么？影响液体电介质击穿电压的因素主要有哪些？

答：液体电介质击穿原理主要分为电击穿理论和气泡击穿理论（小桥理论）。对于纯净的液体电介质，在电场的作用下，阴极上由于强电场发射或热发射出来的电子被加速，碰撞液体分子，使液体分子产生碰撞游离，形成电子崩，电流急剧增大而导致液体击穿，这就是电击穿理论。而在工程实际中使用的液体一般是不纯净的，不可避免混入气体、水分、纤维等杂质，这些杂质极易在电极间构成放电通道，导致介质击穿，这就是小桥理论。

影响液体电介质击穿电压的因素主要有电压作用时间、温度的影响、电场均匀程度、液体电介质的自身品质、压力。

9．什么叫“污闪”？主要有哪些防范措施？

答：绝缘子上有污秽且在毛毛雨、雾、露、雪等不利天气下发生的闪络称为污闪。

防污闪的措施如下：

（1）调整爬距。将爬距调大可以减少污闪事故的发生，可以通过增加绝缘子的片数和改变绝缘子的类型。

（2）定期或不定期清扫。

（3）涂憎水性涂料，如硅油或硅脂，近年来常采用室温化硅橡胶（RTV）涂料。

（4）采用半导体釉绝缘子，表面有电导电流流过，产生热量使污层不易吸潮。

（5）采用新型合成绝缘子，质量轻、抗拉、抗弯、耐冲击负荷、电气绝缘性能好、耐电弧性能好，但也存在价格贵、老化等问题。

10．什么是接地？接地分为哪几种？

答：将电气设备导电部分和非导电部分的某一节点通过导体与大地进行人为连接，使该设备与大地保持等电位的方法，称为接地。接地分为三类：

（1）工作接地，根据电力系统正常运行的需要而设置的接地。

（2）保护接地，为保障人身安全而将电气设备的金属外壳进行接地。

（3）防雷接地，针对防雷保护的需要而设置的接地，目的是减小雷电流通过接地装置时的地点位升高。

11．什么是过电压？过电压主要分为哪几类？

答：过电压是指超过正常运行电压并可使电力系统绝缘或保护设备损坏的电压升高。过电压可以分为内部过电压和外部（雷电）过电压两大类。

12．什么是电力系统内部过电压？内部过电压分为几类？

答：电力系统内部过电压是指电力系统中由于断路器操作、故障或其他原因，使系统参数发生变化，引起电网内部电磁能量的转化或传递所造成的电压升高。内部过电压分两大类：因操作或故障引起的暂态电压升高，称为操作过电压；因系统的电感电容参数配合不当，出现各种持续时间很长的谐振现象及其电压升高，称为谐振过电压。

13．什么是操作过电压？常见的操作过电压主要有哪些？

答：因操作引起的暂态电压升高，称为操作过电压。常见的操作过电压有：

（1）中性点绝缘电网中的电弧接地过电压。

（2）切除电感性负载（空载变压器、消弧线圈、并联电抗器、电动机等）过电压；切除电容性负载（空载长线路、电缆、电容器组等）过电压。

（3）空载线路合闸（包括重合闸）过电压及系统解列过电压等。

14．什么是谐振过电压？常见的谐振过电压主要有哪些？

答：因系统中电感、电容参数配合不当，在系统进行操作或发生故障时出现的各种持续时间很长的谐振现象及其电压升高，称为谐振过电压。谐振线有性谐振、铁磁谐振（非线性谐振）、参数谐振三种不同的类型。常见的谐振过电压有：断线谐振过电压、中性点不接地系统中电压互感器饱和过电压、中性点直接接地系统中电压互感器饱和过电压、传递过电压与其超高压系统中出现的工频谐振过电压、高频谐振过电压、分频谐振过电压等。

15．什么是工频电压升高？产生工频电压升高的主要原因有哪些？

答：电力系统中在正常或故障时可能出现幅值超过最大工作相电压、频率为工频或接近工频的电压升高，统称为工频电压升高，或称为工频过电压。产生工频电压升高的主要原因有：空载长线路的电容效应、不对称接地故障的不对称效应、发电机突然甩负荷的甩负荷效应等。

16．什么是雷电过电压？主要分为哪几种？

答：雷电过电压又称外过电压、大气过电压，是由大气中的雷云对地面放电而引起的。雷电过电压主要分为以下两种：

（1）直击雷过电压，是雷电直接击中杆塔、避雷线或导线引起的线路过电压。直击雷过电压又分为两种情况。一种是雷击线路杆塔或避雷线时，雷电流通过雷击点阻抗使该点对地电位大大升高，当雷击点与导线之间的电位差超过线路绝缘的冲击放电电压时，会对导线发生闪络，使导线出现过电压，因为杆塔或避雷线的电位（绝对值）高于导线，故通常称为反击。另一种是雷电直接击中导线（无避雷线时）或绕过避雷线（屏蔽失效）击于导线，直接在导线上引起过电压，后者通常称为绕击。

（2）感应雷过电压，是雷击线路附近大地，由于电磁感应在导线上产生的过电压。

17．什么是电力系统绝缘配合？

答：绝缘配合就是综合考虑电气设备在系统中可能承受到的各种作用电压、保护装置的特性和设备绝缘对各种作用电压的耐受性能，合理地确定设备必要的绝缘水平，以使设备的造价、维护费用和设备绝缘故障引起的事故损失，达到经济上和安全运行上总体效益最高的目的，即必须从技术、经济的角度全面权衡。

18．什么是交流耐压和直流耐压？直流耐压试验与交流耐压试验相比主要有哪些特点？

答：对电气设备绝缘外加交流试验电压并持续一段时间称为交流耐压，对电气设备绝缘外加直流试验电压并持续一段时间称为直流耐压。

直流耐压试验与交流耐压试验相比主要特点有：

（1）设备较轻便。在对大容量的电力设备进行试验时，特别是在试验电压较高时，交流耐压试验需要容量较大的试验变压器，而当进行直流耐压试验时，试验变压器的容量可不必考虑。绝缘无介质极化损失。在进行直流耐压试验时，绝缘没有极化损失，不致使绝缘发热，避免因热击穿而损坏绝缘。在进行交流耐压试验时，既有介质损失，又有局部放电，致使绝缘发热从而严重损伤绝缘。

（2）可绘制伏安特性曲线。

（3）在进行直流耐压试验时一般都兼做泄漏电流测量，由于直流耐压试验所加电压较高，故容易发现缺陷。

（4）易发现某些设备的局部缺陷，如电缆。

综上所述，直流耐压试验能够发现某些交流耐压所不能发现的缺陷。但交流耐压对绝缘的作用更近于运行情况，因而能检出绝缘在正常运行时的最弱点。

19．某些电容量较大的设备经直流高压试验后，其接地时间要求长达5～10min，为什么？

答：由于介质夹层极化，通常电气设备含多层介质，直流充电时由于空间电荷化作用，电荷在介质夹层界面上堆积，初始状态时电容电荷与最终状态时不一致。接地放电时由于设备电容较大设备的绝缘电阻也较大则放电时间常数较大（电容较大导致不同介质所带电荷量差别大，绝缘电阻大导致流过的电流小，界面上电荷的释放靠电流完成），放电速度较慢故放电时间要长达5～10min。

20．什么是绝缘电阻？影响绝缘电阻测试的主要因素有哪些？

答：电介质中流过的泄漏电流所对应的电阻称为介质的绝缘电阻。主要测试影响因素有：

（1）湿度，当空气相对湿度增加时，由于毛细管作用，绝缘物将吸收较多的水分，使电导率增加，降低绝缘电阻，尤其是对表面泄漏电流的影响更大。

（2）温度，一般情况下绝缘电阻随温度升高而减少，温度升高时加速了电介质内部离子的运行，电导增加，绝缘电阻减少。

（3）表面脏污和受潮，由于试品的表面脏污或受潮会使其表面电阻率大大降低，绝缘电阻将明显下降。

（4）试品剩余电荷，对有剩余电荷的试品进行试验时，会出现虚假现象，由于剩余电荷的存在会使测量数据虚假增大或减小。

（5）绝缘电阻表的容量，实测表明绝缘电阻表的容量对绝缘电阻、吸收比和极化指数的测量结果都有一定的影响，绝缘电阻表容量越大越好。

21．什么是介质损耗？影响介质损耗正切值测试的主要因素有哪些？主要有哪些抗干扰措施？

答：在电压作用下电介质中产生的一切损耗称为介质损耗。影响介质损耗正切值的因素有：外界电场干扰；高压标准电容器的影响；表面泄漏的影响；电桥引线的长度、高压引线与试品的夹角、引线电晕、引线接触不良等的影响；试验接线不同也会造成测试结果不同。

主要抗干扰措施：加设屏蔽、采用移相电源、倒相法、采用异频电源和补偿法。

22．什么是局部放电？

答：在电气设备的绝缘系统中，各部位的电场强度往往是不相等的，当局部区域的电场强度达到电介质的击穿场强时，该区域就会出现放电，但这种放电并没有贯穿施加电压的两导体之间，即整个绝缘系统并没有击穿，仍保持绝缘性能，这种现象称为局部放电。

第四节 电力系统基础知识

1．什么是电力系统？主要有哪些特点？

答：由发电厂内的发电机、电力网内的变压器和输电线路及用户的各种用电设备，按照一定的规律连接而组成的统一整体，称为电力系统。如图 1-10 所示。电力系统具有以下特点：

（1）同时性，发电、输电、变电、配电、用电同时完成，电能不能大量存储。

（2）整体性，发电、输电、变电、配电、用电设备在电网中是一个整体，不可分割，缺少任意一个环节电力输送与使用都不可能完成。

（3）快速性，电能输送过程十分短暂。

（4）连续性，电能需要时刻的调整。

（5）实时性，电网事故发展迅速，涉及面大，需要时刻安全监视。

（6）随机性，在运行中负荷随机变化，异常情况以及事故的随机性。

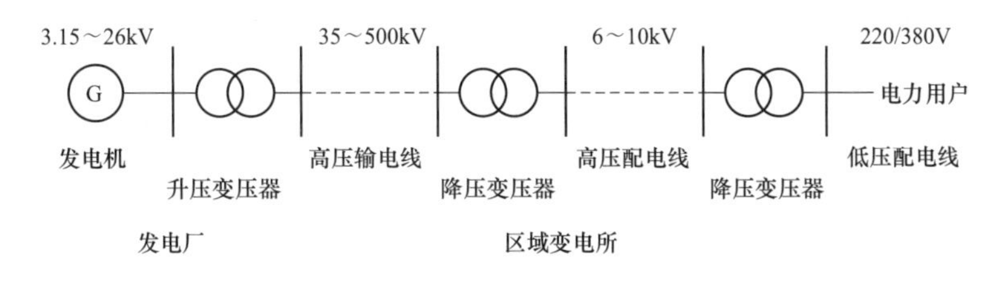

图 1-10 电力系统示意图

2．电力系统运行的基本要求主要有哪些？

答：电力系统运行的基本要求主要有：保证供电可靠；保证良好的电能质量；为用户提供充足的电力；提高电力系统运行经济性。

3．电力系统的电压等级主要有哪些？

答：根据《电工术语 发电、输电及配电通用术语》，电力系统中的电压等级主要划分为低压、高压、超高压、特高压、高压直流、特高压直流，具体是：

（1）低压（LV）：电力系统中 1000V 及以下电压等级。

（2）高压（HV）：电力系统中高于 1kV，低于 330kV 的交流电压等级。

（3）超高压（EHV）：电力系统中 330kV 及以上，并低于 1000kV 的交流电压等级。

（4）特高压（UHV）：电力系统中交流 1000kV 及以上的电压等级。

（5）高压直流（HVDC）：电力系统中直流±800kV 以下的电压等级。

（6）特高压直流（UHVDC）：电力系统中直流±800kV 及以上的电压等级。

4．电力系统的接线方式主要有哪些？

答：电力系统的接线方式主要分为无备用接线方式和有备用接线方式两种。

（1）无备用接线方式是指负荷只能从一条路径获得电能的接线方式，包括单回路放射式、干线式和链式网络等，具有简单、经济、运行操作方便等优点，但也有供电可靠性差、线路较长时末端电压偏低等缺点，如图 1-11 所示。

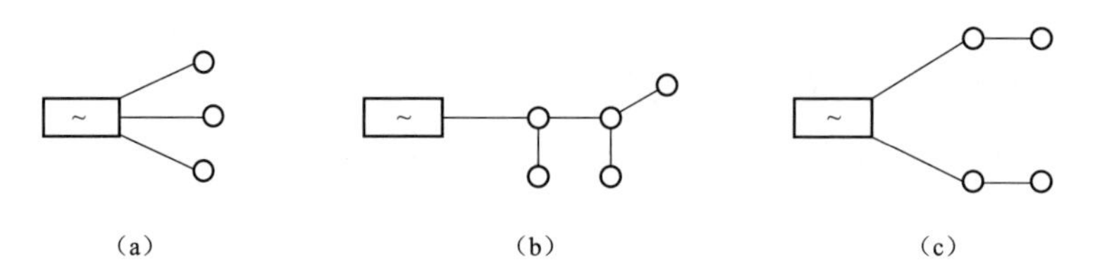

图 1-11　无备用接线方式

（a）放射式；（b）干线式；（c）链式

（2）有备用接线方式是指负荷至少可以从两条路径获得电能的接线方式，包括双回路的放射式、干线式、链式、环式和两端供电网络等，具有供电可靠性高、供电电压质量高等优点，但也有不够经济、运行调度复杂等缺点。如图 1-12 所示。

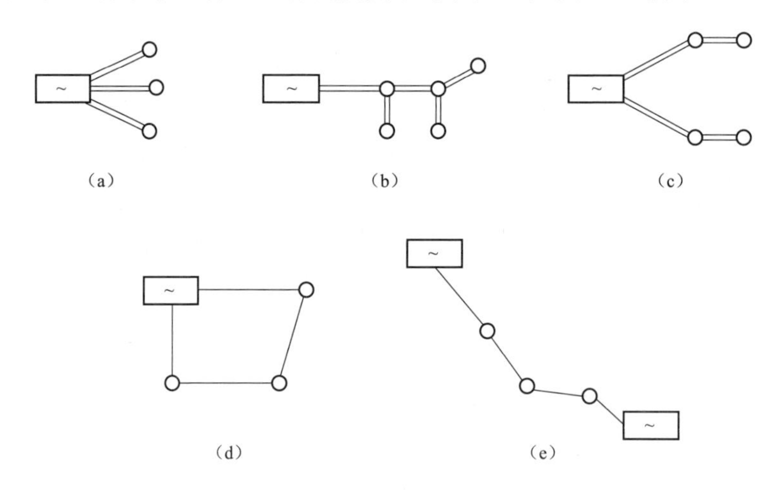

图 1-12　有备用接线方式

（a）放射式；（b）干线式；（c）链式；（d）环式；（e）两端式

5．什么是电力系统的中性点？电力系统中性点的接地方式主要有哪些？

答：电力系统的中性点是指星形连接的变压器或发电机的中性点。中性点的接地方式涉及系统绝缘水平、通信干扰、接地保护方式、保护整定、电压等级及电力网结构等方面，是一个综合性的复杂问题。我国电力系统的中性点接地方式主要有 4 种，即不接地（中性点绝缘）、中性点经消弧线圈接地、中性点直接接地和经电阻接地。前两种接地方式称为小电流接地，后两种接地方式称为大电流接地。这种区分法是根据系统中发生单相接地故障时，按其接地故障电流的大小来划分的。确定电力系统中性点接地方式时，应从供电可靠性、内部过电压、对通信线路的干扰、继电保护及确保人身安全诸方面综合考虑。

6．什么是电力系统的最大运行方式？

答：电力系统最大运行方式是系统在该方式下运行时，具有最小的短路阻抗值，发生短路后产生的短路电流为最大的一种运行方式。一般根据系统最大运行方式的短路电流值校验所选的电气设备的稳定性。

7．什么是电力系统的最小运行方式？

答：电力系统最小运行方式是系统在该方式下运行时，具有最大的短路阻抗值，发生短路后产生的短路电流为最小的一种运行方式。一般根据系统最小运行方式的短路电流值校验极点保护装置的灵敏度。

8．什么是电力网？主要分为哪几类？

答：由变电站和不同电压等级输电线路组成的网络，称为电力网，如图 1-13 所示。电力网通常按照电压等级的高低、供电范围的大小可分为以下几类：

（1）地方电力网，一般是指电压等级在 35kV 及以下，供电半径在 20～50km 以内的电力网。

（2）区域电力网，一般指电压等级在 35kV 以上，供电半径超过 50km，联系较多发电厂的电力网。

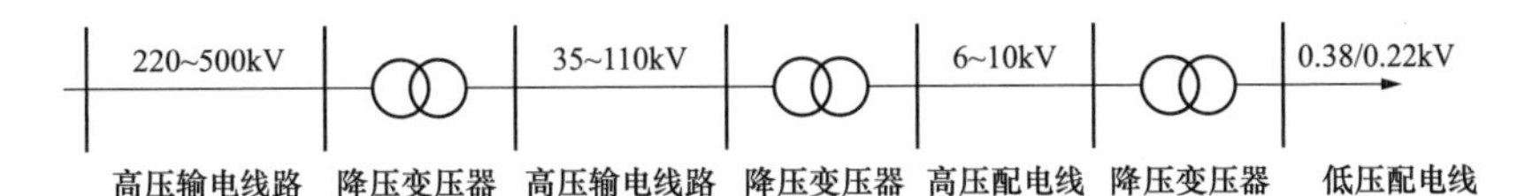

图 1-13　电力网示意图

（3）超高压远距离输电网，一般指电压等级为 330kV 及以上的网络，由远距离输电线路连接而成，它的主要任务是把远处发电厂生产的电能输送到负荷中心，同时还联系若干区域电力网形成跨省、跨地区的大型电力系统。

9．什么是电力系统短路？电力系统短路会有什么后果？

答：电力系统的短路是指一相或多相载流导体接地或不通过负荷互相接触，由于此时故障点的阻抗很小，致使电流瞬时升高，短路点以前的电压下降，对电力系统的安全运行极为不利。短路又可分成三相短路、两相短路、单相接地短路、两相接地短路等多种。强大的短路电流将造成严重的后果，主要有下列几方面：

（1）强大的短路电流通过电气设备使发热急剧增加，短路持续时间较长时，足以使设备因过热而损坏甚至烧毁。

（2）巨大的短路电流将在电气设备的导体间产生很大的电动力，可能使导体变形、扭曲或损坏。

（3）短路将引起系统电压的突然大幅度下降，系统中主要负荷异步电动机将因转矩下降而减速或停转，造成产品报废甚至设备损坏。

（4）短路将引起系统中功率分布的突然变化，可能导致并列运行的发电厂失去同步，破坏系统的稳定性，造成大面积停电，是短路所导致的最严重的后果。

（5）巨大的短路电流将在周围空间产生很强的电磁场，尤其是不对称短路时，不平衡电流所产生的不平衡交变磁场，对周围的通信网络、信号系统、晶闸管触发系统及自动控制系统产生干扰。

10．什么是功率？

答：功率是指物体在单位时间内所做的功，是描述做功快慢的物理量，功的数量一定，时间越短，功率值就越大。单位时间内的电能称为电功率，电功率可分为视在功率、有功功率和无功功率三种。

11．什么是有功功率、无功功率、视在功率？

答：（1）有功功率是指交流电瞬时功率在一个周期内的平均值，故又称平均功率，以字母 P 表示，单位为千瓦（kW），它在电路中指电阻部分所消耗的功率。

（2）无功功率是指在具有电感或电容的电路里，电感或电容在半周期的时间里把电的能量变成磁场或电场的能量储存起来，在另外半周期的时间里又把储存的磁场或电场能量送还给电源。它们只是与电源进行能量交换，并没有真正消耗能量。通常把与电源交换能量速率的振幅值称为无功功率，以字母 Q 表示，单位为乏（var）。

（3）在具有电阻、电感和电容的电路内，电压有效值与电流有效值的乘积称为视在功率，以字母 S 表示，单位为伏安（VA）。

12．什么是功率因数？

答：功率因数是指任意二端网络（与外界有两个接点的电路），两端电压 U 与其中电流 I 之间相位差 φ 的余弦，一般用 $\cos\varphi$ 表示。功率因数的高低，对于电气设备的利用率和分析、研究电能消耗等问题有十分重要的意义。功率因数的大小，取决于电路中负载的性质。对于电阻性负载，其电压与电流的位相差为 0，因此，电路的功率因数最大（$\cos\varphi=1$）。而纯电感电路，电压与电流的位相差为 $\pi/2$，并且是电压超前电流。在纯电容电路中，电压与电流的位相差则为负 $\pi/2$，即电流超前电压。

13．什么是合环运行？

答：合环运行也称环路运行，就是把电气性能相同的变电站或变压器互相连接成一个环状输配电系统，使原来单回路运行的供电网络经两回或者多回输电线路连接成多环路运行的环网运行方式。合环运行的好处是可以相互送电或变电，相互支援，相互调剂，互为备用，可以提高电网或供电可靠性。如果在一样的导线条件下输送相同的功率，环路运行还可以减少电能损失，提高电压质量。

14．什么叫电力系统潮流计算？

答：电力系统潮流计算是研究电力系统稳态运行情况的一种基本电气计算。目的是根据给定的运行条件和网络结构，确定整个系统的运行状态，如各母线上的电压（幅值及相角）、网络中的功率分布以及功率损耗等，其计算结果是电力系统稳定计算和故障分析的基础。

15．什么是电力系统大扰动？哪些情况属于电力系统大扰动？

答：电力系统大扰动是指干扰量和干扰变动速率相对较大的扰动。电力系统大扰动主要有：各种短路故障、各种突然断线故障、断路器无故障跳闸、非同期并网（包括发电机非同期并列）、大型发电机失磁、大容量负荷突然启停、大容量高压输电系统闭锁等。

16．电力系统发生大扰动时，安全稳定标准主要分为哪几级？

答：根据电网结构和故障性质不同，电力系统发生大扰动时的安全稳定标准分为三级：

（1）保持稳定运行和电网的正常供电。

（2）保持稳定运行，但允许损失部分负荷。

（3）当系统不能保持稳定运行时，必须防止系统崩溃，并尽量减少负荷损失。

17．什么是电力系统稳定？主要分为哪几类？

答：当电力系统受到扰动后，能自动地恢复到原来的运行状态，或者凭借控制设备的作用过渡到新的稳定状态运行，称为电力系统稳定。电力系统的稳定可分为静态稳定、暂态稳定、动态稳定、电压稳定、频率稳定。各类稳定的具体含义如下：

（1）静态稳定是指电力系统受到小扰动后，不发生非周期性失步，自动恢复到起始运行状态。

（2）暂态稳定是指电力系统受到大扰动后，各同步电机保持同步运行并过渡到新的或恢复到原来的稳定运行方式的能力，通常指保持第一、第二摇摆不失步的功角稳定，是电力系统功角稳定的一种形式。

（3）动态稳定是指电力系统受到小的或大的扰动后，在自动调节和控制装置的作用下，保持较长过程稳定运行的能力，通常指电力系统受扰后不发生发散性振荡或持续性振荡，是电力系统功角稳定的另一种形式。

（4）电压稳定是指电力系统受到小的或大的扰动后，系统电压能够保持或恢复到允许的范围内，不发生电压失稳的能力。

（5）频率稳定是指电力系统发生有功功率扰动后，系统频率能够保持或恢复到允许的范围内，不发生频率崩溃的能力。

18．保证电力系统稳定运行的主要要求有哪些？

答：保证电力系统稳定运行主要有以下要求：

（1）为保持电力系统正常运行的稳定性和频率、电压的正常水平，系统应有足够的静态稳定储备和有功、无功备用容量，并有必要的调节手段。在正常负荷波动和调节有功、无功潮流时，均不应发生自发振荡。

（2）要有合理的电网结构。

（3）在正常运行方式下，系统任一元件发生单一故障时，不应导致主系统发生非同步运行，不应发生频率崩溃和电压崩溃。

（4）在事故后经调整的运行方式下，电力系统仍有按规定的静态稳定储备，相关元件按规定的事故过负荷运行。

（5）电力系统发生稳定破坏时，必须有预定的处理措施，以缩小事故的范围，减少事故损失。

19．提高电力系统静态稳定性的主要措施有哪些？

答：电力系统静态稳定性是电力系统正常运行时的稳定性，电力系统静态稳定性的基本性质说明，静态储备越大则静态稳定性越高。提高静态稳定性的主要措施有：

（1）减少系统各元件的电抗，即减小发电机和变压器的电抗，减少线路电抗。

（2）提高系统电压水平。

（3）改善电力系统结构。

（4）采用串联电容器补偿。

（5）采用自动调节装置。

（6）采用直流输电。

20．提高电力系统暂态稳定性的主要措施有哪些？

答：提高电力系统暂态稳定性的主要措施有：

（1）继电保护实现快速切除故障。

（2）线路采用自动重合闸。

（3）采用快速励磁系统。

（4）发电机增加强励倍数。

（5）汽轮机快速关闭气门。

（6）发电机电气制动。

（7）变压器中性点经小电阻接地。

（8）长线路中间设置断路器站。

（9）线路采用可控串联电容器补偿。

（10）采用发电机—电路单元接线方式。

（11）实现连锁切机。

（12）采用静止无功补偿装置。

（13）系统设置解列点。

（14）系统稳定破坏后，必要且条件许可时，可以让发电机短期异步运行，尽快投入系统备用电源，然后增加励磁，实现机组再同步。

21．什么是电压崩溃？

答：电压崩溃是指电力系统或电力系统内某一局部，由于无功电源不足，电力系统运行电压等于或者低于临界电压时，如扰动使负荷点的电压进一步下降，将使无功功率永远小于无功负荷，从而导致电压不断下降最终到零。这种系统电压不断下降最终到零的现象称为电压崩溃，或者叫作电力系统电压失稳。

22．防止电压崩溃的主要措施主要有哪些？

答：防止电压崩溃的主要措施有：

（1）依照无功分层分区、就地平衡的原则，安装足够容量的无功补偿设备。

（2）在正常运行中要备有一定的可以瞬时自动调出的无功功率备用容量。

（3）在供电系统采用有载调压变压器时，必须配备足够的无功电源。

（4）避免远距离、大容量的无功功率输送。

（5）超高压线路的充电功率不宜做补偿容量使用，以防跳闸后造成电压大幅波动。

（6）高电压、远距离、大容量输电系统，在短路容量较小的受电端，设置静态无功补偿装置、调相机等作电压支撑。

（7）在必要地区要安装电压自动减负荷装置，并准备好事故限电序位表。

（8）建立电压安全监视系统，它应具备向调度员提供电网中有关地区的电压稳定裕度、电压稳定易于破坏的薄弱地区、应采取的措施等功能。

23．什么是频率崩溃？

答：频率崩溃是指当负载有功功率不断增加，电能供给不平衡，发电机有功功率明显不足，导致电能不断下降，电力系统运行频率等于或低于临界值时，如扰动使频率进一步下降，有功不平衡加剧，形成恶性循环，导致频率不断下降最终到零。这种频率不断下降最终到零的现象称为频率崩溃，或者叫作电力系统频率失稳。

24．防止频率崩溃的措施主要有哪些？

答：防止频率崩溃的主要措施有：

（1）电力系统运行应保证有足够的、合理分布的旋转备用容量和事故备用容量。

（2）电力系统应装设并投入有预防最大功率缺额切除容量的低频率自动减负荷装置。

（3）水电厂机组采用低频自启动装置和抽水蓄能机组装设低频切泵及低频自启动发电的装置。

（4）制定系统事故拉闸序位表，在需要时紧急手动切除负荷。

（5）制定保证发电厂厂用电及重要负荷的措施。

25．什么是黑启动？

答：黑启动是指整个系统因故障停运后，系统全部停电，处于全“黑”状态，不依赖别的网络帮助，通过系统中具有自启动能力的发电机组启动，带动无自启动能力的发电机组，逐渐扩大系统恢复范围，最终实现整个系统的恢复。

26．黑启动需要注意的问题主要有哪些？

答：黑启动需要注意的问题主要有：

（1）选择黑启动电源应根据预案和当前实际情况灵活选择。水电机组（包括抽水蓄能电厂）作为启动电源最为方便。水轮发电机组没有复杂的辅机系统，厂用电少，启动速度快，是最方便、理想的黑启动电源。水电厂还具备良好的调频和调压能力。但应注意径流式水电机组由于受丰枯水影响，可能在某些时候无法启动。火电机组也可作为启动电源，如燃油发电机可以在自备柴油发电机启动的情况下实现快速启动。此外，某些火电厂的外部电网失电时可实现自保厂用电。这些电厂均可以作为黑启动电源。

（2）恢复重要的负荷。首先启动黑启动电源附近的大容量机组。再恢复重要枢纽变电站，特别是站内自备电源不足，且正常站内用电取自高压侧母线的变电站。再恢复重要用户，如电力调度控制中心、政府机关、电信及移动通信等。

27．什么是发电厂？主要分为哪几类？

答：将各种一次能源转变成电能的工厂，称为发电厂。按一次能源的不同，发电厂分为火力发电厂、水力发电厂、核能发电厂、风力发电厂、太阳能发电厂、地热发电厂、潮汐发电厂等。

（1）火力发电是利用煤、石油和天然气等化石燃料，将其燃烧，以用其所得到的热能来发电的一种能量转换形式。

（2）水力发电是利用天然水流的水能，通过导流引到下游形成落差，推动水轮机旋转来带动发电机生产电能的一种能量转换形式。

（3）核能发电是利用原子反应堆中的核燃料产生的原子核裂变能量，将水加热成蒸汽，用蒸汽冲动汽轮机带动发电机发电。

28．什么是变电站？主要分为哪几类？

答：变电站是指电力系统中对电压和电流进行变换，接受电能及分配电能的场所。变电站的主要设备包括变压器、断路器、隔离开关、母线、电压互感器、电流互感器、补偿装置、继电保护及自动装置、综合自动化系统、通信设备、直流设备、站用电源设备等。根据变电站在电力系统中的地位，可将变电站分为以下几类：

（1）枢纽变电站是指位于电力系统的枢纽点，高压侧电压一般为330kV以上，连接电力系统高压和中压的几个部分，汇集多个电源的变电站。全站一旦停电后，将引起整个电力系统解列，甚至使部分系统瘫痪。

（2）中间变电站是指以交换潮流或使长距离输电线路分段为主，同时降低电压给所在区域负荷供电的变电站。一般汇集2～3个电源，电压一般为220～330kV，全站一旦停电后，将引起区域电力系统解列。

（3）地区变电站是一个地区或城市的主要变电站。地区变电站是以向地区或城市用户供电为主，高压侧电压一般为110～220kV的变电站。全站一旦停电后，将使该地区中断供电。

（4）终端变电站是在输电线路的终端，连接负荷点，接向用户供电，高压侧电压一般为110kV的变电站。全站一旦停电后，将使用户中断供电。

29．变电站的接线方式主要有哪几种？

答：变电站的接线方式主要有以下几种：

（1）单母线接线如图1-14所示，该接线方式具有简单清晰、设备少、投资小、运行操作方便且有利于扩建等优点，但也有可靠性、灵活性较差等缺点。

（2）双母线接线如图1-15所示，该接线方式具有供电可靠、检修方便、调度灵活及便于扩建等优点，但也有所用设备多（特别是隔离开关）、配电装置复杂、经济性较差等缺点。

（3）单、双母线或母线分段加旁路接线，分别如图1-16～图1-19所示，该接线方式具有供电可靠性高、运行灵活方便等优点，但也有投资有所增加、经济性稍差等缺点，特别是用旁路断路器代路时，操作复杂，增加了误操作风险，同时，由于加装旁路断路器，使相应的保护及自动化系统复杂化。

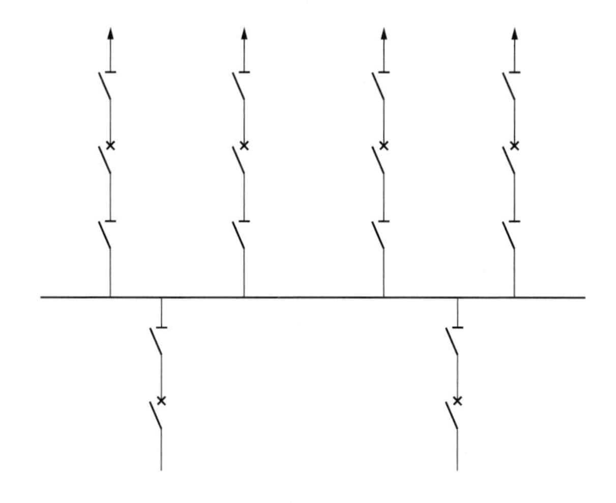

图 1-14　单母线接线

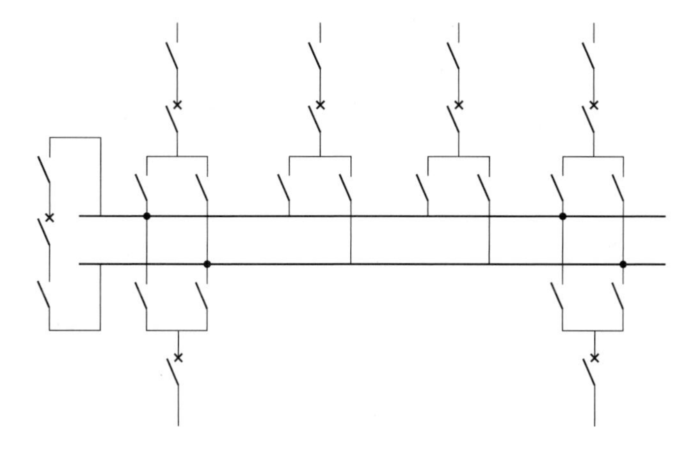

图 1-15　双母线接线

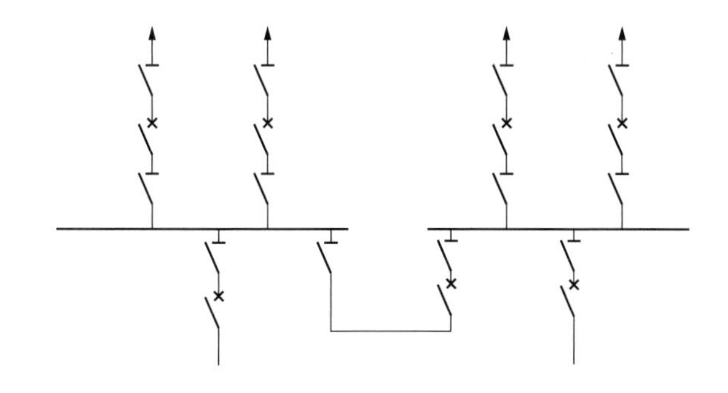

图 1-16　单母线分段接线

（4）3/2 接线如图 1-20 所示，该接线方式具有较高的供电可靠性和运行灵活性。任一母线故障或检修，均不致停电，除联络断路器故障时与其相连的两回线路短时停电外，其他任何断路器故障或检修都不会中断供电，甚至两组母线同时故障（或一组检修时另一组故障）的极端情况下，仍能继续输送功率。但此接线方式使用设备较多，特别是断路器和电流互感器，投资较大，二次控制接线和继电保护都比较复杂。

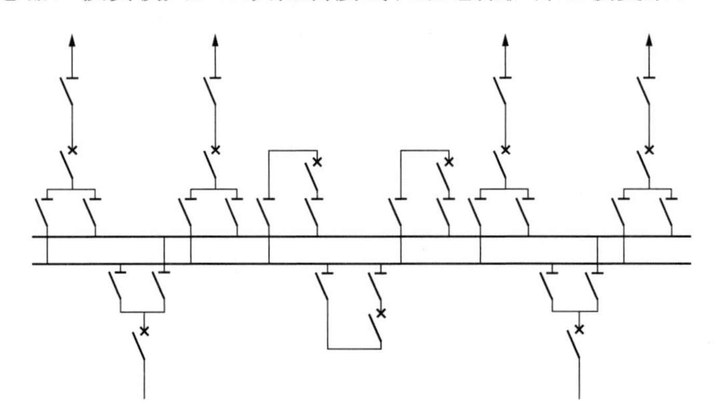

图 1-17　双母线分段接线

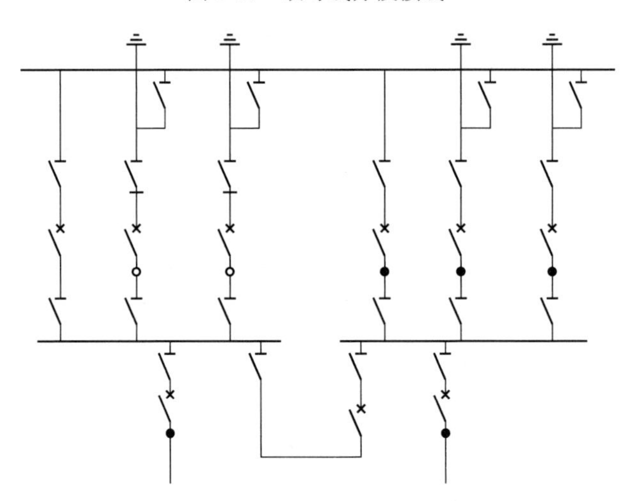

图 1-18　单母线分段加旁路接线

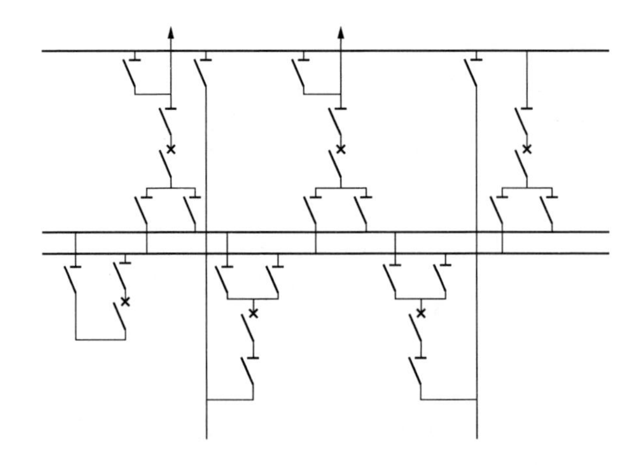

图 1-19　双母线分段加旁路接线

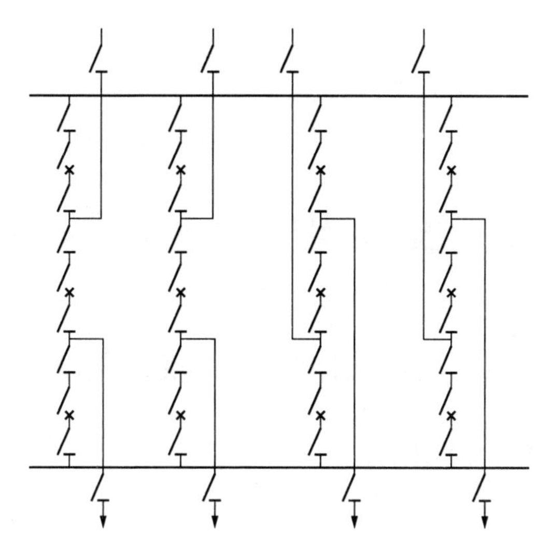

图 1-20 3/2 接线

30．什么是换流站？主要设备有哪些？

答：换流站是指在高压直流输电系统中，为了完成将交流电变换为直流电或者将直流电变换为交流电的转换，并达到电力系统对于安全稳定及电能质量的要求而建立的站点。换流站除了有交流场等与交流变电站相同的设备外，还有换流器、交流滤波器及无功补偿设备、直流滤波器和平波电抗器等设备。

第二章　发变电安全生产基础知识

第一节　法律法规与规程制度

1．我国的安全生产方针是什么？

答：我国的安全生产方针是：安全第一，预防为主，综合治理。

（1）“安全第一”是安全生产方针的基础，当安全和生产发生矛盾时，必须首先解决安全问题，确保劳动者生产劳动时必备的安全生产条件。

（2）“预防为主”是安全生产方针的核心和具体体现，是保障安全生产的根本途径，除自然灾害等人力不可抗拒原因造成的事故以外，任何事故都可以预防，必须把可能导致事故发生的所有的机理或因素，消除在事故发生之前。

（3）事故源于隐患，只有实施“综合治理”，主动排查、综合治理各类隐患，把事故消灭在萌芽状态，才能有效防范事故，把“安全第一”落到实处。

2．《中华人民共和国安全生产法（2021 修正）》主要修改了哪些内容？

答：现行的《中华人民共和国安全生产法（2021 修正）》（以下简称《安全生产法》）于 2021 年 6 月 10 日发布，2021 年 9 月 1 日正式实施。《安全生产法》本次修改的内容主要包括以下几个方面：

（1）贯彻新思想、新理念，增加了安全生产工作坚持人民至上、生命至上，树牢安全发展理念。

（2）落实中央决策部署。深入贯彻中央文件的精神，增加规定了重大事故隐患排查治理情况的报告、高危行业领域强制实施安全生产责任保险、安全生产公益诉讼等重要制度。

（3）健全安全生产责任体系。第一是强化党委和政府的领导责任，明确了安全生产工作坚持党的领导，要求各级人民政府加强安全生产基础设施建设和安全生产监管能力建设，所需经费列入本级预算。第二是明确了各有关部门的监管职责，规定安全生产工作实行“管行业必须管安全、管业务必须管安全、管生产经营必须管安全”。第三是压实生产经营单位的主体责任，明确了生产经营单位的主要负责人是本单位的安全生产第一责任人，同时要求各类生产经营单位落实全员的安全生产责任制、安全风险分级管控和隐患排查治理双重预防机制。

（4）强化新问题、新风险的防范应对。深刻汲取近年来的事故教训，对生产安全事故中暴露的新问题作了针对性规定。

（5）加大对违法行为的惩处力度。本次修订后，对违法行为的罚款金额更高，处罚方式更严，惩戒力度更大。

3. 什么是安全生产责任制？

答：安全生产责任制是按照以人为本，坚持“安全第一、预防为主、综合治理”的安全生产方针，和安全生产法律法规建立的生产经营单位各级负责人员、各职能部门及其工作人员、各岗位人员在安全生产方面应做的事情和应负的责任，加以明确规定的一种制度。

4. 生产经营单位的安全生产责任主要有哪些？

答：根据《安全生产法》，生产经营单位必须遵守本法和其他有关安全生产的法律、法规，加强安全生产管理，建立健全全员安全生产责任制和安全生产规章制度，加大对安全生产资金、物资、技术、人员的投入保障力度，改善安全生产条件，加强安全生产标准化、信息化建设，构建安全风险分级管控和隐患排查治理双重预防机制，健全风险防范化解机制，提高安全生产水平，确保安全生产。

5. 生产经营单位的主要负责人安全职责主要有哪些？

答：根据《安全生产法》，生产经营单位的主要负责人对本单位安全生产工作负有下列职责：

（1）建立健全并落实本单位全员安全生产责任制，加强安全生产标准化建设。

（2）组织制定并实施本单位安全生产规章制度和操作规程。

（3）组织制定并实施本单位安全生产教育和培训计划。

（4）保证本单位安全生产投入的有效实施。

（5）组织建立并落实安全风险分级管控和隐患排查治理双重预防工作机制，督促、检查本单位的安全生产工作，及时消除生产安全事故隐患。

（6）组织制定并实施本单位的生产安全事故应急救援预案。

（7）及时、如实报告生产安全事故。

6. 生产经营单位的安全生产管理机构及安全生产管理人员安全职责主要有哪些？

答：根据《安全生产法》，生产经营单位的安全生产管理机构及安全生产管理人员安全职责主要包括以下：

（1）组织或者参与拟订本单位安全生产规章制度、操作规程和生产安全事故应急救援预案。

（2）组织或者参与本单位安全生产教育和培训，如实记录安全生产教育和培训情况。

（3）组织开展危险源辨识和评估，督促落实本单位重大危险源的安全管理措施。

（4）组织或者参与本单位应急救援演练。

（5）检查本单位的安全生产状况，及时排查生产安全事故隐患，提出改进安全生产管理的建议。

（6）制止和纠正违章指挥、强令冒险作业、违反操作规程的行为。

（7）督促落实本单位安全生产整改措施。

7．生产经营单位应当给从业人员提供哪些基本保障？

答：根据《安全生产法》，生产经营单位应当给从业人员提供以下保障：

（1）生产经营单位应当对从业人员进行安全生产教育和培训，保证从业人员具备必要的安全生产知识，熟悉有关的安全生产规章制度和安全操作规程，掌握本岗位的安全操作技能，了解事故应急处理措施，知悉自身在安全生产方面的权利和义务。未经安全生产教育和培训合格的从业人员，不得上岗作业。

（2）生产经营单位使用被派遣劳动者的，应当将被派遣劳动者纳入本单位从业人员统一管理，对被派遣劳动者进行岗位安全操作规程和安全操作技能的教育和培训。

（3）生产经营单位接收中等职业学校、高等学校学生实习的，应当对实习学生进行相应的安全生产教育和培训，提供必要的劳动防护用品。学校应当协助生产经营单位对实习学生进行安全生产教育和培训。

（4）生产经营单位采用新工艺、新技术、新材料或者使用新设备，必须了解、掌握其安全技术特性，采取有效的安全防护措施，并对从业人员进行专门的安全生产教育和培训。

8．从业人员安全生产的权利和义务主要有哪些？

答：根据《安全生产法》，从业人员依法享有以下安全生产的权利和义务：

（1）生产经营单位与从业人员订立的劳动合同，应当载明有关保障从业人员劳动安全、防止职业危害的事项，以及依法为从业人员办理工伤保险的事项。

（2）生产经营单位不得以任何形式与从业人员订立协议，免除或者减轻其对从业人员因生产安全事故伤亡依法应承担的责任。

（3）从业人员有权了解其作业场所和工作岗位存在的危险因素、防范措施及事故应急措施，有权对本单位的安全生产工作提出建议，从业人员有权对本单位安全生产工作中存在的问题提出批评、检举、控告；有权拒绝违章指挥和强令冒险作业。

（4）从业人员发现直接危及人身安全的紧急情况时，有权停止作业或者在采取可能的应急措施后撤离作业场所。

（5）因生产安全事故受到损害的从业人员，除依法享有工伤保险外，依照有关民事法律尚有获得赔偿的权利的，有权向本单位提出赔偿要求。

（6）从业人员在作业过程中，应当严格遵守本单位的安全生产规章制度和操作规程，服从管理，正确佩戴和使用劳动防护用品。

（7）从业人员应当接受安全生产教育和培训，掌握本职工作所需的安全生产知识，提高安全生产技能，增强事故预防和应急处理能力。

（8）从业人员发现事故隐患或者其他不安全因素，应当立即向现场安全生产管理人员或者本单位负责人报告；接到报告的人员应当及时予以处理。

9．《中华人民共和国刑法修正案（十一）》修改了哪些安全生产有关的内容？

答：《中华人民共和国刑法修正案（十一）》修改的安全生产内容主要如下：

（1）修改了强令违章冒险作业罪，增加了“明知存在重大事故隐患而不排除，仍冒险组织作业”的行为。

（2）增加了关闭破坏生产安全设备设施和篡改、隐瞒、销毁数据信息的犯罪。

（3）增加了拒不整改重大事故隐患的犯罪。

（4）增加了擅自从事高危生产作业活动的犯罪。

（5）修改了提供虚假证明文件罪，增加了“保荐、安全评价、环境影响评价、环境监测等职责的中介组织的人员”为犯罪主体。

10．生产作业中哪些严重违法行为将被追究刑事责任？

答：根据《中华人民共和国刑法修正案（十一）》有关规定，在生产、作业中违反有关安全管理的规定，有下列情形之一，具有发生重大伤亡事故或者其他严重后果的现实危险的，处一年以下有期徒刑、拘役或者管制：

（1）关闭、破坏直接关系生产安全的监控、报警、防护、救生设备、设施，或者篡改、隐瞒、销毁其相关数据、信息的。

（2）因存在重大事故隐患被依法责令停产停业、停止施工、停止使用有关设备、设施、场所或者立即采取排除危险的整改措施，而拒不执行的。

（3）涉及安全生产的事项未经依法批准或者许可，擅自从事矿山开采、金属冶炼、建筑施工，以及危险物品生产、经营、储存等高度危险的生产作业活动的。

11．《中央企业安全生产禁令》的主要内容是什么？

答：《中央企业安全生产禁令》的内容包括：

（1）严禁在安全生产条件不具备、隐患未排除、安全措施不到位的情况下组织生产。

（2）严禁使用不具备国家规定资质和安全生产保障能力的承包商和分包商。

（3）严禁超能力、超强度、超定员组织生产。

（4）严禁违章指挥、违章作业、违反劳动纪律。

（5）严禁违反程序擅自压缩工期、改变技术方案和工艺流程。

（6）严禁使用未经检验合格、无安全保障的特种设备。

（7）严禁不具备相应资格的人员从事特种作业。

（8）严禁未经安全培训教育并考试合格的人员上岗作业。

（9）严禁迟报、漏报、谎报、瞒报生产安全事故。

12．什么是生产安全事故？主要分为哪几类？

答：生产安全事故是指生产经营单位在生产经营活动中突然发生的，伤害人身安全和健康，或者损坏设备设施，或者造成经济损失的，导致原生产经营活动暂时中止或永远终止的意外事件。根据《生产安全事故报告和调查处理条例》相关规定，生产安全事故包括以下几类：

（1）特别重大事故，是指造成30人以上死亡，或者100人以上重伤（包括急性工业中毒，下同），或者1亿元以上直接经济损失的事故。

（2）重大事故，是指造成10人以上30人以下死亡，或者50人以上100人以下重伤，或者5000万元以上1亿元以下直接经济损失的事故。

（3）较大事故，是指造成3人以上10人以下死亡，或者10人以上50人以下重伤，或者1000万元以上5000万元以下直接经济损失的事故。

（4）一般事故，是指造成3人以下死亡，或者10人以下重伤，或者1000万元以下直接经济损失的事故。

13. 什么是电力生产安全事故事件？主要分为哪几类？

答： 电力生产安全事故事件是指在电力生产工作中或在电力生产区域发生的，且不属于自然灾害造成的人员伤亡、直接经济损失、电网负荷损失或用户停电、设备故障损坏、人员失职直接导致设备非计划停运、电网安全水平降低、二次系统不正确动作、调度自动化系统功能失灵、调度通信功能失效、电力监控系统遭受攻击或侵害造成无法正常运作，以及重大社会影响等后果，并达到相应定义标准的安全事故或安全事件。根据《中国南方电网有限责任公司电力事故（事件）调查规程》相关规定，电力生产安全事故事件主要分为电力人身事故事件、电力安全事故事件、电力设备事故事件。

14. 什么是电力人身事故事件？

答： 在电力生产工作过程中或在电力生产区域发生的，电力企业员工或承包商员工，因人员失职失责、非突发疾病等造成的死亡或受伤的生产安全事故事件。根据伤亡人员的用工关系、项目合同关系等确定事故事件归属单位。

15. 什么是电力安全事故事件？

答： 在电力生产、电网运行过程中发生的电网减供负荷或用户停电、电能质量降低、影响电力系统安全稳定运行或者影响电力（或热力）正常供应的事故（包括热电厂发生的影响热力正常供应的事故）和发输变配电设备非计划停运、电网安全水平降低、二次系统不正确动作、调度业务或生产实时通信功能中断等后果的事件。

16. 什么是电力设备事故事件？

答： 在电力生产、电网运行中发生的发输变配电设备故障造成直接经济损失、设备故障损坏、水工设施损坏、发电机组检修超时限、人员失职导致设备非计划停运或状态改变、火灾火警的事故和事件，以及电力建设过程中发生的施工作业设备设施损坏、质量不合格、物资损坏或造成直接经济损失的事故和事件。

17. 电力非生产安全事件主要包括哪些？

答： 电力非生产安全事件包括电力自然灾害事件、电力人身意外事件、电力交通事件和涉电公共安全事件。

（1）电力自然灾害事件。在电力生产工作中或在电力生产区域发生的，由不能预见或者不能抗拒的自然灾害直接造成人身伤亡、直接经济损失（含设备损坏）、设备停运等情形。

（2）电力人身意外事件。在电力生产工作中或在电力生产区域发生的，电力企业员工或承包商员工，因突发疾病（县级以上医疗机构诊断结果）、非过失等情形和行为造成死亡或重伤，且经县级以上安全生产监督管理部门认定为非生产安全事故。

（3）电力交通事件。在电力生产区域、进厂、进变电站等专用道路上或水域发生的，或交警和其他交通管理部门不处理的其他情形，由电力企业资产或实际使用的生产性交通工具造成的人员死亡或重伤。

（4）涉电公共安全事件。由于电力企业所管辖的设备、设施、人员等原因，造成社会人员死亡或重伤。

18．什么是百万工时死亡率？

答： 百万工时死亡率是指一定统计范围内（如企业内部），平均每百万工时，因事故造成的死亡人数。其计算公式为：$百万工时死亡率=\frac{死亡人数}{实际总工时}\times 10^6$。

19．什么是安全生产规章制度？

答： 安全生产规章制度是以安全生产责任制为核心的，指引和约束人们在安全生产方面的行为，是安全生产的行为准则，也是生产经营单位贯彻落实国家安全生产方针、国家有关安全生产法律法规、政策、行业标准的行动指南，是生产经营单位加强安全生产管理，有效防范生产、和经营过程中各类安全风险，保障从业人员生命健康安全、财产安全和公共安全的重要措施。

20．保证电力生产作业安全的组织措施主要有哪些？

答： 保证安全的组织措施主要有以下 9 种：现场勘查、工作票组织、工作票启用、工作许可、工作监护、工作间断、工作转移、工作变更和延期，以及工作终结。

21．什么是工作许可、工作间断、工作转移和工作终结？

答：（1）工作许可是指许可人根据工作票内容在做设备停电安全技术措施后，向工作负责人发出工作许可的命令，工作负责人方可开始工作，工作许可可以采用当面下达、电话下达、派人送达、信息系统下达等方式进行。

（2）工作间断是指室外工作，如遇雷、雨、风等恶劣天气或者其他可能危及作业人员安全的情况时，工作负责人或专责监护人根据实际情况，有权决定临时停止工作的情形。

（3）工作转移是指使用一张工作票依次在几个工作地点转移工作的情形。

（4）工作终结是指工作票的终结、调度检修申请单的终结或书面形式布置和记录的终结。

22．现场勘察主要包括哪些内容？

答： 现场勘察应查看检修（施工）作业需要停电的范围、保留的带电部位、装设接地线的位置、邻近线路、交叉跨越、多电源、自备电源、地下管线设施和作业现场的条件、环境及其他影响作业的危险点。

23．工作方案编制主要包括哪些内容？

答： 工作方案编制应根据现场勘察结果制定，具备针对性、可操作性的措施，严禁未经现场勘察提前编写、套用，主要包括以下内容：

（1）施工组织措施应明确施工管理组织架构和应急组织架构，包含项目业主方和承包商方相关人员，并明确需履行的管理职责。

（2）施工安全措施应根据作业任务，从站内一次设备、二次设备、计量设备、站用交直流设备、其他（消防、五防、土建、建筑物等）等方面的安全措施进行考虑。

（3）施工技术措施应明确各施工作业步骤的施工作业方法、使用的作业机械及作业工具、对各作业步骤中的人身风险、电网风险、设备风险、环境及职业健康风险进行识别评估、并制定预控措施。

24．安全交代主要包括哪些内容？

答：安全交代内容应包括工作任务、每名作业人员的任务分工、作业地点及范围、设备停电及安全措施、工作地点保留的带电部位及邻近带电设备、作业环境及风险、其他注意事项。对于可能发生的电力人身事故事件、电力设备事故事件、电力安全事故事件风险和风险控制措施必须进行交代。

25．什么是“两票”？主要包括哪些类型？

答：“两票”一般指操作票和工作票，操作票是指进行电气操作的书面依据，包括变电操作票、配电操作票、发电操作票。工作票是指为电网发电、输电、变电、配电、调度等生产作业安全有序实施而设计的一种组织性书面形式控制依据。根据《中国南方电网有限责任公司电力安全工作规程》相关规定，工作票主要包括以下类型：①厂站第一种工作票；②厂站第二种工作票；③厂站第三种工作票；④线路第一种工作票；⑤线路第二种工作票；⑥低压配电网工作票；⑦带电作业工作票；⑧紧急抢修工作票；⑨书面形式布置和记录。

26．工作票涉及人员应该具备哪些基本要求？

答：工作票涉及人员应该具备以下基本要求：

（1）工作票签发人、工作票会签人应由熟悉人员安全技能与技术水平，具有相关工作经历、经验丰富的生产管理人员、技术人员、技能人员担任。

（2）工作负责人（监护人）应由熟悉工作班人员安全意识与安全技能及技术水平，具有充分与必要的现场作业实践经验，以及相应管理工作能力的人员担任。

（3）工作许可人应具有相应且足够的工作经验，熟悉工作范围及相关设备的情况。

（4）专责监护人应具有相应且足够的工作经验，熟悉并掌握本规程，能及时发现作业人员身体和精神状况的异常。

（5）工作班人员应具有较强的安全意识、相应的安全技能及必要的作业技能；清楚并掌握工作任务和内容、工作地点、危险点、存在的安全风险及应采取的控制措施。

27．工作票签发人主要有哪些职责？

答：工作票签发人主要职责如下：

（1）确认工作必要性和安全性。

（2）确认工作票所列安全措施是否正确完备。

（3）确认所派工作负责人和工作班人员是否适当、充足。

28．工作票会签人主要有哪些职责？

答：工作票会签人主要职责如下：

（1）审核工作必要性和安全性。

（2）审核工作票所列安全措施是否正确完备。

（3）审核外单位工作人员资格是否具备。

29．工作负责人（监护人）主要有哪些职责？

答：工作负责人（监护人）主要职责如下：

（1）亲自并正确完整地填写工作票。

（2）确认工作票所列安全措施正确、完备，符合现场实际条件，必要时予以补充。

（3）核实已做完的所有安全措施是否符合作业安全要求。

（4）正确、安全地组织工作，工作前应向工作班全体人员进行安全交代。关注工作人员身体和精神状况是否正常以及工作班人员变动是否合适。

（5）监护工作班人员执行现场安全措施和技术措施、正确使用劳动防护用品和工器具，在作业中不发生违章作业、违反劳动纪律的行为。

30．值班负责人主要有哪些职责？

答：值班负责人主要职责如下：

（1）审查工作的必要性。

（2）审查检修工期是否与批准期限相符。

（3）对工作票所列内容有疑问时，应向工作票签发人（或工作票会签人）询问清楚，必要时应作补充。

（4）确认工作票所列安全措施是否正确、完备，必要时应补充安全措施。

（5）负责值班期间的电气工作票、检修申请单或规范性书面记录过程管理。

31．工作许可人主要有哪些职责？

答：工作许可人主要职责如下：

（1）接受调度命令，确认工作票所列安全措施是否正确、完备，是否符合现场条件。

（2）确认已布置的安全措施符合工作票要求，防范突然来电时安全措施完整可靠。按本规程规定应以手触试的停电设备应实施以手触试。

（3）在许可签名之前，应对工作负责人进行安全交代。

（4）所有工作结束时，确认工作票中本厂站所负责布置的安全措施具备恢复条件。

32．专责监护人主要有哪些职责？

答：专责监护人需要注意以下事项：

（1）专责监护人由工作负责人指派，从事监护工作，不得直接参与工作，以免工作失去监护。

（2）工作负责人在开工前必须向专责监护人明确监护的人员、安全措施的布置情况、工作中的注意事项、存在危险点与带电部位及工作内容。

（3）作业前，专责监护人对被监护人员交代监护内容涉及的作业风险、安全措施及注意事项；作业中，不得从事与监护无关的事情，确保被监护人员遵章守纪；监护内容完成后，监督将作业地点的安全措施恢复至作业前状态，并向工作负责人汇报。

33．工作班（作业）人员主要有哪些职责？

答：工作班（作业）人员主要职责如下：

（1）熟悉工作内容、流程，掌握安全措施，明确工作中的危险点，并履行签名确认手续。

（2）遵守各项安全规章制度、技术规程和劳动纪律。

（3）服从工作负责人的指挥和专责监护人的监督，执行现场安全工作要求和安全注意事项。

（4）发现现场安全措施不适应工作时，应及时提出异议。

（5）相互关心作业安全，不伤害自己，不伤害他人，不被他人伤害和保护他人不受伤害。

（6）正确使用工器具和劳动防护用品。

34．厂站内的检修工作开始前，需履行哪些许可手续？

答：厂站内的检修工作，需完成以下许可手续后，工作班组方可开始工作：

（1）会同工作负责人到现场再次检查所做的安全措施与工作要求的安全措施相符。

（2）在设备已进行停电、验电和装设接地线，确认安全措施布置完毕后，工作许可人应根据本规程规定，以手触试检修设备，证明检修设备确无电压。

（3）对工作负责人指明工作地点保留的带电设备部位和其他安全注意事项。

（4）确认安全措施满足要求后，会同工作负责人在工作票上分别确认、签名。

35．工作间断期间若有紧急需要对设备送电，应采取哪些必要措施？

答：工作间断期间，若有紧急需要，工作许可人可在工作票未收回的情况下协调设备送电，但应事先通知工作负责人，在得到工作班人员已全部撤离工作地点、可以送电的答复，采取以下必要措施后方可执行：

（1）拆除临时遮栏、接地线和标示牌，恢复常设遮栏，换挂“止步，高压危险!”的标示牌。

（2）在所有道路派专人守候，确保所有人员不能进入送电现场。守候人员在工作票未交回以前，不得离开守候地点。

36．工作转移有哪些注意事项？

答：工作转移需要注意以下事项：

（1）使用同一张厂站工作票依次在几个工作地点转移工作时，工作负责人应向作业人员交代不同工作地点的带电范围、安全措施和注意事项。使用同一张厂站工作票依次在几个工作地点转移工作时，工作负责人应向作业人员交代不同工作地点的带电范围、安全措施和注意事项。

（2）使用一张工作票并在检修状态下的一条高压线路分区段工作，工作班自行装设的接地线等安全措施可分段执行。工作票上应填写使用的接地线编号、位置等随工作区段转移情况。

37．工作终结主要有哪些注意事项？

答：工作终结主要有以下注意事项：

（1）分组工作的工作票作业终结前，工作负责人应收到所有分组负责人作业已结束的汇报，方可办理作业终结。

（2）全部作业结束，作业人员撤离现场后、办理作业终结前，任何人员未经工作负责人许可，不得进入工作现场。

（3）工作许可人办理厂站工作票的作业终结前，应会同工作负责人赴作业现场，核实作业完成情况、工作票所列安全措施仍保持作业前的状态、有无存在问题等，无人值班变电站电话许可的工作票电话核实上述信息后，方可办理作业终结手续。

（4）末级工作许可人办理线路工作票的作业终结前，应与工作负责人当面或者电话核实工作票人员信息无误，工作地点个人保安线、工具、材料等无遗留，全部作业人员已从杆上撤下，工作地段自行装设的接地线已全部拆除，无其他存在问题等，方可办理作业终结手续。

（5）调度许可人办理调度检修申请单的作业终结前，应确认作业现场自行装设的接地线已全部拆除、人员已全部撤离、设备恢复到调度管辖安全措施实施后的初始状态，所有现场工作票已办理工作票的终结。若其中个别工作票因故已办理工作延期且不影响送电的，可办理本调度检修申请单的作业终结。

38．保证电力生产作业安全的技术措施主要有哪些？

答：保证安全的技术措施主要有停电、验电、接地、悬挂标示牌和装设遮栏（围栏）。

39．检修设备停电时应做好哪些安全措施？

答：检修设备停电时应做好以下措施：

（1）各方面的电源完全断开。任何运行中的星形接线设备的中性点，应视为带电设备。不应在只经断路器断开电源或只经换流器闭锁隔离电源的设备上工作。

（2）拉开隔离开关，手车断路器应拉至“试验”或“检修”位置，使停电设备的各端有明显的断开点。无明显断开点的，应有能反映设备运行状态的电气和机械等指示，无明显断开点且无电气、机械等指示时，应断开上一级电源。

（3）与停电设备有关的变压器和电压互感器，应将其各侧断开。

40．对停电设备的操动机构或部件应采取哪些措施？

答：对停电设备的操动机构或部件应采取以下措施：

（1）可直接在地面操作的断路器、隔离开关的操动机构应加锁，有条件的隔离开关宜加检修隔离锁。

（2）不能直接在地面操作的断路器、隔离开关应在操作部位悬挂标示牌。

41．电气设备验电有哪些基本要求？

答：电气设备验电应满足以下基本要求：

（1）在停电的电气设备上接地（装设接地线或合接地隔离开关）前，应先验电，验明电气设备确无电压。高压验电时应戴绝缘手套并有专人监护。

（2）验电的方式包括直接验电和间接验电。在有直接验电条件下，优先采取直接验电方式。

（3）验电操作必须设专人监护，验电者在高压验电时必须穿戴绝缘手套。

42．可采用间接验电的情况有哪些？

答：以下情况可采用间接验电：

（1）在恶劣气象条件时的户外设备。

（2）厂站内 330kV 及以上的电气设备。

（3）其他无法直接验电的设备。

43．电气设备接地应满足哪些基本要求？

答：电气设备接地应满足以下基本要求：

（1）验明设备确无电压后，应立即将检修设备接地并三相短路。电缆及电容器接地前应逐相充分放电。

（2）装拆接地线应有人监护。

（3）人体不应碰触未接地的导线。

（4）工作地段有邻近、平行、交叉跨越及同杆塔线路，需要接触或接近停电线路的导线工作时，应装设接地线或使用个人保安线。

（5）装设接地线、个人保安线时，应先装接地端，后装导体（线）端，拆除接地线的顺序与此相反。

（6）接地线或个人保安线应接触良好、连接可靠。

（7）装拆接地线导体端应使用绝缘棒或专用的绝缘绳，人体不应碰触接地线。

（8）带接地线拆设备接头时，应采取防止接地线脱落的措施。

（9）在厂站、高压配电线路和低压配电网装拆接地线时，应戴绝缘手套。

（10）不应采用缠绕的方法进行接地或短路。接地线应使用专用的线夹固定在导体上。

44．装设和拆除接地线、个人保安线时应按照什么顺序开展？

答：装设接地线、个人保安线时，应先装接地端，后装导体（线）端，拆除接地线的顺序与此相反。

45．应悬挂相应的标示牌情况有哪些？

答：以下情况应悬挂相应的标示牌：

（1）厂站工作时的隔离开关或断路器操作把手、电压互感器低压侧空气开关（熔断器）操作处，应悬挂“禁止合闸，有人工作!”的标示牌。

（2）线路工作时，厂站侧或线路上的隔离开关或断路器的操作把手、电压互感器低压侧空气开关（熔断器）操作处、配电机构箱的操作把手及跌落式熔断器的操作处，应悬挂“禁止合闸，线路有人工作！”标示牌。

（3）通过计算机监控系统进行操作的隔离开关或断路器，在其监控显示屏上的相应操作处，应设置相应标识。

46．人员工作中与设备带电部分的安全距离有什么要求？

答：人员工作中与设备带电部分的安全距离要求见表2-1。

表2-1　人员工作中与设备带电部分的安全距离要求

电压等级（kV）	安全距离（m）
10及以下	0.35
20、35	0.6
66、110	1.5
220	3.0
330	4.0
500	5.0
750	8.0

续表

电压等级（kV）	安全距离（m）
1000	9.5
±50 及以下	1.5
±500	6.8
±660	9.0
±800	10.1

注　1．表中未列电压等级按高一挡电压等级安全距离。
　　2．13.8kV 执行 10kV 的安全距离。
　　3．750kV 数据按海拔 2000m 校正，其他等级数据按海拔 1000m 校正。

第二节　安全生产风险管理基础知识

1．什么是本质安全？什么是本质安全型企业？

答：本质安全是从根源上消除或减小生产过程中的危险。本质安全型企业，是通过建立科学系统、主动超前的安全生产管理体系和事故事件预防机制，从源头上防控安全风险，从根本上消除事故隐患，使人、物、环境、管理各要素具有从根本上预防和抵御事故的内在能力和内生功能，实现各要素安全可靠、和谐统一。其中，人是核心、物是基础、环境是条件、管理是关键，管理的本质安全影响和作用于“人、物、环”，技术的赋能贯穿于“人、物、环、管”的各环节。

2．什么是安全生产风险管理？什么是安全生产风险管理体系？

答：安全风险管理，是指识别生产过程中存在的危险、有害因素，运用定性或定量的统计方法确定其风险程度，进而确定风险控制措施办法的现代安全管理方式。

安全生产风险管理体系是一个管理体系，是安全方面引入风险管理思想的管理体系，管理体系实质上是通过运转来挖掘、解决管理中的问题，从而促进管理水平的不断提高。安全生产风险管理体系的建设和运转，都是通过周而复始地顺序执行“计划、执行、检查、改进”活动，实现安全生产管理水平的持续改进和提升。

3．安全生产风险管理体系的核心思想是什么？如何理解？

答：安全生产风险管理体系的核心思想是“基于风险、系统化、规范化、持续改进”。

（1）基于风险是工作目的，指我们做任何一项工作，都要清楚风险所在，清楚需要控制什么风险，其落脚点是风险识别与评估。

（2）系统化是思考问题的方法，指我们要控制好这些风险，应从哪些方面去控制，各方面相互间逻辑关系如何，具体要做好哪些工作，其落脚点是管理脉络或流程。

（3）规范化是处理问题的方法与手段，指在做具体工作时，我们应采用什么方法或手段去控制风险，其落脚点就是标准化文件等执行载体。

（4）持续改进也是处理问题的方法与手段，指我们要对上述三个环节进行定期回顾总结，反思风险识别是否全面，管控内容是否全面，方法是否科学有效，并提出和落实相关的改进措施，其落脚点是建立问题发现及处理机制。

4．什么是安全风险分级管控与隐患排查治理双重预防机制？

答：安全风险分级管控与隐患排查治理双重预防机制是安全生产的两道“防火墙”。

（1）风险分级管控。以安全风险辨识和管控为基础，坚持超前防范、关口前移，从源头上系统辨识风险、分级管控风险，把风险控制在隐患形成之前。

（2）隐患排查治理。以隐患排查和治理为手段，通过隐患排查，及时找出风险控制过程中出现的缺失、漏洞和风险控制失效环节，把隐患消灭在事故发生之前。

5．什么是危害？主要分为哪几类？

答：危害是指可能导致伤害或疾病、财产损失、工作环境破坏或这些情况组合的条件或行为。

（1）按照广义分类，危害主要可以分类两大类，第一类是可能意外释放的能量或具有危害性的物质，是导致事故事件发生的根源；第二类是导致约束能量或有害物质屏障消失的原因，包括人的不安全行为、物的不安全状态、管理缺陷等。

（2）按照细分种类，可以分为物理危害、化学危害、生物危害、人机工效危害、社会—心理危害、行为危害、环境危害、能源危害、机械危害 9 类。

6．什么是风险？主要包括哪几类？

答：风险是指某一特定危害可能造成损失或损害的潜在性变成现实的机会，通常表现为某一特定危险情况发生的可能性和后果的组合。按照可能造成的后果，风险主要可以分为以下几类：

（1）人身风险，如触电、坠落、中毒等。

（2）电网风险，如电力系统失稳、减供负荷、电能质量不合格等。

（3）设备风险，如设备损坏、被迫停运、设备性能下降等。

（4）环境风险，如环境污染、生态破坏等。

（5）职业健康风险，如职业病、职业性疾病等。

（6）公共安全风险，如法律纠纷、声誉受损、群体事件等。

（7）网络安全风险，如网络攻击、有害程序、信息泄露、信息被破坏等。

7．什么是风险评估？开展风险评估的步骤主要有哪些？

答：风险评估，是指辨识危害引发特定事件的可能性、暴露和结果的严重度，并将现有风险水平与规定的标准、目标风险水平进行比较，确定风险是否可以容忍的全过程。开展风险评估主要有以下 5 个步骤：

（1）确定风险范畴和细分风险种类。

（2）查找可能暴露于风险的人员、设备及其他信息。

（3）识别控制风险的现有措施，包括现有的管理措施和现场执行的防范措施。

（4）分析危害转化为风险的可能性、频率和后果的严重性。

（5）量化风险结果并划分风险等级。

8．风险评估主要有哪些基准类型？

答：风险评估主要有以下三种类型：

（1）基准风险评估，是指对企业生产过程中面临的危害和风险进行基本的、全面的识别和评估，主要关注风险评估和管控措施的全面性，通常每年定期开展。

（2）基于问题的风险评估，是指对生产过程中出现的高风险对象或突出问题，进行有针对性的专项风险评估，主要关注风险评估和管控措施的针对性。

（3）持续风险评估，是指对企业风险进行动态识别和评估，主要关注风险评估和管控措施的实时性。

9．风险管控的方法主要有哪些？

答：风险防控的方法主要有：

（1）消除/停止。停止风险工作可以从设计上采取措施，从根本上根除存在的危害，充分避免可能的风险。

（2）转移。通过保险或委托专业队伍、人员作业、从而降低可能产生的风险。

（3）替代。用其他工作程序代替原有的，或用其他的风险较低的物质代替原有的高风险物质。

（4）工程/隔离。通过工程改造或其他隔离方法，改善作业环境、设施，减少人员接触风险的机会，从而减低风险。

（5）行政管理。通过行政管理手段，如设计标准、培训、巡查等方法，以保证工作人员在工作中避免可能的安全生产风险。

10．什么是安全生产风险“四分管控”？

答：安全生产风险管控是指为消除或降低安全生产风险而采取管理或技术措施的行为，安全生产风险实行分类、分级、分层、分专业的管控，简称“四分管控”。

（1）分类。安全生产风险从后果上主要分为人身、电网、设备、网络安全、环境与职业健康、公共安全等风险。

（2）分级。根据风险评估结果，将安全生产风险划分为“特高、高、中、低、可接受”五个等级。除“可接受”等级外，其他等级风险统称为“不可接受风险”，企业需对“不可接受风险”制定对应的管控措施，其中特高风险需按照各级政府定义的重大安全风险和相关管控要求实施管控。

（3）分层。指针对不同等级的风险，明确各层次管理职责，例如南方电网有限责任公司的安全生产风险按“网、省、地、县（区）、班（站所队）”五个层次管理。

（4）分专业。根据业务领域和风险类别，按“谁主管、谁负责”的原则，明确风险的归口专业管理部门。

11．什么是安全生产隐患？

答：根据《安全生产事故隐患排查治理暂行规定》，安全生产隐患是指生产经营单位违反安全生产法律、法规、规章、标准、规程和安全生产管理制度的规定，或者因其他因素在生产经营活动中存在可能导致事故发生的物的危险状态、人的不安全行为，以及管理上的缺陷。

12．电力安全生产隐患是如何分类的？

答：（1）根据隐患的产生原因和可能导致事故事件的类型，隐患可分为电力安全隐患、设备设施隐患、人身安全隐患、大坝安全隐患、安全管理隐患和其他安全隐患等六类。

（2）隐患按来源方和损失方划分为内部隐患、外部隐患、公共安全隐患三类。①内部隐患是指内部因素导致企业安全生产事故事件或其他对企业造成不良影响事件的隐患。②外部隐患是指外部因素导致企业安全生产事故事件或其他对公司造成不良影响事件的隐患。③公共安全隐患是指企业内部所管辖的设备、设施、人员、管理等可能危及社会公共安全，导致事故或不良影响事件的隐患

13．电力安全生产隐患是如何分级的？

答：各类事故隐患按可能导致事故严重程度分为重大隐患和一般隐患，隐患等级应在客观因素最不利的情况下，充分考虑隐患导致事故发生的可能性和最严重后果来认定。

（1）重大隐患是指可能造成一般以上人身伤亡事故、电力安全事故，直接经济损失100万元以上的电力设备事故和其他对社会造成较大影响事故的隐患，重大隐患分为Ⅰ级重大隐患和Ⅱ级重大隐患。

（2）一般隐患指可能造成电力安全监管机构规定的电力安全事件，直接经济损失10万元以上、100万元以下的电力设备事件，人身轻伤和其他对社会造成影响事件的隐患。

14．什么是安全生产隐患排查治理？

答：隐患排查治理是风险管控的重要环节和手段之一。

（1）隐患排查，是指在规划设计、制造建设、生产运维、退役报废等资产全生命周期的全过程管理工作以及电力生产、建设、服务中，应用风险评估、设备监测、预试定检、现场督查、安全检查、安全巡查、体系审核、事故事件调查等手段方法，识别查找隐患的活动。

（2）隐患治理，是指对排查出的隐患，采取人力资源优化、设备工程改造、管理提升等措施整治或消除的过程。

15．安全生产隐患排查治理主要有哪些要求？

答：电力企业应当建立健全隐患排查治理机制，落实隐患排查治理主体责任，推动政企联动的涉电公共安全隐患治理机制建设运转，落实重大隐患挂牌督办，做到隐患治理责任、措施、资金、期限和应急预案的“五落实”，实现隐患排查治理的闭环管理。

16．重大安全风险和重大隐患报告的要求主要有哪些？

答：重大安全风险应按照各级政府认定和报告要求进行报告，外部重大隐患、需要相关方配合治理的重大公共安全隐患需同时报告地方政府，促请协调整改。重大隐患信息报告应包括：隐患名称、隐患现状及其产生的原因、隐患危害程度、整改措施和应急预案、办理期限、责任单位和责任人员等。

17．重大隐患治理方案主要应包含哪些内容？

答：当发现重大事故隐患的时候，应当由单位主要负责人组织制定并实施事故隐患治理方案。其中方案应包括：

（1）负责重大事故隐患治理的机构和人员。

（2）采取的方法和措施。

（3）治理的目标和任务。

（4）治理的时限和要求。

（5）安全措施和应急预案。

（6）重大事故隐患治理需要的经费和物资的落实。

18．什么是“保命”教育？

答：“保命”教育是以杜绝人身伤亡为目标，以作业风险为导向，通过对输、变、配、营、建、调等各专业现场作业及作业直接管理或指挥过程中，存在触电、高坠、物击等人身安全风险的一线生产人员，开展案例分享、违章研讨、实操体验等多种形式的安全意识教育和“保命”技能培训，并通过现场实操考核，使一线生产人员上岗前的风险意识和“保命”技能人人过关，实现人员安全意识和作业技能与岗位需求相匹配，切实提高一线生产人员的风险意识和风险防范技能，确保不发生人身伤害事件和伤亡事故。

19．什么是“四不伤害”？

答：“四不伤害”是指不伤害他人、不伤害自己、不被他人伤害、保护他人不被伤害。

20．什么是“三不一鼓励”管理？

答：“三不一鼓励”是指对员工在电力生产过程主动报告的未遂事件和其他事件（非《调查规程》统计事件），实行“不记名、不处罚、不责备，鼓励主动暴露和管理”，引导和鼓励员工主动报告未遂事件，自主查找未遂事件和的根本原因并及时纠正，消除风险并制定预防措施的管理过程。

21．什么是应急管理？

答：应急管理是针对自然灾害、事故灾难、公共卫生事件、社会安全事件等各类突发事件，从预防与应急准备、监测与预警、应急处置与救援到事后恢复与重建等全方位、全过程的管理。

22．什么是应急预案、应急演练？

答：（1）应急预案是针对可能发生的重大事故及其影响和后果的严重程度，为应急准备和应急响应的各个方面所预先做出的详细安排，是开展及时、有序和有效事故应急救援工作的行动指南。根据《生产经营单位安全生产事故应急预案编制导则》，应急预案可以分为综合应急预案、专项应急预案、现场处置方案。

（2）应急演练是针对事故情景，依据应急预案而模拟开展的预警行动、事故报告、指挥协调、现场处置等活动。按组织形式分，应急演练可以分为桌面演练和实战演练。

23．常见的人身伤害主要有哪些？

答：常见的人身伤害有物体打击、车辆伤害、机械伤害、起重伤害、触电、淹溺、灼烫、火灾、高处坠落、坍塌、冒顶片帮、透水、放炮、火药爆炸、瓦斯爆炸、锅炉爆炸、容器爆炸、其他爆炸、中毒和窒息等。电力系统作业典型的伤害有物体打击、高处坠落、起重伤害、触电、淹溺、机械伤害、灼烫伤、火灾、坍塌、车辆伤害、爆炸伤害、中毒和窒息。

24．涉及人身风险较大的典型作业主要有哪些？

答：涉及人身风险较大的典型作业有高处作业、起重作业、电气作业、接触危险化学品作业、密闭空间作业、交叉作业、热工作业、受限空间作业、交通运输作业、设备检修作业、挖掘作业。

25．什么是触电？预防措施主要有哪些？

答：人体的不同部位同时接触到不同电位时，人体内通过电流而构成电路的一部分的状况，主要分为电击和电伤。预防措施主要有以下两点：

（1）防止直接接触触电的措施主要有绝缘、屏护、间距、采用安全电压、安装漏电保护器等。

（2）防止间接接触触电的常用方法有自动切断电源的保护、降低接触电压，如保护接地、保护接零等。

26．电流对人体的危害主要有哪些？

答：电流流过人体时，随着电流的增大，人体会产生不同程度的刺麻、酸疼、打击感，并伴随不自主的肌肉收缩、心慌、惊恐等症状，直至出现心律不齐、昏迷、心跳呼吸停止、死亡的严重后果。实际分析表明，50mA 以上的工频交流电，较长时间通过人体会引起呼吸麻痹，形成假死，如不及时抢救就有生命危险。电流对人体的伤害是多方面的，可以分为电击和电伤两种类型。

27．人体所能耐受的安全电压是多少？

答：人体所能耐受的电压与人体所处的环境有关。在一般环境中流过人体的安全电流可按 30mA 考虑，人体电阻在一般情况下可按 1000～2000Ω 计算。这样一般环境下的安全电压范围是 30～60V。我国规定的安全电压等级是 42、36、24、12、6V，当设备采用超过 24V 安全电压时，应采取防止直接接触带电体的安全措施。对于一般环境的安全电压可取 36V，但在比较危险的地方、工作地点狭窄、周围有大面积接地体、环境湿热场所，如电缆沟、煤斗、油箱等地，则采用的电压不准超过 12V。

28．什么是跨步电压？

答：当电力系统一相接地或者电流自接地点流入大地时，地面上将会出现不同的电位分布。当人的双脚站立在不同的电位点上时，双脚之间将承受一定的电位差，这种电位差就称之为跨步电压。距离接地点越近，跨步电压越大；距离接地点越远，跨步电压越小。

29．什么是接触电压？

答：当电气设备因绝缘损坏而发生接地故障时，如人体的两个部分（通常是手和脚）同时触及漏电设备的外壳和地面，人体两部分分别处于不同的电位，其间的电位差即为接触电压。接触电压的大小，随人体站立点的位置而异。人体距离接地极越远，受到的接触电压越高。

30．什么是机械伤害？预防措施主要有哪些？

答：机械伤害是指机械设备与工具引起的绞、碾、碰、割、戳、切等伤害，即刀具飞出伤人，手或身体其他部位卷入，手或其他部位被刀具碰伤，被设备的转动机构缠住等造成的伤害，已列入其他事故类别的机械设备造成的机械伤害除外，如车辆、起重设备、锅炉和压力容器等设备。机械伤害预防措施主要有两方面：

（1）提高操作者或人员的安全素质，进行安全培训，提高辨别危险和避免伤害的能力，增强避免伤害的自觉性，对危险部位进行警示和标志。

（2）消除产生危险的原因，减少或消除接触机器的危险部位的次数，采取安全防护装置避免接近危险部位，注意个人防护，实现安全机械的本质安全。

31．什么是易燃易爆物质？电气作业现场火灾防控措施主要有哪些？

答：易燃物质是指在空气中容易发生燃烧或自燃放出热量的物质，如汽油、煤油、酒精等；易爆物质是指与空气以一定比例结合后遇火花容易发生爆炸的物质，如氢气、氧气、乙炔等。电气作业现场火灾防控措施主要有以下几种：

（1）动火现场周围3m以内，严禁堆放易燃易爆物品，不能清除时应用阻燃物品隔离。

（2）电气设备不得堆放可燃物。

（3）照明电源线应使用橡套电缆，不得使用塑胶线，不得沿地面铺设电缆。

（4）氧气瓶、乙炔气瓶必须直立固定放置，气瓶间距不小于5m，与明火点不小于10m，乙炔气瓶必须安装回火器，气瓶不得暴晒。

（5）进入控制室、电缆夹层、控制柜、断路器柜等处的电缆孔洞时，必须用防火材料严密封堵，并沿两侧一定长度上涂以防火涂料或其他阻燃物质。

（6）作业场所严禁吸烟。

（7）严禁超载用电。

32．电网企业常见的容易造成交通事故的情景有哪些？

答：电网企业常见的容易造成交通事故的情景主要有以下几种：

（1）雨雾天，雨雾天视线不良，能见度低，路面附着系数低，容易发生追尾、擦碰事故。

（2）台风天，台风天狂风暴雨，路面多积水，也是电力抢修繁忙时候，容易出现驾驶疲劳、侧滑、翻车、车辆进水等事故。

（3）山区和泥泞道路，山区道路崎岖狭窄，路况复杂，雨雪天气时道路泥泞，容易发生车辆侧滑和翻车事故。以上3种情景出车前要做好路况的分析和研判，做好预防措施。

第三节　安全生产监督基础知识

1．我国安全生产监督管理体制是什么？

答：我国安全生产监督管理体制是：综合监管与行业监管相结合，国家监察与地方监管相结合，政府监督与其他监督相结合的格局。

2．安全生产监督管理的基本原则是什么？

答：安全生产监督管理的基本原则有以下内容：

（1）坚持“有法可依、有法必依、违法必究”的原则。

（2）坚持以事实为依据，以法律为准绳的原则。

（3）坚持预防为主的原则。

（4）坚持行为监察与技术监察相结合的原则。

（5）坚持监察与服务相结合的原则。

（6）坚持教育与惩罚相结合的原则。

3．安全生产监督管理的方式有哪几种？

答：安全生产监督管理的方式有以下几种：

（1）事前监督管理有关安全生产许可事项的审批，包括安全生产许可证、危险化学品使用许可证、危险化学品经营许可证、矿长安全资格证、生产经营单位主要负责人安全资格证、安全管理人员安全资格证、特种作业人员操作资格证的审查或考核和颁发，以及对建设项目安全设施和职业病防护设施“三同时”审查。

（2）事中监督管理主要是日常的监督检查、安全大检查、重点行业和领域的安全生产专项整治、许可证的监督检查等。事中监督管理的重点在作业场所的监督检查，监督检查方式主要包括行为监察和技术监察两种。

（3）事后监督管理包括生产安全事故发生后的应急救援，以及事故调查处理，查明事故原因，严肃处理有关责任人员，提出防范措施。

4．生产经营单位的安全生产主体责任有哪些？

答：生产经营单位的安全生产主体责任是指国家有关安全生产的法律法规要求生产经营单位在安全生产保障方面，应当执行的有关规定，应当履行的工作职责，应当具备的安全生产条件，应当执行的行业标准，应当承担的法律责任。主要包括以下内容：

（1）设备设施（或物质）保障责任。包括具备安全生产条件：依法履行建设项目安全设施“三同时”的规定；依法为从业人员提供劳动防护用品，并监督、教育其正确佩戴和使用。

（2）资金投入责任。包括按规定提取和使用安全生产费用，确保资金投入满足安全生产条件需要；按规定建立健全安全生产责任制保险制度，依法为从业人员缴纳工伤保险费；保证安全生产教育培训的资金。

（3）机构设置和人员配备责任。包括依法设置安全生产管理机构，配备安全生产管理人员，按规定委托和聘用注册安全工程师或者注册安全助理工程师为其提供安全管理服务。

（4）规章制度制定责任。包括建立、健全安全生产责任制和各项规章制度、操作规程、应急救援预案并监督落实。

（5）安全教育培训责任。包括开展安全生产宣传教育；依法组织从业人员参加安全生产教育培训，取得相关上岗资质证书。

（6）安全生产管理责任。包括主动获取国家有关安全生产法律法规并贯彻落实；依法取得安全生产许可；定期组织开展安全检查；依法对安全生产设施、设备或项目进行安全评价；依法对重大危险源实施管控，确保其处于可控状态；及时消除事故隐患；统一协调管理承包商、承租单位的安全生产工作。

（7）事故报告和应急救援责任。包括按规定报告生产安全事故，及时开展事故抢修救援，妥善处置事故善后工作。

（8）法律法规、规章规定的其他安全生产责任。

5．什么是安全生产检查？

答：安全生产检查是生产经营单位安全生产管理的重要内容，重点是辨识安全生产管理中的漏洞和死角，检查生产现场安全防护设施、作业环境是否存在不安全状态，现场作业人员的行为是否符合安全规范，以及设备、系统运行情况是否符合现场规程的要求等。安全生产检查可以分为定期检查、经常性检查、季节性检查、专项检查、综合检查、职工代表对安全生产的巡查等。

6．安全生产检查的内容有哪些？

答：安全生产检查的内容根据类型分，主要检查软件组织和硬件配套。其中，软件组织主要是查人员思想、查人员意识、查企业制度、查企业管理、查事故处理、查隐患排查及问题整改等方面。硬件配套主要是检查生产设备、查辅助设施、查安全设施、查生产场所作业环境等。

7．安全生产检查常用的方法有哪些？有哪些特点？

答：安全生产检查常用的方法有以下内容：

（1）常规检查法。通常是由安全管理人员作为检查工作的主体，通过感观或者辅助一定的简单工具、仪器仪表等，及时发现现场存在的安全生产隐患并采取措施予以消除，纠正、制止人员的不安全行为。常规检查法主要依靠检查人员的经验和能力，检查结果容易受检查人员的安全素质影响。

（2）安全检查表。安全检查表由工作小组讨论制定，一般包括检查项目、检查内容、检查标准、检查结果及评价、检查发现问题等内容，能够使安全检查工作更加规范有序开展，同时能有效控制个人行为对检查结果的影响。

（3）仪器检查及数据分析法。对具有在线监视和记录的系统，可通过对数据的变化趋势进行分析得出结论。对没有在线数据检测系统的机器、设备、系统，只能通过仪器检查法来进行定量化的检验与测量。

8．什么是“四不两直”安全检查？

答：四不两直安全检查方式是指不发通知、不打招呼、不听汇报、不用陪同接待，直奔基层，直插现场。“四不两直”是国家建立并实施的一项安全生产暗查暗访制度，也是一种工作方法。

9．什么是现场作业违章？

答：现场作业违章，是指在电力生产、建设等现场作业过程中，违反国家、行业及公司安全生产有关法律法规、规程标准、规章制度、反事故措施、安全管理规定等，可能对人身、电网和设备构成危害并诱发事故事件的，或已造成电力生产安全事故事件以及其他异常的不安全因素，主要包括人的不安全行为、物的不安全状态和环境的不安全条件。

10．现场作业违章如何分类？

答：根据违章性质的恶劣程度，以及可能造成后果的严重程度、可能性高低，将违章分为A、B、C、D类共四种类别。

（1）A类已经或极有可能直接导致人身死亡等事故或性质恶劣且严重违反安全生产

规程制度的违章现象。

（2）B 类为已经或较大可能直接或间接导致人身伤亡等事故事件或严重违反安全生产规程制度的违章现象。

（3）C 类为已经或一般可能直接或间接导致人员伤害等事件或较严重违反安全生产规程制度的违章现象。

（4）D 类为已经或可能导致的事件后果严重性相对 A、B、C 类违章较小的其他违反安全生产规程制度的违章现象。

11．什么是安全生产作业“三个服从”？

答：安全生产作业“三个服从”是：指抢修服从安全、建设服从安全、服务服从安全，强调一切生产工作都必须把安全放在第一位，“安全第一”是安全生产方针的基础，当安全和生产发生矛盾时，必须首先解决安全问题，确保劳动者生产劳动时必备的安全生产条件。

12．什么是“三超”作业？如何防控？

答：“三超”作业是指超工作能力、超强度、超范围开展作业，出现“三超”作业时，作业人员状态、安全措施落实、作业资源等方面往往无法得到保障，作业风险将显著提高，因此必须严格防控“三超”作业。

做好作业计划管理，是防控“三超”作业最有效的手段，通过建立充分有效的计划管理和协调平衡机制，结合作业饱和度评估等方法，严格履行作业计划编制、审核、审批流程，可以从源头管控作业节奏，提前协调、落实作业所需人员和资源等保障，从而有效避免出现“三超”作业。

13．什么是作业饱和度评估？

答：作业饱和度评估，是指根据现有作业资源，制定特定班组和作业人员在一个周期内可以开展并有效管控风险的作业量定值。在制定作业计划时，应结合所开展作业的强度、难度、风险等级等因素对作业班组和个人的作业饱和度开展评估，当评估结果超过预设定值时发布预警并调整计划，从而避免“三超”作业。

14．现场作业安全监督到位标准应基于什么原则制定？

答：安全生产企业的领导和各层级人员根据岗位安全职责，需对管辖区域内的作业安全开展必要的监督管控，确保各项安全措施落实到位，作业人员遵守安全规范，为了确保各级人员履职到位，应制定对应的安全监督到位标准。安全监督到位标准应该基于作业风险等级的制定，企业领导应重点管控高风险作业，组织做好作业前期分析研判，协调各类资源保障；相关专业职能管理部门、设备管理部门和作业实施班组，应分层分级管控中风险、低风险、可接受风险。

15．安全监督人员可以采用哪些方式开展作业监督？

答：安全监督人员可以采用线上监督、现场监督、视频监督等方式对生产作业开展监督管控。

（1）线上监督。通过生产信息系统、工作群等方式，对生产作业计划、作业风险评估和管控措施制定、人员和生产用具、物资准备情况进行检查，线上监督的主要优点是适用范围广、效率高，但检查具有一定的滞后性。

（2）现场监督。监督人员到作业现场开展监督管控，是风险管控效果最好的监督方式，通常主要用于风险较高的作业。

（3）视频监督。通过视频采样等技术手段，远程对现场作业的执行过程进行实时监督，同时利用通信设备可以实现一定程度的安全提醒和指导。结合智能识别分析等新技术的应用，还可以实现现场作业人员典型违章和不安全行为识别、提醒和预警等功能。

16. 作业现场监督主要有哪几种形式？

答：根据作业现场监督的时长，可以分为巡视监督、旁站监督、驻点监督三种形式。

（1）巡视监督。监督人员采用“四不两直”的方式对现场作业进行抽查，具有一定的随机性，是安全督查工作最常用的方式，主要目的是督促作业人员自觉在作业全过程遵守安全规程。

（2）旁站监督。监督人员针对作业关键环节，在作业现场进行监督管控，主要用于部分环节风险较高的作业。

（3）驻点监督。监督人员在现场对作业开始至结束的全过程进行监督管控，主要用于全过程都有较高风险，或现场环境复杂，需要监督人员全程关注的作业。

17. 作业前的安全监督管控有哪些主要关注事项？

答：（1）作业前风险评估是否按要求开展，是否充分辨识作业主要风险点，并制定有针对性的管控措施。

（2）针对大型、复杂作业或作业环境风险较高的作业，是否开展现场勘察，是否按照现场勘察结果编写作业方案、制定必要的风险管控措施。

（3）作业人员安排是否合理，生产用具、材料和备品备检等资源是否准备充分。

（4）必要的作业文件（工作票、操作票、作业指导书、作业记录表单、作业方案等）是否准备充分，是否按要求履行审核审批手续。

18. 作业过程的安全监督管控有哪些主要关注事项？

答：（1）工作票所列安全措施是否落实到位，是否满足现场工作要求。

（2）是否按要求履行工作许可手续。

（3）作业前是否对每一名作业人员进行安全交代，作业人员是否掌握安全交代内容并签字确认。

（4）现场作业是否严格落实作业风险评估所制定的对应措施。

（5）作业过程中是否规范使用安全工器具和个人防护用品。

（6）作业过程的安全监护是否充分、到位。

19. 作业结束后的安全监督管控有哪些主要关注事项？

答：（1）作业人员是否将检修设备恢复工作许可前状态，清理作业现场并会同工作许可人进行验收。

（2）办理工作终结手续前，现场工作人员是否已全部撤离。

（3）是否按要求办理工作总结手续并做好必要的检修记录。

（4）申请设备恢复送电前，是否逐一核查设备上所有接地倒闸已断开、所有接地线已拆除，并与停电操作时相关操作记录、接地线出库记录相对应。

第四节　电力安全工器具和生产用具

1．什么是电力安全工器具？主要分为哪几类？

答：电力安全工器具是指，防止电力作业人员发生触电、机械伤害、高处坠落等伤害及职业危害的材料、器械及装置的总称。电力安全工器具可细分为以下四个类别：个人防护装备、绝缘安全工器具、登高工器具、警示标识。

2．常用的安全工器具有哪些？其作用是什么？

答：常用的安全工器具及其作用见表2-2。

表2-2　　常用的安全工器具及其作用

序号	类型	图　示	名称	作　用
1	绝缘安全工器具		接地线	用于将已停电设备或线路临时短路接地，以防已停电的设备或线路上意外出现电压，对工作人员造成伤害，保证工作人员的安全
2			验电器	检测电气设备或线路上是否存在工作电压
3			绝缘操作杆（棒）	用于短时间对带电设备进行操作，如接通或断开高压隔离开关、跌落保险或安装和拆除临时接地线及带电测量和试验等
4			个人保安线	用于保护工作人员防止感应电伤害
5			绝缘手套	在高压电气设备上进行操作时使用的辅助安全用具，如用于操作高压隔离开关、高压跌落开关、装拆接地线、在高压回路上验电等工作

续表

序号	类型	图　　示	名称	作　　用
6	绝缘安全工器具		绝缘鞋（靴）	由特种橡胶制成用于人体与地面绝缘的靴子。作为防护跨步电压、接触电压的安全用具，也是高压设备上进行操作时使用的辅助安全用具
7			绝缘绳	由天然纤维材料或合成纤维材料制成的在干燥状态下具有良好电气绝缘性能的绳索，用于电力作业时，上下传递物品或固定物件
8			绝缘垫	由特种橡胶制成的，用于加强工作人员对地绝缘的橡胶板，属于辅助绝缘安全工器具
9			绝缘罩	由绝缘材料制成，起遮蔽或隔离的保护作用，防止作业人员与带电体距离过近或发生直接接触
10			绝缘挡板	用于10、35kV设备上因安全距离不够而隔离带电部件、限制工作人员活动范围
11	登高安全工器具		安全带	用于防止高处作业人员发生坠落或发生坠落后将作业人员安全悬挂
12			绝缘梯	由竹料、木料、绝缘材料等制成，用于电力行业高处作业的辅助攀登工具

续表

序号	类型	图　　示	名称	作　　用
13	登高安全工器具	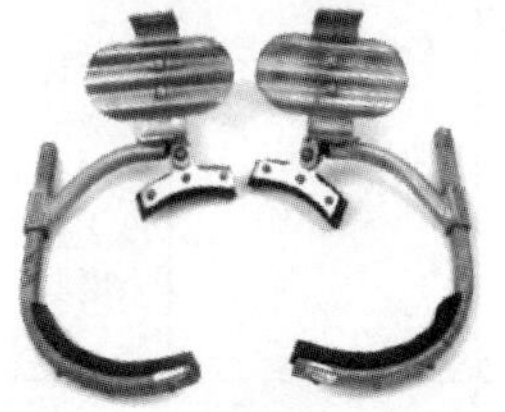	脚扣	套在鞋外，脚扣以半圆环和根部装有橡胶套或橡胶垫来实现防滑，能扣住围杆，支持登高，并能辅助安全带防止坠落
14	登高安全工器具	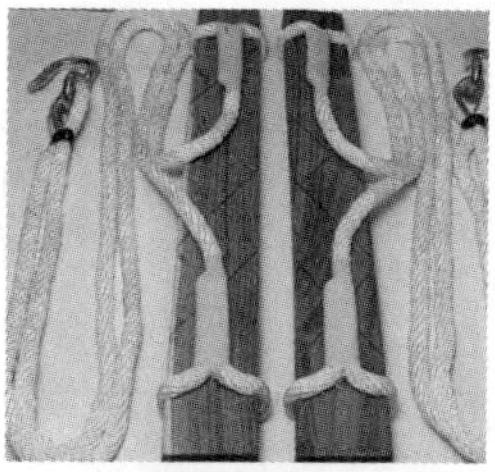	踏板（登高板、升降板）	用于攀登电杆的坚硬木板，是攀登水泥电杆的主要工具之一，且不论电杆直径大小均适用
15	个人安全防护用具		安全帽	用于保护使用者头部，使头部免受或减轻外力冲击伤害
16	个人安全防护用具		护目镜或防护面罩	在维护电气设备和进行检修工作时，保护工作人员不受电弧灼伤以及防止异物落入眼内
17	个人安全防护用具		防电弧服	用于保护可能暴露于电弧和相关高温危害中人员躯干、手臂部和腿部的防护服，应与电弧防护头罩、电弧防护手套和电弧防护鞋罩（或高筒绝缘靴）同时使用
18	个人安全防护用具		屏蔽服	保护作业人员在强电场环境中身体免受感应电伤害，具有消除感应电的分流作用

续表

序号	类型	图　　示	名称	作　　用
19	安全围栏（网）、临时遮栏		安全围栏（网）、临时遮栏	用于防护作业人员过分接近带电体或防止人员误入带电区域的一种安全防护用具，也可作为工作位置与带电设备之间安全距离不够时的安全隔离装置
20	安全技术措施标示牌	禁止烟火 禁止撞入 禁止攀爬 当心火灾 当心坠落 注意通风	安全技术措施标示牌	在生产场所内设置标示牌主要起到警示和提醒作用，在需要采取防护的相关地方设置标示牌，目的是保证人身安全、减少安全隐患
21	安全工器具柜		安全工器具柜	用于存储工器具，防止工器具受潮，保持工器具的性能，延长安全工器具的寿命

3．安全工器具存放及运输需要注意哪些事项？

答：安全工器具存放及运输注意事项见表2-3。

表2-3　　　　安全工器具存放及运输注意事项

使用情况	基本要求及注意事项
保管存放基本要求	（1）安全工器具存放环境应干燥通风；绝缘安全工器具应存放于温度－15～＋40℃、相对湿度不大于80%的环境中。 （2）安全工器具室内应配置适用的柜、架，不准存放不合格的安全工器具及其他物品
储存运输基本要求	绝缘工具在储存、运输时不准与酸、碱、油类和化学药品接触，并要防止阳光直射或雨淋。橡胶绝缘用具应放在避光的柜内或支架上，上面不得堆压任何物件，并撒上滑石粉
使用前检查注意事项	安全工器具每月及使用前应进行外观检查，外观检查主要检查内容包括： （1）是否在产品有效期内和试验有效期内。 （2）螺丝、卡扣等固定连接部件是否牢固。 （3）绳索、铜线等是否断股。 （4）绝缘部分是否干净、干燥、完好，有无裂纹、老化；绝缘层脱落、严重伤痕等情况。 （5）金属部件是否有锈蚀、断裂等现象

4．绝缘安全工器具主要有哪些？使用上要注意什么？

答：绝缘安全工器具主要有接地线、验电器、绝缘操作杆（棒）、个人保安线、绝缘手套、绝缘鞋（靴）、绝缘绳、绝缘垫、绝缘罩、绝缘挡板等。其使用注意事项见表2-4。

表 2-4　　　　绝缘安全工器具使用注意事项

绝缘安全工器具名称	使用注意事项	试验周期
接地线	（1）使用接地线前，经验电确认已停电设备上确无电压。 （2）装设接地线时，先接接地端，再接导线端；拆除时顺序相反。 （3）装设接地线时，考虑接地线摆动的最大幅度外沿与设备带电部位的最小距离应不小于安全工作规程所规定的安全距离。 （4）严禁不用线夹而用缠绕方法进行接地线短路	≤5 年
验电器	（1）按被测设备的电压等级，选择同等电压等级的验电器。 （2）验电器绝缘杆外观应完好，自检声光指示正常；验电时必须戴绝缘手套，使用拉杆式验电器前，需将绝缘杆抽出足够的长度。 （3）在已停电设备上验电前，应先在同一电压等级的有电设备上试验，确保验电器指示正常。 （4）操作时手握验电器护环以下的部位，逐渐靠近被测设备，操作过程中操作人与带电体的安全距离不小于安全工作规程所规定。 （5）禁止使用超过试验周期的验电器。 （6）使用完毕后应收缩验电器杆身，及时取下显示器，将表面擦净后放入包装袋（盒），存放在干燥处	1 年
绝缘操作杆（棒）	（1）必须适用于操作设备的电压等级，且核对无误后才能使用；使用前用清洁、干燥的毛巾擦拭绝缘工具的表面。 （2）操作人应戴绝缘手套，穿绝缘靴；下雨天用绝缘杆（棒）在高压回路上工作，还应使用带防雨罩的绝缘杆。 （3）操作人应选择合适站立位置，与带电体保持足够的安全距离，注意防止绝缘杆被人体或设备短接，以保持有效的绝缘长度。 （4）使用过程中防止绝缘棒与其他物体碰撞而损坏表面绝缘漆。 （5）使用绝缘棒装拆地线等较重的物体时，应注意绝缘杆受力角度，以免绝缘杆损坏或被装拆物体失控落下，造成人员和设备损伤	1 年
个人保安线	（1）工作地段有邻近、平行、交叉跨越及同杆塔线路，需要接触或接近停电线路的导线工作时，应装设接地线或使用个人保安线。 （2）装设个人保安线应先装接地端，后接导体端，拆接顺序与此相反。 （3）装拆均应使用绝缘棒或专用绝缘绳进行操作，并戴绝缘手套，装、拆时人体不得触碰接地线或未接地的导线，以防止感应电触电。 （4）在同塔架设多回线路杆塔的停电线路上装设的个人保安线，应采取措施防止摆动，并满足在带电线路杆塔上工作与带电导线最小安全距离。 （5）个人保安线应在接触或接近导线前装设，作业结束，人员脱离导线后拆除。 （6）个人保安线应使用有透明护套的多股软铜线，截面积不应小于 16mm^2，并有绝缘手柄或绝缘部件。 （7）不应以个人保安线代替接地线。 （8）工作现场使用的个人保安线应放入专用工具包内，现场使用前应检查各连接部位的连接螺栓坚固良好	≤5 年
绝缘手套	（1）绝缘手套佩戴在工作人员双手上，且手指和手套指控吻合牢固；不能戴绝缘手套抓拿表面尖利、带电刺的物品，以免损伤绝缘手套。 （2）绝缘手套表面出现小的凹陷、隆起，如凹陷直径小于 1.6mm，凹陷边缘及表面没有破裂；凹陷不超过 3 处，且任意两处间距大于 15mm；小的隆起仅为小块凸起橡胶，不影响橡胶的弹性；手套的手掌和手指分叉处没有小的凹陷、隆起，绝缘手套仍可使用。 （3）沾污的绝缘手套可用肥皂和不超过 65℃的清水洗涤；有类似焦油、油漆等物质残留在手套上，在未清洗前不宜使用，清洗时应使用专用的绝缘橡胶制品去污剂，不得采用香蕉水和汽油进行去污，否则会损坏绝缘性；受潮或潮湿的绝缘手套应充分晾干并涂抹滑石粉后予以保存	6 个月
绝缘鞋（靴）	（1）绝缘靴不得作雨鞋或其他用，一般胶靴也不能代替绝缘靴使用。 （2）使用绝缘靴应选择与使用者相符合的鞋码，将裤管套入靴筒内，并要避免绝缘靴触及尖锐的物体，避免接触高温或腐蚀性物质。	6 个月

续表

绝缘安全工器具名称	使用注意事项	试验周期
绝缘鞋（靴）	（3）绝缘靴应存放在干燥、阴凉的专用封闭柜内，不得接触酸、碱、油品、化学药品或在太阳下暴晒，其上面不得放压任何物品。 （4）合格与不合格的绝缘靴不准混放，超试验期的绝缘靴禁止使用	6个月
绝缘绳	（1）作业前应整齐摆放在绝缘帆布上，避免弄脏绝缘绳。 （2）高空作业时严禁乱扔、抛掷绝缘绳。 （3）使用前用清洁、干燥的毛巾擦拭表面，使用后必须清理干净并将绝缘绳捋好，避免打结错乱。 （4）校验不合格的或已过有效期限的绝缘绳必须立即更换，及时报废并销毁	6个月
绝缘垫	（1）绝缘胶垫应保持干燥、清洁、完好，应避免阳光直射或锐利金属划刺；出现割裂、划痕、破损、厚度减薄，不足以保证绝缘性能等情况时，应及时更换。 （2）绝缘胶垫使用时应避免与热源距离太近，以防急剧老化变质使绝缘性能下降；不得与酸、碱、油品、化学药品等物质接触	1年
绝缘罩	（1）必须适用于被遮蔽对象的电压等级，且核对无误后才能使用。 （2）绝缘罩上应有操作定位装置，以便可以用绝缘杆装设与拆卸；应有防脱落装置，以保证绝缘罩不会由于风吹等原因从它遮蔽的部位而脱落；绝缘罩上应安装一个或几个锁定装置，闭锁部件应便于闭锁或开启，闭锁部件的闭锁和开启应能使用绝缘杆来操作。 （3）如表面有轻度擦伤，应涂绝缘漆处理。 （4）绝缘罩只允许在35kV及以下电压的电气设备上使用，并应有足够的绝缘和机械强度。 （5）现场带电安放绝缘罩时，应戴绝缘手套、使用绝缘操作杆，必要时可用绝缘绳索将其固定	1年
绝缘挡板	（1）只允许在35kV及以下电压的电气设备上使用，并应有足够的绝缘和机械强度，用于10kV电压等级时，绝缘挡板的厚度不应小于3mm，用于35kV电压等级时不应小于4mm。 （2）现场带电安放绝缘挡板时，应使用绝缘操作杆并戴绝缘手套。 （3）绝缘挡板在放置和使用中要防止脱落，必要时可用绝缘绳索将其固定。 （4）绝缘挡板应放置在干燥通风的地方或垂直放在专用的支架上。 （5）装拆绝缘隔板时应按相关规程要求与带电部分保持足够距离，或使用绝缘工具进行装拆	1年

5．登高安全工器具主要有哪些？使用上要注意什么？

答：登高安全工器具主要有安全带、绝缘梯、脚扣踏板（登高板、升降板）等。其使用注意事项见表2-5。

表2-5　　登高安全工器具使用注意事项

登高安全工器具名称	使用注意事项	试验周期
安全带	（1）安全带应高挂低用，注意防止摆动碰撞；使用3m以上长绳应加缓冲器（自锁钩所用的吊绳例外）；缓冲器、速差式装置和自锁钩可以串联使用。 （2）不准将绳打结使用，也不准将钩直接挂在安全绳上使用，应挂在连接环上用。 （3）安全带上的各种部件不得任意拆除，更换新绳时要注意加绳套；使用频繁的绳要经常做外观检查，发现异常时应立即更换新绳。 （4）不可将安全腰绳用于起吊工器具或绑扎物体等；安全腰绳使用时应受力冲击一次，并应系在牢固的构件上，不得系在棱角锋利处。 （5）安全带搭在吊篮上进行电位转移时必须增加后备保护措施，主承力绳及保护绳应有足够的安全系数；作业移位、上下杆塔时不得失去安全带的保护。	1年

续表

登高安全工器具名称	使 用 注 意 事 项	试验周期
安全带	（6）使用时应放在专用工具袋或工具箱内，运输时应防止受潮和受到机械、化学损坏；使用时安全带不得接触高温、明火和酸类、腐蚀性溶液物质	1年
绝缘梯	（1）为了避免梯子向背后翻倒，其梯身与地面之间的夹角不大于80°，为了避免梯子后滑，梯身与地面之间的夹角不得小于60°。 （2）使用梯子作业时一人在上工作，一人在下面扶稳梯子，不许两人上梯。严禁人在梯子上时移动梯子，严禁上下抛递工具、材料。 （3）硬质梯子的横档应嵌在支柱上，梯阶的距离不应大于40cm，并在距梯顶1m处设限高标志。 （4）靠在管子上、导线上使用梯子时，其上端需用挂钩挂住或用绳索绑牢；伸缩梯调整长度后，要检查防下滑铁卡是否到位起作用，并系好防滑绳，梯角没有防滑装置或防滑装置破损、折梯没有限制开度的撑杆或拉链的严禁使用。 （5）在梯子上作业时，梯顶一般不应低于作业人员的腰部，或作业人员在距梯顶不小于1m的踏板上作业，以防朝后仰面摔倒。 （6）人字梯使用前防自动滑开的绳子要系好，人在上面作业时不准调整防滑绳长度，人字梯应具有坚固的铰链和限制开度的拉链。 （7）在户外变电站和高压室内搬动梯子、管子等长物，应两人放倒搬运，并与带电部分保持足够的安全距离，以免人身触电气设备发生事故。 （8）作业人员在梯子上正确的站立姿势是：一只脚踏在踏板上，另一条腿跨入踏板上部第三格的空挡中，脚钩着下一格踏板；人员在上、下梯子过程中，人体必须要与梯子保持三点接触	1年
脚扣	（1）登杆前，使用人应对脚扣做人体冲击检验，方法是将脚扣系于电杆离地0.5m左右处，借人体重量猛力向下蹬踩。 （2）按电杆直径选择脚扣大小，并且不准用绳子或电线代替脚扣绑扎鞋子。 （3）登杆时必须与安全带配合使用以防登杆过程发生坠落事故。 （4）脚扣不准随意从杆上往下摔扔，作业前后应轻拿轻放，并妥善存放在工具柜内。 （5）对于调节式脚扣登杆过程中应根据杆径粗细随时调整脚扣尺寸；特殊天气使用脚扣时，应采取防滑措施	1年
踏板（登高板、升降板）	（1）踏板使用前，要检查踏板有无裂纹或腐朽，绳索有无断股、松散。 （2）踏板挂钩时必须正钩，钩口向外、向上，切勿反钩，以免造成脱钩事故。 （3）登杆前，应先将踏板勾挂好使踏板离地面15～20cm，用人体作冲击载荷试验，检查踏板有无下滑、绳索无断裂、脚踏板无折裂，方可使用；上杆时，左手扶住钩子下方绳子，然后用右脚脚尖顶住水泥杆塔上另一只脚，防止踏板晃动，左脚踏到左边绳子前端。 （4）为保证在杆上作业使身体平稳，不使踏板摇晃，站立时两腿前掌内侧应夹紧电杆。 （5）登高板不能随意从杆上往下摔扔，用后应妥善存放在工具柜内。 （6）定期检查并有记录，不能超期使用，特殊天气使用登高板时，应采取防滑措施	半年

6. 个人安全防护用具主要有哪些？使用上要注意什么？

答：个人安全防护用具主要有安全帽、护目镜或防护面罩、防电弧服、屏蔽服等。其使用注意事项见表2-6。

表2-6　　个人安全防护用具使用注意事项

个人安全防护用具名称	使 用 注 意 事 项	试验周期
安全帽	（1）进入生产现场（包括线路巡线人员）应佩戴安全帽。 （2）安全帽外观（含帽壳、帽衬、下颏带和其他附件）应完好无破损；破损、有裂纹的安全帽应及时更换。	使用期限：从制造之日起，塑料帽

续表

个人安全防护用具名称	使用注意事项	试验周期
安全帽	（3）安全帽遭受重大冲击后，无论是否完好，都不得再使用，应作报废处理。 （4）穿戴应系紧下颏带，以防止工作过程中或受到打击时脱落。 （5）长头发应盘入帽内；戴好后应将后扣拧到合适位置，下颏带和后扣松紧合适，以仰头不松动、低头不下滑为准	≤2.5 年，玻璃钢帽≤3.5 年
护目镜	（1）不同的工作场所和工作性质选用相应性能的护目镜，如防灰尘、烟雾、有毒气体的防护镜必须密封、遮边无通风孔且与面部接触严密；吊车司机和高空作业车操作人员应使用防风防阳光的透明镜或变色镜。 （2）护目镜应存放在专用的镜盒内，并放入工具柜内	/
防电弧服	（1）需根据预计可能的危害级别，选择合适防护等级的个人电弧防护用品。 （2）作业前，必须确认整套防护用品穿戴齐全，无皮肤外表外露。 （3）使用后的防护用品应及时去除污物，避免油污残留在防护用品表面影响其防护性能。 （4）损坏的个人电弧防护用品可以修补后使用，修补后的防护用品应符合 DL/T 320《个人电弧防护用品通用技术要求》方可再次使用。 （5）损坏并无法修补的个人电弧防护用品应立即报废。 （6）个人电弧防护用品一旦暴露在电弧能量之后应报废	/
屏蔽服	（1）应在屏蔽服内穿一套阻燃内衣。 （2）上衣、裤子、帽子、鞋子、袜子与手套之间的连接头要连接可靠。 （3）帽子应收紧系绳，尽可能缩小脸部外露面积，但以不遮挡视线、脸部舒适为宜。 （4）不能将屏蔽服作为短路线使用。 （5）全套屏蔽服穿好后，将连接头藏入衣裤内，减少屏蔽服尖端。 （6）使用万用表的直流电阻挡测量鞋尖至帽顶之间的直流电阻，应不大于 20Ω	/

7．安全围栏（网）主要有哪些？使用上要注意什么？

答：安全围栏（网）分为硬质围栏、软质围网。使用时需遵循以下要求：

（1）安全围栏（网）通常与标示牌配合使用，固定方式根据现场实际情况采用，应保证稳定可靠。

（2）围栏包围停电设备时，应留有出入口。

（3）围栏包围带电设备、危险区域时，围栏应封闭，不得留出入口。

（4）临时遮栏（围栏）与带电体有足够的安全距离。

（5）工作人员不得擅自移动或拆除遮栏（围栏）、标示牌；因工作原因必须短时移动或拆除遮栏（围栏）、标示牌，应征得工作许可人同意，并在工作负责人的监护下进行；完毕后应立即恢复。

（6）一张安全围网不够大时可以拼接，但应正确安装使用；围栏应使用纵向宽度为 0.8m 的网状围栏、安全警示带或红色三角小旗围栏绳，其装设高度以顶部距离地面 1.2m 为宜，安装方式可采用临时底座、固定地桩等。

（7）存放安全围网应避免与高温明火、酸类物质、有锐角的坚硬物体及化学药品接触。

8．作业现场安全标识主要有哪些？使用上要注意什么？

答：作业现场安全标识主要有禁止标识、警告标识、指令标识、提示标识，图形标识及配置原则见表 2-7。

表 2-7　　　　作业现场安全标识及配置原则

禁止标识的配置原则			
序号	图 形 标 识	名称	配 置 原 则
1	 禁止合闸 有人工作	禁止合闸 有人工作	（1）设置在一经合闸即可送电到已停电检修（施工）设备的断路器、负荷开关和隔离开关的操作把手上； （2）设置在已停电检修（施工）设备的电源开关或合闸按钮上； （3）当位置不足以设置图形标示牌时可采用小尺寸的文字形式标示牌，规格 120mm×80mm，采用白底红色，黑体字
2	 禁止合闸 线路有人工作	禁止合闸 线路有人工作	（1）设置在已停电检修（施工）的电力线路的断路器、负荷开关和隔离开关的操作把手上； （2）当位置不足以设置图形标示牌时可采用小尺寸的文字形式标示牌，规格 120mm×80mm，采用白底红色，黑体字
3	 不同电源 禁止合闸	不同电源 禁止合闸	（1）设置在做不同电源联络用（常开）的断路器、负荷开关和隔离开关的操作把手上或设备标示牌旁； （2）当位置不足以设置图形标示牌时可采用小尺寸的文字形式标示牌，规格 120mm×80mm，采用白底红色，黑体字
4	 未经供电部门许可 禁止操作	未经供电部门许可 禁止操作	（1）设置在用户电房里必须经供电部门许可才能操作的开关设备上； （2）当位置不足以设置带图形标示牌时可采用小尺寸的文字形式标示牌，规格 120mm×80mm，采用白底红色，黑体字

续表

禁止标识的配置原则			
序号	图　形　标　识	名称	配　置　原　则
5	禁止烟火	禁止烟火	（1）设置在电房、材料库房内显著位置（入门易见）的墙上； （2）设置在电缆隧道出入口处，以及电缆井及检修井内适当位置； （3）设置在线路、油漆场所； （4）设置在需要禁止烟火的工作现场临时围栏上； （5）标示牌底边距地面约 1.5m 高
6	禁止攀爬　高压危险	禁止攀登 高压危险	（1）设置在铁塔，或附爬梯（钉）、电缆的水泥杆上； （2）设置在配电变压器台架上，可挂于主、副杆上及槽钢底的行人易见位置，也可使用支架安装； （3）设置在户外电缆保护管或电缆支架上（如受周围限制可适当减少尺寸）； （4）标示牌底边距地面 2.5～3.5m
7	施工现场　禁止通行	施工现场 禁止通行	（1）设置在检修现场围栏旁； （2）设置在禁止通行的检修现场出入口处的适当位置
8	禁止跨越	禁止跨越	（1）设置在电力土建工程施工作业现场围栏旁； （2）设置在深坑、管道等危险场所面向行人

续表

禁止标识的配置原则			
序号	图 形 标 识	名称	配 置 原 则
9		未经许可 不得入内	（1）设置在电房出入口处的适当位置； （2）设置在电缆隧道出入口处的适当位置
10		门口一带严禁停放车辆、堆放杂物等	（1）设置在电房的门上； （2）设置在变压器台架、变压器台的围栏或围墙的门上
11		禁止在电力变压器周围 2m 以内停放机动车辆或堆放杂物	（1）设置在城镇等人口密集地方的变压器台架上； （2）可挂于主、副杆上及槽钢底的行人易见位置，可使用支架安装
警告标识的配置原则			
1		止步高压危险	（1）设置在电房的正门及箱式电房、电缆分支箱的外壳四周； （2）设置在落地式变压器台、变压器台架的围墙、围栏及门上； （3）设置在户内变压器的围栏或变压器室门上

续表

序号	图 形 标 识	名称	配 置 原 则
警告标识的配置原则			
2	当心触电	当心触电	（1）设置在临时电源配电箱、检修电源箱的门上； （2）设置在生产现场可能发生触电危险的电气设备上，如户外计量箱等
3	当心坠落	当心坠落	设置在易发生坠落事故的作业地点，如高空作业场地、山体边缘作业区等
4	当心火灾	当心火灾	设置在仓库、材料室等易发生火灾的危险场所
指令标识的配置原则			
1	必须戴安全帽	必须戴安全帽	设置在生产场所、施工现场等的主要通道入口处

续表

指令标识的配置原则			
序号	图 形 标 识	名称	配 置 原 则
2	必须戴防护眼镜	必须戴防护眼镜	（1）设置在对眼睛有伤害的各种作业场所和施工场所； （2）悬挂在焊接和金属切割设备、车床、钻床、砂轮机旁； （3）悬挂在化学处理、使用腐蚀剂或其他有害物质场所
3	必须戴防毒面具	必须戴防毒面具	设置在具有对人体有害的气体、气溶胶、烟尘等作业场所，如：喷漆作业场地、有毒物散发的地点或处理由毒物造成的事故现场
4	必须戴防护手套	必须戴防护手套	设置在易伤害手部的作业场所，如具有腐蚀、污染、灼烫、冰冻及触电危险等的作业地点
5	必须穿防护鞋	必须穿防护鞋	设置在易伤害脚部的作业场所，如：具有腐蚀、灼烫、触电、砸（刺）伤等危险的作业地点

续表

指令标识的配置原则			
序号	图形标识	名称	配置原则
6	必须系安全带	必须系安全带	（1）设置在高差 1.5～2m 周围没有设置防护围栏的作业地点； （2）设置在高空作业场所
7	注意通风	注意通风	（1）设置在户内 SF_6 设备室的合适位置； （2）设置在密封工作场所的合适位置； （3）设置在电缆井及检修井入口处适当位置
提示标识的配置原则			
1		紧急出口	设置在便于安全疏散的紧急出口，与方向箭头结合设在通向紧急出口的通道、楼梯口等处

续表

提示标识的配置原则

序号	图 形 标 识	名称	配 置 原 则
2		急救点	设置在现场急救仪器设备及药品的地点
3	从此上下	从此上下	设置在现场工作人员可以上下的棚架、爬梯上
4	在此工作	在此工作	设置在工作地点或检修设备上

9．安全工器具柜主要有哪些？使用上要注意什么？

答：安全工器具柜按照功能可以分为普通排风除湿柜、智能烘干除湿柜、智能抽湿除湿柜。使用时需遵循以下要求：

（1）安全工器具柜的柜体应保护接地，本柜设有漏电保护、过热保护装置。

（2）电源输入端与柜体绝缘强度≥5MΩ，交流耐压2000V/2min。

10．什么是手工具？主要有哪些？

答：手工具即手动工具，是用于物品的组立、分解、修理、检查、调整作业的工具，需要操作者手动操作，如凿、刀、剪、锯、扳手、千斤顶、锤、螺丝刀、喷枪、链条葫芦、手扳葫芦等，以及为了操作或检修设备而由厂家配置的手动工具。

11．手工具使用主要有哪些安全注意事项？

答：使用手工具前，应该检查手工具是否完好，各部位是否存在裂纹。对于存在锋利部位，工作时可能导致割伤或划伤的手工具，使用时应佩戴面纱手套，对手部进行防护。

12．什么是测试设备？主要有哪些？

答：测试设备，是在电力生产过程中，用于对电力设备、设施进行测量、试验的设备。主要有比较常见的万用表、钳形电流表、绝缘电阻表、红外线测温枪、激光测距仪，以及用于过各种电力试验所需的设备。测试设备与用电设备的区别主要在于，测试设备必须对其测试能力及其测试准确度，进行定期校验。

13．万用表使用时主要有哪些安全注意事项？

答：万用表使用时主要有以下安全注意事项：

（1）检查万用表，是否在检验有效期内。

（2）若日常工作过程中，不经常需要使用万用表电流挡，应使用绝缘胶布将电流挡插孔进行密封，如此可防止使用过程中造成回路短路或接地。

（3）使用电压挡前，应确认所需测量的回路电压类型，正确选择交流电压挡或直流电压挡如无法确定回路电压类型，可先用交流高电压挡测量，如有电压再适当降低量程进行精确测量；若无电压时改用直流高电压挡测量，根据电压值再适当降低量程。

（4）使用电阻挡测量电阻值前，应先用交直流电压挡，测量确认回路确无电压后，方可进行测量。

（5）严禁使用电阻挡或电流挡，对存在电压的回路进行测量，否则会造成短路或烧毁万用表。

14．绝缘电阻表使用时主要有哪些安全注意事项？

答：绝缘电阻表使用时主要有以下安全注意事项：

（1）测量前必须将被测设备电源切断，并对地短路放电，决不允许设备带电进行测量，以保证人身和设备的安全。

（2）对可能感应出高电压的设备，必须消除这种可能性后才能进行测量。

（3）被测物表面要清洁，减少接触电阻，确保测量结果的正确性。

（4）测量前要检查绝缘电阻表是否处于正常工作状态下，主要检查其“0”和“∞”两点位置。对于手动绝缘电阻表，应摇动绝缘电阻表手柄，使电机达到额定转速，绝缘电阻表在短路时，指针应指在“0”位置；开路时，指针应指在“∞”位置。如使用的为电子式绝缘电阻表，应按压测试功能按钮，完成上述步骤。

（5）绝缘检测仪使用时应放在平稳、牢固的地方，且远离大的外电流导体和外磁场。

（6）必须正确接线。绝缘电阻表上一般有三个接线柱，其中 L 接在被测物和大地绝缘的导体部分，E 接被测物的外壳或大地。G 接在被测物的屏蔽上或不需要测量的部分。测量绝缘电阻时，一般只用“L”和“E”端．但在测量电缆对地的绝缘电阻或被测设备的漏电流较严重时，就要使用“G”端，并将“G”端接屏蔽层或外壳。线路接好后，可按顺时针方向转动摇把，摇动的速度应由慢而快，当转速达到 120r/min 左右时（ZC-25 型），保持匀速转动，1min 后读数并且要边摇边读数，不能停下来读数。

（7）摇测时将绝缘电阻表置于水平位置，摇把转动时其端钮间不许短路。摇动手柄应由慢渐快，若发现指针指零说明被测绝缘物可能发生了短路，这时就不能继续摇动手柄．以防表内线圈发热损坏。读数完毕．将被测设备放电。放电方法是将测量时使用的地线从绝缘电阻表上取下来与被测设备短接一下即可（不是绝缘检测仪放电）。

15．什么是用电设备？主要有哪些？

答：用电设备包括以电力为驱动力的工具，以及需要用电力实现加热、照明或其他工作模式的设备，主要有各类电动工具、加热工具、照明设备及打印设备。

16．用电设备使用时主要有哪些安全注意事项？

答：用电设备使用时主要有以下安全注意事项：

（1）安装漏电保护器，同时工具的金属外壳应防护接地或接零。

（2）若使用单相手用电动工具时，其导线、插销、插座应符合单相三眼的要求，使用三相的用电设备时，其导线、插销、插座应符合三相四眼的要求。

（3）不得将工件等重物压在导线上，以防止轧断导线发生触电。

第三章　发变电主要设备

第一节　一　次　设　备

1．什么是发电一次设备？主要有哪些？

答：发电一次设备指发电厂中用于生产、转换和输配电能的设备。发电厂的一次设备主要有：同步发电机、变压器、电动机、断路器、隔离开关、熔断器、普通电抗器、分裂电抗器、母线、电缆、电容器、电抗器、电流互感器、电压互感器、避雷器、避雷针、接地装置等设备。

2．什么是变电一次设备？主要有哪些？

答：变电一次设备指变电站中用于接收、变换、输送、分配和使用电能的设备。变电站一次设备主要有：变压器、断路器、隔离开关、高压熔断器、母线、电流互感器、电压互感器、避雷器、电抗器、电容器、消弧线圈、熔断器、电力电缆、站用交流电源等。换流站除变电站一次设备外，还包括换流变压器、换流阀、平波电抗器、直流滤波器、直流开关等设备。

3．什么是发电机？主要由哪几部分组成？

答：发电机是指将其他形式的能量转化为电能的设备。发电机主要由转子（磁极）、定子（电枢）、整流器、电压调节器、前后端盖、电刷与电刷架等组成。

4．发电机主要有哪些类别？其特点是什么？

答：按转换电能的方式可分为交流发电机和直流发电机。交流发电机又可分为同步发电机和异步发电机两类。国内发电厂中常用的发电机是同步发电机。按励磁方式可分为有刷励磁发电机和无刷励磁发电机两类。有刷励磁发电机的励磁方式为他励式，无刷励磁发电机的励磁方式为自励式。他励式发电机的整流装置是在发电机定子上，而自励式发电机的整流装置在发电机的转子上。按原动机的不同可分为水轮发电机、汽轮发电机、燃油发电机、风力发电机四类，如图 3-1～图 3-4 所示，水轮发电机是依靠水轮机驱动的发电机；汽轮发电机是依靠汽轮机驱动的发电机；燃油发电机是以内燃机作为原动机的发电机；风力发电机是将风能转换为电能的发电机，以风为原动力。

5．发电机主要有哪些技术参数？

答：发电机的主要技术参数有：

（1）额定功率，包括发电机的输出有功功率和视在功率。

（2）额定电压，即发电机的额定输出电压。

（3）额定频率，国标规定的工频机组为 50Hz。

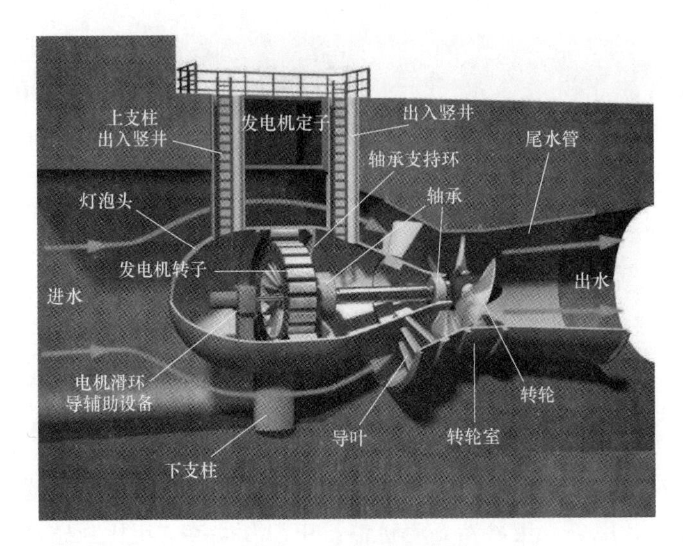

图 3-1　水轮发电机

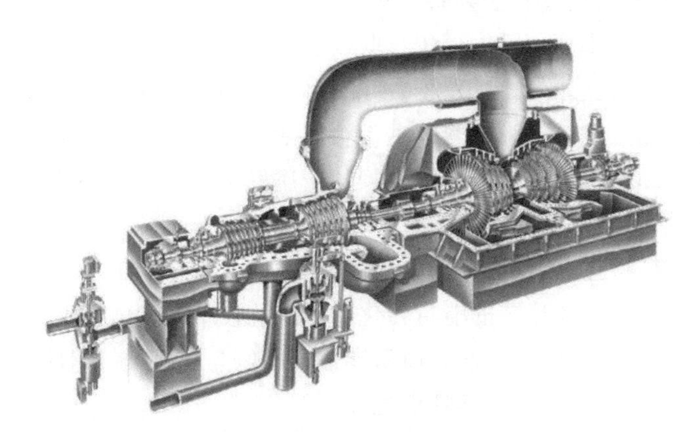

图 3-2　汽轮发电机

图 3-3　燃气发电机

图 3-4 风力发电机

（4）额定电流，指发电机定子绕组允许长时间通过的电流。

（5）额定功率因数，三相发电机为 0.8（滞后）。

（6）额定转速，额定功率下发电机转子的转速。

（7）额定励磁电流，交流发电机处于额定负载情况下，流过励磁绕组的直流电流。

（8）额定励磁电压，指额定励磁电流时施加在励磁绕组上的直流电压。

（9）励磁方式，提供励磁电流的电源，来自发电机外部的称为他励，来自发电机本身的称为自励。他励和自励统称为励磁方式。

6．水轮发电机主要有哪些种类？

答：水轮发电机可分为同步水轮发电机和异步水轮发电机。按水轮发电机的安装布置方式可分为立轴水轮发电机和卧轴水轮发电机两大类，分别如图 3-5 和图 3-6 所示。

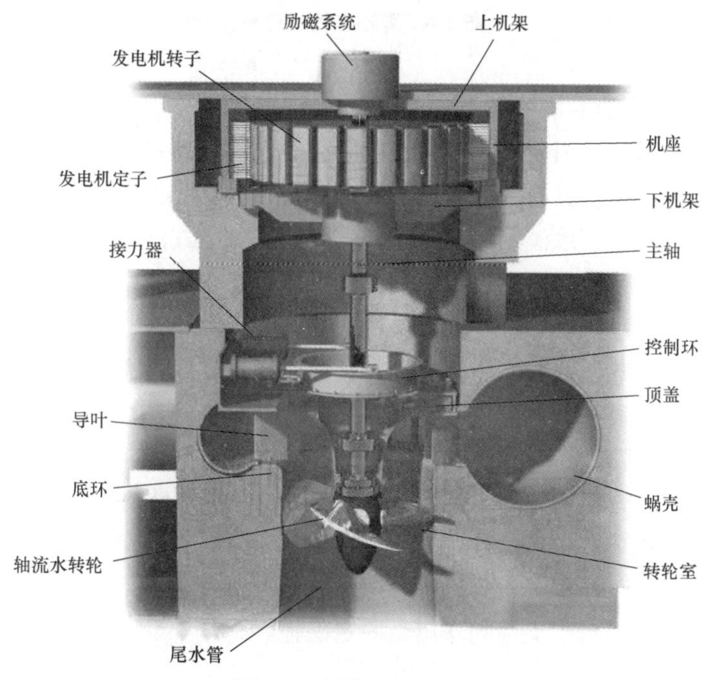

图 3-5 立轴水轮发电机

立轴水轮发电机的主轴是竖直方向布置的，轴承受力好，机组占地面积小，运行平稳，但是厂房分为发电机层和水轮机层。因此厂房高，面积大，机组安装检修不方便，厂房投资大，适用发电机径向尺寸较大的大中型机组。根据立轴水轮发电机推力轴承的位置又可分为悬式结构和伞式结构（其中伞式结构又分为普通伞式、半伞式和全伞式三种）。卧轴水轮发电机的主轴是水平布置的，安装、检修和运行维护方便，厂房投资小，但是径向轴承受力不好，发电机径向尺寸不能太大，否则容易引起机组震动。机组占地面积较大，水轮机、发电机的噪声对运行人员干扰大，夏天室温高，适用发电机径向尺寸较小的机组。

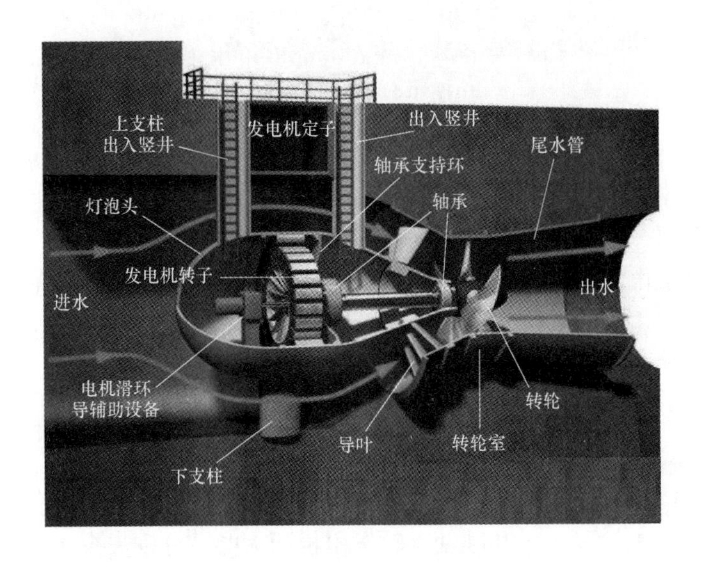

图 3-6　卧轴水轮发电机

7．汽轮发电机主要有哪些种类？

答：汽轮发电机可分为背压式汽轮发电机、凝汽式汽轮发电机、抽凝式汽轮发电机三类。背压式汽轮发电机具有结构简单、经济性好、运行可靠等优点，但其发电量取决于供热量，不能独立调节以满足用户的需要，因此，背压式汽轮发电机一般用于热负荷稳定的企业自备电厂或有稳定的基本热负荷的区域性热电厂。凝汽式汽轮发电机与背压式汽轮发电机相似，经济性较好，但对负荷变化的适应性较差。抽凝式汽轮发电机具有运行方式灵活，受供热负荷限制小等优点，但其热经济性较背压式发电机较差，辅机较多价格昂贵，系统较复杂。

8．什么是发电机转子？主要由哪几部分组成？

答：水轮发电机的转子是转换能量和传递转矩的主要部件，一般由主轴、转子支架、磁轭、磁极等部件组成。主轴的作用是用来传递扭矩，具有一定的强度和刚度。磁极主要由铁芯、线圈、上下托板、极身绝缘、阻尼绕组及钢垫板等部件组成。磁轭的作用是构成磁路并固定磁极。转子支架的作用是固定磁轭。

9．什么是发电机定子？主要由哪几部分组成？

答：发电机定子主要由机座、铁芯、和三相绕组线圈组成。发电机定子、铁芯和三相绕组统一体称为发电机的定子。定子机座一般呈圆形，立轴机组的机座要承受轴向的荷重、定子自重及电磁扭矩并传递给基础。定子铁芯作为磁路的主要组成部件，为发电机提供磁阻很小的磁路，以通过发电机所需要的磁通，并用以固定绕组。绕组由绝缘导线绕组而成，均匀分布于铁芯内圆齿槽中，是当转子磁极旋转时，定子绕组切割磁力线而感应出电动势。

10．水轮发电机动力部分主要包含哪些设备？其作用分别是什么？

答：水电厂动力部分主要包括水轮机、调速器和辅助设备，水轮发电机模型如图 3-7 所示。水轮机的作用是将水能转换为旋转机械能，通过发电机转换成电能；调速器的作用是对水轮发电机组转速进行调节，以使发电机输出的交流电的频率符合电网运行的要求；辅助设备是保证水轮发电机正常运行的其他系统设备。

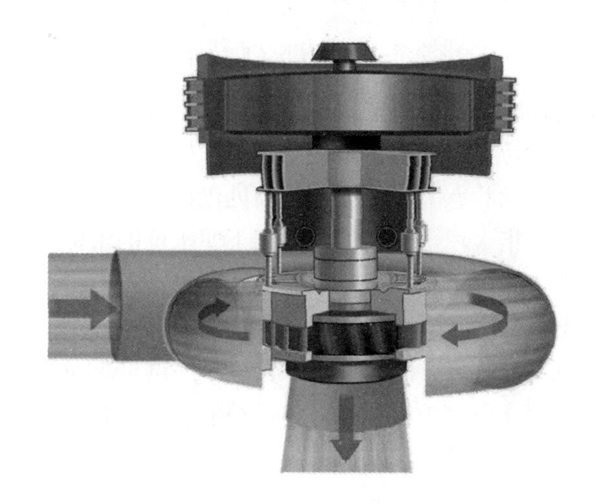

图 3-7　水轮发电机模型图

11．什么是水轮机？主要有哪些类型？

答：水轮机是将水能转换为旋转机械能的水力原动机，其结构图如图 3-8 所示。根据水流作用于水轮机时能量转换特征的不同。水轮机主要分为冲击式水轮机和反击式水轮机两大类。根据结构的不同，又有多种不同型式的水轮机，具体如下：

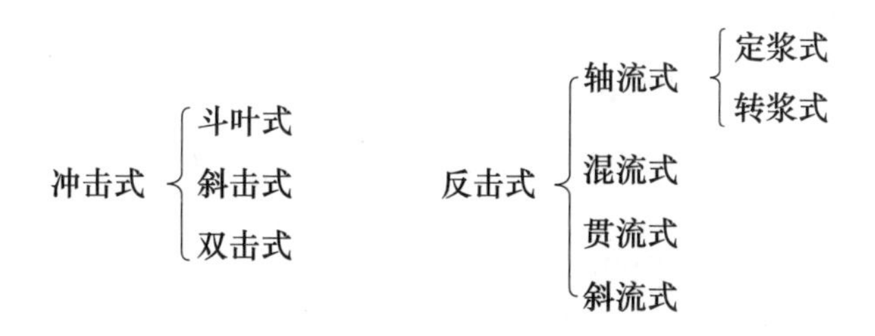

其中混流式、轴流式、斗叶式广泛应用于大中型水电厂，斜流式一般应用于抽水蓄能电站。

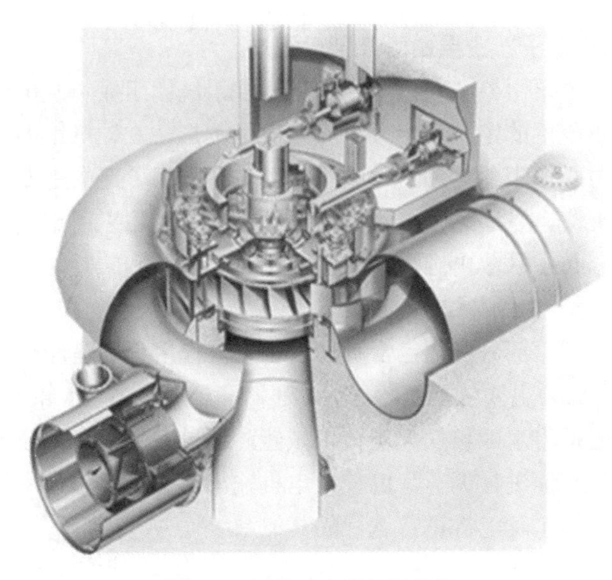

图 3-8 混流式水轮机结构图

12．水轮机的主要技术参数有哪些？

答：水轮机是将水能转换为旋转机械能的装置，技术参数主要包含：

（1）工作水头。在自然状态下，水流是从高处流向低处。通过筑坝将分散的水流集中起来形成水位差（通常指大坝上库水位与大坝下库水位的水位差）形成具有一定落差和流量的水流并通过水道或压力管道进入水轮机转轮带动发电机转动。这个水位差称为毛水头。工作水头等于毛水头减去水流在水道中损失的部分。

（2）流量。水轮机流量指单位时间通过水轮机进口测量断面水的体积。

（3）功率。水流每秒流入水轮机所携带的机械能称为水轮机输入功率。水轮机轴输出的机械功率称为输出功率。通常我们讲的水轮机功率指的是输出功率。

（4）效率。水流流过水轮机带动水轮机转动实现能量的转化，但在这个过程中将存在一定的能量损耗，因此水轮机输出功率总是小于输入功率。水轮机输出功率与输入功率间的比值称为水轮机效率。

（5）转速。水轮机轴每分钟转动的圈数称为水轮机的转速。水轮机的稳态转速称为水轮机的额定转速。

13．什么是水轮机调节？

答：水轮发电机组是将水能转换为机械能进而转变为电能的设备。而用户在用电的过程中对电能的质量有不同的要求，为保证用户电能质量水平需根据电力负荷的变化，通过调节水轮机的过水流量调节水轮发电机组的有功功率输出，并维持机组的转速（即电能的频率）在规定的范围内。

14．什么是调速器？主要由哪几部分组成？

答：实现水轮发电机组转速调节的设备叫调速器。从控制逻辑来看主要包含量测元件、计算决策元件、执行元件三部分组成。根据具体结构的不同主要包含：

（1）飞摆，监测水轮机的转速。

（2）接力器，控制导水机构或者喷针。

（3）主配压阀，根据飞摆的指令控制接力器执行命令。

（4）缓冲器，根据接力器的动作使配压阀恢复到中间位置，进而获得稳定运行的弹性回复机构。

（5）调差机构，根据接力器的位置，产生刚性回复，满足机组并列运行的要求。

（6）转速调整机构，在并网运行时，通过调节转速而控制机组出力的结构。

（7）开度限制机构，用于控制导水叶的开度的机构。

（8）油压装置，为机组运行生产、储备稳定的压力能源。

15．调速器有哪些类型？

答：（1）按元件结构调速器可分为机械液压型调速器、电气液压型调试器和微机液压型调速器。

（2）按驱动方式调速器分为带轮式和电动机传动式。

（3）按测速机构调速器可分为单臂重锤式和菱形钢带式。

（4）按有无飞摆方式水轮机分为有飞摆调速器和无飞摆调速器。

（5）按主接力器调速器可分为一体式和分离式。

（6）按调节机构的数量调速器可分为单调节调速器和双调节调速器。

16．调速器主要技术参数有哪些？

答：调速器的主要技术参数有接力器容量、接力器关闭时间、调速器轴的最大转角、永态转差系数、暂态转差系数、缓冲时间常数、转速调整范围及质量等。

17．什么是锅炉设备？主要由哪些部分组成？

答：锅炉设备是火力发电厂的主要热力设备，它通过燃料燃烧产生的热能加热工质产生一定温度和压力的蒸汽来推动汽轮机转动产生电能，其作用是将化学能转化为热能。同时，锅炉还有提高燃烧效率的作用。锅炉设备是锅炉本体及其辅助设备的总称，锅炉本体主要包含燃烧设备、蒸发设备、对流受热面及烟道等组成部分。锅炉的辅助设备主要有给水装置、通风装置、制粉装置、除尘除灰装置等。

18．锅炉主要有哪些类型？

答：按锅炉所用燃料的不同可分为燃油锅炉、燃气锅炉、燃煤锅炉等；按锅炉容量不同可分为大型锅炉、中型锅炉和小型锅炉；按蒸汽压力不同可分为低压锅炉、中压锅炉、高压锅炉、超高压锅炉、亚临界压力锅炉、超临界压力锅炉及超超临界压力锅炉等；按水冷壁内工质的流动动力不同可分为自然循环锅炉、强制循环锅炉和直流锅炉等；同时燃煤炉按燃烧方式的不同还分为煤粉炉、旋风炉、流化炉及层燃炉等。

19．什么是汽轮机？主要有哪些类型？

答：汽轮机是将蒸汽的热能转换为旋转机械能的原动机。根据工作原理的不同可分为冲动式汽轮机、反动式汽轮机；根据热力特性的不同可分为凝汽式汽轮机、背压式汽轮机、调整抽汽式汽轮机、抽汽背压式汽轮机、中间再热式汽轮机；根据蒸汽参数不同可分为低压汽轮机（蒸汽压力＜1.5MPa）、中压汽轮机（蒸汽压力为2～4MPa）、高压汽轮机（蒸汽压力6～10MPa）、超高压汽轮机（蒸汽压力12～14MPa）、亚临界压力汽轮机（蒸汽压力 16～18MPa）、超临界压力汽轮机（蒸汽压力＞22.2MPa）。

20．汽轮发电机动力部分主要包含什么？

答：汽轮发电机的动力设备主要包含汽轮机本体及其辅助设备等。汽轮机本体可分为固定和转动两大部分，分别称为汽轮机的静子和转子，静子主要由汽缸、喷嘴、隔板、汽封轴承等组成，转子主要由叶轮、动叶、联轴器主轴等组成；汽轮机辅助设备主要由凝汽设备、回热加热装置、除氧设备、调节保安系统及供油系统组成。

21．什么是汽轮机的调节系统？其基本原理是什么？

答：汽轮机调节系统是通过改变进气量，使水蒸气主力矩和反抗力矩达到新的平衡，即使机组在新的负荷下稳定运行的一套系统。其基本原理是当汽轮发电机组在某一负荷稳定运行时受到外界干扰，比如负荷增大或减小，则上述平衡被破坏，机组转速随之减小或增大。这一转速变化信号传递给调节系统的测量部件，进而导致调节系统产生一系列连锁反应而改变进气量，从而达到新的平衡。

22．什么是汽轮机的保安系统？

答：汽轮机是高速旋转的精密设备，运行中发生任何异常情况将可能导致设备损坏。汽轮机保安系统是在汽轮机任何一项测量值超出允许范围时通过中间转换及执行机构使汽轮机的所有进汽阀关闭，迫使汽轮机停机，从而保证设备安全的一套系统。

23．什么是核电站？主要由哪几部分组成？

答：核电站是以核燃料在核反应堆中发生特殊形式的“燃烧”产生热量，使核能转变成热能加热水产生蒸汽驱动汽轮机进而推动发电机转动产生电能的电站。核电站主要由核系统和常规系统组成。核系统主要包含核反应堆。常规系统主要是指汽轮机等动力设备和发电机、变压器、开关等输变电设备。

24．什么是核反应堆？主要有哪些类型？

答：核反应堆是用来实现核裂变反应装置的总称。按冷却剂和慢化剂不同可分为轻水堆、重水堆和石墨气冷堆、压水堆等。目前世界各国发电用核反应堆大部分采用技术最为成熟、安全可靠性高的压水堆。压水堆主要由核反应堆本体、堆芯、压力容器三部分组成。

25．什么是风力发电机？主要由哪几部分组成？

答：风力发电机是通过风力驱动叶片转动将风能转化为电能的发电设备。风力发电机主要包含叶片、轮毂、机舱、叶轮轴与主轴连接、主轴、齿轮箱、刹车机构、联轴器、发电机、散热器、冷却装置、风速仪和风向标、控制系统、液压系统、偏航驱动、偏航轴承、塔架、变桨距部分等，如图 3-9 所示。

26．风力发电机主要有哪些类型？

答：（1）按风力发电机的功率不同可分为微型风力发电机、小型风力发电机、中型风力发电机、大型风力发电机。

（2）按动力学可分为阻力型风力发电机、升力型风力发电机。

（3）按转子受力风向不同可分为顺风型风力发电机、逆风型风力发电机。

（4）按桨叶接受风能的功率调节方式不同可分为定桨距（被动失速型）风力发电机、变桨距风力发电机、主动失速风力发电机。

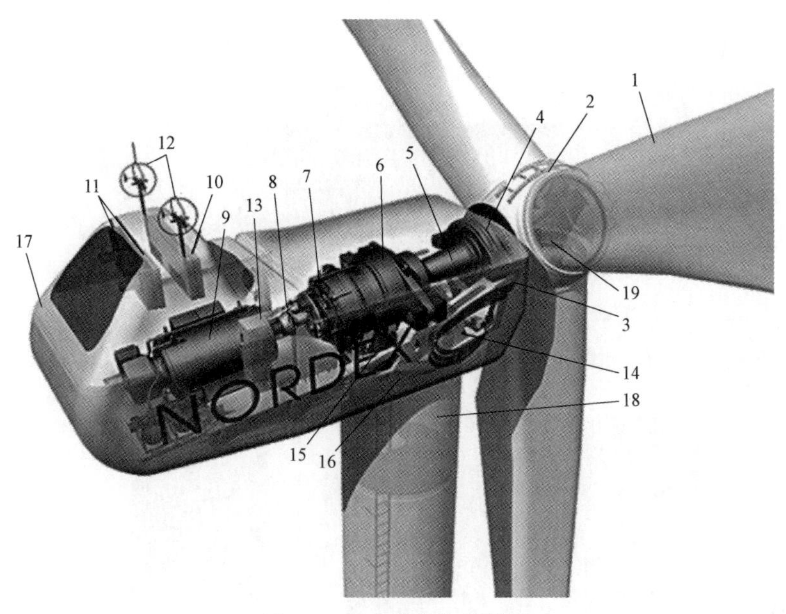

图 3-9 风力发电机结构图

1—叶片；2—轮毂；3—机舱；4—叶轮轴与主轴连接；5—主轴；6—齿轮箱；7—刹车机构；8—联轴器；9—发电机；10—散热器；11—冷却风扇；12—风速仪和风向标；13—控制系统；14—液压系统；15—偏航驱动；16—偏航轴承；17—机舱盖；18—塔架；19—变桨距部分

（5）按叶轮转速是否恒定可分为恒速风力发电机、变速风力发电机。

（6）按风力机旋转的主轴方向不同可分为水平轴风力发电机、垂直轴风力发电机。

27．什么是变压器？主要由哪几部分组成？

答：变电站内变压器是实现电网的电压等级变换的设备。输电线路中流过的电流越大损耗越大，当传输一定功率时，电流越大，电压越小，所以采用高压输电可以有效减少输电线路的功率损耗，故发电厂发出的电力需经过变压器升压后进行传输，高压电输送到用电地区后无法直接使用，所以需经过变压器降压后满足不同用户的用电需求。

变压器主要由铁芯、绕组、油箱、油枕、绝缘套管、分接开关、冷却系统等组成，变压器外观如图 3-10 所示，内部结构如图 3-11 所示。

图 3-10 变压器外观图

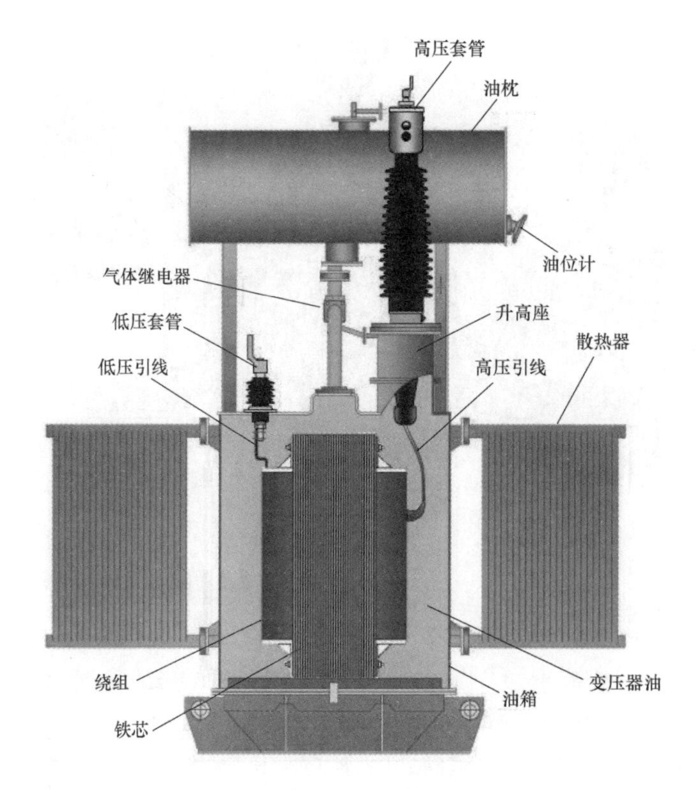

图 3-11　变压器内部结构图

28．变压器主要有哪些类别？其特点是什么？

答：（1）按相数分：单相变压器主要用于单相负荷和三相变压器组；三相变压器主要用于三相系统的升、降电压。

（2）按冷却方式分：干式变压器主要依靠空气对流进行冷却，一般用于局部照明、电子线路等小容量变压器；油浸式变压器主要依靠油作冷却介质、如油浸自冷、油浸风冷、油浸水冷、强迫油循环等。

（3）按用途分：电力变压器主要用于输配电系统的升、降电压；仪用变压器，如电压互感器、电流互感器、主要用于测量仪表和继电保护装置；试验变压器主要用于对电气设备进行的高压试验；特种变压器，如电炉变压器、整流变压器、调整变压器等。

（4）按绕组形式分：双绕组变压器主要用于连接电力系统中的两个电压等级；三绕组变压器主要用于电力系统区域变电站中，连接三个电压等级；自耦变压器主要用于连接不同电压的电力系统，也可作为普通的升压或降压变压器用。

29．变压器主要有哪些技术参数？

答：变压器主要技术参数有：

（1）额定容量，指变压器在厂家额定电压、额定电流连续运行时所输送的容量。额定容量是指变压器的视在功率，以 VA、kVA、MVA 为单位。

（2）额定电压，指变压器长时间运行所能承受的工作电压，单位为 V、kV。

（3）额定电流，指变压器在额定容量下允许长期通过的工作电流，单位为 A、kA。

（4）容量比，指变压器各侧额定容量之比。

（5）电压比，指变压器各侧额定电压之比。

（6）短路损耗（铜损），将变压器的二次绕组短路，变压器一、二次电流流过一、二次绕组，在绕组电阻上所消耗的能量之和。铜损与一、二次电流的平方成正比。

（7）空载损耗（铁损），指变压器在二次侧开路、一次侧施加额定电压时，变压器铁芯所产生的有功损耗，单位为 W、kW。铁损包括励磁损耗和涡流损耗。

（8）空载电流，指变压器在额定电压下空载运行时一次侧通过的电流（不是指合闸瞬间的励磁涌流峰值，而是指合闸后的稳态电流）。

（9）百分比阻抗（短路电压、抗阻电压），指变压器二次绕组短路，使一次侧电压逐渐升高，当二次绕组的短路电流达到额定值时，一次侧电压与额定电压比值的百分数。

（10）连接组别，用一组字母和时钟序数表示变压器低压绕组对高压绕组相位移关系和变压器一、二次绕组的连接方式。

（11）额定频率，我国规定标准工业频率为 50Hz。

（12）额定温升，变压器内绕组或上层油的温度与变压器外围空气的温度（环境温度）之差称为绕组或上层油的温升。我国标准规定：绕组温升的限值为 65℃，上层油温升的限值为 55℃，并规定变压器周围的最高温度为 40℃。因此，变压器在正常运行时，上层油的最高温度不应该超过 95℃。

（13）额定冷却介质温度，对于风冷却的变压器，额定冷却介质温度指的是变压器运行时，其周围环境中空气的最高温度不应超过 40℃，以保证变压器额定负荷运行时，绕组和油温度不超过额定允许值。

30．什么是母线？

答：母线是将各个电气装置中截流分支回路连接在一起的导体，起汇集、分配、传输电能的作用，如图 3-12 所示。

图 3-12　母线外观图

31．母线主要有哪些类别？其特点是什么？

答：按使用材料分：

（1）铜母线。铜的电阻率低，机械强度高，抗腐蚀性强，是很好的母线材料。但铜价格较高，所以常用于含腐蚀性气体或有强烈振动的地区，如靠近化工厂或海岸。

（2）铝母线。电阻率约为铜的1.7～2倍，而质量只有铜的30%，所以在长度和电阻相同的情况下，铝母线的质量仅为铜母线的一半。且铝母线价格较低，所以常用于对经济性有需求的地区。

（3）钢母线。优点是机械强度高，价格便宜。缺点是电阻率很大，为铜的6～8倍，用于交流时会产生很强的集肤效应，并造成很大的磁滞损耗和涡流损耗。因此钢母线仅用在高压小容量电路（如电压互感器回路以及小容量厂用、所用变压器的高压侧）、工作电流不大于200A的低压电路、直流电路以及接地装置回路中。

按截面形状分：

（1）矩形截面。具有散热条件好，集肤效应小，安装简单，连接方便等优点。常用在35kV及以下的屋内配电装置中。当工作电流超过最大截面的单条母线之允许电流时，每相可用两条或三条矩形母线固定在支持绝缘子上，每条间的距离应等于一条的厚度，以保证良好的散热。

（2）圆形截面。因为圆形截面不存在电场集中的场所，在35kV以上的户外配电装置中，为了防止产生电晕，大多采用圆形截面母线。

（3）槽形截面。槽形母线的电流分布均匀，与同截面的矩形母线相比，具有集肤效应小、冷却条件好、金属材料利用率高、机械强度高等优点。当母线的工作电流很大，每相需要三条以上的矩形母线才能满足要求时，一般采用槽形母线。

（4）管形截面。管形母线是空心导体，集肤效应小，且电晕放电电压高。在35kV以上的户外配电装置中多采用管形母线。

此外，母线还可分为软母线和硬母线。

32．什么是断路器？主要由哪几部分组成？

答：断路器是用于接通或断开高压电路中的空载电流及负荷电流的设备，如果当系统发生故障时，断路器能与保护装置互相配合，快速切断故障电流，防止事故扩大，保障电网安全，外观如图3-13所示，结构如图3-14所示。

图3-13　断路器外观图

断路器主要由以下几部分组成：

（1）导电部分，主要由灭弧室、动触头、静触头、导电连接、进出线触头等组成的，根据电流大小而定。

（2）绝缘部分，主要是由绝缘支柱、绝缘拉杆等组成，主要作用是支撑或连接和带动传动用。

（3）传动部分，主要由操作机构、连动附件等组成，让断路器可以实现分合操作。

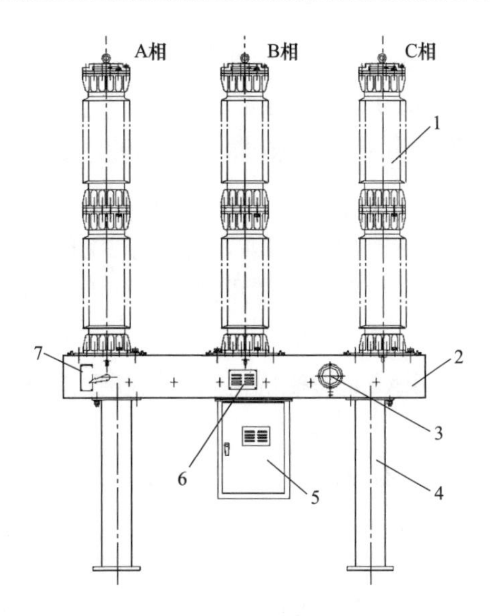

图 3-14　断路器结构图

1—灭弧室；2—基座；3—密度维电器；4—支架；5—操动机构；6—铭牌；7—分合闸指示

33．断路器主要有哪些类别？其特点是什么？

答：断路器主要分为：

（1）多油断路器。以绝缘油为灭弧介质及主要绝缘介质的高压断路器，其结构简单，工艺要求低，价格便宜，但用油量大、体积大、检修工作量大且易发生爆炸和火灾现象。

（2）少油断路器。用油少，油箱结构小而坚固，具有节省材料、防爆防火等特点。少油断路器使用安全，使配电装置大大简化，体积小，便于运输。

（3）SF_6 断路器。性能好，断口电压较高。设备的操作维护和检修都很方便，检修周期长，且开断性能好，占地面积小，特别是 SF_6 全封闭组合电器可大大减少变电站的占地面积。由于 SF_6 绝缘介质本身的优良性能，使得 SF_6 断路器获得众多优良特性。

（4）真空断路器。以真空作为绝缘和灭弧介质，体积小，质量轻，但对于灭弧室工艺和材料的要求高，可连续多次操作，开断性能好，动作时间短，且运行维护简单，可靠性高，适用于配电系统操作多的特点，在 35kV 及以下系统得到广泛应用。

（5）空气断路器。空气断路器也叫压缩空气断路器。利用预先储存的压缩空气来灭弧。压缩空气不仅作为灭弧和绝缘介质，而且还作为传动的动力。空气断路器抗短路能力大，动作时间快，尺寸小，质量轻，无火灾危险，但结构复杂，价格贵，需要装设压缩空气系统等，主要用于 110kV 及以上对电气参数和断路时间有较高要求的系统中，以及大型发电机出口需要很大额定电流与开断电路的场合。

34．断路器主要有哪些技术参数？

答：断路器的技术参数主要有：

（1）额定（短路）开断电流（kA），指在额定电压下，断路器能可靠切断的最大短路电流周期分量有效值，该值表示断路器的断路能力。

（2）额定峰值耐受（动稳定）电流（kA），指在规定的使用和性能条件下，断路器在合闸位置时所能承受的额定短时耐受电流第一个半波达到电流峰值。其反映设备受短路电流引起的电动效应能力。

（3）额定短时耐受（热稳定）电流（kA），指在规定的使用和性能条件下，在额定短路持续时间内，断路器在合闸位置时所能承载的电流有效值。其反应设备经受短路电流引起的热效应能力。

（4）额定短路关合电流（kA），指在规定的使用和性能条件下，断路器保证正常关合的最大预期峰值电流。

（5）分闸时间（ms），断路器分闸时间是指从接到分闸指令开始到所有极弧触头都分离瞬间的时间间隔。

（6）开断时间（ms），指断路器从分闸线圈通电（发布分闸命令）起至三相电弧完全熄灭为止的时间。开断时间为分闸时间和电弧燃烧时间（燃弧时间）之和。

（7）合闸时间（ms），合闸时间是指从合闸命令开始到最后一极弧触头接触瞬间的时间间隔。

（8）金属短接时间（ms），指断路器在合闸操作时从动、静触头刚接触到刚分离时的一段时间。

（9）分（合）闸不同期时间（ms），指断路器各相间或同相各断口间分（合）的最大差异时间。

（10）额定充气压力（表压，MPa），指标准大气压下设备运行前或补气时要求充入气体的压力。

（11）相对漏气率（简称漏气率），指设备（隔室）在额定充气压力下，在一定时间间隔内测定的漏气量与总气量之比，以年漏百分率表示。

（12）无电流间隔时间（ms），指由断路器各相中的电弧完全熄灭到任意相再次通过电流为止的所用时间。

35．什么是隔离开关？主要由哪几部分组成？

答：隔离开关是一种主要用于隔离电源、倒闸操作、用以连通和切断小电流电路，无灭弧功能的开关器件。隔离开关主要由绝缘部分、导电部分、支持底座或框架、传动机构和操动机构等部分组成，隔离开关外观如图 3-15 所示，结构如图 3-16 所示。

图 3-15　隔离开关外观图

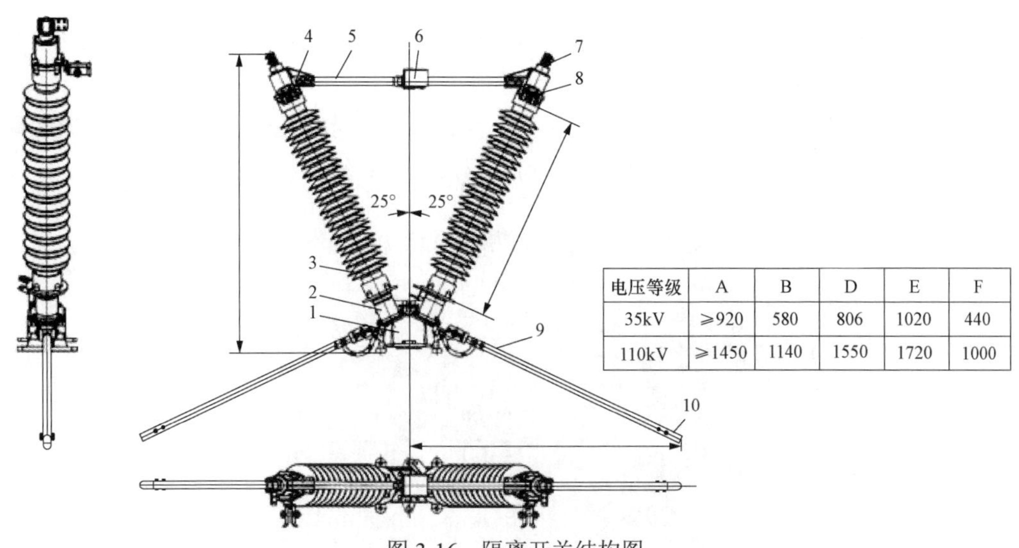

电压等级	A	B	D	E	F
35kV	≥920	580	806	1020	440
110kV	≥1450	1140	1550	1720	1000

图 3-16　隔离开关结构图

1—底座；2—支座；3—绝缘支柱；4—接线座；5—圆轴导电杆；6—方轴导电杆；
7—接线夹；8—接地开关静触头；9—接地开关铝管；10—接地开关动触头

36．隔离开关主要有哪些类别？

答：（1）按隔离开关的绝缘支柱数目可分为单柱、双柱、三柱式和 V 型。

（2）按隔离开关的极数可分为单极、三极式。

（3）按隔离开关的运行方式可分为水平旋转、垂直旋转、摆动、插入式。

（4）按隔离开关的操动机构可分为手动、电动、气动、液压式。

（5）按隔离开关的使用地点可分为户内、户外式。

37．隔离开关主要有哪些技术参数？

答：高压隔离开关的技术参数主要有：额定电压、额定电流、额定短路耐受电流、额定峰值耐受电流、额定短时持续时间、额定绝缘水平、工频耐受电压、雷电冲击耐受电压（峰值）。

38．什么是 GIS？其特点是什么？

答：GIS（gas insulated switchgear）是气体绝缘全封闭组合电器的简称。由于其内部通常充以 SF_6 气体，故又叫 SF_6 封闭式组合电器，其外观如图 3-17 所示。GIS 设备的特点主要有：

（1）小型化。由于 GIS 设备采用绝缘性能较好的 SF_6 气体作为绝缘和灭弧介质，所以可以大幅减少发电厂或变电站的体积。

（2）可靠性高。SF_6 气体为惰性气体，带电部分封闭在其内部不与外界接触使得 GIS 设备基本不受外部环境的影响，有效提高设备的可靠性。

（3）安全性高。SF_6 气体为不可燃气体，基本没有火灾风险。由于带电部分全部封闭在金属壳体内部，触电伤亡的风险也大大降低。

（4）维护方便，检修周期长。因其本身的结构原因，GIS 设备布局合理、灭弧功能先进，有效提高了产品的使用寿命。因此检修周期长，维护工作量小，日常维护方便。

（5）杜绝对外部的不利影响。因带电部分使用金属外壳封闭，对电磁和静电实现屏蔽，噪声小，抗无线电干扰能力强。

（6）安装周期短。由于 GIS 设备实现了小型化，单元化，设备可在工厂进行整机装配和试验合格后以单元或间隔的形式运送到现场，因此缩短了安装工期。

图 3-17　GIS 外观图

39．GIS 主要由哪几部分组成？

答：GIS 设备一般由汇控柜、断路器、互感器、接地/隔离开关及传动机构、出线套管、避雷器、主母线、整体底座、气隔等组成，其结构如图 3-18 所示。

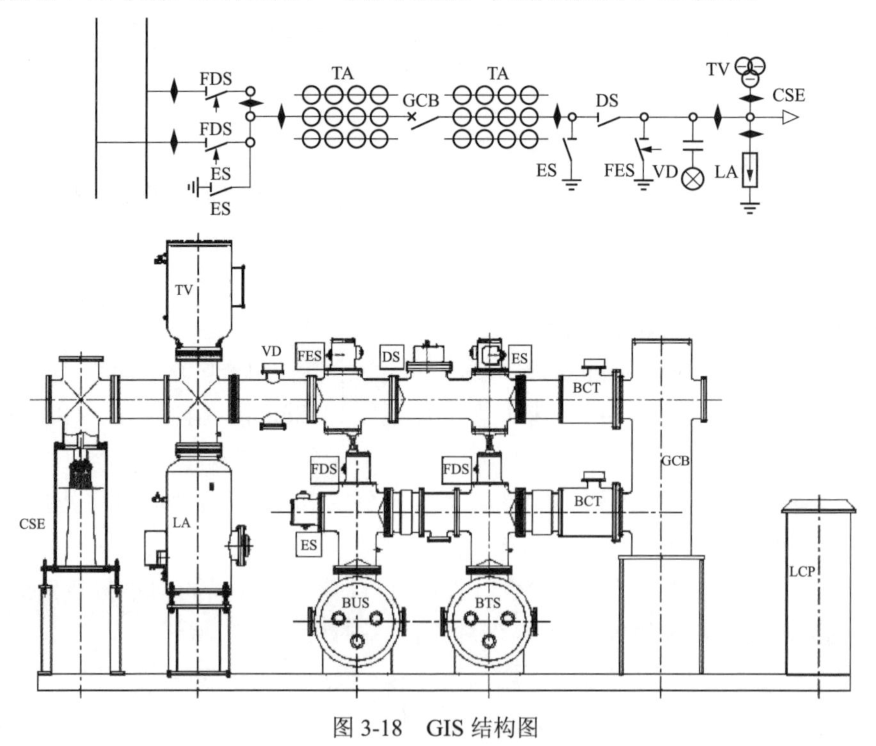

图 3-18　GIS 结构图

GCB—断路器；DS—隔离开关；FDS—快速接地开关；BUS—主母线；TA—电流互感器；TV—电压互感器；LA—避雷器；VD—高压带电显示器；CSE—电缆终端

（1）断路器。断路器是 GIS 的中心元件，由灭弧室和操作机构组成。整个机构和 SF_6 气室完全隔离。按三相是否共箱分为单箱式和三相共箱式断路器两种。

（2）隔离开关和接地开关。隔离开关、接地开关一般综合于一个三位置开关装置内，称为三工位隔离/接地开关。

（3）互感器。电压互感器是将工作电压降压至可用于连接测量设备和保护装置的设备。电流互感器是将工作电流变换至可用于测量和保护的设备。

（4）避雷器。GIS 设备避雷器多采用氧化锌型封闭式结构，采用 SF_6 气体绝缘。

（5）气隔。GIS 设备采用盆式绝缘子将 GIS 划分为若干个不同的区域，这些区域就叫 GIS 的气隔。各气隔电路彼此相同但气路相互隔离。

（6）汇控柜。就地控制柜（LCP）是对 GIS 进行现场监视和控制的集中控制屏。

40．GIS 主要有哪些类别？

答：（1）按照使用条件不同可分为户内型和户外型。户外型 GIS 不需设置厂房，可减少建设投资，但长期受到日照雨淋，夏季温升增高，冬季（特别是严寒地带）SF_6 气体可能液化；户内型 GIS 运行条件优越，但由于增加了厂房、吊车、排风等设施，建设费用增大。

（2）按充气外壳的结构形状可分为圆筒形和柜形两类。其中圆筒形依据主回路的配置方式还可分为单相单筒式（即分相型）、部分三相共筒式（也称为主母线三相共筒型）、全三相共筒式；柜形也称为 C-GIS，俗称充气柜，它依据柜体结构和元件间是否隔离可分为箱型和铠装型两种。

（3）按与其他设备连接方式分类可分为架空出线方式、电缆出线方式、母线筒出线端直接与变压器对接方式。

41．什么是高压开关柜？主要由哪几部分组成？

答：高压开关柜是按照一定的接线方式，将有关的高低压电器设备（包括控制电器、保护电器、测量电器）以及母线、载流导体、绝缘子等装配在封闭的或敞开的金属柜体内，作为电力系统中接受和分配电能的设备。

高压开关柜主要由母线、断路器、隔离开关、接地开关、避雷器、电流互感器、套管、保护装置、计量装置等组成，其外观如图 3-19 所示，结构如图 3-20 所示。

图 3-19　高压开关柜外观图

42．高压开关柜主要有哪些类别？

答：（1）按断路器安装方式分为移开式（手车式）开关柜和固定式开关柜。

（2）按安装地点分为户内开关柜和户外开关柜。

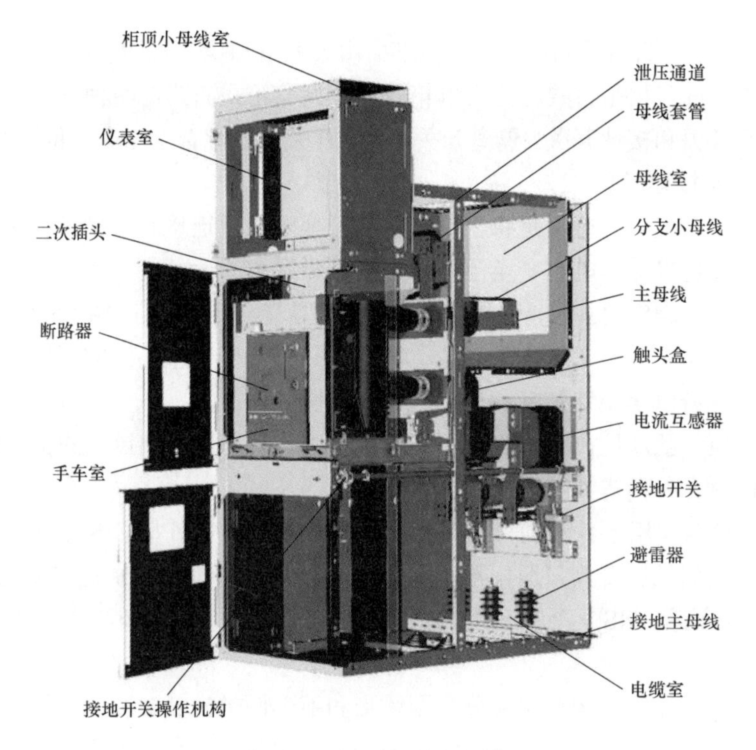

图 3-20　高压开关柜结构图

（3）按柜体结构可分为金属封闭铠装式开关柜、金属封闭间隔式开关柜、金属封闭箱式开关柜和敞开式开关柜。

（4）按作用分为进线柜、馈线柜、电压互感器柜、高压电容器柜、电能计量柜、高压环网柜。

43．什么是电流互感器？主要由哪几部分组成？

答：电流互感器是依据电磁感应原理将一次侧大电流转换成二次侧小电流用于相关装置进行测量、计量及保护的设备。其一次侧绕组匝数很少，串接在需要测量的电流的线路中，二次绕组匝数比较多，串接在测量仪表和保护回路中。电流互感器由相互绝缘的一次绕组、二次绕组、铁芯及壳体、接线端子等组成，如图 3-21 所示。

图 3-21　电流互感器外观图

44．电流互感器主要有哪些类别？

答：（1）按用途分类：测量用电流互感器、保护用电流互感器。

（2）按绝缘介质分类：干式电流互感器、浇注式电流互感器、油浸式电流互感器、气体绝缘电流互感器。

（3）按安装方式分类：支柱式电流互感器、贯穿式电流互感器、母线式电流互感器、套管式电流互感器。

（4）按原理分类：电子式电流互感器、电磁式电流互感器。

45. 电流互感器主要有哪些技术参数？

答：电流互感器的主要技术参数有：

（1）型式或型号。

（2）额定容量，即额定二次电流通过二次额定负荷时所消耗的视在功率。

（3）一次额定电流。

（4）二次额定电流。

（5）额定电流比（变比）。

（6）额定电压。

（7）准确级，即在规定的二次负荷范围内，一次电流为额定值时的最大电流误差百分数。

（8）比差，即比值误差，实际的二次电流与折算到二次侧的一次电流的差值，与折算到二次侧的一次电流的比值。

（9）角差，即相角误差，等于旋转180°后的二次电流向量与一次电流向量之间的相位差。

46. 什么是电压互感器？主要由哪几部分组成？

答：电压互感器是按一定比例将高电压转换为低电压的设备，运行中的高压电气设备往往电压很高，无法用电气仪表直接进行测量，需要采用电压互感器将高电压按一定比例降低，用于相关装置进行测量、计量及保护，这样既可以统一电气仪表及继电器的品种和规格，提高精准度，又可以使工作人员避免接触高压回路，保障人员及设备的安全。电压互感器主要由相互绝缘的一次绕组、二次绕组、铁芯以及壳体、接线端子等组成，如图3-22所示。

图3-22 电压互感器外观图

47. 电压互感器主要有哪些类别？

答：（1）按安装地点分类：户内式电压互感器和户外式电压互感器。

（2）按相数分类：单相式电压互感器和三相式电压互感器。

（3）按绕组数目分类：双绕组电压互感器和三绕组电压互感器。

（4）按绝缘方式分类：干式电压互感器、浇注式电压互感器、油浸式电压互感器和充气式电压互感器。

（5）按工作原理分类：电磁式电压互感器、电容式电压互感器、电子式电压互感器。

48. 电压互感器主要有哪些技术参数？

答：电压互感器的主要技术参数有型式或型号、额定一次电压、设备最高电压、额定频率、额定二次电压、额定输出标准值（VA）、准确级、绝缘水平、介质损耗因数 $\tan\delta$（15～25℃）、一次绕组匝数、二次绕组匝数、极性。

49．什么是避雷器？主要由哪几部分组成？

答：避雷器用于限制过电压，通常将其与保护设备并联，接于导线与地之间，其外观如图 3-23 所示。正常情况下，避雷器内无电流通过，如果线路上产生危及被保护设备绝缘的高电压时，避雷器内部击穿动作，使过电压电荷释放流入大地，从而将过电压限制在一定水平。过电压消失后，避雷器又能在工频电压下切断流经避雷器的内部电流，使被保护设备恢复正常工作。避雷器主要由火花间隙、接线端子、接地端子、阀片、瓷套等组成。

图 3-23　避雷器外观图

50．避雷器主要有哪些类别？其特点是什么？

答：避雷器主要有管型避雷器、阀型避雷器、氧化锌避雷器，各类型避雷器的特点如下：

（1）管型避雷器。管型避雷器实际是一种具有较高熄弧能力的保护间隙，由两个串联间隙组成，一个间隙在大气中，称为外间隙，它的任务就是隔离工作电压，避免产气管被流经管子的工频泄漏电流所烧坏；另一个装设在气管内，称为内间隙或者灭弧间隙，管型避雷器的灭弧能力与工频续流的大小有关。这是一种保护间隙型避雷器，大多用在供电线路上作避雷保护。

（2）阀型避雷器。阀型避雷器由火花间隙及阀片电阻组成，阀片电阻的制作材料是特种碳化硅。利用碳化硅制作的阀片电阻可以有效地防止雷电和高电压，对设备进行保护。当有雷电高电压时，火花间隙被击穿，阀片电阻的电阻值下降，将雷电流引入大地，这就保护了线缆或电气设备免受雷电流的危害。在正常的情况下，火花间隙是不会被击穿的，阀片电阻的电阻值较高，不会影响通信线路的正常通信。

（3）氧化锌避雷器。氧化锌避雷器是一种保护性能优越、质量轻、耐污秽、性能稳定的避雷设备。主要利用氧化锌良好的非线性伏安特性，使在正常工作电压时流过避雷器的电流极小（微安或毫安级）；当过电压作用时，电阻急剧下降，泄放过电压的能量，达到保护的效果。这种避雷器和传统避雷器的差异是没有放电间隙，利用氧化锌的非线性特性起到泄流和开断的作用。

51．避雷器主要有哪些技术参数？

答：避雷器主要技术参数如下：

（1）最大放电电流。给保护器施加波形为 8/20μs 的标准雷电波冲击 1 次时，保护器所耐受的最大冲击电流峰值。

（2）额定电压。能长久施加在保护器的指定端，而不引起保护器特性变化和激活保护元件的最大电压有效值。

（3）回波损耗。表示前沿波在保护设备（反射点）被反射的比例，是直接衡量保护设备同系统阻抗是否兼容的参数。

（4）标称电压。与被保护系统的额定电压相符，在信息技术系统中此参数表明了应该选用的保护器的类型，它标出交流或直流电压的有效值。

（5）电压保护级别。保护器在下列测试中的最大值：1kV/μs 斜率的跳火电压；额定放电电流的残压。

（6）响应时间。主要反映在保护器里的特殊保护元件的动作灵敏度、击穿时间，在一定时间内变化取决于 d*u*/d*t* 或 d*i*/d*t* 的斜率。

（7）数据传输速率。表示在 1s 内传输多少比特值，是数据传输系统中正确选用防雷器的参考值，防雷保护器的数据传输速率取决于系统的传输方式。

（8）插入损耗。在给定频率下保护器插入前和插入后的电压比率。

（9）额定放电电流。给保护器施加波形为 8/20μs 的标准雷电波冲击 10 次时，保护器所耐受的最大冲击电流峰值。

52．什么是并联电容器？主要由哪几部分组成？

答：并联电容器是用于补偿无功功率，提高功率因数，增加电网的传输能力，提高设备的利用率，降低线路损失和变压器的有功损失，改善电压质量的设备。并联电容器主要由电容元件、浸渍剂、紧固件、引线、外壳、套管等组成，如图 3-24 所示。

图 3-24　电容器外观图

53．并联电容器主要有哪些类别？其特点是什么？

答：并联电容器按其结构不同，可分为以下类型：

（1）单台铁壳式并联电容器，这类电容器维修方便，保护较为完善，因此应用较广，单台容量一般是 50、100、200、334kvar 等多种容量。

（2）箱式并联电容器，该电容器外形和中小型变压器相似，内部为去掉铁壳的单台电容器芯子，按设计要求若干个串并联、预留散热油道、抽空脱气后注满合格的油而成。

（3）集合式并联电容器，其主要优点是安装方便、维护工作量小、节省占地面积。

（4）半封闭式并联电容器，半封闭式并联电容器是将单台电容器套管对套管卧放在特制的钢架上，然后封闭其导电部分（地电位部分不封闭）而成的组装体。可多层布放、向高空发展以节省占地面积。这种产品对电容器单元的浸渍工艺要求较高，最好要装外熔丝，否则难以保证运行安全。

（5）干式并联电容器，该电容器是将低压金属化膜技术移植过来，若干个元件串、并联后制成高压电容器，因而仍具有自愈特性，而且符合产品无油化的发展方向。

（6）充气式并联电容器，这款电容器实际上是油气并存，即将集合式产品箱体内的油换成气体，内部的单台铁壳产品仍然是油浸的。由于气体导热性能不及液体，所以这类产品在这一方面要有特别措施，以便散热可靠。热管技术是其中常用的一种。

54．并联电容器主要有哪些技术参数？

答：并联电容器的主要技术参数有：额定电压、额定容量、局部放电性能、内部放电电阻性能、介质损耗、温升、稳态过电流、稳态过电压、绝缘水平。

55．什么是串联电抗器？主要由哪几部分组成？

答：串联电抗器可以限制电容器组的合闸涌流、短路电流以及抑制高次谐波，防止谐波对电容器造成危害，避免电容器装置的接入对电网谐波的过度放大和谐振发生。串联电抗器由铁芯、线圈、装配等组成，如图 3-25 所示。

图 3-25　电抗器外观图

56．串联电抗器主要有哪些类别？

答：串联电抗器类别主要有油浸式铁芯电抗器、干式铁芯电抗器、干式空芯电抗器、干式半芯电抗器、干式磁屏蔽电抗器。

57．串联电抗器主要有哪些技术参数？

答：串联电抗器的主要技术参数有：

（1）额定电压。

（2）额定端电压。

（3）额定电流。

（4）额定容量，电抗器在工频额定端电压和额定电流时的视在功率。

（5）额定电抗，电抗器通过工频额定电流时的电抗值。

（6）额定电抗率，电抗器的额定电抗对配套并联电容器组电抗的百分比值。

（7）最大工作电流，温升不超过规定值时，电抗器能连续运行的最大工作电流方均根值。

58．什么是并联电抗器？主要由哪几部分组成？

答：并联电抗器一般接在超高压输电线的末端和地之间或并联在变压器低压侧母线上，用于削弱空载或轻载时长线路的电容效应所引起的工频电压升高，改善沿线电压分布和轻载线路中的无功分布并降低线损，减少潜供电流，加速潜供电弧的熄灭，提高线路自动重合闸的成功率，补偿输电线路的电容电流，防止轻负荷线端电压升高，维持输电系统电压稳定的设备。并联电抗器主要由铁芯、线圈、装配等组成。

59．并联电抗器主要有哪些类别？

答：并联电抗器按铁芯的结构可分为两种：

（1）壳式电抗器。壳式电抗器线圈中的主磁通是空心的，不放置导磁介质，也就是线圈内无铁芯，在线圈外部装有用硅钢片叠成的框架（铁轭）以引导主磁通。由于没有主铁芯，电磁力小，相应的噪声和振动比较小，而且加工方便，冷却条件好，由于铁轭屏蔽了线圈，外部漏磁通小，油箱和其他金属构件中的附加损耗小。但壳式电抗器结构线圈内无铁芯，磁通密度低，要达到一定的电抗值，则要比心式电抗器匝数多，这样增加了铜的用量，铜损耗、铁损耗增加，有效材料也要增加。另外，壳式电抗器的线圈通过磁通的辐向分量较大，所以线圈中的附加损耗往往达到线圈电阻损耗的75%～100%，大于心式电抗器。

（2）心式电抗器。心式电抗器具有带多个气隙的铁芯，外套线圈。由于其铁芯磁通密度高，因此材料消耗少，结构紧凑，自振频率高，存在低频共振的可能性较少。心式结构通常在1.2～1.3倍的额定电压下才能出现饱和。主要缺点是加工复杂，技术要求高，振动和噪声较大。

60．并联电抗器主要有哪些技术参数？

答：并联电抗器的主要技术参数有：额定容量、额定电压、允许长期过励磁倍数、额定电抗、额定损耗、温升限值、联结方式。

61．什么是高压熔断器？主要由哪几部分组成？

答：高压熔断器是一种保护开关设备，其串联接入电路中，在线路过载或发生故障时，可以及时切断负荷电流。熔断器主要由熔体、安装熔体的熔管和熔座三部分组成，如图3-26所示。

图3-26　高压熔断器外观图

62．高压熔断器主要有哪些类别？其特点是什么？

答：（1）按装设的地点可分为户内式和户外式两种。

（2）按熔管的安装情况可分为固定式和自动跌落式两种。

（3）按开断电流的方式可分为限流式和无限流式两种。

熔断器的特点如下：

（1）熔断器结构简单，安装方便，在功率较小保护性要求不高的配电装置中应用较为广泛。

（2）熔断器不能做正常的分、合电路使用，因熔断器动作后必更换熔件势必造成局部停电，另外其保护特性易受外界影响。

63．高压熔断器主要有哪些技术参数？

答：高压熔断器的主要技术参数如下：

（1）额定电压，是指高压限流熔断器分断后长期承受的电压，一般等于或大于设备或线路的额定电压。

（2）额定电流，分熔断器和熔体的额定电流，是指长期通过的电流。一般为设备额定电流的1.5～3倍。

（3）额定开断能力，是指在故障条件下可靠地开断过载或短路电流的能力。一般用开断电流或开断容量表示。

（4）绝缘水平，一般用工频耐压和雷电冲击耐压来表示。

（5）安秒特性，是指高压限流熔断器动作时间与通过熔断器电流的关系。

64．什么是消弧线圈？

答：消弧线圈是一种带铁芯的电感线圈，当电网发生单相接地故障后，故障点流过电容电流，消弧线圈提供电感电流进行补偿，使故障点电流降至10A以下，有利于防止弧光过零后重燃，达到灭弧的目的，降低高幅值过电压出现的概率，防止事故进一步扩大。

65．什么是接地变压器？

答：接地变压器是为中性点不接地系统提供一个人为的中性点，便于采用经消弧线圈或小电阻的接地方式，用于减小电网系统发生接地故障时的对地电容电流，提高电网系统的供电可靠性。

66．站用电源变压器的作用是什么？

答：站用电源变压器的作用如下：

（1）提供变电站内的生产、生活用电。

（2）为变电站内的设备提供交流电。

（3）为变电站内的直流系统充电。

67．什么是耦合电容器？

答：耦合电容器是用于在电力系统中传递信号的高压电容器。耦合电容器的作用是使得强电和弱电两个系统通过电容器耦合并隔离，提供高频信号通路，阻止工频电流进入弱电系统，保证人身安全。带有电压抽取装置的耦合电容器除以上作用外，还可抽取工频电压供保护及重合闸使用，起到电压互感器的作用。

68．什么是阻波器？

答；阻波器是载波通信及高频保护不可缺少的高频通信元件，它可以阻止高频电流向其他分支泄漏，起到减少高频能量损耗的作用，同时又不影响工频电流的传送。

69. 什么是结合滤波器？

答：结合滤波器是连接电力线载波机和耦合电容器之间的设备。它与耦合电容器或与电容式电压互感器和线路阻波器，通过高频电缆和高压输电线发送或接收电力线载波信号，实现传输通道与电力载波设备之间的阻抗匹配，实现高压设备与电力线载波设备之间的隔离，防止电力电流串入电力线路载波设备，保证运行人员的人身安全，为电力线载波信号传输提供很小的插入衰减。

70. 什么是换流变压器？主要由哪几部分组成？

答：换流变压器是用于直流输电的主变压器，在交流电网与直流线路之间起连接和协调作用，将电能由交流系统传输到直流系统或由直流系统传输到交流系统。换流变压器是超高压直流输电工程中至关重要的关键设备，是交、直流输电系统中换流、逆变两端接口的核心设备。换流变压器包括硅钢片、绕组、绝缘材料、套管及升高座、有载调压开关、冷却器、压力释放阀、表计等部件。

71. 换流变压器与普通变压器有什么区别？

答：由于换流变压器阀侧与直流相连，因此换流变压器不仅承受交流电压，而且还需要承受直流电压，这是造成换流变压器与普通电力变压器结构上不同的根本原因所在。由这一原因所导致的换流变与普通变压器的差别主要表现在以下几方面：

（1）阀绕组承受的直流电压对绝缘设计的影响。额定工作状态下，阀绕组端部与地之间以及阀绕组与网绕组之间的主绝缘上长期承受直流电压；当系统发生潮流反转时，阀绕组所承受的直流电压也同时发生极性反转。换流变压器中长期持续受到的交直流叠加电场的作用，以及以极性反转为代表的直流跃变电压的作用是换流变压器绝缘设计中应考虑的主要问题。

（2）直流偏磁问题。换流变压器在运行中由于交直流线路的耦合、换流阀触发角的不平衡、接地极电位的升高等多方面原因会导致换流变压器阀侧及交流网侧线圈的电流中产生直流分量，使换流变压器产生直流偏磁现象，从而导致换流变压器损耗、噪声都有所增加。因此，直流偏磁问题在设计时必须给予充分的考虑。

（3）高次谐波对损耗和温升的影响。换流变压器绕组负载电流中的谐波分量将引起较高的附加损耗，因为谐波的频率高，故单位谐波的附加损耗比单位基波的高。因此，如何确定由谐波引起的损耗是确定换流变压器负载损耗和温升的中心问题。

（4）有载调压范围大，动作更频繁。为了补偿换流变压器交流侧电压的变化，换流变压器运行时需要有载调压。换流变压器的有载调压开关还参与系统控制以便于让晶闸管的触发角运行于适当的范围内，从而保证系统运行的安全性和经济性。为了满足直流降压运行的模式，有载调压分接范围相对普通的交流电力变压器要大得多。

72. 什么是换流阀？其主要作用是什么？

答：换流阀是换流变压器的基本组成单元，是换流过程的关键设备，通常采用大功率半导体器件，目前应用最广泛的是晶闸管换流阀，用来实现交直流相互转换。

73. 什么是平波电抗器？其主要作用是什么？

答：平波电抗器是一种用于整流后直流回路中的电子装置。整流电路的脉波数总是有限的，在输出的整直电压中总是有纹波的。这种纹波往往是有害的，需要由平波电抗器加以抑制。直流输电的换流站都装有平波电抗器，使输出的直流接近于理想直流。直流供电的晶闸管电气传动中，平波电抗器也是不可少的。其作用如下：

（1）有效防止由直流线路或直流场设备所产生的陡波冲击进入阀厅，从而避免过电压对换流阀的损害。

（2）平滑直流电流中的纹波，能避免直流电流的断续。

（3）限制由快速电压变化所引起的电流变化率，降低换相失败率。

（4）与直流滤波器组成滤波网，滤掉部分谐波。

74．换流站交流滤波器的作用是什么？

答：对于交流系统而言，换流器是一种无功负荷，在换流器换流过程中，总是消耗大量的无功功率，因此，在换流器交流侧不得不考虑增加无功补偿设备。同时换流器在换流过程中会产生谐波，而谐波对于电力系统设备有着巨大的危害。所以任何换流站都需要装设交流滤波装置，用于系统的无功补偿与滤除谐波。

75．换流站直流滤波器的作用是什么？

答：任何类型的换流器在换流过程中都不可避免地会产生谐波，为了防止换流器换流所产生的谐波电流对通信系统造成干扰，换流器直流侧一般加装直流滤波器，作用就是滤除直流侧的谐波电流。

76．换流器阀塔上的均压电容器的作用是什么？

答：均压电容器可以线性化地分配阀的电压，使陡波冲击电压线性分布。

77．换流器阀塔上阳极电抗器的作用是什么？

答：（1）限制晶闸管开通的电流上升率。

（2）限制晶闸管瞬态陡波冲击电压。

（3）与阻尼电路配合，改善串联连接的晶闸管间的电压不均匀分布。

（4）减小在干扰和正常换相时非周期触发的应力和前沿冲击电压时的应力。

78．高压直流断路器的作用是什么？

答：因高压直流一次电流没有自然过零点，如直接采用交流断路器一样的结构原理就会导致开断时电弧不能熄灭，故需要人为制造过零点，即通过加装谐振装置在开断过程中产生谐振过零点，高压直流断路器的作用就是通过断路器和其配套的谐振装置配合，在开断直流回路过程中产生谐振过零点，最终开断直流电流的作用。

79．高压直流输电系统中金属回线转换开关 MRTB 与金属回线开关 MRS 的作用是什么？

答：高压直流运行方式下，不用停运就可以进行金属回线与单极大地回线两种运行方式间相互转换。从单极大地回线方式转换为金属回线方式，当另一个导线极已经连通后，需断开接地极时，就必须依靠 MRTB 将通过接地极的电流断开，将系统电流从“大地回线”切换至“金属回线”。同理，从金属返回方式转换至大地回线方式，当接地极已经连接导通后，需要断开金属回线，就必须依靠 MRS 断开另一极线路上通过的电流，将系统电流从“金属回线”切换至“大地回线”。

80．高压直流输电系统中高速接地开关 HSGS 的作用是什么？

答：正常运行情况下，高压直流系统站内接地点接地良好，高速接地开关（HSGS）在断开位置，其连接的隔离开关在合上位置。双极正常平衡运行时，如果接地极故障，当双极不平衡电流小于规定值时，可用站内接地极（合上 HSGS）代替接地极运行，但只能短时间运行。接地极恢复正常后，应迅速转至接地极运行。单极金属回线运行时，需要合上逆变侧高速接地开关作为系统运行的电位参考点，钳制电位，防止电位漂移造成设备绝缘损坏。

81．直流避雷器的工作原理和作用分别是什么？

答：直流避雷器的运行条件和工作原理与交流避雷器有很大的差别，这主要是交流避雷器有电流经过自然零值的时机可利用来切断电流，而直流避雷器没有电流自然过零点的时机利用，只能依靠磁吹使火花间隙中的电弧拉长、冷却，以提高其电弧电阻与电弧电压，采取强制形成电流零值的灭弧方式。

82．换流站阀冷却系统在高压直流输电系统中的作用是什么？

答：换流阀设备在运行过程中产生大量的热量，通过阀冷却系统，及时将阀体上各元器件的功耗发热量排放到阀厅外，保证换流阀运行温度在正常范围内。

83．换流站阀厅空调的作用是什么？

答：（1）控制温度和湿度在规定范围内，保证在各种运行条件下不使阀的绝缘部件出现冷凝及过热。

（2）保持阀厅内微正压，以防止灰尘进入，保持阀厅内空气洁净。

84．什么是绝缘油？主要有哪些类别？

答：绝缘油又称电器用油，是石油的一种分馏产物，它的主要成分是烷烃、环烷族饱和烃、芳香族不饱和烃等化合物，包括变压器油、油开关油、电容器油和电缆油四类油品，起绝缘和冷却的作用，在电气设备内还起消灭设备操作时所产生的电弧（火花）的作用。

85．绝缘油在电力设备中的作用是什么？

答：在电力设备中，有大量的充油设备（如变压器、互感器、油断路器等）。这些设备中的绝缘油主要作用如下：

（1）冷却。绝缘油的比热大，常用作冷却剂，例如，在油浸式变压器中，变压器运行时产生的热量，会使靠近铁芯和绕组的油受热膨胀上升，通过油的上下对流，热量会透过散热器散出，保证变压器正常运行。

（2）绝缘。绝缘油具有比空气高的绝缘强度，绝缘材料浸在油中，可提高绝缘强度，同时还填充了固体绝缘材料中的空隙，使设备的绝缘得到加强，还可免受潮气的侵蚀。

（3）灭弧作用。在油断路器和变压器有载调压开关中，绝缘油除作为绝缘介质之外，还作为灭弧介质，防止电弧的扩展，并促使电弧迅速熄灭。

86．石蜡基油与环烷基油的区别是什么？

答：石蜡基原油其特点是相对密度较小，含蜡量较高，凝点高，含硫、含胶质较少。这种原油生产的汽油辛烷值低，而柴油的十六烷值较高，润滑油的薪度指数较高，适用于生产优质石蜡等。环烷基原油又称沥青基原油，是以含环烷烃较多的一种原油，环烷基原油所产的汽油辛烷值较高，柴油的十六烷值较低，润滑油馏分含蜡量少或几乎不含蜡、凝固点低，黏度指数较低，渣油中含沥青较多。环烷基原油虽然黏温性差，但低凝固点，可用来制备倾点要求很低而对黏温性要求不高的油品，如电器用油、冷冻机油等。

87．SF_6气体有什么特点？

答：SF_6是一种无色、无臭、无毒、不燃的稳定气体，分子量为146.07，在20℃和0.1MPa时密度为6.1kg/m^3，约为空气密度的5倍。SF_6在常温常压下为气态，其临界温度为45.6℃，三相点温度为–50.8℃，常压下升华点温度为–63.8℃。SF_6分子结构呈八面体排布，键合距离小、键合能高，因此，其稳定性很高，在温度不超过180℃时，它与电气结构材料的相容性和氮气相似。

88．SF_6气体的化学性能是什么？

答：SF_6化学性质稳定，微溶于水、醇及醚，可溶于氢氧化钾，不与氢氧化钠、液氨及盐酸起化学反应。300℃以下干燥环境中与铜、银、铁、铝不反应，500℃以下对石英不起作用，250℃时与金属钠反应，–64℃时在液氨中反应，与硫化氢混合加热则分解。200℃时，在特定的金属如钢及硅钢存在下，能促使其缓慢分解。

89．SF_6气体的电气性能是什么？

答：SF_6是强电负性气体，它的分子极易吸附自由电子而形成质量大的负离子，削弱气体中碰撞电离过程，因此其电气绝缘强度很高，在均匀电场中约为空气绝缘强度的2.5倍。

90．变电站接地网的作用是什么？

答：变电站接地网主要用于工作接地和保护接地。变压器中性点接地叫工作接地，主要作用是加强低压系统电位的稳定性，减轻故障发生时系统产生的过电压。变电站内设备金属外壳接地叫保护接地，就是将正常情况下不带电，而绝缘损坏后或其他情况下可能带电的金属部分（与带电部分互相绝缘的金属结构部分）用导体与接地体可靠连接起来的一种保护方式。

第二节　二　次　设　备

1．什么是电力系统二次设备？

答：对一次设备和系统的运行状态进行测量、控制、监视和起保护作用的设备，称为二次设备。主要包括以下设备：

（1）继电保护及安全自动装置，这些装置能迅速反应系统异常情况或故障情况，进行监控和调节或作用于断路器跳闸将故障切除或隔离，主要包括各种继电保护及安全自动装置、故障记录及故障信息管理设备等。

（2）测量表计，如电压表、电流表、频率表、功率表和电能表等，主要用于测量电路中的电气参数。目前，大部分变电站通过由测控装置、网络交换机、监控后台和远动装置组成的厂站自动化系统，实现对一次设备和系统的测量、控制、监视功能。

（3）电力监控网络安全设备，主要用于监视电力系统网络安全状态，防范外部黑客、病毒的网络安全攻击。

（4）各类电源设备，包括不间断交流电源和直流充电装置、直流蓄电池等，供给控制、保护用的直流电源和厂用直流负荷、事故照明用电等。

（5）操作电器、信号设备及控制电缆，如各种类型的操作把手、按钮等操作电器实现对电路的操作控制，信号设备给出信号或显示运行状态标志，控制电缆用于连接二次设备。

2．什么是电力系统三道防线？

答：电力系统三道防线是指在电力系统受到不同扰动时对电网保证安全可靠供电方面提出的要求：

（1）第一道防线。快速可靠的继电保护、有效的预防性控制措施，确保电网在发生常见的概率高的单一故障时，电力系统应当保持稳定运行，同时保持对用户的正常供电。

（2）第二道防线。采用安全稳定控制装置及切机、切负荷等紧急控制措施，确保电网发生了性质较严重但概率较低的单一故障时，电力系统仍能保持稳定运行，但允许损失部分负荷。

（3）第三道防线。设置失步解列、频率及电压紧急控制装置，当电网发生了罕见的多重故障，依靠这些装置防止事故扩大，防止大面积停电。

3．什么是继电保护设备？主要有哪些类别？

答：传统继电保护设备，当电力系统中发生异常或故障情况时，能够自动发出告警信号或是直接切除故障设备、线路，以保证电力系统稳定运行的自动设备，这类设备主要包括线路保护、变压器保护、母线保护、电容器保护、电抗器保护等。同时，为了分析电力系统事故或快速判断故障点位置，继电保护设备也包括故障记录及故障信息管理设备，例如，故障录波器、行波测距装置、继电保护信息管理子站、智能录波器（控制型子站）等。随着近十年智能变电站的发展，目前还出现了合并单元、智能终端、过程层交换机这类智能变电站所独有的继电保护设备。

4．什么是继电保护的“四性”？

答：继电保护的“四性”指的是继电保护的四个基本要求，分别是：

（1）选择性。电力系统中的设备或线路发生短路时，继电保护仅将故障的设备或线路从电力系统中切除。

（2）速动性。应能尽快地切除故障，以减少设备及用户在大电流、低电压运行的时间，降低设备的损坏程度。

（3）灵敏性。电气设备或线路在被保护范围内发生短路故障或不正常运行情况时，保护装置的反应能力。

（4）可靠性。要求继电保护在不需要它动作时可靠不动作，即不发生误动；在规定的保护范围内发生了应该动作的故障时可靠动作，即不发生拒动。

5．什么是继电保护“三误”？对电力系统有什么危害？

答：继电保护“三误”分别是指：

（1）整定计算或现场执行定值单的“误整定”。

（2）运行或检修试验过程中导致运行继电保护和设备的“误碰”。

（3）继电保护安装和试验中的“误接线”。

继电保护“三误”可能造成继电保护装置误动或拒动，导致一次设备烧损、事故扩大，甚至造成电力系统失稳的可能。

6．什么是主保护？

答：主保护是满足电力系统稳定和电力设备安全运行，在保护范围内任意一处发生故障时，均能够以最快速度切除被保护设备或线路的继电保护。例如，线路差动保护、线路纵联距离（零序）保护、变压器（高抗）差动保护、变压器（高抗）非电量保护、母线差动保护等。

7．什么是后备保护？

答：后备保护是主保护或断路器拒动时，用来切除被保护设备或线路的继电保护。后备保护可分为近后备和远后备保护两种：

近后备保护指在主保护拒动时，由本电力设备或线路自身的其他继电保护设备来实现的保护；在断路器拒动时，由断路器失灵保护来实现的后备保护。

远后备保护指在主保护或断路器拒动时，由相邻电力设备或线路的继电保护设备实现的后备保护。

8．什么是发电机变压器组保护？

答：发电机变压器组保护，适用于大型汽轮发电机、燃汽轮发电机、水轮发电机、核电机组等类型的发电机变压器组单元接线及其他机组接线方式，保护范围内的一次设备包括：发电机、励磁机、厂用电变压器（也称为高厂变）、主变压器（升压变）。其电气量主保护为各类型纵联电流差动保护，包括发电机变压器组纵联电流差动保护、主变压器（升压变）纵联电流差动保护、厂用电变压器纵联电流差动保护、发电励磁机纵联电流差动保护。非电量主保护主要有反应主变压器等一次设备油箱内部故障或异常的气体继电器保护（俗称瓦斯保护）、压力保护、温度及油位异常保护。后备保护主要包括：定子接地保护、转子接地保护、定子过负荷保护、负序过负荷保护、励磁过负荷保护、发电机失磁保护、发电机失步保护等。

9．什么是发电机变压器组中的发变组纵联电流差动保护？

答：如图 3-27 所示，发电机变压器组保护中的发电机变压器组纵联电流差动保护，保护范围包括：主变压器高压侧、发电机组低压侧、厂用电变压器（高厂变）高压侧共同组成的 T 型闭合区间。采集主变压器高压侧、发电机组低压侧、厂用电变压器（高厂变）高压侧三相电流进行差动电流运算。在正常运行或区外故障时差动电流为 0，差动保护不动作。在 T 型闭合区间发生故障时，差动电流较大，引起发变组纵联电流差动保护动作，跳各侧断路器，并执行发电机组停机、灭磁等控制措施，以隔离故障。

10．什么是发电机变压器组中的主变压器纵联电流差动保护？

答：如图 3-27 所示，发电机变压器组保护中的主变压器差动保护，相较于发电机变压器组纵联电流差动保护，保护范围有所缩小，保护范围仅包括：主变压器高压侧、主变压器低压侧、厂用电变压器（高厂变）高压侧共同组成的 T 型闭合区间，即保护范围不包含发电机组。采集主变压器高压侧、主变压器低压侧、厂用电变压器（高厂变）高压侧三相电流进行差动电流运算。在正常运行或区外故障时差动电流为 0，差动保护不动作。在 T 型闭合区间发生故障时，差动电流较大，引起发变组纵联电流差动保护动作，跳各侧断路器，以隔离故障。

11．什么是发电机变压器组中的厂用电变压器（高厂变）纵联电流差动保护？

答：如图 3-27 所示，发电机变压器组保护中的厂用电变压器（高厂变）纵联电流差动保护，保护范围包括：厂用电变压器高压侧、低压侧共同组成的闭合区间。采集厂用电变压器高低两侧三相电流进行差流运算。在正常运行或区外故障时差动电流为 0，差动保护不动作。在厂用电变压器发生内部故障时，差动电流较大，厂用电变压器纵联电流差动保护动作，跳开厂用电变压器两侧开关，以隔离故障。

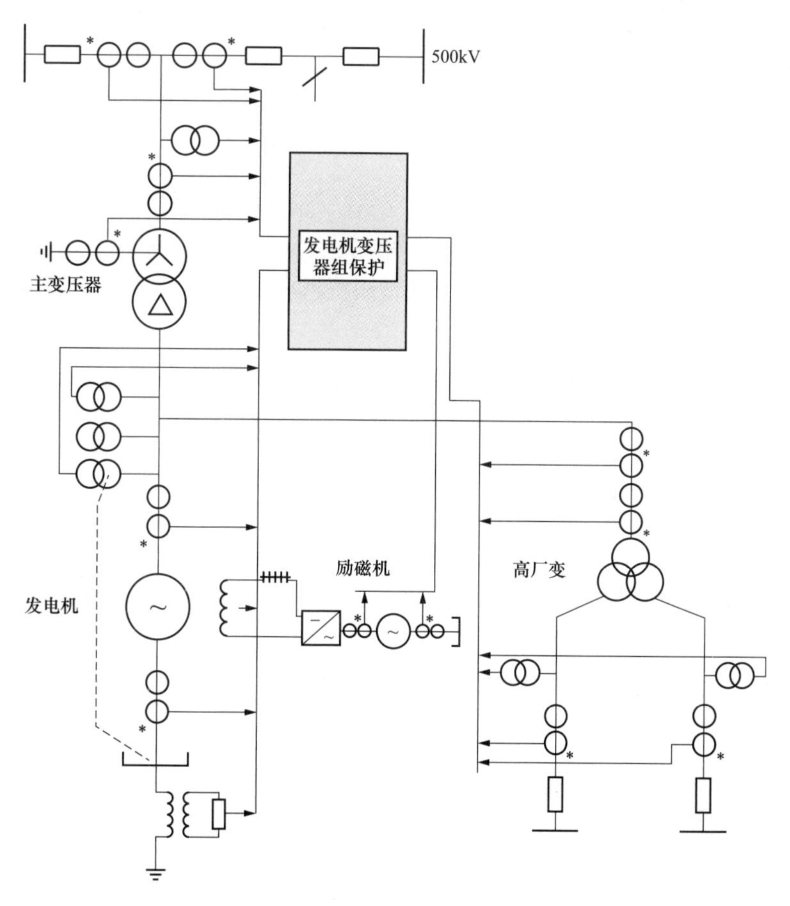

图 3-27　发电机变压器组保护适用主接线图

图 3-28 变压器保护装置

12．什么是变压器保护？

答： 变压器保护装置 35kV 及以上变压器内部或外部引出线发生各类短路故障，以及所连接的母线及出线发生故障而母线保护或线路保护拒动时，向变压器某一侧或各侧断路器发出跳闸命令的继电保护设备，如图 3-28 所示。其中，主保护主要包括计算变压器各侧差动电流的差动保护，以及由变压器本体瓦斯、有载调压开关瓦斯、压力释放、油温高、绕温高等非电量信号启动的非电量保护，后备保护主要包括防御相间短路的经复合电压闭锁的过流保护和防御接地短路的零序保护，部分高电压等级变压器也使用阻抗（距离）保护作为后备保护，在变压器中性点不接地的运行方式下，通常还会增加零序过电压和间隙过电流保护作为后备保护。

13．什么是变压器差动保护？

答： 变压器差动保护是变压器电气量主保护，采集变压器各侧电流，通过变压器能量守恒原理和差动等保护逻辑运算，判断此区域范围是否存在故障并决定是否保护动作的一种保护。

14．什么是距离保护？

答： 距离保护是反应故障点与继保护装置安装位置之间距离的保护。保护装置通过采集本侧电压、电流等电气量信息，逻辑判断出测量阻抗幅值与方向，并根据阻抗幅值与方向决定保护是否动作的保护。故障点离保护安装位置越近阻抗越小，离保护安装位置越远阻抗越大。

15．什么是零序保护？

答： 零序保护是大电流接地系统发生不平衡接地故障时，保护装置通过判断测量到的零序电流、零序电压和零序功率等电气量而决定是否动作的保护。正常运行时三相电流平衡，不存在零序电流。

16．什么是线路保护装置？

答： 线路保护装置是作为输电、配电线路发生故障或异常时，为了保证电力设备或电力系统安全运行，在发生上述情况时，发出告警信号或是向线路所在线路发出跳闸指令的继电保护设备。在 6～35kV 线路常以过流保护为主，110kV 线路常以差动保护为主，距离零序保护作为后备保护，同时配备反应接地故障的零序过流保护为辅。220kV 及以上线路保护以纵联差动保护或纵联距离保护、纵联方向保护作为主保护，并配备距离保护、零序保护作为其后备保护，如图 3-29 所示。

17．什么是线路电流差动保护？

答： 通过某种通信通道将线路各端的继电保护装置纵联，将各端的电流量传输到其他端，本端接收到其他端的电流量后与本端的电流量进行逻辑判断，确定故障点是否位于保护范围内而决定是否跳闸的保护。目前较多的是两端电流差动保护，部分地区也有三端电流差动保护。

18．什么是线路纵联（距离、零序）保护？

答：通过某种通信通道将线路两端的继电保护装置纵联，本端采集电流、功率等电气量进行逻辑判断后，将本端信号传输到对端，同时本端接收对端信号并再次进行逻辑判断，确定故障点是否位于保护范围内而决定是否跳闸的保护。如纵联距离保护、纵联零序保护等。

19．什么是自动重合闸？

答：自动重合闸装置是将因故跳开后的断路器按需要自动投入的一种自动装置。电力系统运行经验表明，架空线路绝大多数的故障都瞬时性的，永久性故障一般不到10%。因此，在由继电保护动作跳开故障线路两侧断路器后，由于没有电源提供短路电流，电弧将自动熄灭，空气中被电离的正、负离子开始中和，待时间足够后，空气将恢复为绝缘状态。如果此时线路装上一个自动装置将断路器重新合上之后，如果线路不再有故障，线路保护就不会再跳闸。若是故障依然存在，线路保护将再次跳开断路器。目前，微机型继电保护已经将自动重合闸功能整合到线路保护或断路器保护之中。220kV及以上线路的自动重合闸功能可设置为：单相重合闸、三相重合闸、综合重合闸、特殊重合闸、停用重合闸。110kV及以下由于大多数断路器为三相联动，因此，一般设置三相重合闸功能。

20．什么是母线保护？

答：母线保护作为35kV及以上母线设备发生各类短路故障时，第一时间向母线上所有断路器发出跳闸命令的继电保护设备，其外形如图3-30所示。其中，220kV及以上母线保护装置，还集成有单台断路器发生拒动后，跳开与该断路器运行在同一条母

图3-29 线路保护装置

图3-30 母线保护装置外形图

线上所有断路器的失灵保护功能。常见母线保护以全电流差动保护为主，同时对于母联或分段断路器，配置了充电保护、三相不一致保护、死区保护等功能。

21．什么是母线差动保护？

答：母线差动保护作为母线保护的主保护使用，基于基尔霍夫原理，流进母线的功率等于流出母线的功率，通过测量连接在母线上各间隔的电流、功率，判断故障点是否发生在母线保护范围内并立即决定是否跳闸的保护。母线差动保护动作将会跳开连接在故障母线上的 所有间隔，对于单母或双母接线形式下，母线差动保护跳闸造成较大范围的线路或主变停运，为避免此种接线类型下母线差动保护误动，常在母线差动保护中增加复压。

22．什么是母联充电保护？

答：母联充电保护常用于一段母线通过母联向另一段母线送电的临时保护，母联充电保护只根据测量电流大小立即做出跳开母联断路器的决定，避免充电瞬间因被充电母线或母联开关与 TA 死区之间故障造成运行母线其他间隔停运。

23．什么是母线死区保护？

答：户外单侧布置的 TA 与母联断路器之间（K1）发生故障时，此处位于Ⅱ母小差动作范围，当Ⅱ母小差动作后，故障并未完全隔离，而此处又不再Ⅰ母小差的保护范围，故为保护死区，为避免此处故障时无保护动作隔离故障，设置母线死区保护，一般集成于母线保护装置中，当 K1 处故障时，Ⅱ母小差动作后，母线保护继续判断母联电流，若母联电流一直存在则在保护逻辑中封锁母联电流，使母线差动保护动作，此种逻辑称为死区保护，母线死区保护示意如图 3-31 所示。

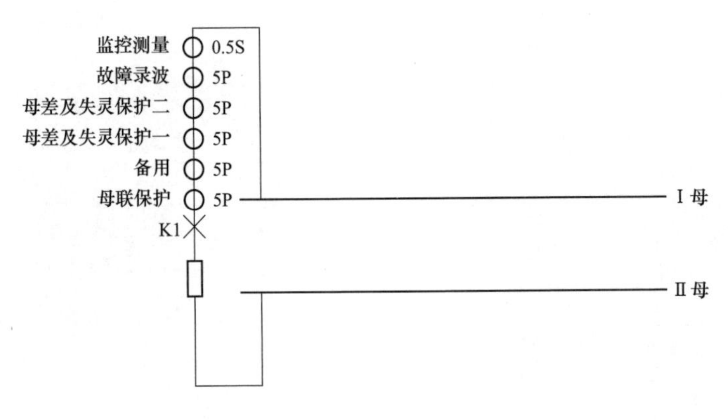

图 3-31　母线死区保护示意图

24．什么是 220kV 及以上电压等级高压并联电抗器保护？

答：220kV 及以上电压等级高压并联电抗器保护（以下均简称高抗保护）作为长距离的超高压输电线路对地装设的三相对地并联高压电抗器的继电保护设备，当该高压电抗器内部及其外部引出线发生故障时，向该高压电抗器专用断路器或所连接输电线路两侧断路器发出跳闸命令的继电保护设备。其主保护为由高压电抗器两端套管电流互感器组成的电流差动保护，以及由高压电抗器本体瓦斯、有压力释放、油温高、绕温高等非电量信号启动的非电量保护。其后备保护为防御内部匝间短路、接地短路的零序功率方向保护和防御内部相间短路的过流保护。

25．什么是110kV及以下电压等级并联电抗器保护？

答：110kV及以下电压等级并联电抗器保护作为在变压器低压侧充当无功调节设备电抗器，在内部发生故障时，向其断路器发出跳闸命令的继电保护设备。由防御相间短路的过流保护和防御接地故障的零序保护构成。对油浸式并联电抗器，也会配置由本体瓦斯油温高、绕温高等非电量信号启动的非电量保护。

26．什么是电容器保护？

答：电容器保护装置作为在变压器低压侧充当无功调节设备电容器，在内部发生故障时，向其断路器发出跳闸命令的继电保护设备，如图3-32所示，主要由防御相间短路的过流保护，防御接地故障的零序保护，以及不平衡保护和过电压、低压保护、差压保护构成。

27．什么是断路器保护？

答：在220kV及以上各种二分之三接线或角形接线中各断路器，以及各类电压等级母联、分段断路器配置的继电保护装置，主要包含充电保护、断路器失灵保护、三相不一致等保护功能。需要特别说明的是，在二分之三接线或角形接线中，自动重合闸功能不再设置在线路保护中，而是设置在断路器保护之中，即此时线路保护只负责选相跳闸，断路器保护负责自动重合闸。

28．什么是小电流接地选线装置？

答：小电流接地选线装置主要应用于6～35kV中性点不接地或经消弧线圈接地系统中，在线路发生单相接地故障时，能够准确判别接地线路并发出相应告警信息或向接地线对应路断路器发出跳闸命令的继电保护装置，如图3-33所示。

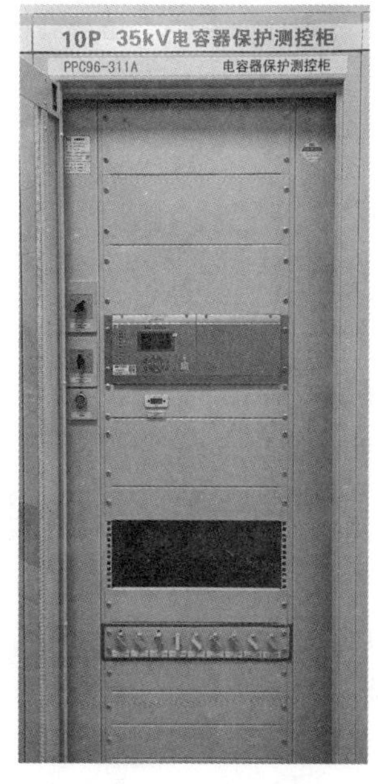

图3-32　电容器保护

图3-33　小电流接地选线装置

29．什么是过电压及远跳保护？

答：过电压保护应用于330kV及以上长距离输电线路中，当终端处断路器因故跳开后，在“容升效应”下会在终端处产生过电压，危害电气设备安全，因此，线路终端侧需向线路始端侧发送跳闸命令。而线路对侧有专用的接收装置，该装置收到远方传来的跳闸命令后跳开本侧断路器，实现上述功能的继电保护装置为远跳保护装置。在现场实际应用中，通常将过电压保护集成在远跳保护装置内，称为过电压及远跳保护装置。

30．什么是短引线保护？

答：对一个半断路器接线（3/2接线）、4/3接线、角形接线、桥形接线等双断路器接线，若双断路器所连接的电力设备的保护使用双断路器的电流互感器，当双断路器所连接的电力设备退出运行而双断路器之间仍连接运行时，应配置短引线保护以反映该运行方式下双断路器之间连接线上发生的故障。短引线保护适用主接线如图3-34所示。

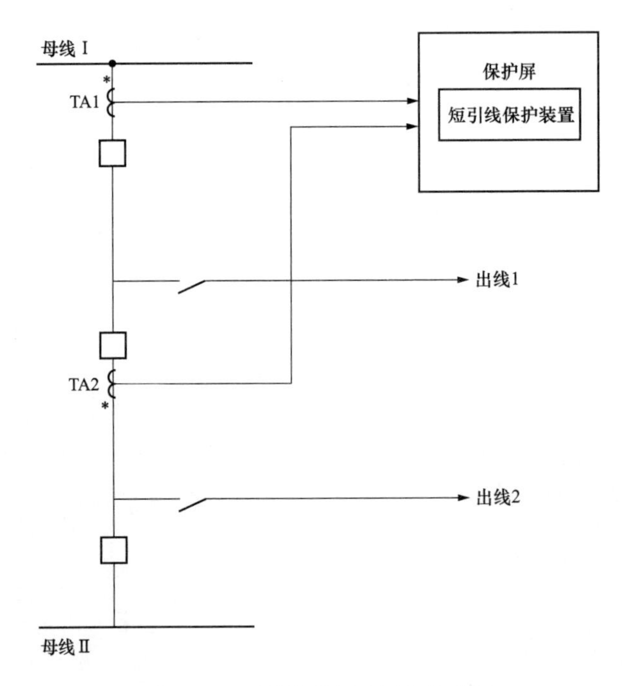

图3-34　短引线保护适用主接线图

31．什么是T区保护？

答：对一个半断路器接线（3/2接线）、4/3接线、角形接线、桥形接线等双断路器接线，若双断路器所连接的电力设备进出线装设独立的电流互感器，且该电力设备的保护使用进出线电流互感器时，应配置T区保护以反映双断路器、进出线电流互感器之间区域（T区）内发生的故障。进出线处隔离开关断开时，T区保护自动转换为短引线保护，电力设备进出线处的电流不再参与保护逻辑判断。T区保护适用主接线如图3-35所示。

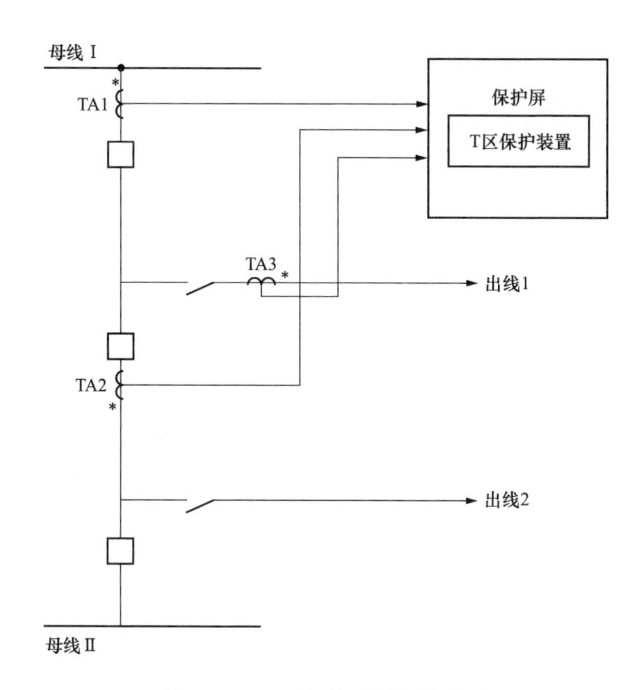

图 3-35　T 区保护适用主接线图

32．什么是故障录波器？

答：故障录波器主要用于电力系统发生各类故障或是较大扰动时，记录故障或扰动期间各类电气量波形和开关量变位信息的专用设备，如图 3-36 所示。

图 3-36　故障录波器

33．什么是行波测距装置？

答：在电力线路发生故障时，因故障点电压突变而产生暂态行波以接近光速传输至线路两端，利用该暂态行波至线路两端的时间差确定线路故障点的设备，称为行波测距装置。

34．什么是继电保护信息管理子站？

答：继电保护信息管理子站部署在变电站内，通过以太网、RS-485 总线等方式，采集变电站内各继电保护装置、故障录波器、电网安全自动装置的各类信息，包括定值、采样值、动作时的报告、自检报告、异常信息，整理上述信息后发送给部署在调度端的继电保护信息管理主站，供专业人员进行远程分析。

35．什么是智能录波器？

答：智能录波器指一种可同时应用于智能变电站和常规变电站，集成了故障录波、网络记录分析、二次系统可视化、智能运维功能的设备，由管理单元与采集单元组成。

36．什么是合并单元？

答：应用于智能变电站内，用以对来自二次转换器的电流和（或）电压数据进行时间相关组合的物理单元。合并单元可以是互感器的一个组件，也可以是一个分立单元，可装在控制室内或户外端子箱。

37．什么是智能终端？

答：智能终端应用于智能变电站内，是一种智能组件，与一次设备采用电缆连接，与保护、测控等二次设备采用光纤连接，实现对一次设备（如断路器、隔离开关、主变压器等）的测量、控制等功能，一般可分为断路器智能终端和主变本体智能终端。

38．什么是断路器智能终端？

答：断路器智能终端与一次设备采用电缆连接，与保护、测控等二次设备采用光纤连接，实现对断路器及刀闸的测量、控制等功能，一般可分为分相智能终端和三相智能终端，分相智能终端适用于分相机构控制断路器，三相智能终端适用于三相机构控制断路器，也可以用于控制母线隔离开关等。

39．什么是主变压器本体智能终端？

答：主变压器本体智能终端分为集成非电量保护的本体智能终端与不含非电量保护的本体智能终端，主要用于采集主变压器本体温度、隔离开关位置等信号量采集上送，隔离开关、挡位、风冷的控制等。集成非电量保护的本体智能终端的非电量保护功能常通过电缆直连至断路器智能终端的方式实现断路器跳闸。

40．什么是过程层交换机？

答：过程层交换机应用于智能变电站内，使用光纤或光缆作为传输媒介，对下连接智能终端、合并单元等设备，对上连接继电保护装置、测控装置等传统二次设备，用以传输电压、电流的采样信息和跳、合闸命令、一次设备的遥信信号。

41．什么是同期电压切换装置？

答：二分之三接线形式中且线路侧安装有独立的线路侧隔离开关的电力系统中，在任何运行方式下，当任一台断路器分闸时，以“近区电压优先”的原则为该断路器测控装置，提供触头两侧电压用以进行同期合闸。

42．什么是二次电压并列装置？

答：厂站一次接线为两端母线接线形式时，当一段母线电压互感器检修，常将通过一次方式变化使得两段母线一次并列，为防止使用检修电压互感器二次电压的二次设备失去电压，造成二次设备误动作等情况发生，采用一种装置将母线一次并列中运行电压互感器的二次电压与检修电压互感器重动后的二次电压进行并列，此装置即为二次电压并列装置。

43．什么是保护操作箱？

答：保护操作箱主要是连接保护装置与断路器等一次设备，220kV 及以上电压等级分相断路器采用的保护操作箱常配置三组相互独立的三相断路器操作回路，具有双跳圈及压力闭锁与监视功能，断路器运行状态逻辑判别功能回路。用于保护装置跳合闸出口对断路器的二次回路操作，断路器运行状态监视判断等。110kV及以下电压等级的断路器配置的操作箱一般集成于保护装置中。

44．什么是二次电压切换装置？

答：一次接线为双母等接线形式时，通过调节隔离开关位置来确定该间隔运行于哪段母线，为确保二次设备电压与一次设备运行电压为同一段母线，采用一个装置通过判断该间隔的隔离开关位置来做二次电压的切换判断，该装置即为二次电压切换装置。二次电压切换装置可单独配置，也可集成于保护操作箱内。

45．什么是电网安全自动装置？

答：电网安全自动装置用于防止电力系统失去稳定性和避免电力系统发生大面积停电事故的自动保护装置，主要有安全稳定控制装置、备自投装置、自动解列装置、频率电压紧急控制装置等。

46．什么是安全稳定控制装置？

答：安全稳定控制装置是为了保证电力系统在遇到较大扰动时，通过发电厂或变电站的控制设备，实现切机、切负荷、快速减出力、直流功率紧急提升或回降等功能，最终实现提高电力系统稳定的目的。

47．什么是备自投装置？

答：备自投装置指当电网负荷侧的工作电源因故障断开后，能自动而迅速地将备用电源投入工作，保证用户连续供电的自动装置，如图3-37所示。备自投装置主要有三种工作方式：

（1）两路进线电源运行，分段断路器热备用时候，称为分段备投方式。

（2）一路进线电源运行，另外一路电源进行热备用时候，称为进线备投方式。

（3）两个变电站之间有一条联络线，两个变电站的备自投装置配合互为备投，称为远方备投方式。

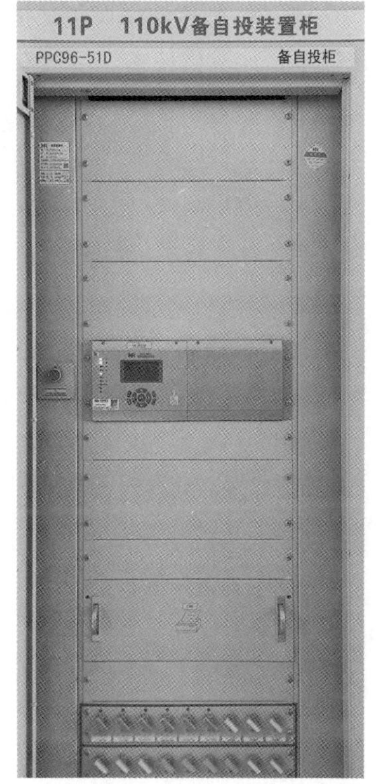

图3-37　备自投装置

48．什么是小电源解列装置？

答：小电源解列装置指电力系统因故障导致带小电源的地区电网孤网运行时，以及小电源与电网发生振荡等情况时，通过变电站或小电源母线电压幅值、频率，以及故障时的零序电压等异常电气量作为判定条件，将小电源与电力系统之间联系切断的自动装置。

49．什么是故障解列装置？

答：故障解列装置指在变电站110kV及以下电压等级侧的并网联络线路设置的合适解列点，在并网联络线路发生故障时，解列地区电源确保主网的安全和地区电网重要用户安全供电的自动装置。

50．什么是失步解列装置？

答：失步解列装置是当电力系统发生振荡，各个发电机组之间已经失步时，向预定解列断路器发送跳闸命令的设备。如此，可将不同转速的发电机分割在不同的电力孤岛中，使得同一个孤岛中的发电机之间保持相同转速。因而各个电力孤岛仍能独立运行，防止事故在系统中的进一步扩大。

51．什么是频率电压紧急控制装置？

答：在电力系统出现功率缺额引起频率急剧大幅下降时，自动切除部分负荷使频率迅速恢复到允许范围内的自动装置；在电力系统出现无功缺额引起电压崩溃时，自动切除部分负荷使电压迅速恢复到允许范围内的自动装置，同时具备上述两种功能的装置称为频率电压紧急控制装置。

52．什么是厂站自动化设备？主要有哪些类别？

答：厂站自动化设备是指将变电站的二次设备经过功能整合和优化设计，利用自动化技术、计算机技术、信号处理技术、现代通信技术，实现对全变电站的主要设备和输配电线路的自动监视、测量、控制和保护，并将变电站内各种实时信息传送至调度端的各类设备总称。主要包含：测控装置、保护测控装置、同步时钟装置、规约装换装置、站控层交换机、监控后台机、同步相量测量装置、远动装置，以及事故状态下用于提供交流电源的不间断电源装置。

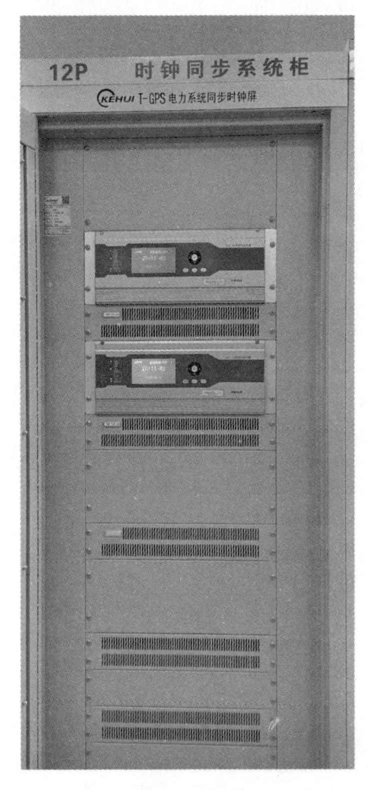

图 3-38 同步时钟装置

53．什么是测控装置？

答：测控装置是指能够实现一次、二次设备信息采集处理和信息传输，接收控制命令，实现对受控对象控制的电子设备。

54．什么是保护测控装置？

答：保护测控装置又称为综保装置，主要应用于6～35kV 电力设备，同时集成了继电保护和测控装置两者功能的装置。

55．什么是同步时钟装置？

答：同步时钟装置是为电力系统的各种应用系统和设备提供标准时间信号的设备（通常采用 GPRS 对时、北斗对时），如图 3-38 所示。

56．什么是规约转换装置？

答：规约转换装置通常在使用 103 规约通信的变电站，由于监控后台系统与继电保护装置、直流系统等其他二次设备不是同一厂家生产，其使用的通信规约不同，需使用规约转换装置实现监控后台系统与之通信。目前新建变电站普遍采用 61850 规约通信后，不再使用规约转换装置即可实现监控后台系统与其他二次设备正常通信。

57．什么是站控层交换机？

答：站控层交换机指安装在变电站内，用于连接监控后台、远动装置、测控装置、继电保护装置等所有站内二次设备，组成站内二次设备通信网络的交换机。

58．什么是监控后台机？

答：监控后台机是将测控装置（保护测控装置）、规约转换装置等采集到变电站内的各种状态或数据，呈现给变电站值班人员的一套计算机设备，值班人员可以通过其实现对变电站内各种设备的监视、控制，如图3-39所示。

图3-39 监控后台机

59．什么是同步相量测量装置？

答：同步相量指以协调时间为参考系的相量，而用于同步相量测量、记录和传输的装置称为同步相量测量装置。通过采集变电站内三相电压、电流，来实现对电力系统的状态估计、静态稳定的监测、暂态稳定的预测。

60．什么是不间断电源装置？

答：不间断电源指正常情况下将交流市电转换成直流后，再逆变成交流电源；当交流电源故障时能够无缝切换至通过使用直流蓄电池组，将直流电逆变成交流电源，向站内监控后台机等使用交流电的二次设备供电。

61．什么是远动装置？

答：远动装置是实现变电站与调度通信的装置，能够将变电站内各种信号、电压、电流的数据上传至调度，同时接受调度下达的遥控命令。

62．什么是智能远动装置？

答：智能远动装置是在常规远动装置的基础上，集成同步相量测量、继电保护信息管理功能的设备，如图3-40所示。

图3-40 智能远动装置

63．什么是电力监控网络安全设备？主要有哪些类别？

答：电力监控网络安全设备指实现电力二次系统网络及信息安全防护功能的系统或设备，主要包括电力专用横向单向安全隔离装置、电力专用纵向加密认证装置、电力专用拨号服务器、软硬件防火墙、IDS/IPS、恶意代码防护系统、部署在安全分区边界并设置了访问控制策略的交换机和路由器、电力调度数字证书系统、安全审计、网管、综合告警系统、配网主站安全防护设备、配网终端安全防护设备等。

64．什么是电力系统安全Ⅰ区、Ⅱ区、Ⅲ区？

答：（1）安全Ⅰ区指生产控制大区中的控制区，是电力监控系统各安全区中安全等级最高的分区，该区中的业务系统与电力调度生产直接相关有对一次系统的在线监视和闭环控制功能。控制区的典型系统包括调度自动化系统（SCADA/EMS）、变电站自动化系统、广域相量测量系统（WAMS）、自动电压控制系统（AVC）、安稳控制系统、具有保护定值下发、远方投退功能的保信系统、配电自动化系统、发电厂自动监控系统等。

（2）安全Ⅱ区指生产控制大区中的非控制区，该区的业务系统功能与电力生产直接相关，但不直接参与控制，典型系统包括调度员培训模拟系统、不带控制功能的继电保护和故障录波信息管理系统、水调自动化系统、电能量计量系统、调度发令系统等。

（3）安全Ⅲ区指生产管理区，该区中的业务系统与电力调度生产管理工作直接相关，包括电力调度运行管理系统（OMS）、调度信息披露系统、雷电监测系统等，主要使用者为调度员和各专业运行管理人员。

变电站电力监控系统安全防护总体逻辑结构如图3-41所示。

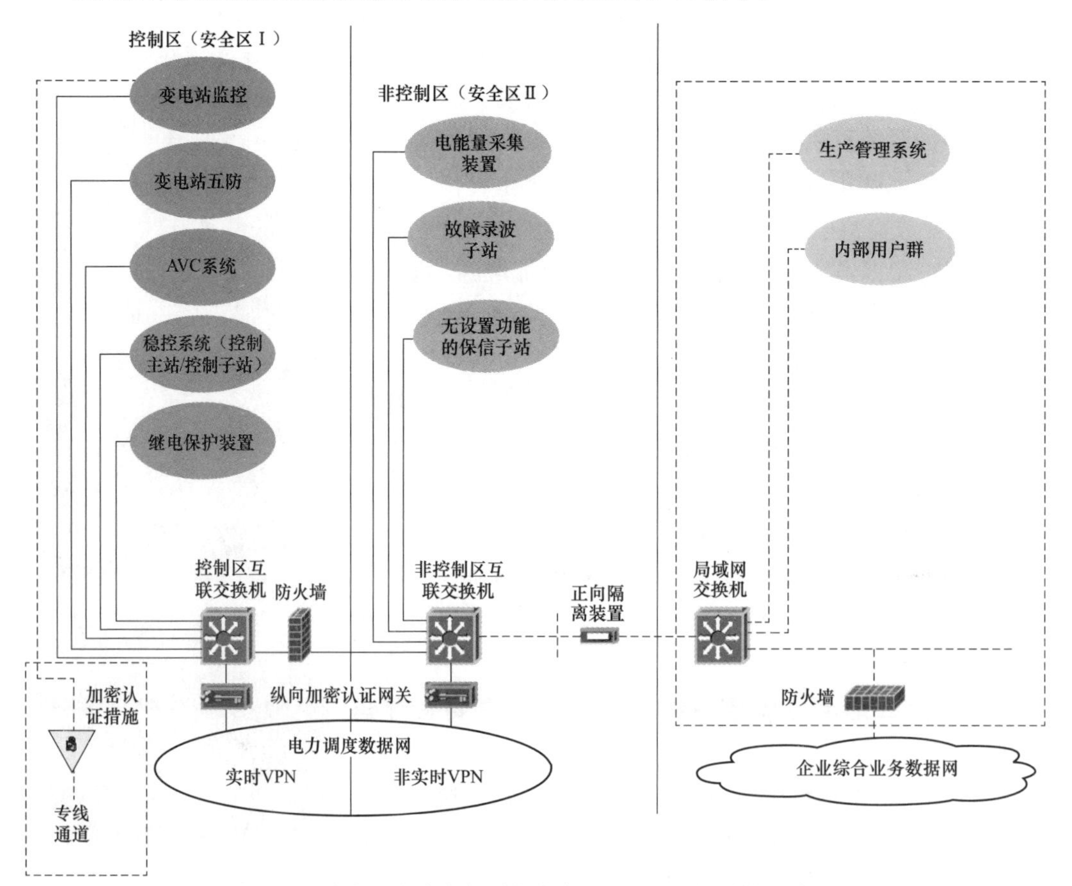

图3-41　变电站电力监控系统安全防护总体逻辑结构示意图

65. 什么是电力系统纵向加密装置？

答：电力系统纵向加密装置指采用电力专用密码与认证技术，为各级运行维护单位控制区的纵向数据通信提供认证与加密服务，实现数据传输的机密性、完整性和抗抵赖性（又称为不可否认性）保护。

66. 什么是电力系统防火墙装置？

答：电力系统防火墙部署在控制区与非控制区的网络边界上，用于控制区与非控制区网络的逻辑隔离，实现控制区有关业务与其他区域相关业务系统的横向数据通信。

67. 什么是电力系统隔离装置？

答：电力系统隔离装置分为正向隔离装置和反向隔离装置，部署在生产控制大区与管理信息大区的网络边界，用于生产控制大区网络与管理信息大区网络的物理隔离。正向隔离装置实现生产控制大区有关业务系统，以正向单向方式向管理信息大区相关业务系统发送数据。反向隔离装置实现管理信息大区有关系统，以反向单向方式向生产控制区相关业务系统导入纯文本数据。

68. 什么是电力系统网络安全态势感知设备？

答：电力系统网络安全态势感知设备，通过对电力系统二次设备网络行为的实时扫描，同时搜集纵向加密装置、防火墙装置的网络拦截记录，实现对整个网络监视，能够有效检测网络中突然出现的陌生设备和不符合网络安全策略的行为。

69. 什么是站用直流电源设备？主要由哪几部分组成？

答：站用直流电源设备指为变电站使用直流供电的继电保护装置、测控装置等二次设备，以及通信设备提供直流220、110、48V电压等级电源的设备，主要由直流充电装置、直流蓄电池组、直流馈线装置等组成，如图3-42所示。

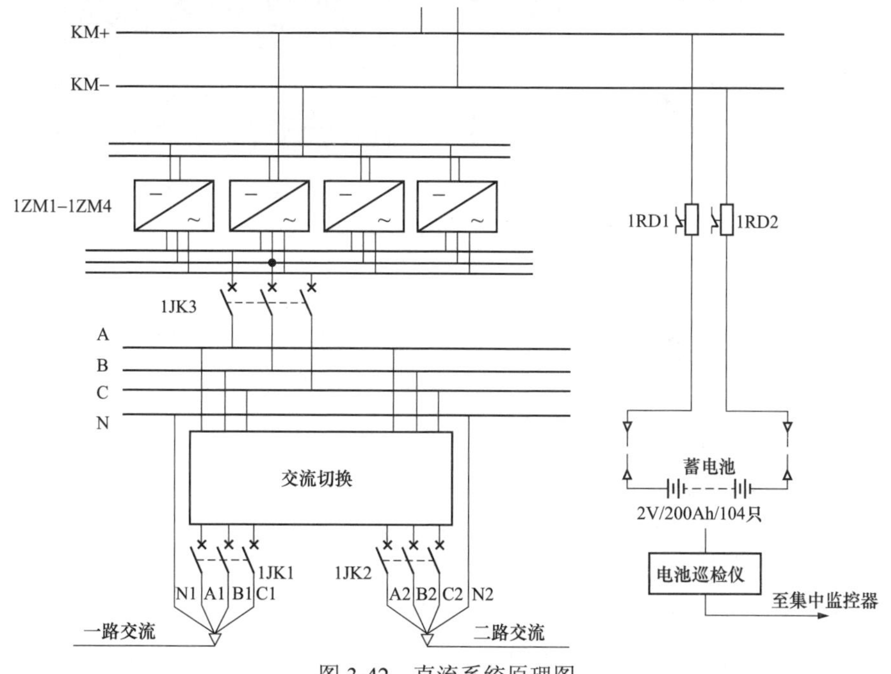

图3-42　直流系统原理图

70．什么是直流系统充电装置？主要由哪几部分组成？

答：直流系统充电装置指将站用220V/380V交流电整流成220、110、48V直流电，一方面为变电站内各种二次设备提供电源；另一方面向直流系统蓄电池组进行充电，主要由交流低压断路器、交流接触器、切换把手、充电模块、直流母线、直流熔断器等组成，如图3-43所示。

（a）

（b）

图3-43　直流系统充电装置

（a）正面；（b）背面

71．什么是站用直流电源蓄电池组？

答：直流电源蓄电池组指连接在站用直流系统母线上，在直流系统失去外部交流供电后，能够向站内各种二次设备提供电源的蓄电池组。

72．什么是直流系统绝缘监测装置？

答：直流系统绝缘监测装置指用于检测站用直流系统绝缘降低或接地，具有支路选线和报警功能的电子装置。

73．什么是微机防误闭锁装置？

答：微机防误闭锁装置是采用微型计算机控制，用于变电站电气设备防止电气误操作的装置，如图 3-44 所示。微机防误闭锁装置主要由防误计算机、防误闭锁软件系统、检修隔离装置、电脑钥匙、锁具、解锁钥匙等功能元件组成。具备防止误入带电间隔、防止带负荷误拉（合）隔离开关、防止带接地开关（接地线）合隔离开关、防止带电合（挂）接地开关（接地线）、防止误分合断路器等防误功能。

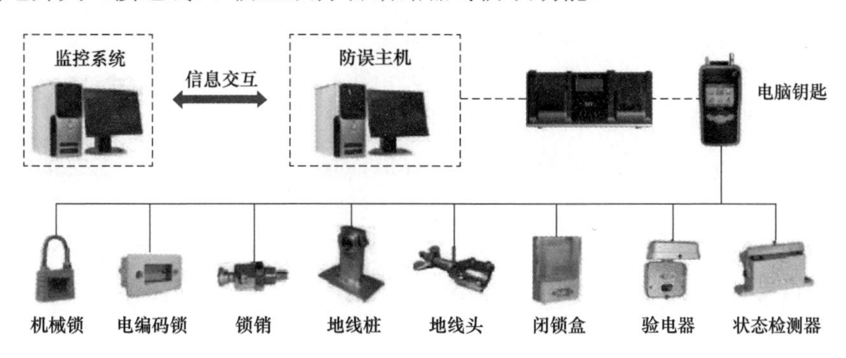

图 3-44 微机防误闭锁装置

74．简述微机防误闭锁装置的工作原理。

答：微机防误闭锁装置的工作原理是操作时先在五防机上模拟预演，五防系统根据预先储存的防误闭锁逻辑库及当前设备位置状态，对每一项模拟操作进行闭锁逻辑判断，若操作正确符合“五防”操作规则，则允许进行下一步操作；若操作错误不符合“五防”操作规则，则提示操作人员进行更正。模拟操作后，将正确的操作内容生成实际操作票传输给监控机和电脑钥匙。监控系统遥控操作时根据操作票只对允许的对象进行操作，其他对象被五防闭锁。就地操作时运行人员按照电脑钥匙显示的操作内容，依次打开相应的编码锁对设备进行操作，全部操作结束后，通过电脑钥匙的回传，从而使设备状态与现场的设备状态保持一致。

75．什么是检修隔离装置？

答：检修隔离装置是指在变电站自动化系统五防子系统或微机防误闭锁装置上安装的对检修作业的安全措施的操作权限进行有效控制，防止对检修设备人为误送电的装置。检修隔离装置主要由检修隔离管理器、检修隔离授权钥匙组成。检修隔离装置的作用是在检修期间，闭锁检修隔离面内一次设备操作功能，以防止误向检修设备送电，同时检修工作面设备的操作则不受闭锁。

第三节 辅 助 设 备

1．什么是水电厂的辅助设备？主要有哪些？

答：水电厂除水轮机、发电机、变压器等主设备外，为保证水电厂动力设备能够正常运转和安装检修，还包含一些不可缺少的辅助设备和系统。水电厂的辅助系统主要包含油系统、水系统和压缩空气系统三类。它们分别为水电厂提供正常运行时所需的油压、气压、水压等。

2．什么是油系统？主要由哪些部分组成？

答：水电站油系统是利用管网将油设备、储油设备、油处理设备连接在一起的一套系统。水电厂油系统主要包含机组的用油系统和油处理系统。机组用油系统是向机组蓄油部件注油、排油、更换净油以及为了补偿运行中的损耗向设备加油等。油处理系统是用来处理机组用过的废油和供给机组新油。油处理系统通常包含油库、油处理室、油化验室、油再生设备等。用油系统一般包含润滑系统和压力油系统。

3．压缩空气系统在水电站中的用途是什么？

答：压缩空气是一种具有弹性的、易于存储的良好介质，所以水电厂常用它储存能量作为操作能源。水电厂主要使用压缩空气的有：

（1）机组停机制动装置用气。

（2）油压装置压力油槽充气。

（3）检修时风动工具及清扫用气。

（4）水轮机导轴承检修密封围带充气。

（5）蝴蝶阀围带止水充气。

4．压缩空气系统主要由哪几部分组成？

答：压缩空气系统主要由空气压缩装置、管道、测量控制元件、用气设备四部分组成。

（1）空气压缩装置，一般包含空气压缩机、电动机、储气罐和汽水分离器等。

（2）管道指供气管道，一般由干管、支管和管件组成。管道将气源和用气设备联系起来，以达到输送和分配压缩空气的目的。

（3）测量控制元件，主要包含各种类型的自动化元件（如压力传感器、压力继电器、电磁空气阀等），其主要作用是监测、控制、保证压缩系统正常运行。

（4）用气设备，常见的用气设备有制动风闸、风动工具、油压装置压力油罐等。

5．水电站水系统主要由哪几部分组成？

答：水电站水系统主要包含供水系统和排水系统两部分。供水系统又包含技术供水、消防供水和生活供水，排水系统又分为技术排水、检修排水和渗漏排水。

6．什么是技术供水系统？主要由哪几部分组成？

答：技术供水系统是向水轮发电机组及其辅助设备供应冷却水、润滑用水及水压操作用水，且所提供的技术用水满足各种用水设备对水压、水量、水温和水质的要求的一套系统。技术供水系统一般由水源、水处理设备、水管道、测量元件及控制元件构成。

7．技术供水系统的供水对象有哪些？

答：水电站技术供水的供水对象因水电厂规模和机组型式不同存在不同，主要包含发电机空气冷却器、水轮发电机组轴承的油冷却器、水冷式空压机等。

8．技术供水有哪些要求？

答：水电站的用水设备对技术供水主要有水量、水压、水温和水质四个方面的要求。

（1）水量。水量必须满足机组冷却、润滑的要求，否则起不到冷却和润滑效果，水量过低将造成设备工作温度偏低，造成不良影响。

（2）水压。为保证水流通畅和冷却器的水量，一般要求技术供水具有一定的压力。水压不足将导致水量不够，起不到冷却、润滑作用。水压过高，设备承载过重都不利于机组正常运行。

（3）水温。为了达到冷却效果，通常技术供水的水温应满足一定要求，水温过高，影响设备冷却效率。水温过低，水管与空气接触将发生外壁结露现象。通常冷却水进口温度一般控制在5～20℃。

（4）水质。技术供水水质要求主要是控制水内的机械杂质、生物杂质和化学杂质，一般包括悬浮物、泥沙、化学杂质、有机物、生物杂质。

9．什么是火电厂辅助设备？主要有哪些？

答：火电厂除汽轮机、发电机、变压器等主设备外，为保证火电厂能够正常运转和安装检修，还包含一些不可缺少的辅助设备。火电厂的辅助设备主要包含凝汽设备、给水回热加热设备、除氧设备。

10．什么是凝汽设备？主要由哪几部分组成？

答：凝汽设备是将汽轮机排汽冷凝成水的一种换热器，又称复水器。凝汽设备除将汽轮机的排汽冷凝成水供锅炉重新使用外，还能在汽轮机排汽处建立真空和维持真空。凝汽设备按蒸汽凝结方式的不同可分为表面式和混合式两类。凝汽设备主要由凝汽器、凝结水泵、抽气器、循环水泵以及它们之间的连接管道和附件组成。

11．什么是给水回热加热设备？主要由哪几部分组成？

答：给水回热加热设备是利用汽轮机抽气加热给水，从而提高热力循环效率的换热设备。给水回热加热设备主要由回热加热器、回热抽汽管道、水管道、疏水管道等组成。

12．什么是除氧设备？主要由哪几部分组成？

答：除氧设备是锅炉及供热系统关键设备之一。除氧设备主要由除氧塔头、除氧水箱两大件以及接管和外接件组成，其主要部件除氧器是由外壳、汽水分离器、新型旋膜器、淋水篦子、蓄热填料液汽网等部件组成。除氧设备的主要作用是除去给水中的氧气，保证给水品质。给水中含有氧气，会腐蚀金属设备，降低传热效果。

13．什么是核电厂辅助设备？主要有哪些？

答：核电厂辅助设备是核电厂各类辅助系统中设备。核电厂辅助系统设备主要有化学和容积控制系统设备、反应堆硼和水补给系统设备、余热排出系统设备、辅助冷却水系统设备等。

14．什么是化学和容积控制系统设备？

答：化学和容积控制系统设备是反应堆冷却剂系统的主要辅助系统设备。它在反应堆的启动、停运及正常运行过程中都起着十分重要的作用，它保证了反应堆冷却剂的水容积、化学特性的稳定和控制反应性的变化。化学和容积控制系统主要由热交换器、冷却剂循环净化处理系统、化学添加箱和容积控制箱等组成。

15．什么是反应堆硼和水补给系统设备？

答：反应堆硼和水补给系统设备是化学和容积控制系统的支持系统设备，为化学和容积控制系统主要功能的实现起保证作用。当化学和容积控制系统进行容积控制时，为反应堆冷却剂系统提供所需的除气除盐含硼水。当化学和容积控制系统进行化学控制时，制备和注入联氨、氢氧化锂等化学药剂。当化学和容积控制系统进行中子毒物控制时，提供浓硼酸溶液或除气除盐水。反应堆硼和水补给系统由水部分和硼酸部分组成。

16．什么是余热排出系统设备？

答：余热排出系统设备是用于冷停堆时排出堆芯余热的系统设备。余热排出系统设备的主要功能如下：

（1）在正常冷停堆的第二阶段，把停堆后的堆芯剩余释热以及系统内介质和设备的显热，通过设备冷却水系统传输至最终热阱，使反应堆冷却剂的温度以一定速率降到冷停堆或换料操作温度，并保持这个温度。

（2）在反应堆更换燃料开始时，将换料水箱内的含硼水输入换料水池，换料结束后，再将换料水池内的含硼水送回换料水箱。

（3）在失水事故时，兼作低压安全注射部分，将换料水箱内的含硼水或安全壳地坑内的水注入堆芯。余热排出系统由两台余热排出泵、两台热交换器和相关的阀门、管道组成。

17．什么是辅助冷却水系统设备？

答：辅助冷却水系统设备是为常规岛辅助设备冷却水系统的换热器提供冷却水的系统设备。辅助冷却水系统包括反应堆水池和乏燃料水池冷却和处理系统、设备冷却水系统、重要厂用水系统、核岛冷冻水系统和电气厂房冷冻水系统。反应堆水池和乏燃料水池冷却和处理系统主要用于冷却乏燃料水池中的乏燃料，导出乏燃料的剩余释热。设备冷却水系统向核岛内所有冷却器提供冷却水，把热量从具有放射性介质的系统传输到外界环境的中间冷却系统，具有冷却功能和隔离作用。重要厂用水系统系统的作用是为设备提供冷却水，把设备冷却水系统传输的热量传到海水中。核岛冷冻水系统供应除主控制室以外核岛所有空调冷却器的冷冻水。电气厂房冷冻水系统在重大事故情况下保证主控制室人员正常工作所具备的环境条件。

18．什么是变电站辅助设备？主要有哪些？

答：变电站辅助设备是为保证变电站安全稳定运行而配备的各类辅助设备。变电站辅助设备主要有桥式起重机、直流融冰装置、油色谱在线监测装置、SF_6气体泄漏在线监测报警装置、火灾自动报警系统、消火栓系统、水喷雾灭火系统、泡沫灭火系统、排油注氮灭火系统、气体灭火系统、生活用水系统、暖通设备、电子围栏、视频安防监控系统、环境监测系统、门禁系统、照明设施、巡检机器人系统、安健环设施。

19．什么是桥式起重机？

答：桥式起重机是桥架在高架轨道上运行的一种桥架型起重机。桥式起重机主要由桥架、提升机构、大车移行机构、小车等部分组成。桥式起重机的主要技术参数有起重量、跨度、起升高度、运行速度、提升速度、工作类别等。桥式起重机主要用于吊运及装卸 GIS 等室内设备。GIS 室桥式起重机如图 3-45 所示。

图 3-45　GIS 室桥式起重机

20．什么是直流融冰装置？

答：直流融冰装置是一种产生稳定、可调直流电流的装置，用于加热导线融化线路覆冰。直流融冰主要是通过对输电线路施加直流电压并在输电线路末端进行短路，使导线发热对输电线路进行融冰，从而避免线路因结冰而倒杆断线。直流融冰装置主要由换流变压器、晶闸管阀组、阳极电抗器等组成，如图 3-46 所示。

图 3-46　变电站固定式直流融冰装置

21．什么是油色谱在线监测装置？

答：油色谱在线监测装置是对变压器等油浸电力设备绝缘油中溶解的各种故障特征气体浓度及变化趋势在线监测的精密设备。油色谱在线监测装置主要由现场监测单元、数据处理器和监控软件三部分组成。现场监测单元由油样采集单元、油气分离单元、气体检测单元、数据采集单元、现场控制处理单元、通信控制单元及辅助单元组成，如图 3-47 所示，油色谱在线监测装置现场设备如图 3-48 所示。

油色谱在线监测装置采用真空差压方式将油吸入到油样采集单元中，通过油泵进行油样循环；油气分离单元快速分离油样中溶解气体并送至气室，气室中的微型气体采样泵把分离出来的气体输送到六通阀定量管内并自动进样，样气在载气推动下经过色谱柱分离进入气体检测器。数据采集单元完成数据采集和转换后，现场控制处理单元对采集的数据进行存储、计算和分析，并通过通信控制单元将数据上传至数据处理服务器，进行数据处理和故障分析。

油色谱在线监测装置可实现进油、油气分离、样品分析、数据处理、实时报警等操作，快速地在线监测油中溶解故障气体的含量及其变化趋势，并通过故障诊断专家系统预判设备故障隐患，避免设备发生事故，减少重大损失，提高设备运行的可靠性。

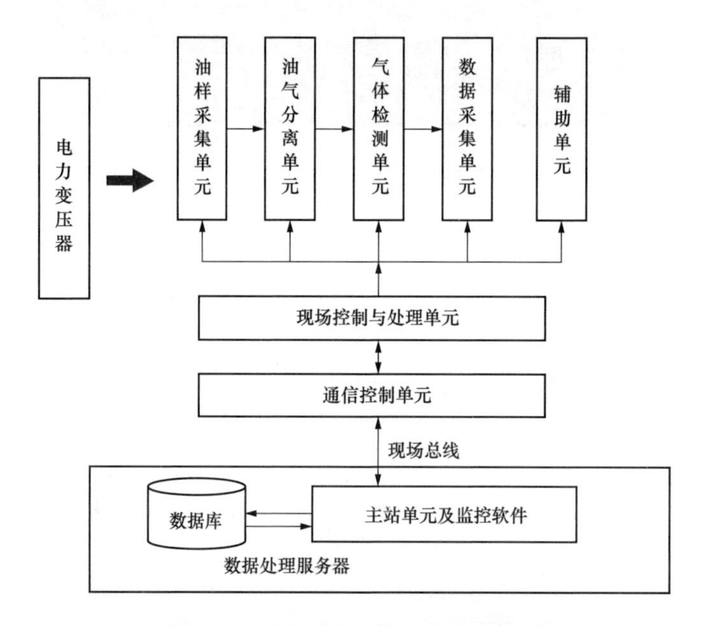

图 3-47　油色谱在线监测装置原理图

图 3-48　油色谱在线监测装置现场设备图

22．什么是 SF_6 气体泄漏在线监测报警装置？

答：SF_6 气体泄漏在线监测报警装置是用于实时检测 SF_6 开关室和组合电器（GIS）室等场合的 SF_6 气体含量和氧气含量，当环境中 SF_6 气体含量超标或缺氧，能实时发出声光报警和远传报警，同时自动开启风机进行通风的在线式监测报警装置。SF_6 气体泄漏在线监测报警装置主要由监测主机、SF_6/O_2 采集模块、温湿度探头、人体红外探头、声光报警器以及 LED 显示屏等组成，如图 3-49 所示。SF_6 气体在电弧作用下会发生分解，生成低氟化物、硫化物等有毒气体。为防止 SF_6 设备泄漏的有毒气体危害工作人员的人身安全，在 SF_6 设备室内安装 SF_6 气体泄漏在线监测报警装置，现场设备图如图 3-50 所示。

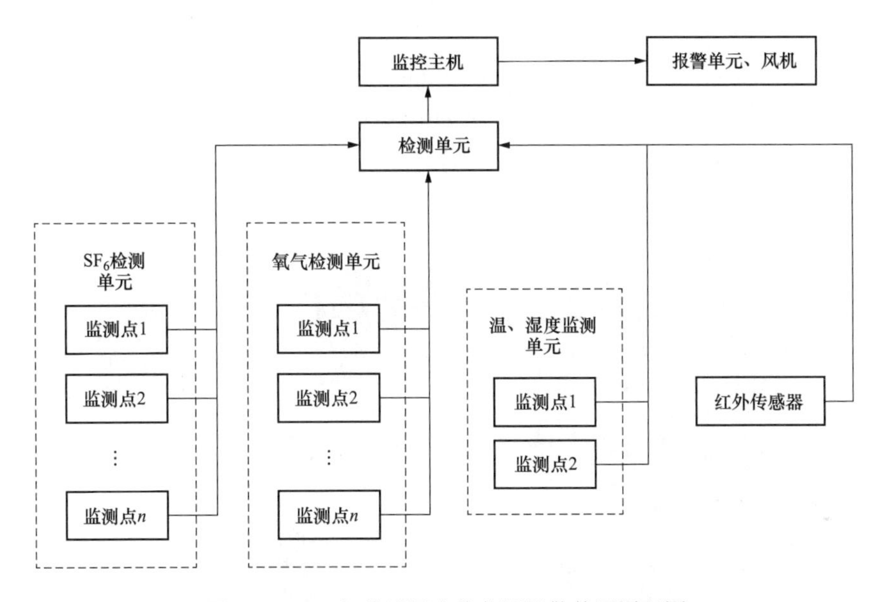

图 3-49 SF_6 气体泄漏在线监测报警装置原理图

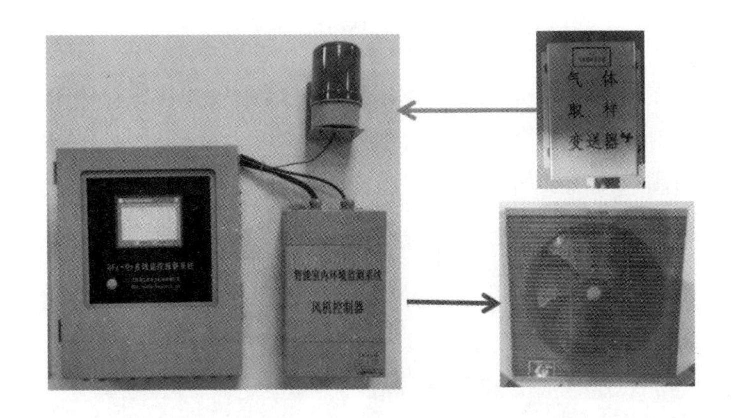

图 3-50 SF_6 气体泄漏在线监测报警装置现场设备图

23．变电站消防设备设施及消防器材主要有哪些？

答：变电站消防设备设施主要包含：

（1）建筑消防设施，主要有火灾自动报警系统、气体灭火系统、消火栓系统、应急照明灯、安全疏散标志等。

（2）变压器固定自动灭火系统，主要有水喷雾灭火系统、排油注氮灭火系统、泡沫灭火系统。

（3）变压器消防设施，主要有事故油池、消防沙池等。

常用消防器材主要有二氧化碳灭火器、干粉灭火器、消防过滤式呼吸器等。

24．什么是建筑消防设施？包含哪些内容？

答：建筑消防设施指建筑物内设置的火灾自动报警系统等用于防范和扑救建筑物火灾的设备设施的总称。它是保证建筑物消防安全和人员疏散安全的重要设施，是现代建筑的重要组成部分。

（1）火灾自动报警系统是探测火灾早期特征、发出火灾报警信号，为人员疏散、防止火灾蔓延和启动自动灭火设备提供控制与指示的消防系统。火灾自动报警系统主要由触发装置、火灾报警装置、联动输出装置，以及具有其他辅助功能装置组成的，如图 3-51 所示。

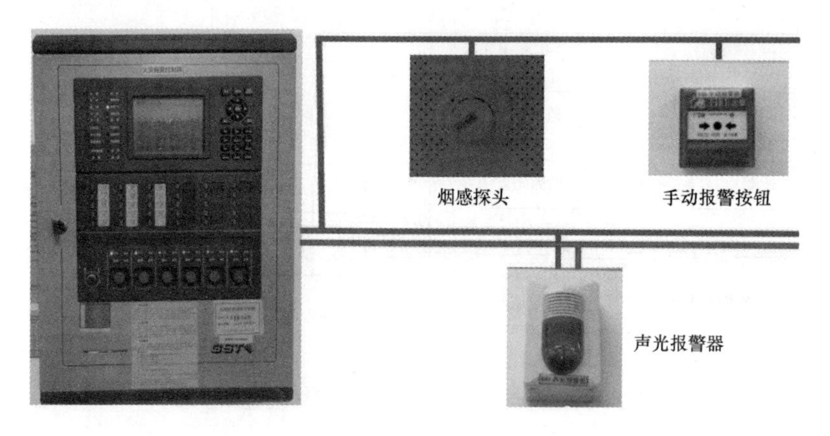

图 3-51　火灾自动报警系统现场设备图

（2）气体灭火系统是将灭火剂以液体、液化气体或气体状态存储于压力容器内，灭火时以气体状态喷射作为灭火介质的灭火系统。气体灭火系统主要由贮存容器、容器阀、选择阀、液体单向阀、喷嘴和阀驱动装置组成，如图 3-52 所示。

图 3-52　气体灭火系统现场设备图

（3）消火栓系统是利用消防水系统提供的水量，扑灭建筑物中与水接触不能引燃、爆炸的火灾而设置的固定灭火设备。消火栓系统主要由水枪、水带、消防栓、消防水喉、消防管道、消防水池、水箱、增压设备和水源等组成。当消防给水管网的水压不能满足消防要求时，还应设置消防水泵和水箱，如图 3-53 所示。

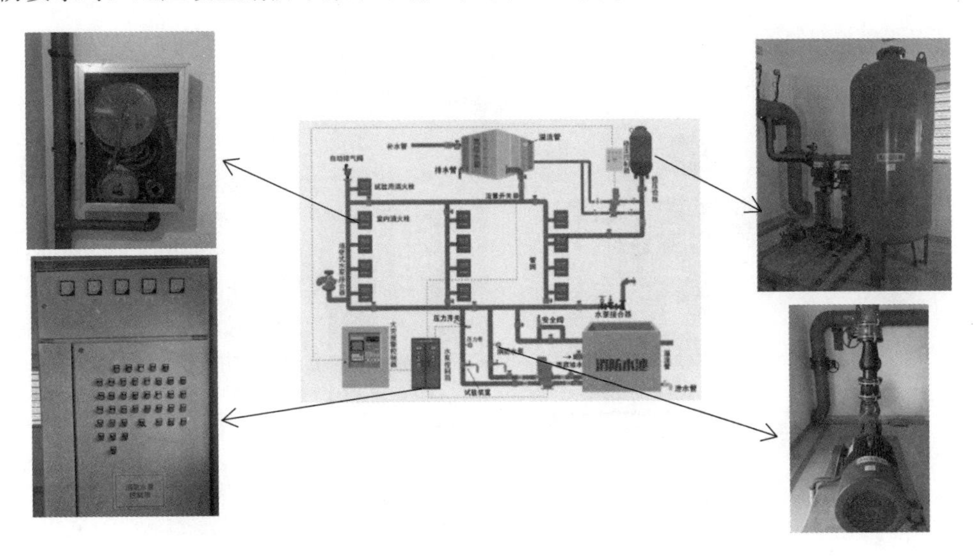

图 3-53　消火栓系统现场设备图

（4）应急照明灯是在正常照明电源发生故障时，能有效地照明和显示疏散通道，或能持续照明而不间断工作的一类灯具，广泛用于公共场所和不能间断照明的地方。应急照明灯具由光源、光源驱动器、整流器、逆变器、电池组、标志灯壳等几部分组成，如图 3-54 所示。

（5）疏散指示标志是用于人员安全疏散的指示标志，如图 3-55 所示。疏散指示标志指向最近的疏散出口或安全出口，可以更有效地帮助人们在浓烟弥漫的情况下，及时识别疏散位置和方向，迅速沿发光疏散指示标志顺利疏散，避免造成伤亡事故。

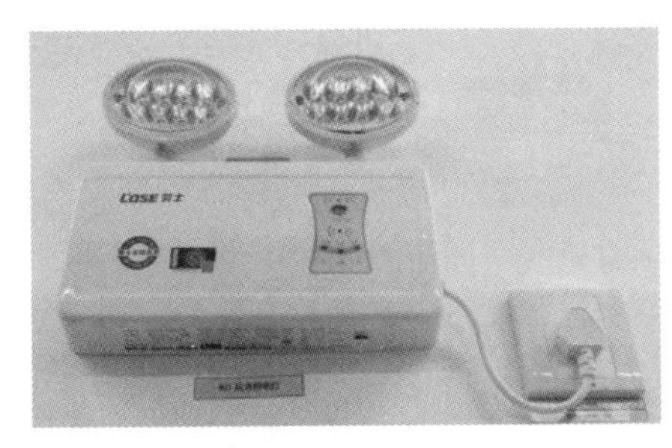
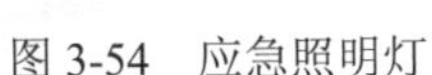

图 3-54　应急照明灯　　图 3-55　疏散指示标志

25．什么是变压器固定自动灭火系统？

答：变压器固定自动灭火系统是用于扑灭大型油浸式电力变压器火灾的灭火装置。常用的变压器固定自动灭火系统有水喷雾灭火系统、排油注氮灭火系统、泡沫灭火系统三种。

（1）水喷雾灭火系统是利用高压水经过各种形式的雾化喷头，可喷射出雾状水流，喷在变压器上，进行冷却和隔绝氧气，进而窒息灭火的系统。水喷雾灭火系统主要由火灾探测自动控制、高压水给水设备、雨淋阀组、雾状喷头等组成，如图 3-56 所示。

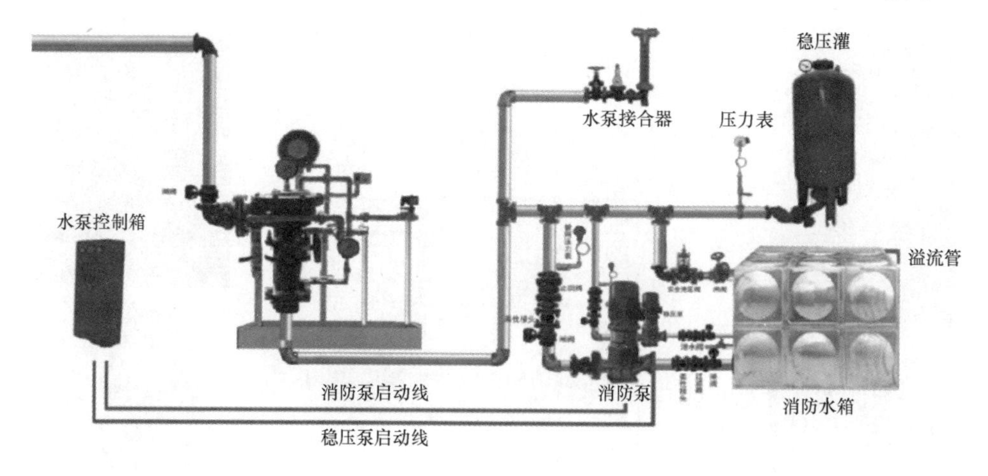

图 3-56　水喷雾灭火系统

（2）排油注氮灭火系统是具有自动探测变压器火灾、自动或手动启动、控制排油阀开启排油卸压、同时断流阀能有效阻止储油柜至油箱的油路、并控制氮气释放阀开启向变压器内注入氮气等功能的灭火装置。排油注氮灭火系统主要由消防控制柜、消防柜、断流阀、感温火灾探测装置和排油注氮管路组成，如图 3-57 所示。

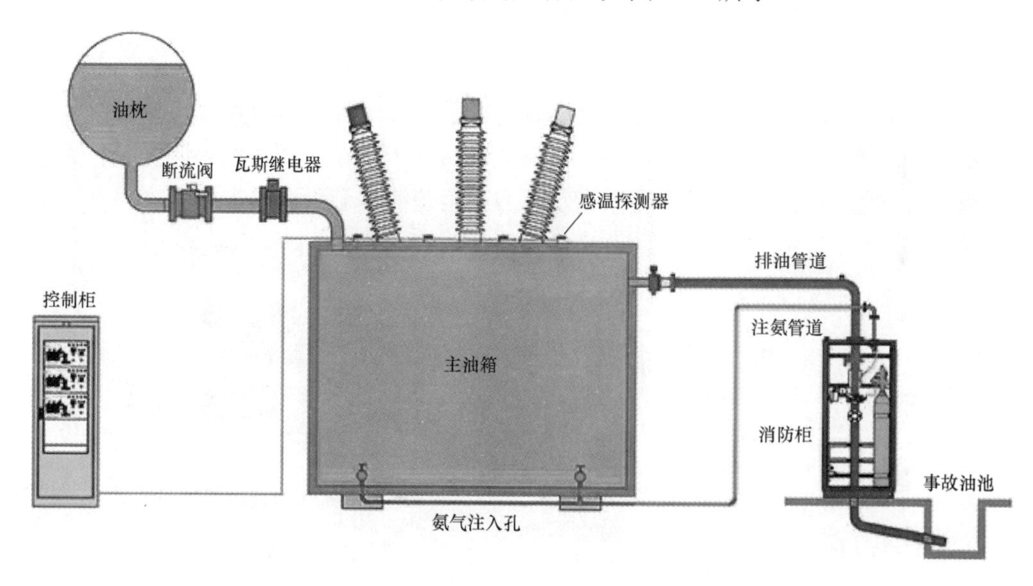

图 3-57　排油注氮灭火系统

（3）泡沫灭火系统是将高效合成型泡沫灭火剂储存于储液罐中，当出现火灾时，通过火灾自动报警联动控制或手动控制启动，在高压氮气驱动下，推动储液罐内的合成型泡沫灭火剂，通过管道和水雾喷头后，将泡沫灭火剂喷射到变压器上，迅速冷却保护对象表面，并产生一层阻燃薄膜，隔离保护对象和空气，使之迅速灭火的灭火系统。变压器泡沫灭火系统由氮气启动源、氮气动力源、储液罐、灭火剂、电动控制阀、安全阀、泡沫喷雾喷头、管网和火灾报警控制器等部分组成，如图 3-58 所示。

图 3-58　泡沫灭火系统

26．什么是变压器事故油池和消防沙池？

答：变压器事故油池是保护变压器、避免事故排油对自然环境污染的重要设施，如图 3-59 所示。当变压器发生渗漏油或事故时，渗漏油和事故油可以通过排油管迅速流入事故贮油池内，起到防止泄漏油发生火灾或爆炸，从而保护变压器及人身安全的作用。

消防沙池是设置在变压器旁的消防设施。当变压器发生渗漏油着火时，可以将消防沙子覆盖在地面油渍上进行灭火。消防沙池附近还需要配置消防桶、消防铲、灭火器等消防设施，如图 3-60 所示。

图 3-59　变压器事故油池

图 3-60　消防沙池

27．什么是消防器材？变电站内的消防器材有哪些？各有什么特点？

答：消防器材是指用于灭火、防火以及火灾事故的器材。常用的消防器材如图 3-61 所示。

变电站内消防器材主要有二氧化碳灭火器、干粉灭火器、消防过滤式呼吸器。

（1）二氧化碳灭火器是将加压液化后的二氧化碳充装在灭火器钢瓶中，灭火时液态二氧化碳从灭火器喷出后迅速蒸发，变成固体状干冰，在燃烧物体上迅速挥发成二氧化碳气体，依靠窒息作用和部分冷却作用灭火，无残留痕迹，不污染环境，不导电。二氧化碳灭火器适用于扑灭可燃液体火灾、可燃气体火灾、600V 以下的带电 B 类火灾，以及仪器仪表、图书档案等要求不留残迹、不污损被保护物的场所，不适用于固体火灾、金属火灾和自身含有供氧源的化合物火灾，若扑灭 600V 以上的电气火灾时，应先切断电源。

图 3-61　常用的消防器材

（2）干粉灭火器是将干燥的、易于流动的、具有灭火效能的微细固体粉末充装在灭火器钢瓶中，灭火时利用高压二氧化碳气体或氮气气体作动力，将干粉喷出后以粉雾的形式灭火。干粉灭火器的灭火机理一是靠干粉中无机盐的挥发性分解物，在喷射时与燃烧过程中燃料所产生的自由基或活性基因发生化学抑制和副催化作用，使燃烧的链反应中断而灭火：二是靠干粉的粉末落在可燃物表面外，将可燃物覆盖后，发生化学反应，并在高温作用下形成一层玻璃状覆盖层，从而隔绝氧气，进而窒息灭火。

（3）消防过滤式呼吸器是变电站发生火灾时必备的个人防护呼吸保护装置。

28．什么是生活用水系统？

答：生活用水系统是指变电站内生活用水的取水、输水、水质处理和配水等设施的总体，主要由集水箱、水泵、控制柜、给水管道等组成，如图 3-62 所示。变电站生活用

图 3-62　生活用水系统现场设备图

水系统的作用是提供足够的水量、合格的水质、充裕的水压，来供应生活用水、生产用水和其他用水需要。

29．什么是暖通设备？

答：暖通设备是采暖、通风、空气调节这三个方面设备的总称，通过采暖、制冷、通风、空气调节等作用，使建筑物内保持生活或工作所需环境，如图3-63所示。供暖设备是为使人们生活或进行生产的空间保持在适宜的热状态而设置的供热设施。供暖设备由热源、热媒管道和供暖放热器组成。通风设备是用于改善室内空气质量而采取的强制空气流通设备，包括轴流风机、中央空调等系统，其作用是通过向室内空间送入足够的新鲜空气，同时把室内不符合要求的空气排出，使室内空气满足卫生要求和生产过程需要。空气调节设备是对生活或生产的空间内的温度、湿度、洁净度和空气流动速度等进行调节与控制的设备。

30．什么是电子围栏？

答：电子围栏是一种具有威慑、阻挡、报警三大功能的周界防盗报警系统，如图3-64所示。电子围栏主要由脉冲主机、前端围栏等组成。脉冲主机通电后产生高压脉冲传送到前端围栏上，通过导体把脉冲回传到脉冲主机的接收端形成回路，如果有入侵、破坏前端围栏或切断供电电源，脉冲主机会发出报警并把报警信号传送至控制中设备及其他安防设备。前端围栏由金属杆及导线组成，主要用于传递高压脉冲信号，还可以增加围墙的高度，使入侵者难以攀登，延长了翻越时间。

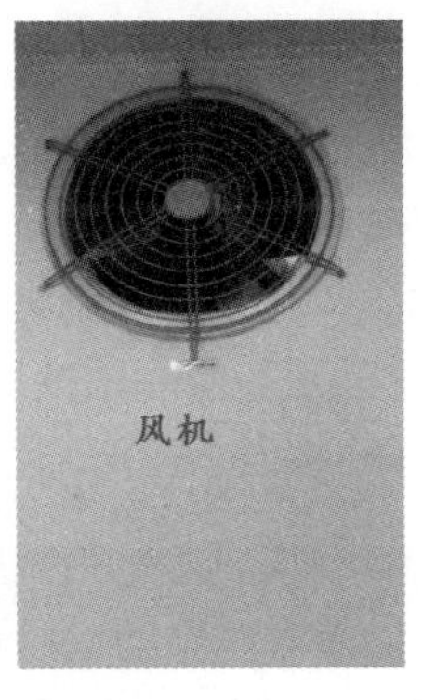

图3-63 暖通设备

图3-64 电子围栏

31．什么是视频安防监控系统？

答：视频监控系统是利用视频技术探测、监视设防区域并实时显示、记录现场图像的电子系统，视频监控系统主要由前端设备、传输设备、控制设备和记录显示设备四部分，如图3-65所示。

（1）前端设备包括一台或多台摄像机以及与之配套的镜头、云台、防护罩、解码驱动器等。

（2）传输设备包括电缆或光缆，以及可能的有线或无线信号调制解调设备等。

（3）控制设备主要包括视频切换器、云台镜头控制器、操作键盘、种类控制通信接口、电源和与之配套的控制台、监视器柜等。

图 3-65　视频监控系统

（4）记录显示设备主要包括监视器、录像机、多画面分割器等。

视频监控系统是变电站的生产辅助监控系统，可提高变电站运行维护管理能力，实现对变电站环境监视、现场工作行为监督、事故及障碍辅助分析、应急指挥及演练、反事故演习、安全警卫、各类专项检查。

32．什么是环境监测系统？

答：环境监测系统是利用现场传感器实时检测设备工作环境数据，并将采集的环境数据上传至监控系统，进行数据存储、数据分析、故障信息记录、自动告警、数据发布的信息系统。环境监测系统主要由检测单元、通信单元和监控系统组成，如图 3-66 所示，环境监测系统采集的数据主要有温湿度、风速、风向。

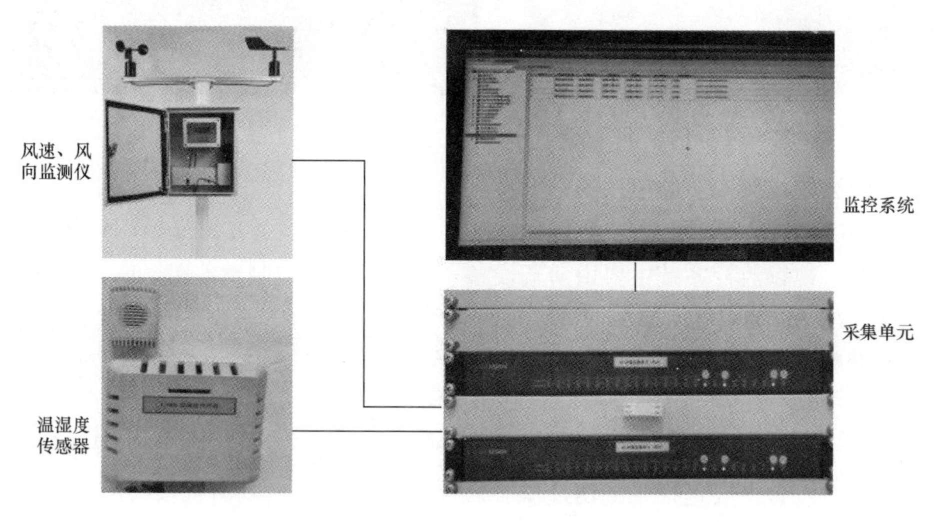

图 3-66　环境监测系统

33．什么是门禁系统？

答：门禁系统是基于现代电子与信息技术，在变电站重要区域入口处安装门禁控制器、密码盘等控制装置，对进出人员实施放行、登记、记录等操作的智能系统。门禁系统主要由控制器、读卡器、锁具、卡片等组成，如图 3-67 所示。控制器负责整个系统输入、输出信息的处理、存储和控制；读卡器用于读取刷卡人员的卡片信息，再转换成电信号送到控制器中，控制器中软判断持卡人是否可以进入大门；锁具是门禁系统中锁门的这些部件；卡片是开门的钥匙，卡片中存储持卡人的信息。变电站通常在主控室、继电保护室、计算机室安装门禁系统。

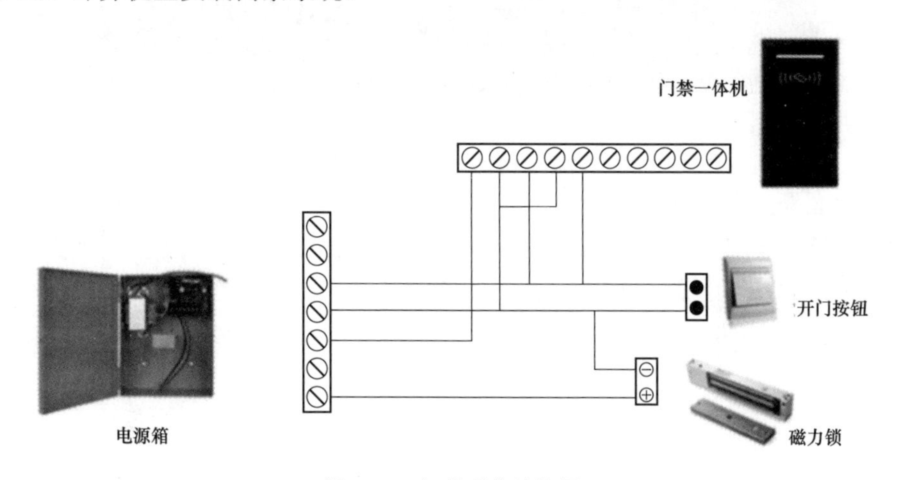

图 3-67 门禁系统结构图

34．什么是照明设施？

答：照明设施是指用于变电站范围内的生产作业场所、非生产作业场所的各类照明灯具及照明附属设施。照明设施按其使用目的可分为正常照明、事故照明等。正常照明是永久性安装的，正常情况下使用的照明，一般使用细管荧光灯、紧凑型荧光灯、金属卤化物灯、高压钠灯、LED 灯等。事故照明是指在正常照明电源发生故障时，为确保正常活动继续进行而设的应急照明部分。变电站主控室、通信机房、继电保护室、高低压设备室、电缆室等地方需设置事故照明。

35．什么是巡检机器人系统？有什么优点？

答：巡检机器人系统是整合了机器人技术、电力设备非接触检测技术、多传感器融合技术、模式识别技术、导航定位技术，以及物联网技术，能够进行全天候巡检、数据采集、视频监控、温湿度测量、气压监测等的智能机器人系统。巡检机器人系统主要由巡检机器人、充电房、微气象传感器、无线基站、监控后台系统组成，如图 3-68 所示。

巡检机器人既具有人工巡检的灵活性、智能性，还可以克服和弥补人工巡检存在的不足，其全天候、全方位、全自主智能巡检和监控，不仅可以有效降低劳动强度和运维成本、提高正常巡视作业和管理的自动化和智能化水平，还比较适应智能变电站和无人值守变电站的实际需要，具有巨大的优点。

图 3-68 巡检机器人

36．什么是安健环设施？

答：安健环设施是为了保障人身和设备安全、保障人身健康、保障清晰安全的工作环境等而采用的各类设施，包括安全设施、健康设施和环境设施三大类。

第四章　发变电现场安全管理

第一节　设　备　巡　维

1．什么是设备巡维？

答：设备巡维是指对日常运行设备进行定期的巡视和维护。设备巡维的目的是准确掌握设备运行状况，发现设备存在的缺陷和安全隐患，及时采取有效措施，预防事故发生，确保设备安全稳定。设备维护的目的是改善设备运行状态，延长设备使用寿命。

2．设备运维作业主要有哪些？

答：设备运维作业主要有设备日常巡视作业，综合巡视作业，动态巡视作业，锁具、铰链加注润滑油作业，开关柜局放测试作业，铁芯及夹件接地电流测量作业，端子箱、机构箱及屏（柜）、辅助设施清扫维护作业，UPS 电源切换试验作业，站用变进线电源切换试验作业，直流系统交流电源切换试验作业，防误闭锁装置维护作业，变压器冷却器电源切换作业，变压器冷却器（包括水冷）风扇切换或主变风扇手动启动试验作业，蓄电池单支电压测量作业，固定发电机空载启停试验作业，避雷器动作次数，泄漏电流检查作业，保护定值、连接片及转换开关检查核对作业，防火、防小动物封堵检查维护作业，消防设施检查维护作业，低压交、直流熔断器更换作业，驱潮装置检查维护作业，定期综合维护作业，不定期综合维护作业等。

3．设备巡维怎么开展？

答：设备巡维可按照差异化巡维的方式进行，即在设备状态评价的基础上，综合设备健康状态、设备发生故障可能造成的事件后果、设备自身价值、对重要用户供电的影响等因素，运用设备风险矩阵，如图 4-1 所示，确定设备的管控级别，对不同管控级别设备从巡维项目和周期两个维度采取不同的巡维策略，包含周期性开展的日常巡维、专业巡维，非周期性触发的动态巡维、停电维护。

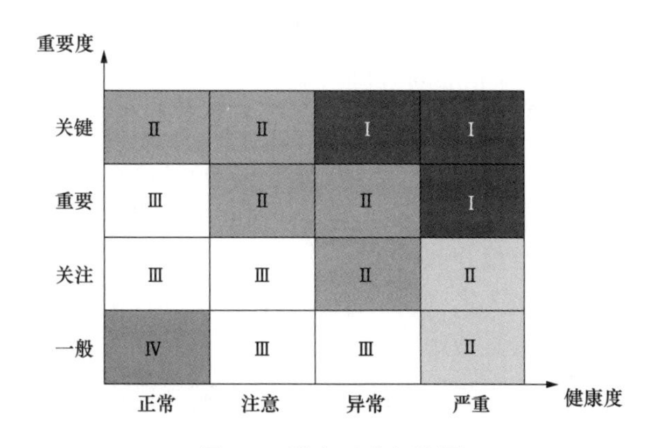

图 4-1　设备风险矩阵图

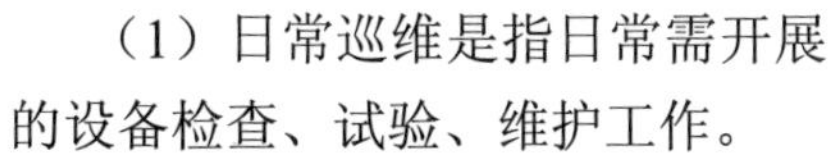

（1）日常巡维是指日常需开展的设备检查、试验、维护工作。

（2）专业巡维是指针对设备管控等级为Ⅰ、Ⅱ级的设备，由熟悉设备的专业人员按规定的周期和内容开展的设备巡维、带电检测等工作。

（3）动态巡维是指气候及环境变化、专项工作等触发的设备管控级别不做调整的巡维工作，按规定内容开展的设备巡维、测试、维护工作。

（4）停电维护是指结合设备停电按规定内容开展的专项检查、维护等工作，不包括周期性的停电检修工作及缺陷、异常处理。

4．什么是设备状态评价？

答：设备状态评价是通过收集获取直接或间接表征设备运行状态的各类信息数据，准确评估设备运行健康状态的过程。状态评价分为基准状态评价和综合状态评价。

（1）基准状态评价是对设备运行健康状态的预评价，即按照相关评价导则对设备健康状态进行扣分式评估。

（2）综合状态评价是指在基准状态评价的基础上，综合设备运行的多维度数据信息，全面准确地对设备的健康状态进行综合评估。根据设备状态评价结果，将设备状态分为正常状态、注意状态、异常状态和严重状态。

5．什么是机器人智能巡维？

答：机器人智能巡维是通过将可见光、红外光、传感器等基础技术搭载在不同的载体上，采集非数字化设备的信息，替代人的现场采集感官；通过应用智能化数字设备完成信息采集上传，直接取代人员的现场巡维检查信息采集。将采集到的相关信息通过图像识别、深度学习等智能技术算法处理，替代人员的大脑判别，从而自动给出判断结果，实现巡维的无人化。

6．巡维作业对作业人员主要有哪些基本要求？

答：巡维作业要求作业人员具有一定的巡维技能和电气知识，巡维设备准时、到位、不遗漏。单独巡视高压设备的人员应取得相关资质。

7．巡维人员常用的个人安全防护用品、工器具主要有哪些？

答：巡维时常用个人安全防护用品主要有：工作服、安全帽、安全带、绝缘手套、绝缘靴、防护眼镜等。设备巡维时主要使用的工器具及测试设备有：万用表、钳形电流表、红外测温仪、局部放电检测仪、绝缘梯、绝缘垫、螺丝刀、扳手、手电筒、望远镜等。

8．单独巡视高压设备人员主要有哪些安全注意事项？

答：单独巡视高压设备人员注意事项如下：

（1）经本单位批准允许单独巡视高压设备的人员，巡视高压设备时，不应进行其他工作，不应移开或越过遮栏。

（2）单人巡视时，不应攀登杆塔或台架。

（3）室外巡视工作应由有工作经验的人担任。未经批准的人员不得一人单独巡视。偏僻山区、夜间、事故、恶劣天气巡视应由两人进行。暑天、大雪天或必要时，应由两人进行。

9．巡视过程中若有必要移开遮栏时应怎么做？

答：不论高压设备带电与否，值班人员不应单独移开或越过遮栏进行工作。若有必要移开遮栏时，应有监护人在场。

10．巡维过程中人员应与不停电设备保持的安全距离是多少？

答：设备不停电时，人员在现场应符合表4-1对非作业安全距离的规定。

表4-1　　人员、工具及材料与设备带电部分的安全距离

电压等级（kV）	非作业安全距离（m）	作业安全距离（m）
10及以下	0.7	0.7（0.35）
20、35	1	1.0（0.6）
66、110	1.5	1.5
220	3	3
500	5	5
±50及以下	1.5	1.5
±500	6	6.8
±800	9.3	10.1

注　1．“非作业安全距离”是指人员在带电设备附近进行巡维、参观等非作业活动时的安全距离（引自GB 26860—2011《电力安全工作规程　发电厂和变电站电气部分》中的表1设备不停电的安全距离）；“作业安全距离”是指在厂站内或线路上进行检修、试验、施工等作业时的安全距离（引自GB 26860—2011中的表2人员工作中与设备带电部分的安全距离和GB 26859—2011《电力安全工作规程　电力线路部分》中的表1在带电线路杆塔上工作与带电导线最小安全距离）。
2．括号内数据仅用于作业中人员与带电体之间设置隔离措施的情况。
3．未列出的电压等级，按高一档电压等级安全距离执行。
4．13.8kV执行10kV的安全距离。
5．数据按海拔1000m校正。

11．进入SF_6电气设备室及其电缆层（隧道）巡维主要有哪些安全注意事项？

答：进入SF_6电气设备室及其电缆层（隧道）巡维主要注意事项如下：

（1）排风机电源开关应设置在门外。

（2）工作人员进入SF_6电气设备室及其电缆层（隧道）前，应先通风15min，并用检漏仪检测SF_6气体含量合格。

（3）尽量避免一人进入SF_6电气设备室及其电缆层（隧道）进行巡维，不应一人进入从事检修工作。

12．事故巡维主要有哪些安全注意事项？

答：事故巡维主要注意事项如下：

（1）高压设备接地故障时，室内不得接近故障点4m以内，室外不得接近故障点8m以内。进入上述范围的人员应穿绝缘靴，接触设备的外壳和构架应戴绝缘手套。

（2）事故巡维至少由两人进行。

（3）事故巡维应始终认为线路、设备带电，即使明知该线路、设备已停电，亦应认为线路、设备随时有恢复送电的可能。

13．雷雨天气开展巡维作业主要有哪些安全注意事项？

答：雷雨天气开展巡维作业注意事项如下：

（1）雷雨天气尽量不开展设备巡维，如需开展应穿绝缘靴，不应使用伞具。

（2）不应靠近避雷器和避雷针。

（3）雷雨天气巡维至少由两人进行。

14．大雪、低温凝冻后开展巡维作业主要有哪些安全注意事项？

答：大雪、低温凝冻后开展巡维作业安全注意事项如下：

（1）巡维作业前事先拟定好安全巡维路线，并配备防滑靴、防寒服、防寒手套等保暖用品，充分做好保温准备。

（2）车辆加装防滑链条。

（3）巡维过程中，在严重覆冰设备处警惕该设备断裂或冰块掉落危及人身安全。

（4）大雪、低温凝冻天气巡维至少由两人进行。

15．大风（台风）、暴雨（冰雹）后开展巡维作业主要有哪些安全注意事项？

答：大风（台风）、暴雨（冰雹）后开展巡维作业安全注意事项如下：

（1）避免巡维人员意外碰触断落悬挂空中的带电导线。

（2）避免巡维人员进入导线断落地面接地点的危险区。

（3）大风（台风）、暴雨（冰雹）巡维至少由两人进行。

16．地震、洪水、泥石流等灾害发生后开展巡维作业主要有哪些安全注意事项？

答：地震、洪水、泥石流等灾害发生后开展巡维注意事项如下：

（1）巡维前应充分考虑各种可能发生的情况，向当地相关部门了解灾情发展情况，并制定相应的安全处理措施与紧急救援准备，经设备运维管理单位批准后方可开始巡维。

（2）巡维过程中，尽量与派出部门之间保持联络。

（3）灾害后巡维至少由两人进行。

17．高温天气设备巡维时预防和处置中暑的安全措施主要有哪些？

答：高温天气设备巡维时预防和处置中暑的安全措施主要有：

（1）开展暑天安全教育，提高防暑意识。

（2）保持充足睡眠。

（3）尽量避开高温时段开展巡维作业。

（4）合理安排巡维作业内容，缩短巡维作业时间。

（5）配备充足饮品及清凉药品。

（6）巡维人员中暑后须立刻将中暑人员转移到阴凉或通风良好的区域，垫高头部且解开衣裤，以利于呼吸和散热，用冷水毛巾轻擦额头和所冒出的汗滴，并服用解暑药品，待中暑人员恢复正常状态时应大量补水。

（7）情节严重则迅速拨打急救电话或送往医院救治。

18．设备巡维时预防和处置被蛇咬伤后的安全措施主要有哪些？

答：设备巡维时预防和处置被蛇咬伤后的安全措施主要有：

（1）加强个人防护，着工作服（长衣长袖）开展巡维工作。

（2）被蛇咬伤后不要惊慌、奔跑。

（3）迅速从伤口上端向下方反复挤出毒液。

（4）在伤口近心端用皮带、鞋带或布条扎紧，避免活动，以减少毒液的吸收。

（5）有蛇药时可先服用。

（6）迅速拨打急救电话或送往医院救治。

19．设备巡维时预防和处置被马蜂叮伤后的安全措施主要有哪些？

答：设备巡维时预防和处置被马蜂叮伤后的安全措施主要有：

（1）发现马蜂窝时不要靠近，更不可触碰。

（2）如遭遇攻击应就地趴下，减少暴露面积。

（3）被马蜂叮伤后应检查有无毒刺遗留，如有则可用镊子小心拨出，再用大量清水冲洗伤口，切勿用力挤压。

（4）如出现呼吸困难、胸闷、头痛、呕吐等严重现象，则迅速拨打急救电话或送往医院救治。

20．UPS 电源切换试验作业主要有哪些安全注意事项？

答：UPS 电源切换试验作业主要注意事项如下：

（1）作业前，应检查 UPS 装置有无缺陷，确认可以开展切换作业。

（2）作业过程中，做好监护，防止误操作和误碰带电部位。

（3）切换后，应检查设备运行组正常，并记录电流、电压大小。

（4）切换过程中，发现异常应及时处理，恢复正常运行。

21．蓄电池电压测量作业主要有哪些安全注意事项？

答：蓄电池电压测量作业安全注意事项如下：

（1）进入蓄电池室前，开启通风装置进行通风。

（2）测量过程中，使用合格的万用表，并正确选用挡位，防止造成蓄电池短路或接地。

（3）测量后，记录测量数据，并分析数据是否造成。

（4）检查蓄电池无变形鼓胀、无漏液、无积尘现象。

22．变压器冷却器电源切换作业主要有哪些安全注意事项？

答：变压器冷却器电源切换作业安全注意事项如下：

（1）作业前，应检查变压器冷却器有无缺陷，确认具备切换条件。

（2）对于强迫油循环变压器，禁止切换过程中造成多台油泵同时启动。

（3）切换后，检查冷却器运行正常，无异常信号。若冷却器未达到自动启动条件不运转的，应手动启动一组冷却器确认电源正常。

（4）作业过程中，防止误碰带电部位和误碰运转的冷却风扇扇叶。

23．避雷器动作次数、泄漏电流检查作业主要有哪些安全注意事项？

答：避雷器动作次数、泄漏电流检查作业安全注意事项如下：

（1）作业时，与设备保持足够安全距离，雷雨等恶劣天气应停止户外作业。

（2）检查记录避雷器动作次数和泄漏电流值，并判断数据是否正常。

（3）雷雨过后，应开展避雷器动作次数、泄漏电流检查作业。

24．端子箱、机构箱及屏（柜）清扫维护作业主要有哪些安全注意事项？

答：端子箱、机构箱及屏（柜）清扫维护作业安全注意事项如下：

（1）作业前，将手上金属饰物及手表等摘下，刷子金属部分用绝缘胶布完全包好，抹布应干燥、干净，防止误触带电端子，造成电流互感器二次回路开路、电压互感器二次回路短路、交直流回路短路或接地。

（2）作业过程中，防止用力不当造成端子松脱，防止过大的振动造成继电器等元件误动。

（3）作业时，工作服长袖放下，戴线手套，防止误碰带电端子或元件。

25．低压交、直流熔断器更换作业主要有哪些安全注意事项？

答：低压交、直流熔断器更换作业安全注意事项如下：

（1）作业前，断开作业设备电源，作业地点内可能误碰的带电部位和相邻带电设备做好隔离或警示措施。

（2）拆除熔断的熔断器时，用万用表测量判断熔断相，用起拔器或戴好低压绝缘手套取下熔断器。

（3）更换熔断器时，核对备品熔断器和待更换熔断器型号一致，后用起拔器或戴好低压绝缘手套安装熔断器。

（4）更换后，检查备用熔断器接触良好，电压正常，相应交直流回路恢复正常。

26．通风装置试验检查作业主要有哪些安全注意事项？

答：通风装置试验检查作业安全注意事项如下：

（1）检查通风装置外观、防护网完好，安装牢固，转动部分无异物卡滞，通风口无异物堵塞。

（2）检查通风装置运转正常，转向正确，无异常声响。

（3）作业过程中使用梯子时，应有专人扶梯，并做好监护。

27．站用变压器进线电源切换试验作业主要有哪些安全注意事项？

答：站用变压器进线电源切换试验作业安全注意事项如下：

（1）切换前，检查备自投装置或 ATS 装置运行正常，无影响切换试验的缺陷，可以切换试验开展作业。

（2）断开带负荷站用变电源后，检查备自投装置或 ATS 装置动作正确，站用电系统母线电压正常，无异常信号。

（3）切换后，检查变压器冷却器、变电站直流系统、空调等重要设备电源恢复，运行正常。

28．直流系统交流电源切换试验作业主要有哪些安全注意事项？

答：直流系统交流电源切换试验作业安全注意事项如下：

（1）切换前，检查直流系统运行正常，充电机两路交流输入电源按正常方式投入，切换装置无异常告警。

（2）断开运行的充电机交流输入电源回路后，检查该交流电源回路接触器失磁，检查充电机交流输入电源接触器自动切换，检查充电机输入交流电压正常。

（3）切换试验后，检查直流系统运行正常，充电机监控装置信号正确，无异常告警。

29．防小动物措施检查维护作业主要有哪些安全注意事项？

答：防小动物措施检查维护作业安全注意事项如下：

（1）设备室门、窗关闭严密并锁紧，防鼠挡板牢固严密。

（2）电缆孔、空调孔洞封堵严密。

（3）更换捕鼠、灭鼠物品。

（4）移动电缆沟盖板时宜两人进行，防止砸伤。

（5）作业过程中，避免尖锐物体触碰电缆或重物砸向电缆，防止损坏电缆。

30．保护及自动装置检查核对作业主要有哪些安全注意事项？

答：保护及自动装置检查核对作业安全注意事项如下：

（1）核对前，了解一次设备和二次设备的运行状态。

（2）核对保护及自动装置连接片、转换开关实际位置与正常投切情况说明表相符。

（3）核对保护及自动装置定值与调度批准执行定值通知单相符，定值区号正确。

（4）分析连接片、转换开关、定值和定值区号不正常的原因，是否与当前设备状态、系统运行方式有关。

31．驱潮装置检查维护作业主要有哪些安全注意事项？

答：驱潮装置检查维护作业安全注意事项如下：

（1）作业前，确认现场安全措施满足作业要求，根据是否需要一次设备停电办理相应工作票。

（2）用红外成像仪对加热器测温，或断开电源后使用万用表测量加热器是否正常。

（3）断开加热驱潮电源低压断路器，拆除损坏的驱潮装置，用绝缘胶布包扎好接线端子。

（4）新安装的驱潮装置连线牢固无短路，加热板与二次接线保持一定距离，防止烧焦二次线。

（5）设置温/湿度控制器定值范围，检查驱潮装置运行正常。

32．设备台账抄录、核查作业主要有哪些安全注意事项？

答：设备台账抄录、核查作业安全注意事项如下：

（1）作业前，确认现场安全措施满足作业要求，根据是否需要一次设备停电办理相应工作票。

（2）正确、完整地抄写并拍摄设备铭牌。

（3）作业过程中，应与带电设备保持足够的安全距离。

33．定期综合维护作业主要有哪些安全注意事项？

答：定期综合维护作业主要是按运维周期对建筑物及构筑物、安防系统、通风设备、事故照明、巡检机器人系统、事故音响测试、火灾探测器、手动探测按钮等开展定期维护。定期综合维护作业主要的安全注意事项有：

（1）进行设备场地保洁，修整绿化，保持厂站清洁卫生。

（2）对电子围栏及红外对射功能测试，装置正确告警。

（3）手动启动通风装置，检查通风装置运转正常。

（4）检查事故照明电源运行正常，交直流电源切换正常。

（5）对机器人本体、充电房进行清洁维护，对机器人充电功能进行试验，检查机器人手动充电功能试验正常，按照厂家说明书定期对电池进行保养。

（6）测试事故音响正常，铃声正确，声音洪亮。

（7）火灾探测器、手动探测按钮抽检测试正常，信号正确。

34．不定期综合维护作业主要有哪些安全注意事项？

答：不定期综合维护作业主要是在设备构架以下、安全距离满足等不需要设备停电的维护工作，根据设备的运行情况必要时开展相关作业项目。不定期综合维护作业主要的安全注意事项有：

（1）清除设备上异物，对设备进行防腐处理，维护更新设备名称标识。

（2）检查、清扫屏柜，更换屏柜内照明灯泡。

（3）必要时开展核查反措执行情况检查。

（4）检查下水管道、防洪沟等管道疏通。

（5）检查事故油池排水口通畅无堵塞、无淤泥。

（6）检查蓄水池清洁，无淤泥等杂物。

（7）开展标示牌、划线维护。

35．发电机的巡维项目主要有哪些？

答：发电机的巡维项目主要有：

（1）发电机运行声音正常，无金属摩擦和撞击声，且振动在正常范围内。

（2）发电机各轴承、回油箱和重力加油箱油色、油位，回油箱油泵打油情况以及润滑油压正常。

（3）发电机应无漏氢、渗油、漏水、放电等现象。

（4）发电机定子铁芯和线圈温度正常。

（5）机组动力盘电压、电流指示正常，各相电压平衡。

（6）励磁调节柜、整流柜和灭磁柜内设备运行正常，通风良好。

（7）励磁回路各接头是否发热、变色，灭磁开关主接点接触良好，可控硅工作正常、可控硅快速熔断器无熔断现象，励磁变压器无异常响声及引入引出线接头无发热、变色标示现象。

（8）发电机中性点接地变压器及中性点接地开关运行正常。

（9）发电机的电流互感器、电压互感器装置运行正常。

（10）运行中碳刷无卡涩、抖动现象，边缘无火花。

36．变压器及油浸式电抗器的巡维项目主要有哪些？

答：变压器及油浸式电抗器的巡维项目有：

（1）顶层温度计、绕组温度计外观应完整，表盘密封良好，无进水、凝露现象。

（2）温度指示正常。现场温度计指示的温度、监控系统的温度基本保持一致，误差一般不超过5℃。

（3）油位计外观完整，密封良好，无进水、凝露现象。

（4）对照油温与油位的标准曲线检查油位指示在正常范围内。

（5）法兰、阀门、冷却装置、油箱、油管路等密封连接处应密封良好，无渗漏痕迹。

（6）油箱、升高座等焊接部位质量良好，无渗漏油迹象。

（7）无异常振动声响。

（8）铁芯、夹件外引接地应良好。

（9）SF_6气体绝缘变压器，对照温度与压力的标准曲线检查SF_6压力值在合格范围内。

（10）设备外观完整无损，无异物。

（11）变压器中性点隔直装置无异常，信号正常。

（12）瓦斯继电器内应充满油，油色无浑浊变黑现象。

（13）压力释放阀应无喷油及渗漏现象。

（14）对引线接头、本体等部位红外测温无异常，异常时保留图谱。

（15）低压母排热缩包裹及接头盒应无缺损、脱落。

（16）瓷套完好无脏污、破损，无放电现象。

（17）复合绝缘套管伞裙无龟裂老化现象。

（18）吸湿器外观无破损，干燥剂变色部分不超过 2/3，否则应更换干燥剂及油封内变压器油。

（19）端子箱、汇控箱密封应良好。

（20）低压母排热缩包裹及接头盒应无缺损、脱落。

（21）运行中的风扇和油泵的运转 平稳，无异常声音和振动。

（22）油泵油流指示器密封良好，指示正确，无抖动现象。

（23）调压开关机构箱挡位指示正确，指针停止在规定区域内。

（24）本体基础无下沉。

（25）冷却器电源切换试验、风扇切换试验。

（26）端子箱、汇控箱、机构箱的防潮、防火、防小动物检查及维护。

（27）对记录的油温、绕温、冷却器效率、铁芯和夹件接地电流、在线监测数据、缺陷、遭受短路冲击电流等数据进行分析，明确是否存在进一步恶化趋势。

37．母线的巡维项目主要有哪些？

答：母线的巡维项目主要有：

（1）跨线、引流线及引下线无断股、散股。

（2）硬母线无振动、变形。

（3）无异物、异响、损伤、闪络、污垢。

（4）绝缘包裹材料完好，接头盒无脱落，相色标识无褪色、脱落。

（5）绝缘子无异常放电声。

（6）检查接线板和线夹连接牢固，螺栓无松动、锈蚀。

（7）红外测温无异常，异常时保留图谱。

（8）对记录的温度、负荷电流、带电检测、在线监测、缺陷等数据进行分析，明确是否存在进一步恶化的趋势。

38．敞开式断路器的巡维项目主要有哪些？

答：敞开式断路器的巡维项目主要有：

（1）瓷套清洁，无损伤、裂纹、放电闪络或严重污垢。

（2）法兰处无裂纹、闪络痕迹。

（3）分、合闸位置指示器与实际运行方式相符。

（4）断路器的运行声音正常，无噪声及放电声。

（5）SF_6气体压力值在正常范围内。

（6）液压机构的油位正常，无渗漏油现象。

（7）气动机构的气体压力正常。

（8）各连杆、传动机构无弯曲、变形、锈蚀，轴销齐全。

（9）均压电容无渗漏现象。

（10）"就地/远方"切换开关应打在"远方"。

（11）对本体、机构箱、汇控箱、法兰、接头等红外测温正常，异常时保留图谱。

（12）对气动机构的储气罐进行排水。

（13）SF_6气体压力分析。通过运行记录、补气周期对断路器SF_6气体压力值进行横向、纵向比较，对断路器是否存在泄漏进行判断，必要时进行红外定性检漏，查找漏点。

（14）通过运行记录的液压（包括液压弹簧）、气动操作机构的打压次数及操作机构压力值进行比较，进行操作机构是否存在泄漏的早期判断，如果发现打压次数出现增加，应结合专业巡维对相关高压管路进行重点关注。

39．敞开式隔离开关的巡维项目主要有哪些？

答：敞开式隔离开关的巡维项目主要有：

（1）隔离开关处于合闸位置时，合闸应到位（导电杆无欠位或过位）。

（2）隔离开关处于分闸位置时，触头、触脂无烧蚀、损伤。

（3）导电臂无变形、损伤、镀层无脱落。导电软连接带无断裂、损伤。

（4）绝缘表面应无较严重脏污，无破损、伤痕。

（5）机构箱无锈蚀、变形，密封良好，密封胶条无脱落、破损、变形、失去弹性等异常，箱内无渗水，无异味、异物。

（6）对导电回路、机构箱、接头等红外测温，异常时保留图谱。

（7）对红外测温数据分析。通过运行记录对断路器红外测温数据进行横向、纵向比较，判断隔离开关是否存在向一次接头发热发展的趋势。

40．高压开关柜的巡维项目主要有哪些？

答：高压开关柜的巡维项目主要有：

（1）柜体外观无变形、破损、锈蚀、掉漆。

（2）无放电声、异味和不均匀的机械噪声。

（3）开关柜面板上分合闸指示灯应能正确指示断路器位置状态。电流、电压表计与实际负荷显示一致。

（4）绝缘子、互感器、避雷器等可视部分应完好。

（5）断路器分合闸指示与断路器实际状态及分合闸指示灯一致。

（6）接地开关状态指示与接地开关实际状态一致。

（7）检查带电显示器指示与实际一致。

（8）对高压开关柜红外检测，异常时保留红外图谱。

（9）对红外检测数据进行横向、纵向比较，判断高压开关柜是否存在发热发展的趋势。

（10）运行中局部放电带电测试。

41．SF_6封闭组合电器 GIS（HGIS、GIL、PASS、COMPASS）的巡维项目主要有哪些？

答：SF_6封闭组合电器 GIS（HGIS、GIL、PASS、COMPASS）的巡维项目主要有：

（1）GIS 外壳表面无生锈、腐蚀、变形、松动等异常，油漆完整、清洁。

（2）运行中的 GIS 应无异响、异味等现象。

（3）SF_6气体压力值气压指示应清晰可见且在正常范围内。

（4）各开关装置（包括断路器、隔离开关和接地开关）的分合闸指示应到位且与本体实际位置和分合闸指示灯显示一致。

（5）呼吸孔无明显积污现象，防爆膜无破裂。

（6）汇控柜指示正常，无异常信号发出。

（7）检查带电显示器指示与实际一致。

（8）“就地/远方”切换开关应打在“远方”。

（9）液压系统各管路接头及阀门应无渗漏现象。

（10）弹簧机构分合闸弹簧外观无裂纹、断裂、锈蚀等异常。

（11）气动机构各管路接头及阀门应无渗漏现象。

（12）对 GIS 外壳、机构箱、汇控箱、端子箱、套管接头红外测温，异常时保存红外图谱。

（13）红外测温数据分析。通过运行记录对 GIS 设备接地端子及金属外壳红外测温数据进行横向、纵向比较，判断 GIS 设备接地端子及金属外壳发热发展的趋势。

（14）SF_6气体压力分析。通过运行记录、补气周期对 GIS 各气室 SF_6气体压力值进行横向、纵向比较，对气室是否存在泄漏进行判断，必要时进行检漏，查找漏点。

（15）运行中局部放电带电测试。

42．避雷器的巡维项目主要有哪些？

答：避雷器的巡维项目主要有：

（1）瓷套及法兰完整，表面无脏污、裂纹、破损及放电现象。

（2）复合绝缘外套表面无脏污、龟裂、老化现象。

（3）与避雷器、计数器连接的导线及接地引下线无烧伤痕迹或断股现象。

（4）均压环（罩）无变形、歪斜。

（5）无异常声响。

（6）放电计数器外观完好，连接线牢固，内部无积水现象。

（7）放电计数器泄漏电流指示正常，记录避雷器放电计数器指示数和泄漏电流。

（8）接地应良好，无松脱现象。

（9）对一次接线、端子及外瓷套等进行测温，记录环境温度与测量温度，检查数据应正常，异常时保留红外图谱。

43．互感器的巡维项目主要有哪些？

答：互感器的巡维项目主要有：

（1）外绝缘表面应无脏污，无破损、裂纹及放电现象。

（2）金属部位应无锈蚀，底座、支架牢固，无倾斜变形。

（3）无异常声响、振动及异味。

（4）瓷套、底座、阀门和密封法兰等部位应无渗漏油现象。

（5）端子箱内清洁、无杂物、无污垢，无受潮、积水，无放电痕迹，封堵措施完好，接线无松动、脱落、过热现象。

（6）接地应良好，无松脱现象。

（7）SF_6互感器气压检查正常。

（8）对互感器本体、连接部位、端子箱红外测温，异常时保留图谱。

（9）通过运行记录互感器红外测温数据进行横向、纵向比较，判断互感器是否存在发热发展的趋势。

（10）测量全站N600接地电流。

44．电容器组的巡维项目主要有哪些？

答：电容器组的巡维项目主要有：

（1）瓷套无脏污、无破损裂纹、放电痕迹。

（2）外部涂漆无变色、外壳无鼓肚、膨胀变形，接缝开裂、渗漏油现象。

（3）绝缘包裹无脱落。

（4）电容器组上无异物。

（5）熔断器外观完好无锈蚀，弹簧完好无锈蚀、断裂。

（6）集合式电容器油枕检查：油位指示在标准范围内；吸湿器外观无破损，干燥剂变色部分不超过2/3，否则应更换干燥剂。

（7）网门关闭严密，无锈蚀或破损；场地环境无杂草、积水等；检查基础无开裂、下沉。

（8）接地应良好，无松脱现象。

（9）对本体、套管、连接部位等红外测温，异常时保留图谱。

（10）根据设备缺陷、电容量数据、二次电压数据分析情况，跟踪设备缺陷发展状况，是否存在进一步恶化趋势。

45．干式电抗器的巡维项目主要有哪些？

答：干式电抗器的巡维项目主要有：

（1）设备外观完整无损，防雨罩完好。

（2）支柱绝缘子瓷瓶应无破损、裂纹、爬电现象。

（3）地面无熔铝、过热绝缘材料等异物。

（4）无异常振动和声响。

（5）对本体套管、连接部位等红外测温，异常时保留图谱。

（6）根据记录的在线监测数据、缺陷等数据分析情况，跟踪设备缺陷发展状况，是否存在进一步恶化趋势。

46．站用交直流系统的巡维项目主要有哪些？

答：站用交直流系统的巡维项目主要有：

（1）蓄电池外观应无变形、裂纹、损伤、积灰，无鼓肚，密封良好、无渗液、爬酸，无异物、腐蚀。

（2）蓄电池巡检装置正常，无告警信号。

（3）蓄电池室应无强烈气味，通风及其他附属设备应完好。

（4）直流屏充电模块工作正常，无异响，无异味，信号灯正常、无告警。输出/输入电流电压值、蓄电池电压值显示正常，数据实时更新。

（5）检查绝缘监测装置运行正常，无告警信号，各支路绝缘电阻及正、负极对地电压显示正常。

（6）直流母线充电电压显示正常。

（7）直流屏各分路开关指示灯与实际运行相符。

（8）UPS 电源装置运行方式正确，输出电压正常，无异常现象。

（9）用红外成像仪进行测温，关键点、关键装置（进线开关、汇流母排、馈线电缆接线处、充电装置，以及蓄电池组的连接点、蓄电池外壳与极柱等）的温度无异常，异常时保留图谱。

47．中性点成套装置的巡维项目主要有哪些？

答：中性点成套装置的巡维项目主要有：

（1）消弧线圈、接地变、接地电阻外观无锈蚀、脱漆、积污，设备铭牌和运行编号标示清晰、完善，相序标示清晰完整。

（2）套管清洁，无破损和裂纹。干式消弧装置环氧树脂表面无老化、裂纹等痕迹，无灰尘污染。

（3）运行声响均匀、正常，无杂音、异常放电声或较大响声和振动，无异味。

（4）油位正常，无渗漏油。

（5）各连接部位无过热，各连接引线无发热、变色，引线无抛股、断股现象，金具应完好。

（6）接地引下线连接应完好，无锈蚀、脱漆、脱焊。

（7）消弧线圈控制装置显示正确，无异常信号。

（8）控制箱和二次端子箱密封应良好，无进水受潮，加热器运行正常。箱体内无放电痕迹，电缆进出口的防小动物措施良好；端子排、开关无打火现象；接线无松动、脱落；箱内清洁。操作齿轮机构无渗漏油，各指示灯指示正常。

（9）消弧装置（调匝式）有载开关调节次数检查，并记录。

（10）记录控制装置的接地告警次数。

48．电力电缆的巡维项目主要有哪些？

答：电力电缆的巡维项目主要有：

（1）电缆头附件表面无放电、污秽、鼓包现象，绝缘管材无开裂，套管及支撑绝缘子无损伤，钢铠、屏蔽接地良好。

（2）电气连接点固定件无松动、锈蚀，引出线连接点无发热现象。终端应力锥部位无发热。

（3）针对充油电缆，应检查油压报警系统是否运行正常，油压是否在规定范围之内，密封完好，无渗漏、缺油。

（4）接地线良好，连接处紧固可靠，无发热或放电现象。

（5）电缆铭牌完好，相色标志齐全、清晰。电缆固定、保护设施完好等。

（6）电缆终端杆塔周围无影响电缆安全运行的树木、爬藤、堆物及违章建筑等；检查终端场、构架完好。

（7）电缆本体外观无开裂、破损、鼓包；检查电缆防火涂料无脱落。

（8）夜巡时，重点检查引线接头接触处无过热和变色发红现象；绝缘子无闪络爬电现象。

（9）电缆沟道、竖井、夹层无积水。

（10）防火封堵检查处理。

49．微机防误闭锁装置的巡维项目主要有哪些？

答：微机防误闭锁装置的巡维项目主要有：

（1）防误计算机配置符合要求，由不间断电源供电，开机运行正常，与后台监控机通信正常。防误计算机装有杀毒软件，病毒查杀无异常。

（2）防误闭锁软件系统各种人员密码配置符合要求，权限正确。防误闭锁软件系统功能完备，显示的一次主接线、设备名称及编号、元件名称、操作术语正确，编锁、接地桩设置位置正确，一次设备状态与后台监控机、现场实际状态一致。

（3）电脑钥匙配置至少两把，屏幕清晰，按键灵活，电量充足，持久耐用，能正确接收主机的操作程序。正常操作时能识别编码锁，开锁灵活，无卡涩，误操作时应闭锁并有语音报警。电脑钥匙单一固定密码测试解锁功能已禁用。

（4）解锁钥匙管理箱屏幕清晰，按键灵活，通信正常，功能完好。解锁钥匙管理箱已按照相应权限设置开锁、解锁审批人，可以发送短信打开管理箱取出、归还钥匙。箱中解锁钥匙种类齐全，数量正确，能可靠解锁。

（5）检修隔离管理器运行正常，功能完好，通信正常，授权钥匙一般不少于4把，能正常下载和上传管控任务，具备掉电记忆功能、提示功能。

（6）编码位置无异物阻挡、无破损、无积尘、无积水，防雨罩完好并掩盖牢固。全站锁编码核对正确、齐全。编码固定锁外表无生锈，无卡涩，及时对锈蚀锁具和接地桩进行防锈或进行更换。

（7）五防逻辑表核对无误，全站设备五防闭锁试验正确。

（8）定期对五防数据进行备份保存，防止丢失。

50．桥式起重机的巡维项目主要有哪些？

答：桥式起重机的巡维项目主要有：

（1）桥式起重机安全检验合格标志按规定固定在显著位置，并在检验有效期内。

（2）桥式起重机齿轮箱无漏油，吊钩表面清洁，无剥裂、锐角、毛刺、裂纹等。

（3）桥式起重机的总电源刀闸开关电源已切断，无异常现象。

51．直流融冰装置的巡维项目主要有哪些？

答：直流融冰装置的巡维项目主要有：

（1）整流变压器法兰、阀门、冷却装置、油箱、油管路等密封连接处应密封良好，无渗漏痕迹。套管外观无破损，引线正常，无散股、断股、无异响、无发热现象。

（2）整流阀组构件连接正常，外表清洁，无倾斜、脱落，无氧化、无位移、无断裂、无锈蚀。

（3）极隔离开关安装牢固，外表清洁，无破损、闪络、裂纹、杂物，无明显脏污，运行中红外测温正常。

（4）平波电抗器外观应完整无损、防雨罩完好，接头无变色现象，支柱绝缘子无破损、裂纹、爬电现象，运行中检查无异常振动和声响，红外测温正常。

（5）直流融冰母线及引流线无断股、散股、过紧、发热现象。

（6）直流融冰保护装置、后台监控系统运行正常，无异常告警信号。

52．油色谱在线监测装置的巡维项目主要有哪些？

答：油色谱在线监测装置的巡维项目主要有：

（1）现场机柜应密闭良好，无受潮发霉情况，外壳、安装支架应无破损或断裂现象。

（2）检查现场主机柜门或柜内的电源指示、设备运行指示灯应正常，应无告警灯亮。

（3）检查记录载气压力，及时更换压力不足的载气。

（4）检查后台主机，应运行正常，无断电或黑屏现象，数据采集功能正常。

（5）检查综合处理单元运行应正常，无断电或报警灯亮等情况，网络连接应正常。

（6）开展监测数据的趋势分析，有明显增长的，应结合比对结果进一步查找异常原因。

53．SF_6气体泄漏在线监测报警装置的巡维项目主要有哪些？

答：SF_6气体泄漏在线监测报警装置的巡维项目主要有：

（1）检查监测主机面板显示清晰，无告警信息，SF_6气体和氧气含量正常，数据采集、定时通风正常。

（2）自动、手动启动风机试验正常。

（3）SF_6/O_2采集模块固定可靠，无松动、变形、移位等情况，数据传输线应连接可靠，无断线等情况。

54．火灾自动报警系统的巡维项目主要有哪些？

答：火灾自动报警系统的巡维项目主要有：

（1）火灾报警控制器屏幕清晰，按钮灵敏，打印纸充足，标志清晰；主机运行正常，无异常告警信号；主机内线路接线无误，布线清晰，整齐规范。

（2）火灾探测器、手动探测按钮外观完好，无松脱、缺失，表面清洁；试验合格，延时符合要求。

（3）火灾报警声光显示试验报警及时，声光显示正常，并有接入后台监控系统。

（4）火灾自动报警系统的专用导线或电缆应采用阻燃型屏蔽电缆，规格符合设计；传输线路应采用穿金属管、经阻燃处理的硬质塑料管或封闭式线槽保护方式布线，强、弱电分开。

（5）火灾报警系统由UPS电源供电。

55．消火栓系统变压器水喷雾灭火装置的巡维项目主要有哪些？

答：消火栓系统变压器水喷雾灭火装置的巡维项目主要有：

（1）消防水池、消防水箱无渗漏现象，水质、水位正常，水源控制阀无锈蚀、无渗漏。

（2）消防控制柜柜体无锈蚀、无破损、无变形，电源自动切换装置、备用电源及控制系统检查无异常。

（3）消防水泵自启停试验正常，转动灵活、不卡壳，水泵连接管道无锈蚀、无渗漏，消防水泵接合器的接口完好、无渗漏、闷盖齐全，各种阀门处于正确开、闭状态。

（4）消火栓和消防卷盘供水闸阀无渗漏现象，消防水枪、水带、消防卷盘及全部附件齐全完好，卷盘转动灵活。

（5）消防箱及箱内配备的消防部件外观无损伤、涂层无脱落，箱门玻璃完好无缺。

（6）消火栓、供水阀门及消防卷盘等转动部位润滑良好。

（7）室外阀门井中，进水管上的控制阀门处于全开启状态。

（8）对消防水泵维护保养，添加润滑油，清洗内部杂质。

（9）打开消火栓，检查供水情况，在放净锈水后再关闭，并观察有无漏水现象。

56．变压器水喷雾灭火装置的巡维项目主要有哪些？

答：变压器水喷雾灭火装置的巡维项目主要有：

（1）消防水池（或消防水罐）水质清洁，水位、水压正常，各阀门标志清晰，位置正确。

（2）消防泵控制柜电源指示正常，工作正常，减震良好。

（3）消防水泵完好，无渗漏、无锈蚀。

（4）稳压系统压力正常，液位正常，稳压泵、阀门及附件完好，无渗漏、无锈蚀。

（5）雨淋阀压力正常，蝶阀及各阀门位置正确，接线盒有防水措施。

（6）喷头数量齐全、无损坏及掉落，安装符合要求，各支架和管道无变形、无锈蚀现象。

（7）感温电缆无破损，安装牢固，分布合理，与带电部位安全距离足够；端子箱内电缆接线整齐，无松动，出线口密封完好。

（8）报警控制器电源电压正常，显示清晰，按键灵活，功能正常，无故障及其他异常信息。

（9）现场应有手动操作说明，各功能按钮、操作把手等标志清晰，管道有流动方向标示。

57．变压器泡沫消防系统的巡维项目主要有哪些？

答：变压器泡沫消防系统的巡维项目主要有：

（1）泡沫罐罐体完好，无损伤、无锈蚀、无渗漏，压力正常；贮罐配件应齐全完好，液位计、安全阀及压力表状态应正常。

（2）启动源气瓶外观完好，电磁阀接线牢固，无锈蚀，手动插销和启动安全插销完好，气压检查旋钮操作灵活，压力正常；启动源启动插销在解除状态，手动插销在插上状态。

（3）动力瓶启动管道连接良好，减压阀压力表读数为 0，压力检查正常。

（4）消防管道螺栓紧固，密封完好；各支架和管道无变形、无锈蚀、无掉漆现象；喷头数量齐全，安装符合要求，无损坏、掉落、无锈蚀、无渗漏现象。

（5）感温电缆无破损，安装牢固，分布合理，与带电部位安全距离足够；端子箱内电缆接线整齐，无松动，出线口密封完好。

（6）报警控制器运行正常，屏幕显示清晰，按键灵活，告警灯灭，无故障及其他异常信息；模拟手动、自动灭火试验正常；自动/手动切换把手位置正确。

（7）现场应有手动、应急机械手动操作说明，各功能按钮、操作把手等标志清晰，管道有流动方向标示，动操作把手、启动插销在现场定置放好。

58．变压器排油注氮灭火系统的巡维项目主要有哪些？

答：变压器排油注氮装置现场验收和检查维护作业主要有以下安全注意事项：

（1）消防控制柜启停控制按钮、灯光指示正常，阀门位置正确，电源电压显示及主、备用电切换把手位置正常，系统自动/手动切换把手位置正确。

（2）消防柜内高压氮气贮存钢瓶压力表正常，压力值在正常范围内，无漏气现象。

（3）排油阀的密封性良好，排油机构是否处于锁定状态；断流阀手柄已锁定在运行状态，无渗漏、无锈蚀。

（4）消防管网外观无损伤、无锈蚀，安装紧固，密封良好。

（5）喷头完好，无损坏及掉落，各支架和管道无变形、无锈蚀、无异物。

（6）感温电缆安装牢固，无松脱、断股现象，与带电部位安全距离足够，接线盒及出线口密封完好。

（7）火灾报警控制器运行正常，无报警信号，模拟试验动作正确，各工作信号正常。

（8）现场应有手动操作说明，各功能按钮、操作把手等标志清晰，管道有流动方向标示。

59．气体灭火系统的巡维项目主要有哪些？

答：气体灭火系统的巡维项目主要有：

（1）防护区疏散指示标志、入口处的安全标志、气体喷放指示灯等安全设施设置符合要求；防护区应有通风换气装置；防护区外附近应设置紧急启动、中断按钮。

（2）灭火剂和驱动气体储存容器密封良好，压力正常；输送管道和支、吊架固定牢固，连接管应无变形、裂纹及老化。

（3）各喷嘴数量充足，安装位置合理，孔口应无堵塞。

（4）全部系统组件应完好，表面应无锈蚀，保护涂层应完好，手动操作装置的防护罩、铅封和安全标志应完整。

（5）系统功能模拟试验正常，无异常信号。

60．生活用水系统的巡维项目主要有哪些？

答：生活用水系统的巡维项目主要有：

（1）水泵房各设备及部件标志正确、清楚、完善，无锈蚀、漏水，水流方向指示正确，接地良好。

（2）水泵接合器、泵房内阀门开关、电磁阀等均应标示名称和运行状态，开、关指示标示清晰，指示灯指示正确。

（3）水系统控制器无异常，可正常抽水。

（4）厨房、卫生间、开关场绿化等用水设施无漏水、锈蚀。

（5）蓄水池蓄水正常无渗漏、无杂物。

61．通风和空调设施的巡维项目主要有哪些？

答：通风和空调设施的巡维项目主要有：

（1）通风设施外观完好，风扇无锈蚀，风管无缺损，通风口风机逆止阀和风机栏网无破损、锈蚀。

（2）通风设施控制箱外观完好，无锈蚀、无破损，箱内指示灯、把手、控制按钮完好，位置正确，外观无破损，标示清晰、齐全、准确。

（3）高压室、SF_6设备室等进行通风设施开启试验，检查风机运行正常。

（4）空调各部件连接严密、牢固，外观完好，无缺损锈蚀。

（5）空调运行正常无异常声响，无漏水等异常情况。

（6）空调制冷/制暖效果良好，工作温度及运行模式可正常调节。

（7）清洗空调过滤网、冷凝翅片、内机外壳，补充冷凝液。

62．电子围栏的巡维项目主要有哪些？

答：电子围栏的巡维项目主要有：

（1）电子围栏避雷器试验合格，接地可靠。

（2）电子围栏支架安装牢固，间距小于5m，无明显倾斜情况；电子围栏金属导线之间的距离应在50～160mm，金属导线离墙顶、架空电力线之间间距符合要求，无断线、无松脱、无异物悬挂情况。

（3）电子围栏前端的防区划分应有利于报警的准确定位，且每个防区长度不应大于100m。

（4）在最上一根导线上每隔10m设置一块“防止触电”警示标示牌，标示牌字迹应清晰，无缺损、掉落，且不易脱落。

（5）户外控制箱外观完好，无锈蚀、无破损。

（6）电子围栏触碰报警功能正常，报警信号正常；正常运行时，无报警信号。

63．视频安防监控系统的巡维项目主要有哪些？

答：视频安防监控系统的巡维项目主要有：

（1）机柜安装稳固，接地良好，柜内封堵严密；柜内布线应用线槽布线，整齐规范，标示清楚明确。

（2）视频监控系统应有可靠的不间断电源供电，机柜内设备运行正常，各个指示灯指示正常，无告警指示。

（3）高速球机布点数量符合要求，安装牢固，云台、防护罩、支架、电缆护管、抱箍、接线盒无锈蚀、无松脱、歪斜情况。

（4）数据线及电源线布线规范，安装牢固，与带电设备保持足够的安全距离。

（5）配线箱外观完好，内接线规范，标示完善，箱门开闭良好，密封良好，不受潮。

（6）视频图像显示清晰，可以正常变焦，可以正常回放。

（7）后台对摄像机的控制操作应灵活可靠，可以调用各种监控画面，画面清晰，响应快速。

（8）视频监控主机安装杀毒软件，进行彻底的病毒查杀。

64．环境监测系统的巡维项目主要有哪些？

答：环境监测系统的巡维项目主要有：

（1）温度感应器、湿度感应器、风速器、风向器、水浸感应器安装牢固，无松脱、无缺失、无失效、无锈蚀，标示清晰、标示正确，数据回传正常。

（2）风速器、风向器转动灵活，无卡涩。

（3）系统进行测试，确保信息数据准确无误。

（4）软件进行维护并升级，确保升级至最新版本。

（5）完善系统补丁、完善病毒库等，满足信息网络安全要求。

65．门禁系统的巡维项目主要有哪些？

答：门禁系统的巡维项目主要有：

（1）设备牢固，无松脱、无缺失、无失效、无锈蚀。

（2）标示清晰、正确。

（3）数据回传正常，与主站通信正常。

（4）后台电脑无异常告警、运行流畅。

（5）门锁开启灵活，无卡顿、无变形。

（6）读卡器、指纹识别、人脸识别等设备工作正常。

（7）系统进行测试，确保信息数据准确无误。

（8）软件进行维护并升级，确保升级至最新版本。

66．照明设施的巡维项目主要有哪些？

答：照明设施的巡维项目主要有：

（1）配电箱安装牢固，位置合理，箱门开启灵活，箱体可靠接地，封堵严密。

（2）配电箱内漏电保护器动作正常，各级空气开关配置满足级差配合要求。

（3）照明灯具外观无破损、无裂纹、无污秽、无变黑、无闪烁现象，安装牢固可靠，技术参数满足现场需求。

（4）蓄电池室应采用防爆照明灯具，线缆应穿入钢管，开关应采用防爆开关。

（5）户外灯具及其附件均具有防腐防水措施，潮湿、多灰尘场所或屋外装设的开关及插座，应采用密封防水型。

（6）应急事故照明灯具安装位置、数量符合要求，亮度符合要求。

67．巡检机器人系统的巡维项目主要有哪些？

答：巡检机器人系统的巡维项目主要有：

（1）巡检机器人外观无破损、污渍或者划痕，轮胎表面无严重磨损等情况。机器人云台、把手、轮胎部分的螺丝无松动迹象，机器人伸缩、转动机构、通信正常，可自动正常充电。

（2）充电室外观无变形、室内照明正常、无渗漏水、自动卷帘门开闭正常。室内空调可以正常开启，温度调节功能正常。

（3）巡检通道无杂物、杂草等堵塞、遮挡，通道无严重破损、塌陷、积水，钢结构通道安装牢固，无锈蚀、无倾斜。

（4）监控后台系统功能正常，拍摄表计清晰，位置良好，识别正常稳定，红外设备拍摄准确清晰，测温准确，高清图片清晰，位置准确。

（5）各项功能命令正常、通信正常。

（6）微气象系统设备装置牢固，无松脱、无缺失、无失效、无锈蚀，标示清晰正确，气象信息数据准确无误。

（7）核对分析巡检报表数据，发现设备问题及时处理。

68．安健环设施的巡维项目主要有哪些？

答：安健环设施的巡维项目主要有：

（1）禁止标识、警告标识、指令标识、提示标识、消防及应急安全标识等标示牌设置场所、原则、要求和方法等应符合国标的规定。

（2）一次设备标示牌内容正确，名称、颜色、尺寸符合要求，无严重褪色、无重复、无缺漏、无倾斜、无松动现象，安装位置利于变电站生产人员进行巡视、操作等。

（3）二次设备各类标签正确，无缺漏，格式、宽度、颜色符合要求。

（4）所有警示线颜色清晰醒目、色泽均匀，不应有泛色，宽度、颜色符合要求，表面无异物覆盖、无遮挡。

第二节　设　备　操　作

1．什么是电气操作？常用的电气操作主要有哪些？

答：电气操作是指将电气设备状态进行转换，一次系统运行方式变更，继电保护定值调整、装置的投退，二次回路切换，自动装置投切、试验等所进行的操作执行过程的总称。常用电气操作主要有倒母线、倒负荷、并列、解列、合环、解环、充电、核相、定相、代路等。

2．一次设备的状态主要分为哪几种？

答：一次设备的状态分为运行状态、热备用状态、冷备用状态、检修状态四种。

（1）运行状态，是指设备或电气系统带有电压，其功能有效。母线、线路、断路器、变压器、电抗器、电容器及电压互感器等一次电气设备的运行状态，是指从该设备电源至受电端的电路接通并有相应电压（无论是否带有负荷），且控制电源、继电保护及自动装置按运行状态投入。

（2）热备用状态，是指该设备已具备运行条件，设备继电保护及自动装置满足带电要求，断路器的控制、合闸及信号电源投入，经一次合闸操作即可转为运行状态的状态。

（3）冷备用状态，是指连接该设备的各侧均无安全措施，且连接该设备的各侧均有明显断开点或可判断的断开点。

（4）检修状态，是指连接该设备的各侧均有明显的断开点或可判断的断开点，需要检修的设备各侧已接地的状态。

3．继电保护装置的状态主要分为哪几种？

答：继电保护的状态分为投入状态、退出状态两种。

（1）投入状态，装置正常运行、功能及出口正常投入。

（2）退出状态，装置全部功能或出口退出。

4．安全自动装置的状态主要分为哪几种？

答：安全自动装置的状态分为投入状态、退出状态、投信号状态三种。

（1）投入状态，装置正常运行、功能及出口正常投入。

（2）退出状态，装置全部功能或出口退出。

（3）投信号状态，指安全自动装置正常运行，装置出口退出，对外通信通道正常时的状态。即安全自动装置不具备就地和远方出口动作功能，但具备收信发信功能。

5．什么是电气操作中的合环、同期合环、解环？

答：（1）合环是指将线路、变压器或断路器串构成的网络闭合运行的操作。

（2）同期合环是指通过自动化设备或仪表检测同期后自动或手动进行的合环操作。

（3）解环是指将线路、变压器或断路器串构成的闭合网络开断运行的操作。

6．什么是电气操作中的并列、解列？

答：（1）并列是指将两个独立运行的电网连接为一个电网运行，或发电机、调相机与电网连为一个部分运行的操作。

（2）解列是指通过人工操作或保护及自动装置动作断开断路器，使发电机（调相机）脱离电网或电网分成两个及以上部分运行的操作。

7．电气操作有哪几种方式，分别有哪些安全注意事项？

答：电气操作有就地操作、遥控操作和程序操作三种方式。

（1）就地操作是指就地电动或手动操作。就地操作时，具备条件的应优先采用电动操作，如确需手动操作应确保安全距离足够及避免人身伤害。

（2）遥控操作是指站内遥控操作或站外遥控操作。站外遥控操作需站内配合时，双方应提前做好沟通，以使双方操作票的操作步骤一致，填写操作票时应注明站外操作项目和站内操作项目。

（3）程序操作是指通过保护控制系统进行的操作，程序操作时，现场应具备完善的技术条件，以确保操作顺利进行，并使设备的位置与状态得到有效监视。

8．设备操作有哪几种类型，分别有哪些安全注意事项？

答：设备操作可分为监护操作和单人操作两类。

（1）监护操作是指有人监护的操作。监护操作必须由两人执行，一人操作，一人监护。操作人在操作过程中不准有任何未经监护人同意的操作行为，监护人应由对系统、方式和设备较熟悉者担任，特别重要或复杂的操作，应由较熟练人员操作，值班负责人监护。

（2）单人操作是指一人单独完成的操作。应满足以下要求：实行单人操作的设备、项目和运行人员（调控人员）应经地市级及以上单位考核批准，并报调度部门备案。单人操作的发令人和操作人的通话应录音，操作人受令时应复诵无误。单人操作时，不应进行登高或登杆操作。

9．什么是调度命令，主要有哪几种类别？

答：调度命令，是指电网调度机构值班调度员对其下级值班调度员或调度管辖运行值班员发布有关运行和操作的命令，调度命令可分为综合令、单项令、逐项令三种。

（1）综合令是指值班调度员说明操作任务、要求、操作对象的起始和终结状态，具体操作步骤和顺序项目由受令人拟定的调度指令。只涉及一个受令单位完成的操作才能使用综合令。

（2）单项令是指由值班调度员下达的单项操作的操作指令。

（3）逐项令是指根据一定的逻辑关系，按顺序下达的多条综合令或单项令。

10．调度操作主要有哪几种方式？

答：根据调度管辖范围及调度运行操作需要，调度操作模式可分为直接操作、许可操作、委托操作、配合操作，在进行调度运行操作时，值班调度员根据实际情况合理选择调度操作模式。

（1）直接操作指值班调度员直接向厂站值班员发布调度指令的操作方式。

（2）许可操作指值班调度员对下级调度机构值班调度员或运行值班人员提出的操作申请予以许可或同意。

（3）委托操作指调度机构将其调管设备的操作权委托其他调度机构的操作方式。

（4）配合操作指同调度机构值班调度员为完成同一操作任务，根据一定逻辑关系操作各自调管设备的操作方式。线路两侧设备由不同调度机构调管，且相关方调度机构在线路对侧厂站无调管权时，应采用配合操作。

11．值班人员接受调度命令时，主要有哪些安全注意事项？

答：运行值班员在接受调度命令时，如认为该调度命令不正确，应立即向发布该调度命令的值班调度员报告，当发布该调度命令的值班调度员确认并重复该命令时，受令人必须迅速执行。如执行该命令确危及人身、设备安全时，受令人应拒绝执行，同时将拒绝执行的理由及改正命令内容的建议报告发令的值班调度员和本单位主管领导。

12．什么是操作票？

答：操作票是为改变电气设备及相关因素的运用状态进行逻辑性操作和有序沟通而设计的一种组织性书面形式控制依据。操作票是防止发生电气误操作事故的重要手段，是保证安全的组织措施之一，运用组织机构和人员设置，通过多人在不同工作环节履行各自安全职责，层层把关来保证操作安全，无票操作可能会出现操作顺序错误、漏操作、误操作而导致操作事故，只有操作票正确并严格执行，才能起到保护人身、设备和电网安全的作用。

13．设备操作主要涉及哪些人员？需具备哪些资格？

答：设备操作过程主要涉及的人员有：发令人、受令人、值班负责人、监护人、操作人，需要具备的资格主要如下：

（1）所有设备操作人员应接受相应的安全生产知识教育和岗位技能培训，掌握作业必备的电气知识和业务技能，并按工作性质，熟悉安全工作规程的相关部分，经考试合格后上岗。

（2）与上级调度机构值班调度员进行调度业务联系的各级调度机构及运行单位值班人员必须通过调度机构组织的认证培训和受令资格考核，并取得受令资格。

（3）调度命令发令人名单应发文下达所辖调度或设备运行单位，调度命令受令人名单应在上级所辖调度机构备案。

14．设备操作过程中，相关人员主要有哪些安全责任？

答：设备操作过程中，相关人员主要安全责任见表4-2。

表4-2　　相关人员主要安全责任

人员	安　全　责　任
操作人	（1）掌握操作任务，正确无误地填写操作票。 （2）正确执行监护人的操作指令。 （3）在操作过程中出现疑问及异常时，应立即停止操作，确认清楚后再继续操作
监护人	（1）审核操作人填写的电气操作票。 （2）按操作票顺序向操作人发布操作指令并监护执行。 （3）在操作过程中出现的疑问及异常时汇报值班负责人
值班负责人	（1）指派合适的操作人和监护人。 （2）负责审批电气操作票。 （3）负责操作过程管理及审查最终操作结果。 （4）对操作中出现的异常情况及时协调处理
发令人	（1）调度管辖设备操作时，与调度命令票操作人的职责一致。 （2）集控中心发令人转达调度命令给现场操作人员发令时，应正确完整地传递调度命令，并随时掌握现场实际操作情况与操作命令要求一致。 （3）厂站管辖设备操作时，根据工作安排正确完整地发布操作指令，并随时掌握现场实际操作情况与操作指令要求一致
受令人	（1）调度管辖设备操作时，与调度命令票受令人的职责一致。 （2）站管辖设备操作时，正确接受、理解操作指令和汇报执行情况；正确无误地执行操作指令或将操作指令传递至操作任务的相关负责人；当现场操作出现异常情况时，应及时汇报发令人并协调处理

15. 操作票填写和执行过程中，主要有哪些安全注意事项？

答：操作票填写和执行过程中，应严格执行“三对照”“三审核”“三禁止”“三检查”要求。

（1）操作票填写时，需执行“三对照”，即对照操作任务、运行方式和安全措施要求，对照系统、设备和“五防”装置的模拟图，对照设备名称和编号。

（2）操作票执行前，需履行“三审核”要求，即操作票填写人自审、监护人初审、值班负责人复审，三审后的合格操作票在取得调度或值班负责人的正式操作令后执行。

（3）操作票执行过程需严格执行“三禁止”，即监护人直接操作、禁止有疑问时盲目操作、禁止边操作边做其他无关事项。操作过程中若发现操作票有误，应立即停止操作，并及时汇报，经查明问题并确认后，方可继续操作，不得擅自更改操作票。

（4）操作完成后需应执行“三检查”，即检查操作质量、检查运行方式、检查设备状况。

16. 设备操作主要有哪些基本的安全注意事项？

答：设备操作主要安全注意事项如下：

（1）电气设备投入运行之前，应先将继电保护投入运行，没有继电保护的设备不许投入运行。

（2）拉、合隔离开关之前，必须检查相应断路器在分闸位置（倒母线除外）。因隔离开关没有灭弧装置，当拉、合隔离开关时，若断路器在合闸位置，将会造成带负荷拉、合隔离开关而引起短路事故。而倒母线时，母联断路器必须在合闸位置，其控制电源应断开，以防止母线隔离开关在切换过程中，因母联断路器跳闸引起母线隔离开关带负荷拉、合隔离开关。

（3）停电倒闸操作必须按照先拉开断路器负荷侧隔离开关，再拉开母线侧隔离开关的顺序依次操作，送电倒闸操作应按上述相反的顺序进行。

（4）拉、合隔离开关后，必须就地检查刀口的开度及接触情况，检查隔离开关位置指示及相关继电器的转换情况。

（5）在倒闸操作过程中，若发现带负荷误拉、合隔离开关，则误拉的隔离开关不得再合上，误合的隔离开关不得再拉开。

（6）操作中产生疑问时，应立即停止操作，并将疑问汇报给值班负责人，待情况弄清楚后，方可再继续操作。

（7）任何情况下都严禁“约时”停、送电；严禁“约时”开始或结束检修工作，严禁“约时”投、退重合闸。

17. 设备操作完成后，如何判断设备状态位置？

答：设备操作完成后，状态和位置检查应以设备实际位置为主，无法看到实际位置时，可通过间接方法如设备机械位置指示、电气指示带电显示装置、仪表及各种遥测、遥信等信号的变化来判断设备位置。

判断时，至少应有两个原理不相同或取样来源不同的指示发生对应变化，且所有这些确定的指示均已同时发生对应变化，方可确认该设备已操作到位。

需要注意的是，在检查中若发现其他任何信号有异常，均应停止操作，查明原因。

18．变压器并列操作主要有哪些安全注意事项？

答：变压器并列操作安全注意事项如下：

（1）变压器并列运行应满足以下条件：电压比相同，阻抗电压相同，接线组别相同。电压比和阻抗电压不同的变压器，必须经过核算，在任一台都不过负荷的情况下可以并列运行。

（2）变压器并列或解列前应检查负荷分配情况，确认解、并列后不会造成任一台变压器过负荷。

（3）新投运或大修后的变压器应进行核相，确认无误后方可并列运行。

（4）两台及以上变压器并列运行，若其中某台变压器需停电，在未断开该变压器断路器之前，应检查总负荷情况，确保一台停电后不会导致运行变压器过负荷。

19．变压器停送电操作主要有哪些安全注意事项？

答：变压器停送电操作安全注意事项如下：

（1）停电操作，一般应先停低压侧、再停中压侧、最后停高压侧的顺序进行操作，升压变压器和并列运行的变压器停电时可根据实际情况调整顺序。操作过程中可以先将各侧断路器操作到断开位置，再逐一按照由低到高的顺序操作隔离开关到拉开位置，隔离开关的操作须按照先拉变压器侧隔离开关，再拉母线侧隔离开关的顺序进行。

（2）强油循环变压器投运前，应按说明书和保护的要求投入冷却装置。

（3）无载调压的变压器分接开关更换分接头后，必须先测量三相直流电阻合格后，方能恢复送电。

（4）切换变压器时，应确认并入的变压器带上负荷后才可以停待停的变压器。

20．变压器操作涉及中性点接地方式改变时，主要有哪些安全注意事项？

答：变压器操作涉及中性点接地方式改变时，安全注意事项如下：

（1）变压器停、送电及经变压器向母线充电时，在操作前必须将中性点隔离开关合上，操作完毕后按系统方式要求决定是否拉开。

（2）并列运行中的变压器中性点隔离开关需从一台倒换至另一台运行变压器时，应先合上另一台变压器的中性点隔离开关，再拉开原来的中性点隔离开关。

（3）如变压器中性点带消弧线圈运行，当变压器停电时，应先拉开中性点隔离开关，再进行变压器操作，送电顺序与此相反；禁止变压器带中性点隔离开关送电或先停变压器后拉开中性点隔离开关。

21．新建、大修后变压器投运前为什么要进行冲击试验？

答：带电投入空载变压器时，会出现励磁涌流，其值可达6～8倍额定电流。励磁涌流开始衰减较快，一般经0.5～1s后即减到0.25～0.5倍额定电流值，但全部衰减时间较长，大容量的变压器可达几十秒，由于励磁涌流产生很大的电动力，为了考核变压器的机械强度，同时考核励磁涌流衰减初期能否造成继电保护误动，需进行冲击试验。

拉开空载变压器时，有可能产生操作过电压，在电力系统中性点不接地，或经消弧线圈接地时，过电压幅值可达 4～4.5 倍相电压；在中性点直接接地时，可达 3 倍相电压，为了检查变压器绝缘强度能否承受全电压或操作过电压，需进行冲击试验。

新投产变压器启动试运行操作中，一般进行 5 次冲击试验，大修后变压器启动试运行操作中，一般进行 3 次冲击试验。

22．变压器有载调压分接开关操作主要有哪些安全注意事项？

答：（1）禁止在变压器生产厂家规定的负荷和电压水平以上进行变压器分接头调整操作。

（2）并列运行的变压器，其调压操作应轮流逐级或同步进行，不得在单台变压器上连续进行两个及以上的分接头变换操作。

（3）多台并列运行的变压器，在升压操作时，应先操作负载电流相对较小的一台，再操作负载电流较大的一台，以防止环流过大；降压操作时，顺序相反。

23．变压器中性点保护投退操作主要有哪些安全注意事项？

答：（1）若 110kV 变电站中、低压侧接有小电源线路，各台变压器 110kV 侧间隙过压过流保护均投入，保护动作时切除小电源线路。

（2）在 110kV 变压器定值区切换过程中，变压器各侧切换完定值区后，应重新根据运行定值区核对间隙保护联跳小电源线路连接片投切情况，确保联切小电源线路连接片投切按变压器定值单中的间隙保护说明执行。110kV 变电站旁路代有源线路运行时，变压器间隙保护联跳旁路断路器连接片投切，按旁路代有源线路定值单执行，代路完毕后，注意退出变压器间隙保护联跳旁路断路器连接片。

（3）对于变压器仅有一套定值的变电站，运行方式变化时，应注意核对联跳小电源线路连接片投退情况与变压器保护定值和旁路代有源线路定值一致。

24．母线停、送电操作主要有哪些安全注意事项？

答：（1）母线停、送电操作时，应做好电压互感器二次切换，防止电压互感器二次侧向母线反充电。

（2）用母联断路器对母线充电时，应投入母联断路器充电保护，充电正常后退出充电保护。

（3）在停母线操作时，应先断开电压互感器二次低压断路器或熔断器，再拉开一次隔离开关。

（4）母线断路器停电，应按照断开母联断路器、拉开停电母线侧隔离开关、拉开运行母线侧隔离开关顺序进行操作。

25．110kV 及以上双母线接线停电、送电操作主要有哪些安全注意事项？

答：为了防止 110kV 及以上母线倒闸操作过程中电压互感器二次侧反充电，110kV 及以上双母线接线停电时，应按照先断开待停电母线侧电压互感器二次低压断路器、拉开待停电母线侧电压互感器隔离开关、断开母联断路器、拉开待停电母线侧隔离开关、拉开运行母线侧隔离开关的顺序进行操作，断开母联断路器后应测量停电母线电压互感器二次空气开关负荷侧电压为零，检查其他母线电压互感器二次电压正常。110kV 及以上双母线接线送电时，应按照先合上待送电母线侧电压互感器隔离开关、合上待送电母线侧电压互感器二次低压断路器、合上运行母线侧隔离开关、合上待送电母线侧隔离开关、合上母联断路器，检查各母线电压正常的顺序进行操作。

26．双母线接线方式下，倒母线操作方式主要有哪几种？

答：双母线接线方式下，倒母线操作分为热倒母线和冷倒母线两种方式。

（1）热倒母线操作，是指母联断路器和倒闸间隔断路器均在运行状态下开展的倒母线操作，操作时采用等电位操作原则，先合上一组母线侧隔离开关，再拉开另一组母线侧隔离开关，从而实现不停电倒母线。

（2）冷倒母线操作，是指倒闸断路器在热备用情况下开展倒母线操作，操作时先拉开一组母线侧隔离开关，再合上另一组母线隔离开关。

27．倒母线操作主要有哪些安全注意事项？

答：倒母线操作安全注意事项如下：

（1）倒母线应考虑各组母线的负荷与电源分布的合理性。

（2）对于曾经发生谐振过电压的母线，必须采取防范措施才能进行倒闸操作。

（3）热倒母线操作，应按规定投退和转换有关线路保护及母差保护，倒母线前应将母联断路器设置为死开关，母线隔离开关必须按“先合后拉”的原则进行。

（4）仅进行热备用间隔设备的倒母线操作时，应采用冷倒母线操作方式，冷倒母线操作时不应将母联断路器设置为死开关。

（5）两组母线的并、解列操作必须用断路器来完成。

28．断路器操作主要有哪些安全注意事项？

答：断路器操作主要安全注意事项如下：

（1）断路器控制电源、保护电源必须待其回路有关隔离开关全部操作完毕后才能退出，以防止误操作时失去控制电源和保护电源。

（2）断路器分（合）闸操作时，若发生断路器非全相分（合）闸，应立即检查三相不一致等相关保护动作情况并汇报值班调度员，由值班调度员依据断路器闭锁分闸故障处置原则指挥处理，尽快消除三相不平衡电流，并隔离故障断路器。

（3）发生拒动的断路器未经处理不得投入运行或列为备用。

（4）若发现操作 SF_6 断路器（或 SF_6 负荷开关）漏气时，应立即远离现场（戴防毒面具、穿防护服除外）。室外应远离漏气点 10m 以上，并处在上风口；室内应撤至室外。

（5）手车式断路器的机械闭锁应灵活、可靠，禁止将机械闭锁损坏的手车式断路器投入运行或列为备用。

（6）禁止用装有电抗器的分段断路器代替母联断路器倒母线。

（7）在进行操作的过程中，遇有断路器跳闸时，应暂停操作。

29．开展代路操作主要有哪些安全注意事项？

答：开展代路操作安全注意事项如下：

（1）用旁路断路器代路前，旁路断路器保护应按所代断路器保护正确投入，且保护定值与被代断路器相符。在合旁路断路器后，先退出被代线路重合闸，后投入旁路断路器重合闸。

（2）旁路断路器代路操作，应先用旁路断路器对旁路母线充电一次，正常后断开，再用被代断路器的旁路隔离开关对旁路母线充电，最后用旁路断路器合环。

（3）旁路断路器代变压器断路器运行，旁路断路器电流互感器与变压器电流互感器转换前退出变压器差动保护连接片，代路完成后投入变压器差动保护及其他保护和自动装置跳旁路断路器连接片。

（4）使用母联兼旁路断路器代替其他断路器时，应考虑母线运行方式改变前后母联断路器继电保护和母线保护整定值的正确配合。

（5）进行无旁路断路器的代路操作时，应将经操作隔离开关所闭合环路的所有断路器改为死开关。

30．哪些情况下必须退出断路器自动重合闸装置？

答：发生下列情况时，必须退出断路器自动重合闸装置：

（1）重合闸装置异常时；

（2）断路器灭弧介质及机构异常，但可维持运行时；

（3）断路器切断故障电流次数超过规定次数时；

（4）线路带电作业要求退出自动重合闸装置时；

（5）线路有明显缺陷时；

（6）对线路充电时；

（7）其他按照规定不能投重合闸装置的情况。

31．隔离开关操作主要有哪些安全注意事项？

答：隔离开关操作安全注意事项如下：

（1）禁止用隔离开关拉开、合上带负荷设备或带负荷线路。

（2）禁止用隔离开关拉开、合上空载变压器。

（3）禁止用隔离开关、跌落式熔断器拉开、合上故障电流。

（4）禁止用隔离开关将带负荷的电抗器短接或解除短接。

（5）隔离开关操作前，必须投入相应断路器控制电源、保护电源。

（6）手动操作隔离开关时，必须戴绝缘手套，雨天室外操作应使用带防雨罩的绝缘棒、穿绝缘靴。接地网电阻不符合要求的，晴天也应穿绝缘靴。

（7）对于敞开式隔离开关的倒闸操作，应尽量采用电动操作，并远离隔离开关，操作过程中应严格监视隔离开关动作情况，如发现卡滞应停止操作并进行处理，严禁强行操作。

（8）电压互感器停电操作时，先断开二次低压断路器（或取下二次熔断器），后拉开一次隔离开关，送电操作顺序相反。一次侧未并列运行的两组电压互感器，禁止二次侧并列。

32．隔离开关拉开、合上220kV及以下电压等级空载母线主要有哪些安全注意事项？

答：正常情况下应使用断路器分合空载母线，特殊情况下经设备运行维护单位确认，拉开、合上220kV及以下电压等级空载母线时，应考虑：

（1）计算母线电容电流。根据经验公式算出的母线电容电流值小于该型号隔离开关技术说明书规定的隔离开关分合空载母线电容电流值，且不存在未整改的家族性缺陷。计算母线电容电流经验公式如下：

$$I_c = 1.1 \times 2.7 \times U_e \times L \times 10^{-3}$$

式中　U_e——额定电压，kV；

L——母线长度，km。

（2）现场母线电容式电压互感器是否连接在母线上，对母线电容电流影响较大，在利用隔离开关拉开、合上空载母线时，应首先断开母线电压互感器。

33．双母线接线的110kV及以上间隔的母线侧隔离开关分合闸操作后主要有哪些安全注意事项？

答：对双母线接线的110kV及以上间隔的母线侧隔离开关分合闸操作后应检查母线保护屏隔离开关位置、间隔保护屏电压切换箱隔离开关位置、后台监控机上隔离开关位置与实际位置一致、计量切换灯正常，在后台监控机确认“切换继电器同时动作”“切换继电器回路断线或直流消失”信号光字牌信号无异常。其中母线保护屏隔离开关位置、间隔保护屏电压切换箱隔离开关位置、计量切换灯正常，在后台监控机确认“切换继电器同时动作”“切换继电器回路断线或直流消失”信号光字牌等信号无异常应写入操作票。

34．为什么停电操作时要先断开线路侧隔离开关，送电时要先合上母线侧隔离开关？

答：这是为了防止断路器实际上没有断开（假分）时，带负荷拉合母线侧隔离开关，造成母线短路而扩大事故。停电时先拉线路侧隔离开关，送电时先合母线侧隔离开关，以保证在线路侧隔离开关发生短路时，断路器仍可以跳闸切除故障从而避免事故扩大。

35．线路停、送电操作主要有哪些安全注意事项？

答：线路停、送电操作注意事项如下：

（1）线路停送电时，应防止线路末端电压超过额定电压的1.15倍，持续时间不超过20min。

（2）220kV及以上电压等级的长距离线路送电操作时，线路末端不允许带空载变压器。

（3）用小电源向线路充电时应考虑继电保护的灵敏度，防止发电机产生自励磁。

（4）检修后相位有可能发生变动的线路，恢复送电时应进行核相。

36．线路停、送电操作时，操作顺序主要有哪些要求？

答：（1）线路送电操作顺序，应先合上母线侧隔离开关，后合上线路侧隔离开关，再合上断路器。500kV 3/2接线方式，线路送电时一般应先合上母线侧断路器，后合中间断路器；停电时操作顺序相反。一般应选择大电源侧作为充电侧，停电时顺序相反。

（2）500kV线路停电应先断开装有并联高压电抗器的一侧断路器，再断开另一侧断路器，送电时则相反。无并联高压电抗器时，应根据线路充电功率对系统的影响选择适当的停、送电端。避免装有并联高压电抗器的500kV线路不带并联高压电抗器送电。

（3）多端电源的线路停电检修时，必须先断开各端断路器（或负荷开关）及拉开相应隔离开关，确保各端均有明显断开点或可判断的断开点，然后方可装设接地线或合上接地开关，送电时顺序相反。

37．带串联补偿装置的500kV线路停送电操作主要有哪些安全注意事项？

答：带串联补偿装置的500kV线路停送电操作时安全注意事项如下：

（1）500kV串联补偿装置的投退原则上要求所在线路的相应线路隔离开关在合上位置。

（2）正常停运带串补装置的线路时，先停串补，后停线路。

（3）带串补装置线路恢复运行时，先投线路，后投串补。

（4）串补装置检修后，如运行值班员提出需要对串补装置充电，可以先将串补装置投入，再对带串补装置的线路充电。

38．高压直流输电系统在转换接线方式时有哪些安全注意事项？

答：高压直流输电系统在转换接线方式时安全注意事项如下：

（1）双极方式、单极金属回线方式、空载加压试验方式之间进行转换操作时，应首先转为单极大地回线方式，再转为目标方式。

（2）直流单极大地回线与单极金属回线方式相互转换不成功因站间通信异常引起时，值班调度员下令各侧换流站配合手动操作继续进行转换，否则应下令各侧换流站配合手动操作恢复原接线方式。如转换不成功且不能恢复原接线方式，应尽快停运。

（3）对于共用接地极的多回直流，其中将共用接地极换流站作为金属回线方式下接地钳位点的直流，在其他直流以单极大地回线方式运行时，禁止单极金属与单极大地回线方式的相互转换。

39．高压直流输电系统直流滤波器和交流滤波器操作主要有哪些安全注意事项？

答：高压直流输电系统直流滤波器和交流滤波器操作安全注意事项如下：

（1）直流滤波器可带电进行操作（开展空载加压试验时除外）。

（2）交流滤波器退出运行后如需再次投入，必须待其放电结束。

（3）交流滤波器控制模式正常应设定为“自动”模式；设定为“手动”模式后，方可进行手动操作。

（4）交流滤波器控制模式“自动”“手动”由运行值班员根据需要，依照现场规程自行操作，但应确保不影响直流功率输送。

40．高压直流输电系统空载加压试验操作主要有哪些安全注意事项？

答：高压直流输电系统空载加压试验操作安全注意事项如下：

（1）直流空载加压试验一般由换流站运行值班员组织配合站点开展空载加压试验。

（2）空载加压试验分为带线路单极空载加压试验与站内单极空载加压试验方式。

（3）空载加压试验的控制方式及相关参数（直流电压、电压变化率等）由运行值班员根据试验需要确定。

41．并联补偿电容器和电抗器操作主要有哪些安全注意事项？

答：并联补偿电容器和电抗器操作安全注意事项如下：

（1）当母线电压低于调度下达的电压曲线时，应优先退出电抗器，再投入电容器。

（2）当母线电压高于调度下达的电压曲线时，应优先退出电容器，再投入电抗器。

（3）调整母线电压时，应优先采用投入或退出电容器（电抗器），然后再调整变压器分接头。

（4）正常情况下，刚停电的电容器组，若需再次投入运行，必须间隔 5min 以上。

（5）电容器停送电操作前，应将该组无功补偿自动投切功能退出。

（6）电容器组停电接地前，应待放电完毕后方可进行验电接地。

42．接地补偿装置操作主要有哪些安全注意事项？

答：接地补偿装置操作安全注意事项如下：

（1）消弧线圈倒换分接头或消弧线圈停送电时，应遵循过补偿的原则。

（2）倒换分接头前，必须拉开消弧线圈的隔离开关，并做好消弧线圈的安全措施（除自动切换外）。

（3）正常情况下，禁止将消弧线圈同时接在两台运行的变压器的中性点上。如需将消弧线圈由一台变压器切换至另一台变压器的中性点上时，应按照“先拉开，后投入”的顺序进行操作。

（4）经消弧线圈接地的系统，在对线路强送时，严禁将消弧线圈停用。系统发生接地时，禁止用隔离开关操作消弧线圈。

（5）自动跟踪接地补偿装置在系统发生单相接地时起到补偿作用，在系统运行时必须同时投入消弧线圈。

（6）系统发生接地故障时，不能进行自动跟踪接地补偿装置的调节操作。

（7）系统发生单相接地故障时，禁止对接地变压器进行投、切操作。

（8）当接地变压器（兼站用变压器）与另一台站用变压器接线组别不同时，禁止并联运行。

43．继电保护及安全自动装置操作主要有哪些安全注意事项？

答：继电保护及安全自动装置操作安全注意事项如下：

（1）当一次系统运行方式发生变化时，应及时对继电保护装置及安全自动装置进行调整。

（2）继电保护装置应按规定投入，任何设备严禁无保护运行。500kV 线路纵联保护全部退出运行，应停运线路；220kV 线路纵联保护全部退出运行时，原则上停运线路。因系统原因无法停运时，由方式专业提出满足稳定要求的保护动作时间，并经调度机构主管领导批准后执行。

（3）运行中的保护及安全自动装置需要停电时，应先退出相关连接片，再断开装置的工作电源。投入时，应先检查相关连接片在断开位置，再投入工作电源，检查装置正常，测量出口、联跳连接片各端对地电位正常后，才能投入相应的连接片。

44．电压互感器操作主要有哪些安全注意事项？

答：电压互感器停电操作时，先断开二次低压断路器（或取下二次熔断器），后拉开一次隔离开关，送电操作顺序相反。一次侧未并列运行的两组电压互感器，禁止二次侧并列。

第三节　一次设备检修作业

1．什么叫变电一次设备检修，检修分为哪些类型？

答：检修是指为保障设备的健康运行，对其进行检查、检测、维护和修理的工作，设备的检修分为A、B、C三类。原则上A类检修应包括所有B类检修项目，B类检修应包含C类检修项目。

2．什么叫A类检修？

答：A类检修又称设备大修，是指设备需要停电进行的整体检查、维修、更换、试验工作。

3．什么叫B类检修？

答：B类检修又称设备小修，是指设备需要停电进行的局部检查、维修、更换、试验工作。需要停电或不停电进行周期性的试验工作。B类工作又分为B1、B2检修，B1检修是指设备需要停电进行的局部检查、维修、更换、试验工作；B2检修是指设备需要停电或不停电进行的周期性试验工作。

4．什么叫C类检修？

答：C类检修又称设备巡维，是指设备不需要停电进行的检查、维修、更换、试验工作。C类工作又分为C1、C2检修，C1检修是指一般巡维，即日常巡视过程中需对设备开展的检查、试验、维护工作；C2检修是指专业巡维和动态巡维，即特定条件下，针对设备开展的诊断性检查、特巡、维修、更换、试验工作。

5．现场检修（施工）作业前，对作业安全主要做哪些准备工作？

答：（1）布置作业前，必须核对图纸，勘查现场，彻底查明可能向作业地点引发触电危险的带电点。

（2）对相邻间隔带电作业等施工项目，制订可靠的安全防范措施。

（3）组织全体作业人员结合现场实际认真学习。

（4）选派的工作负责人必须是文件公布的有资格担任的人员，应有较强的责任心和安全意识，并熟练地掌握所承担的检修项目和质量标准。

（5）选派的工作班成员需能在工作负责人指导下安全、保质地完成所承担的工作任务。

6．现场设备检修作业时，搬运施工器材主要有哪些安全注意事项？

答：当搬运大而长的物体时，必须放倒，至少两人搬运，搬运过程中需时刻注意与带电部位保持足够的安全距离。

7．设备检修过程中，拆接一次引线主要有哪些安全注意事项？

答：设备检修过程中，拆接一次引线安全注意事项如下：

（1）高处作业检修人员应正确佩戴安全带，防止高空坠落。

（2）拆除一次引线时需要做好接地保护措施，防止感应电伤害，必要时需加装临时接地线。

（3）传递导线时使用专用的绳索或吊具，地面人员应躲开引线的运动方向，避免导线坠落造成的伤害。

（4）作业过程中应戴好手套和正确选用工具，避免拆装过程中碰伤手。

8．施工现场临时三级配电、两级漏电保护是指什么？

答：三级配电指配电箱根据其用途和功能的不同，一般分为三级：总配电箱、分配电箱、开关箱。

两级漏电保护指总配电箱和开关箱中两级漏电保护器的额定漏电动作电流和额定漏电动作时间应合理配合，使之具有分级、分段保护的功能。

9．SF_6 设备解体时需要做哪些安全措施？

答：（1）设备解体前，应对设备内 SF_6 气体进行分析测定，根据有毒气体含量，采取相应的安全防护措施。

（2）设备解体前，用回收装置进行 SF_6 气体回收，并用氮气冲洗后方可进行设备解体。

（3）解体时，检修人员应穿戴防护服及防毒面具。

（4）取出吸附剂、清洁导体和绝缘部件时，检修人员应穿戴安全防护用品，并用吸尘器和毛刷清洁粉末。

（5）取出的吸附剂、清出的金属粉末等废弃物应妥善处理。

（6）SF_6 设备解体车间要保证有良好的引风排气设备，排气口设在底部。

（7）工作结束后使用过的防护用具应清洗干净。

10．处理 SF_6 设备紧急事故时需要做哪些安全防护？

答：（1）当防爆膜破裂及其他原因造成大量气体泄漏时，需采取紧急防护措施，并立即报告有关上级主管部门。

（2）室内紧急事故发生后，立即开启全部通风系统并用相关 SF_6 气体监测设备同步进行检测，当 SF_6 气体浓度较高时，工作人员需穿防护衣、戴手套及佩戴防毒面具，才能进入现场进行处理。

（3）喷出的粉末应用吸尘器或毛刷清理干净。

（4）如有人员发生中毒现象，迅速将中毒者移至空气新鲜处，并及时进行治疗。

11．SF_6 设备气体回收主要有哪些安全注意事项？

答：SF_6 设备气体回收安全注意事项如下：

（1）SF_6 气体回收装置管路连接正确、牢固、无渗漏。

（2）管路阀门及装置电气操作正确。

（3）根据回收装置路线走向图开启和关闭有关阀门，开启真空泵进行自身抽真空到规定数（133.3Pa 以下）。

（4）用 SF_6 气体回收装置对六氟化硫气体进行回收，回收至零压以下。

12．SF_6 设备抽真空主要有哪些安全注意事项？

答：SF_6 设备抽真空安全注意事项如下：

（1）抽气管路连接无漏气。

（2）所用的气管和真空泵应当与被抽真空设备的容积相适应。

（3）抽真空至 133.32Pa，继续抽真空 30min，停泵并与泵隔离，静止 30min 后读取真空度 A 值。

（4）再静止 5h，读取真空度 B 值，要求 $B-A<66.66$Pa，若 $B-A>66.66$Pa 则检漏并重复抽真空。

13．SF_6 设备吸附剂更换主要有哪些安全注意事项？

答：SF_6 设备吸附剂更换安全注意事项如下：

（1）工作应在无风沙、无雨雪，空气相对湿度小于 80%的条件下进行。

（2）需回收 SF_6 气体，避免造成检修人员中毒。

（3）清洁密封面和密封圈，密封槽内涂适量密封脂，含硅的密封脂不可涂在与 SF_6 气体的接触面。

（4）新吸附剂经 200～300℃干燥 12h 以上，或真空包装的应检查包装完好、无漏气。

（5）将新吸附剂装回原放置位置（封盖前 30min 内完成）。

（6）法兰密封面涂抹适量的 SF_6 密封胶，保证密封胶不得流入密封圈内侧而出现与 SF_6 气体接触的可能。

14．SF_6 设备防爆膜检修主要有哪些安全注意事项？

答：SF_6 设备防爆膜检修安全注意事项如下：

（1）带气压情况下对防爆片检修，需注意防止气压过高导致防爆片破裂造成 SF_6 气体泄漏，同时不应在防爆片附件长时间停留。

（2）不带气压情况下更换防爆片，需戴好防护手套，必要时佩戴防毒面罩，更换防爆片后需同时更换新的密封胶圈，避免造成漏气。

15．SF_6 设备补气时主要有哪些安全注意事项？

答：SF_6 设备补气时安全注意事项如下：

（1）各充气接头应连接可靠。

（2）气瓶内引出气体时必须通过减压阀降压。

（3）气瓶轻拿轻放，避免受到撞击。

（4）对户外 SF_6 设备补充气体时，工作人员应站在上风口操作。对户内 SF_6 设备补充气体时，要开启通风系统，工作区域空气中 SF_6 气体含量不得超过 1000μL/L。

（5）对带电设备进行补气时，需要注意与带电部位保持足够的安全距离，同时防止误碰设备，导致机构误动。

16．在装有 SF_6 设备的室内，通风装置的装设有什么要求？

答：（1）装有 SF_6 设备的室内，应装设强力通风装置，风口设置在室内底部，排风口不应朝向居民住宅或行人。

（2）在室内低位区应安装能报警的氧量仪和 SF_6 气体泄漏报警仪。

17．开展水轮机定期维护工作主要有哪些常用工器具？

答：水轮机定期维护工作常用的工器具有：百分表、梅开扳手、专业扳手、大锤、手锤、撬棍、力矩扳手、焊机（氩弧焊）、磨光机、对讲机、线轮、千斤顶、鼓风机、密封刀（剪）等。

18．开展水轮机定期维护工作主要有哪些流程？

答：（1）现场勘查。通常情况下，施工单位应提前对施工现场进行勘查，并制定合理的施工方案。

（2）安全技术交底。安全技术交底一般由设备运行单位向施工单位开展。一般包括工作现场及工作内容的安全注意事项、作业环境及风险、作业地点及范围等。

（3）工作许可办理。施工单位根据设备运行单位要求办理现场工作许可相关文件。

（4）工作实施。施工单位在取得现场工作许可后，按照施工方案开展现场工作。

（5）工作结束。在施工结束并验收通过后，施工单位现场负责人按设备运行单位要求办理工作终结手续。

19．开展蜗壳检查前应进行哪些方面的准备工作？

答：开展蜗壳检查前的准备工作主要有：

（1）水轮机检修技术人员1～2名，水轮机检修人员2～3名。

（2）工器具，主要包梅开扳手、手锤、撬棍、风机、测氧仪、手电等。

（3）个人防护用品，主要包括棉纱手套、防毒口罩（面罩）、防尘口罩、防滑水鞋、防护服等。

（4）物料，主要包括油（防腐）漆、PT探伤试剂、砂纸等。

（5）进入蜗壳前应对蜗壳进行通风，待测量蜗壳内含氧量合格且无有害气体后方可进入蜗壳内部开展工作。

20．开展蜗壳检查作业主要有哪些安全注意事项？

答：（1）密闭空间作业。由于蜗壳为一个封闭的空间，在进入该区域工作应按照密闭空间作业进行管理。主要的注意事项有：进入蜗壳内部的人员和工器具应进行逐一登记，并在结束工作后逐一核对。应确保蜗壳内部含氧量不低于18%且无有害气体方能进入开展工作。蜗壳入口处应安排专职人员把守，并时刻关注蜗壳内部作业人员的状况，出现紧急情况进行施救。

（2）在结束工作后，工作人员应确认所有人员均已离开蜗壳方可进行封门。

（3）蜗壳内部一般有残水存在，且蜗壳内部照度较低，人员在蜗壳内部开展工作时存在滑倒导致摔伤、扭伤、挫伤等。进入蜗壳工作前应增加蜗壳内部照明强度，人员行走应小心慢行、注意防滑。

（4）在蜗壳内部进行蜗壳防腐刷漆等工作时，油漆散发的有毒气体可能会导致工作人员头晕、呕吐等风险。蜗壳内部刷漆工作应注意：使用通风机对蜗壳进行通风。蜗壳门外应设专人监护，并时刻关注蜗壳内工作人员精神状态。蜗壳内工作人员应佩戴防毒面具（罩）等防护面具，并定时安排休息。

21．蜗壳封门前负责人应开展哪些检查工作？

答：蜗壳封门前负责人应开展如下工作：

（1）确认蜗壳内部无遗留人员。

（2）确认带入蜗壳的工具、物品已全部带出。

（3）确认蜗壳内部检修过的设备（部件）均已恢复为正常状态。

（4）最后应根据密闭空间物品及人员进出登记表所列人员及物品均已带出，对于在蜗壳内部使用无法带出的耗材或备件等应在工作记录中进行备注。

22．开展尾水管定期维护前应进行哪些方面的准备工作？

答：开展尾水管定期维护前应做以下准备工作：

（1）水轮机检修技术人员 1～2 名，水轮机检修人员 2～3 名。

（2）工器具，主要包梅开扳手、手锤、撬棍、风机、测氧仪、手电等。

（3）个人防护用品，主要包括棉纱手套、防毒口罩（面罩）、防尘口罩、防滑水鞋、防护服等。

（4）物料，主要包括油（防腐）漆、PT 探伤试剂、砂纸、密封等。

（5）进入尾水管前应对尾水管进行通风，待测量蜗壳内含氧量合格且无有害气体后方可进入内部开展工作。

23．开展尾水管定期维护工作主要有哪些安全注意事项？

答：（1）密闭空间作业。由于尾水管为一个封闭的空间，在进入该区域工作应按照密闭空间作业进行管理。主要的注意事项有：进入尾水管内部的人员和工器具应进行逐一登记，并在结束工作后逐一核对。应确保尾水管内部含氧量不低于 18%且无有害气体方能进入开展工作。尾水管进人孔处应安排专职人员把守，并时刻关注内部作业人员的状况，出现紧急情况进行施救。

（2）高处作业，有人员跌落摔伤的风险。尾水管内部开展工作通常会涉及搭设检修平台开展高处作业。此时应注意：脚手架应由具有资质的专业人员进行搭设，并经过专业人员验收合格后方可使用。作业人员在开展高处作业时应遵守高处作业相关规定，正确佩戴使用安全带，必要时，应有专人监督。

（3）尾水管内部为密闭空间，作业人员长期处于该空间存在窒息的风险。在尾水管内部开展作业前应采用通风机对尾水管内部进行通风。

（4）尾水管内部一般有残水存在，且内部照度较低，作业人员在内部开展工作时存在滑倒导致摔伤、扭伤、挫伤等。进入尾水管内部工作前应增加内部照明强度，人员行走应小心慢行、注意防滑。

（5）在尾水管内部进行蜗壳防腐刷漆等工作时，油漆散发的有毒气体可能会导致工作人员头晕、呕吐等风险。刷漆工作应注意：使用通风机对尾水管进行通风。尾水管进人孔处应设专人监护，并时刻关注尾水管内作业人员精神状态。尾水管内作业人员应佩戴防毒面具（罩）等防护面具，并定时安排休息。

24．开展水轮机转轮定期维护应开展哪些方面的准备工作？

答：开展水轮机转轮定期维护准备工作如下：

（1）水轮机检修技术人员 1～2 名，水轮机检修人员 2～3 名。

（2）工器具，主要包梅开扳手、手锤、钢板尺、记号笔、撬棍、风机、焊机（氩弧焊）、乙炔（或丙烷）火焰枪、手电等。

（3）个人防护用品，主要包括棉纱手套、防尘口罩、防护服等。

（4）物料，主要包括焊条、PT 探伤试剂、砂纸等。

25．开展水轮机转轮定期维护工作主要有哪些安全注意事项？

答：（1）高处作业，有人员跌落摔伤的风险。水轮机转轮工作通常会涉及搭设检修平台开展高处作业。此时应注意：脚手架应由具有资质的专业人员进行搭设，并经过专业人员验收合格后方可使用。作业人员在开展高处作业时应遵守高处作业相关规定，正确佩戴使用安全带，必要时，应有专人监督。

（2）在进行水轮机转轮打磨、补焊作业时，有飞溅铁屑、弧光伤眼及烫伤等危险。作业人员在作业过程中应戴好防护面罩及焊接专用手套等防烫伤装备。在动火区域开展打磨机补焊作业时应遵循动火作业相关规定。

（3）在进行转轮 PT 探伤作业时，由于探伤剂为具有腐蚀性的试剂，存在腐蚀作业人员皮肤的风险。作业人员应佩戴防护手套及防护面罩等防护用品。

（4）开展转轮作业后工器具遗漏在转轮内部，有损坏转轮的风险。转轮作业结束后应仔细检查无遗留物品，必要时可以按密闭空间的管理方式进行管理。

26．什么是水轮机组轴线调整？开展该工作的目的有哪些？

答：立式水轮发电机组轴线调整即盘车，盘车是利用外力使立式水轮机转动部分缓慢旋转，并采用测量装置（百分表）测量机组轴线摆度的一种工艺。目的主要有：

（1）检查推力头或镜板的摩擦面相对于轴线的不垂直度，调整不垂直度到规定范围内。

（2）检查机组全轴各段折弯程度和方向，并确定轴线在空间的几何状态。

（3）确定机组的旋转中心线，按旋转中心线和轴线的实际空间位置，调整各部导轴承间隙，保证各导轴承与旋转中心线同心，从而有良好、均匀的润滑，达到长期安全稳定运行的目的。

27．水轮机轴线调整工作应开展哪些准备工作？

答：（1）现场总指挥 1 名，技术人员 3～4 名，盘车操作工人 6～8 人，百分表读数人员 6～8 名（根据测点实际安排，通常每个测点按 $+X$ 及 $+Y$ 方向各一名）、监视配合人员 1～2 名。

（2）工器具：对讲机、百分表及磁性表座、水平仪、盘车工具等。

（3）盘车前发电机上部结构（风罩、碳刷支架、滑环支架等）应已拆除，上导瓦已拆除（通常留下 4 块对称抱轴）、下导及水导油盆应排油并拆除油盆盖，主轴密封应拆除以及其他需要准备的相关工作。

28．如何开展水轮机组轴线调整工作？

答：（1）确保盘车前的所有准备工作均已就绪，确保所有人员均已就位。

（2）现场总指挥通知相关人员启动推力轴承高压注油泵，待无异常后缓慢推动发电机，并在上导抱紧瓦的位置喷适量抗磨液压油。

（3）空盘 1～2 圈并将 1 号盘车点停在 $+X$ 方向。

（4）进行分点盘车，即每次到达一个盘车点停止发电机转动进行读数（一般每圈设置 8 或者 16 个盘车点）。

（5）进行连续盘车，所谓连续盘车即发电机连续不停地转动，记录人员在到达测点时直接读数并记录，一般转动 3～4 圈。

（6）盘车结束，将 1 号盘车点停在+*X* 方向，并汇总数据进行分析。

29．水轮机轴线调整工作主要有哪些安全注意事项？

答：水轮机轴线调整工作安全注意事项如下：

（1）进行轴线调整工作时，转动部件有导致工作人员受伤的风险。盘车过程中，现场应设专人进行监护，严禁无关人员进入发电机风洞或转轮室。作业人员应保持与转动部件保持安全距离。

（2）开展轴线调整工作，将涉及人员和工器具等进入发电机内部，有物品遗留导致设备损坏的风险。进出发电机应实行密闭空间管理。进入发电机内部的人员和工器具应进行逐一登记，并在结束工作后逐一核对。

（3）在盘车准备过程涉及起吊作业，有高空坠物伤人和损坏设备的风险。起吊作业应由专业人员进行，起吊前应检查吊具是否满足起吊作业要求，吊物下方严禁人员通过。

（4）轴线调整工作部分作业环境通常噪声超过 80dB，存在导致听力下降等职业性疾病风险，作业人员应佩戴降噪耳塞等防护用品。

（5）轴线调整工作人员将进入风洞等通风不良的作业环境中，有人员窒息风险。对于风洞等通风不良的作业空间，应设置通风机进行通风。

30．水轮机进水阀定期维护工作前应准备些什么？

答：水轮机进水阀定期维护准备工作如下：

（1）水轮机技术人员 1～2 名，水轮机检修工 6～8 名，起重工 1 人。

（2）电动扳手、各型号开口扳手、手拉葫芦、吊带、密封剪刀、手锤、撬棍、铜棒、卷尺、千斤顶、空心压机、磨光机、塞尺、吊环压力表等。

（3）金属清洗剂、密封、酒精、黄油、凡士林、砂纸、塑料薄膜等。

（4）检修作业方案、进水阀及其控制系统相关图纸。

31．进水阀上、下游密封漏水量测量工作主要有哪些安全注意事项？

答：（1）进水阀门本体为泄压，存在高压水射伤人员风险。作业人员应确定进水阀门本体已泄压至零，按照操作指引正确开展工作。

（2）进水阀门上、下游密封漏水量工作作业环境通常较狭窄。作业人员应正确佩戴安全帽等防护用具，并适当安排休息恢复体力。

（3）进水阀门上、下游密封漏水量工作作业环境通常噪声超过 80dB，存在导致听力下降等职业性疾病风险，作业人员应佩戴降噪耳塞等防护用品。

32．进水阀操作水系统检查主要有哪些安全注意事项？

答：（1）进行操作水系统相关部件拆除时涉及起吊作业，有高空坠落砸伤人员和设备的风险。起吊作业应由专业人员进行，起吊前应检查吊具是否满足起吊作业要求，吊物下方严禁人员通过。

（2）在进行进水阀接力器拆除时，管路残水流出有导致摔倒、扭伤、挫伤等风险。

开展作业前应在易滑位置设置防滑措施，并及时清理地面保持地面干燥。

（3）进水阀操作水回路未泄压，存在高压水射伤人员风险。作业人员应确定已泄压至零，按照操作指引正确开展工作。

（4）进水阀操作水系统工作作业环境通常较狭窄。作业人员应正确佩戴安全帽等防护用具，并适当安排休息恢复体力。

（5）进水阀操作水系统工作作业环境通常噪声超过 80dB，存在导致听力下降等职业性疾病风险。作业人员应佩戴降噪耳塞等防护用品。

33．进水阀本体检查主要有哪些安全注意事项？

答：（1）进水阀本体相关部件拆除时涉及起吊作业，有高空坠落砸伤人员的风险。起吊作业应由专业人员进行，起吊前应检查吊具是否满足起吊作业要求，吊物下方严禁人员通过。

（2）进水阀操本体工作环境通常噪声超过 80dB，存在导致听力下降等职业性疾病风险，作业人员应佩戴降噪耳塞等防护用品。

（3）进水阀本体工作通常会在距离地面 2m 以上的平台开展工作，作业有高处坠落的风险。作业平台应由专业人员进行搭设并由专业人员验收合格后方可使用，在作业平台上的作业人员应正确佩戴安全带并正确使用安全带。

34．调速器液压系统工作应开展哪些准备工作？

答：调速器液压系统工作应做以下准备：

（1）调速器技术人员 1～2 名，调速器检修工 3～4 名。

（2）滤油机、对讲机、撬棍、密封剪刀、送风机、电动扳手、开口扳手、油桶等。

（3）吸油纸、金属清洗剂、密封胶水、凡士林、砂纸、酒精等。

（4）调速器系统及相关辅助系统工作方案、调速器系统及相关辅助系统相关图纸资料等。

35．发电机转子磁极安装与拆卸有哪些常用工器具？

答：发电机转子磁极安装及拆卸的常用工器具有：液压千斤顶、对讲机、专用支墩、磁极枕木、磁极吊装专用吊具、转子顶起专用油泵、百分表、荷载显示仪、力矩扳手、吸尘器、钢丝绳、丝锥、磁力钻、发电机气隙专用工具等

36．发电机转子磁极安装与拆卸主要有哪些安全注意事项？

答：（1）起吊、搬运磁极时，有高空坠落伤人及损坏设备风险。起吊作业应由专业人员进行并由专人指挥，起吊前应确认磁极起吊专用工具及所使用的吊具满足使用要求。起重过程中，重物下方严禁人员经过。

（2）进行发电机转子磁极安装及拆卸涉及密闭空间作业，有人员及工器具遗留导致人员伤亡及设备损坏风险。应按照密闭空间的管理方式进行管理。所有进入发电机内部的工器具及人员应进行登记，待工作结束应一一核对。

（3）进行发电机转子磁极安装及拆卸时有可能需要转动发电机，有转动导致人员及设备损坏风险。发电机需要转动前应检查各转动部件无异物遗留，确认所有人员已撤离。

（4）在进行磁极吊具安装时，采用手锤固定螺栓时，有锤头甩出损伤线棒的风险。

手锤使用前应认真检查锤头是否牢固，使用时不得戴手套，使用过程中与线棒等设备保持合适距离。

（5）磁极吊装过程中，有操作不当导致磁极卡涩风险。作业现场应对人员进行分工并设置专人指挥起吊。若出现卡涩，应立即停止起重机械并采用铜棒敲击，待松动后再进行吊装。

（6）磁极吊装及拆卸过程人员进入转子上部踩踏线棒有导致设备损伤的风险。作业人员应提前铺设软垫进行保护，进入发电机的人员应着软底鞋。

37．发电机转子吊装有哪些常用工器具？

答：发电机转子吊装常用的工器具主要有：转子专用吊具、防撞木方、转子顶起专用油泵、专用液压拉伸工具、框式水平仪、空气间隙测量工具、转子千斤顶压力试验专用工具、大锤、机械常用手工具、对讲机等。

38．发电机转子吊装主要有哪些安全注意事项？

答：发电机转子吊装安全注意事项如下：

（1）参与发电机转子吊装的人员应认真学习吊装方案，并熟悉安全注意事项及应急处理方法。

（2）发电机转子吊装应由有经验的专业人员开展，起吊工作指定专人指挥，并在转子上部设置若干观察人员，观察起吊情况，出现异常应及时汇报。

（3）起吊平稳正常后，应一气呵成，吊装至指定位置。

（4）转子吊装过程有转子磕伤风险导致设备损坏。起吊过程应由有经验的专业人员进行指挥，转子下掉过程应平稳，并在发电机机坑四周设置防撞木方以确保损坏转子及定子线棒。

39．变压器A类检修（大修）作业前准备工作主要包含哪些内容？

答：变压器A类检修（大修）作业前需要准备技术资料、防护用品及工器具、仪器仪表、办理许可手续。

（1）技术资料，包含设备说明书、设备检修维护手册、查阅设备历史检修数据、缺陷记录等。

（2）防护用品及工器具，包含安全帽、安全带、工具箱、爬梯、耗材、该设备专用检修工具等。

（3）仪器仪表，包含绝缘电阻表、万用表。

（4）办理许可手续，包含办理工作票许可手续，确认现场安全措施满足工作要求。

40．变压器A类检修（大修）作业前对天气的要求有哪些？

答：（1）A类检修（大修）工作应在无风沙、无雨雪，空气相对湿度小于75%的条件下进行。

（2）作业前及作业过程中要记录环境温度（℃）和湿度（%）值，并做好天气变化应急预案，防止天气变化造成变压器内部受潮。

41．变压器排油的作业主要有哪些安全注意事项？

答：变压器排油的作业安全注意事项如下：

（1）在对变压器排油时应本体及有载调压开关同时排油，并对本体进行油过滤。

（2）油罐、油桶、管路、滤油机、油泵等应保持清洁干燥，无灰尘杂质和水分。

（3）有载调压分接开关放油。

（4）主变本体放油，过滤合格后注入油罐密封。

（5）储油柜应检查油位计指示正确。

（6）变压器排油时要记录排油开始时间和排油结束时间。

（7）器身暴露在空气中的时间应不超过如下规定：空气相对湿度≤65%为16h，空气相对湿度≤75%为12h。器身暴露时间是从变压器放油时起至注油时为止。

（8）接入滤油机电源时应该两人进行，禁止一个单独接电源。

42．变压器检修时拆除一次接线主要有哪些安全注意事项？

答：变压器检修时拆除一次接线时安全注意事项如下：

（1）拆除变压器一次接线时，先用绳索对接线进行绑扎，防止接线拆除过程中突然松脱打伤设备或作业人员。

（2）对拆除的坚固螺丝分类保存，防止丢失。

（3）对一接线按原顺序做好标记。

（4）接线拆、装时，用传递绳或绝缘杆固定和传递。

43．变压器检修时拆除二次接线的注意事项有哪些？

答：变压器检修拆除二次接线时安全注意事项如下：

（1）办理二次措施单，并进行记录。

（2）在二次接线拆除前，用万用表确认无电压。

（3）对拆除的坚固螺丝分类保存，防止丢失。

（4）拆除二次接线时按原顺序做好标记，二次电缆标志保存完整。

（5）拆除的二次接线线头用绝缘胶布进行包裹，防止受潮。

44．变压器检修时拆除附件主要有哪些安全注意事项？

答：变压器检修时拆除附件时安全注意事项如下：

（1）拆除高、中、低压及中性点接地套管，110kV、220kV套管应安装在专用支架上，10kV、35kV套管应放在干净、干燥的地方，两端包扎好。

（2）拆储油柜及支架，拆下储油柜应平稳放置，管口用法兰板封堵。

（3）拆升高座，两端用封板密封。

（4）拆压力释放阀，用干塑料布包扎。

（5）拆除联管，两端用干净塑料布包扎。

（6）拆除气体继电器、温度计，用干净塑料布包扎，防止受潮。

（7）拆除二次电缆头应做好标记。

（8）拆除的二次接线线头用绝缘胶布进行包裹，防止受潮。

45．变压器检修时拆除冷却装置主要有哪些安全注意事项？

答：变压器检修时拆除冷却装置时安全注意事项如下：

（1）拆除二次电缆头并做好标记。

（2）拆除的二次接线线头用绝缘胶布进行包裹，防止受潮。

（3）拆除的冷却装置应平稳放置，管口用法兰板封堵。

（4）冷却装置连接管口用干净塑料布包扎。

（5）拆除冷却装置内部放油后，用干净塑料布将两端包好，平稳放置。

46．变压器检修时拆除有载开关连接部件及螺丝主要有哪些安全注意事项？

答：变压器检修时拆除有载开关连接部件及螺丝时安全注意事项如下：

（1）拆除前确认调压开关操作机构控制电源已断开，电机电源已断开。

（2）收起操作调压开关操作机构手动操作把手，防止在拆除过程中误手动分合手动操作而夹伤作业人员。

（3）拆除的调压开关插头用干净塑料布包扎。

（4）对拆除部分做好标记，重点标注头部安装位置及相序。

（5）将有载开关挡位置于整定位置。

（6）妥善保存拆除的固定螺丝，防止丢失。

（7）拆除无载开关操作杆。

（8）拆除有载开关电动机构与分接开关的水平连杆。

（9）拆除有载开关上盖。

（10）拆除切换开关绝缘筒固定螺丝，将绝缘筒下放到油箱内有载开关支架上。

47．变压器A类检修（大修）时起吊钟罩主要有哪些安全注意事项？

答：变压器A类检修（大修）时起吊钟罩的安全注意事项如下：

（1）起吊设专人指挥和专人监护。

（2）起吊前应确认无任何影响起吊的连接。

（3）安装起吊钢丝绳，要求牢固、安全、可靠，钢丝绳的夹角不应大于60°。

（4）钢丝绳应挂在专用起吊位置，遇棱角处放置衬垫。

（5）起吊四角应系防护绳，设专人扶持。

（6）起吊速度应均匀、缓慢，吊起100mm左右应停止，检查无异常后继续起吊。起吊钟罩，平稳放在枕木上。

48．变压器A类检修（大修）时绕组检修主要有哪些安全注意事项？

答：变压器A类检修（大修）时绕组检修的安全注意事项如下：

（1）围屏清洁无破损，绑扎紧固完整，分接引线出口处封闭良好，围屏无变形、发热和树枝状放电痕迹。

（2）围屏的起头应放在绕组的垫块上，接头处一定要错开搭接，并防止油道堵塞。

（3）检查支撑围屏的长垫块应无爬电痕迹，若长垫块在中部高场强区时，应尽可能割短相间距离最小处的辐向垫块2～4个。

（4）相间隔板完整并固定牢固。

（5）绕组应清洁，表面无油垢，无变形，匝绝缘无破损。

（6）整个绕组无倾斜、位移，导线辐向无明显弹出现象。各部垫块应排列整齐，辐向间距相等，轴向成一垂直线，支撑牢固有适当压紧力，垫块外露出绕组的长度至少应超过绕组导线的厚度。

（7）油道保持畅通，无被绝缘、油垢或杂物（如硅胶粉末）堵塞现象，必要时可用软毛刷（或用绸布、泡沫塑料）轻轻擦拭。

（8）外观整齐清洁，绝缘及导线无破损，绕组线匝表面如有破损裸露导线处，应进行包扎处理。

（9）特别注意导线的统包绝缘，不可将油道堵塞，以防局部发热、老化。

49．变压器绕组绝缘状态可分为多少级，分别代表什么？

答：变压器绕组绝缘状态共分为四级。一级绝缘：绝缘有弹性，用手指按压后无残留变形，属良好状态。二级绝缘：绝缘仍有弹性，用手指按压时无裂纹、脆化，属合格状态。三级绝缘：绝缘脆化，呈深褐色，用手指按压时有少量裂纹和变形，属勉强可用状态。四级绝缘：绝缘已严重脆化，呈黑褐色，用手指按压时即酥脆、变形、脱落，甚至可见裸露导线，属不合格状态。

50．变压器绕组引线及绝缘支架检修主要有哪些安全注意事项？

答：变压器绕组引线及绝缘支架检修时安全注意事项如下：

（1）引线绝缘包扎应完好，无变形、变脆，引线无断股卡伤情况。

（2）对穿缆引线，为防止引线与套管的导管接触处产生分流烧伤，应将引线用白布带半叠包绕一层，引线接头焊接处去毛刺，表面光洁，包金属屏蔽层后再加包绝缘。

（3）早期采用锡焊的引线接头应尽可能改为磷铜或银焊接。

（4）接头表面应平整、清洁、光滑无毛刺，并不得有其他杂质。

（5）引线长短适宜，不应有扭曲现象。

（6）引线绝缘的厚度，应符合规定。

（7）绕组至分接开关的引线接头采用银焊接。

（8）分接引线对各部绝缘距离应满足 DL/T 573—2021《变压器检修导则》的要求。

（9）绝缘支架应无破损、裂纹、弯曲变形及烧伤现象。

（10）绝缘支架与铁夹件的固定可用钢螺栓，绝缘件与绝缘支架的固定应用绝缘螺栓，两种固定螺栓均需有防松措施（220kV 及以上变压器不得应用环氧螺栓）。

（11）绝缘夹件固定引线处应垫以附加绝缘，以防卡伤引线绝缘。

（12）引线固定用绝缘夹件的间距，应考虑在电动力的作用下，不致发生引线短路。

（13）引线与各部位之间的绝缘距离，根据引线包扎绝缘的厚度不同而异，但应不小于 DL/T 573 的规定。

（14）对大电流引线（铜排或铝排）与箱壁间距，一般应大于 100mm，以防漏磁发热，铜（铝）排表面应包扎一层绝缘，以防异物形成短路或接地。

51．变压器 A 类检修（大修）时铁芯检修主要有哪些安全注意事项？

答：变压器 A 类检修（大修）时铁芯检修安全注意事项如下：

（1）铁芯外表应平整，绝缘漆膜无脱落，叠片紧密，边侧的硅钢片不应翘起或成波浪状，若叠片有翘起或不规整之处，可用木槌或铜锤敲打平整。

（2）无片间短路、搭接现象或变色、放电烧伤痕迹，片间接缝间隙符合要求。

（3）铁芯各部表面应无油垢和杂质，可用洁净的白布或泡沫塑料擦拭。

（4）铁芯与上下夹件、方铁、压板、底脚板间均应保持良好绝缘。

（5）钢压板与铁芯间要有明显的均匀间隙。绝缘压板应保持完整、无破损和裂纹，并有适当紧固度。

（6）钢压板不得构成闭合回路，同时应有一点接地。

（7）打开上夹件与铁芯间的连接片和钢压板与上夹件的连接片后，测量铁芯与上下夹件间和钢压板与铁芯间的绝缘电阻，与历次试验相比较应无明显变化。

（8）如果无铁芯接地片引出接地，为便于监测运行中铁芯的绝缘状况，可在A类检修时在变压器箱盖上加装一小套管，将铁芯接地线（片）引出接地。

（9）螺栓紧固，夹件上的正、反压钉和锁紧螺帽无松动，与绝缘垫圈接触良好，无放电烧伤痕迹，反压钉与上夹件有足够距离。

（10）穿心螺栓紧固，其绝缘电阻与历次试验比较无明显变化。

（11）油路应畅通，油道垫块无脱落和堵塞，且应排列整齐。

（12）铁芯只允许一点接地，接地片用厚度0.5mm，宽度不小于30mm的紫铜片，插入3～4级铁芯间，对大型变压器插入深度不小于80mm，其外露部分应包扎绝缘，防止短路铁芯。

（13）应紧固并有足够的机械强度，绝缘良好不构成环路，不与铁芯相接触。

（14）绝缘良好，接地可靠。

52．变压器有载分接开关A类检修（大修）的主要项目有哪些？

答：变压器有载分接开关A类检修（大修）的主要项目有：有载分接开关机构箱检修、有载分接开关机械传动部位检修、有载分接开关操作检查、有载分接开关（真空开关除外）吊芯检修、有载分接开关在线滤油装置检查、有载分接开关检修。

53．变压器有载分接开关机构箱检修主要有哪些安全注意事项？

答：变压器有载分接开关机构箱检修安全注意事项如下：

（1）箱体密封良好，无进水凝露现象。

（2）清扫机构箱内、外部灰尘及杂物，有锈蚀应除锈并进行防腐处理，对机构清扫时需要断开相关电源，防止人员触电。

（3）机油润滑的齿轮箱无渗漏油，并添加或更换机油。

（4）调档时，电机运转平稳，无摩擦、撞击等杂音。

（5）紧固接线端子，检查端子无发热、放电痕迹。

（6）检查交流接触器等电气元件外观完好。

（7）采用500V或1000V绝缘电阻表测量电气部件绝缘电阻，绝缘电阻值应在1MΩ以上或符合厂家要求。

（8）检查信号传送盘触点、弹簧应无锈蚀。

（9）投切检查温湿度控制器及加热器，应工作正常。

54．变压器有载分接开关机械传动部位检修时主要有哪些注意事项？

答：变压器有载分接开关机械传动部位检修时注意事项如下：

（1）紧固检查机械传动部位螺栓，传动轴锁定片（如有）应锁定正确。

（2）检查传动齿轮盒，加油润滑。

55．变压器有载分接开关操作检查时主要有哪些安全注意事项？

答：变压器有载分接开关操作检查时安全注意事项如下：正、反两个方向各操作至少 2 个循环分接变换，各元件运转正常，接点动作正确，挡位显示上、下及主控室显示一致。分接变换停止时位置指示应在规定区域内，否则应进行机构和本体连接校验与调试。

56．变压器有载分接开关（真空开关除外）吊芯检修时主要有哪些安全注意事项？

答：变压器有载分接开关（真空开关除外）吊芯检修时安全注意事项如下：

（1）清洗分接开关油室，检查无内漏现象。

（2）清洗切换开关芯体。

（3）紧固检查螺栓，各紧固件无松动。

（4）检查快速机构的主弹簧、复位弹簧、爪卡无变形或断裂。

（5）检查各触头编织软连接无断股起毛，分接变换达 10 万次时必须更换。

（6）检查动静触头烧蚀量，达到厂家规定须更换。检查载流触头应无过热及电弧烧伤痕迹。

（7）测量过渡电阻值，与铭牌数据相比，其偏差值不大于±10%。

（8）必要时解体拆开切换开关芯体，清洗、检查和更换零部件。

（9）更换顶盖密封圈，渗漏油处理。

（10）具体操作及试验要求按照 GB/T 10230.1—2019《分接开关　第 1 部分：性能要求和试验方法》和 DL/T 574—2021《变压器分接开关运行维修导则》的标准执行。

57．变压器有载分接开关在线滤油装置检查时主要有哪些安全注意事项？

答：变压器有载分接开关在线滤油装置检查时安全注意事项如下：

（1）阀门正确开启，运转正常。

（2）滤芯压力报警应更换。

（3）开启滤油装置，运转 20min 后，有载瓦斯、顶盖、滤油装置等各个排气孔排气检查。

（4）渗漏油处理。

58．变压器有载分接开关检修时主要有哪些安全注意事项？

答：按照 DL/T 574—2021《变压器分接开关运行维修导则》，变压器有载分接开关检修时须对有载分接开关的切换开关、选择开关、范围开关、操作机构箱等部件的绝缘状况、功能性、紧固情况、完整性及清洁度等进行检查试验，更换不符合厂家要求的部件。

59．变压器无载、无励磁分接开关检修主要有哪些安全注意事项？

答：变压器无载分接开关检修注意事项有：

（1）指示正确、三相一致。

（2）密封良好、无渗漏。

（3）操作机构无进水、锈蚀。

变压器无励磁分接开关检修注意事项有：

（1）对无励磁分接开关的本体、操动手柄、触头、触头分接线等部件的绝缘状况、紧固情况、功能性、完整性及清洁度等进行检查试验，更换不符合厂家要求的部件。

（2）具体操作及试验要求按照 GB/T 10230.1—2019《分接开关　第 1 部分：性能要求和试验方法》和 DL/T 574—2021《变压器分接开关运行维修导则》的标准执行。

60．变压器冷却装置风扇电机在检修过程中主要有哪些安全注意事项？

答：变压器冷却装置风扇电机在检修过程中安全注意事项如下：

（1）检查主变压器冷却装置风扇电机电源是否正常，电源检查时两人进行。

（2）检查主变压器冷却装置风扇电机周围无遗留物品及工具。

（3）启动主变压器冷却装置风扇电机前，作业人员禁止站在扇叶周围，防止扇叶脱落伤人。

（4）开启冷却装置，检查风扇电机转向正确、运转平稳，无明显振动，无摩擦、撞击、转子扫膛、叶轮碰壳等异响，有异常时，应解体检修或更换电机。

（5）用 500V 或 1000V 绝缘电阻表测量电机绕组绝缘电阻，绝缘电阻值应在 1MΩ 以上或符合厂家要求。

（6）电机接线盒等密封良好。

（7）清扫叶片，检查叶片装配牢固，转动平稳灵活。

（8）必要时，更换所有风扇电机的轴承。

61．变压器冷却装置油泵在检修过程中主要有哪些安全注意事项？

答：变压器冷却装置油泵在检修过程中安全注意事项如下：

（1）检查主变压器冷却装置油泵电源是否正常，电源检查时两人进行。

（2）开启冷却装置前检查阀门是否在开启位置，未确认阀门开启状态严禁启动油泵。

（3）开启冷却装置，检查油泵转向正确、运转平稳，无明显振动，无摩擦、撞击、转子扫膛、叶轮碰壳等异响，有异常时，应解体检修或更换油泵。

（4）用 500V 或 1000V 绝缘电阻表测量电机绕组绝缘电阻，绝缘电阻值应在 1MΩ 以上或符合厂家要求。

（5）油泵接线盒等密封良好。

（6）必要时，更换所有油泵的轴承。

（7）检查油泵密封良好，应无渗漏油痕迹。

62．变压器冷却装置油泵的油流指示器如何检修？

答：（1）检查表盘内无进水、凝露现象，无渗漏油。

（2）检查挡板转动灵活，转动方向正确，挡板铆接牢固。

（3）检查返回弹簧安装牢固，弹力充足。

（4）卸下端盖，表盘玻璃及塑料圈，并清洗干净。

（5）卸下固定指针的滚花螺母，取下指针、平垫及表盘，清扫内部。

（6）当挡板旋转到极限位置时，微动开关应动作，动断触点打开，动合触点闭合。

（7）转动挡板，在原位转动 85°，观察主动磁铁与从动磁铁同步转动，无卡滞。

（8）检查微动开关，用手转动挡板，在原位转动 85°时，用万用表测量接线座的接线端子，已实现动合触点与动断触点的转换。

（9）装复表盘，指针等零及部件。

（10）用 500V 绝缘电阻表测量绝缘电阻，绝缘电阻值应大于或等于 2MΩ。

63．变压器冷却装置控制箱如何检修？

答：（1）检查箱体密封良好，无进水凝露现象。

（2）清扫控制箱内、外部灰尘及杂物，有锈蚀应除锈并进行防腐处理。

（3）紧固接线端子，检查端子无发热、放电痕迹。

（4）检查交流接触器等电气元件外观完好，开启冷却装置，各元件动作准确。

（5）采用 1000V 绝缘电阻表测量电气部件绝缘电阻，绝缘电阻值应在 1MΩ 以上或符合厂家要求。

（6）保险及底座紧固接触良好，用万用表测量保险应导通良好，保险（包括热耦）电流整定值选择正确。

（7）投切检查温湿度控制器及加热器，应工作正常。

64．变压器冷却装置控制箱检修时主要有哪些安全注意事项？

答：变压器冷却装置控制箱检修时安全注意事项如下：

（1）在对主变压器冷却装置控制箱检查前，先检查相关电源在断开状态，并挂相应标示牌。

（2）工作前用万用表检查回路中确无电压后方可进行相关回路作业。

（3）对无法停电的低压回路要采取防人员触电措施。

（4）检查控制箱接地应良好可靠。

（5）开启冷却装置，试运转 5min，各元件运转正常，信号正确，电机及电气元件无过热现象。

（6）进行联动性能检查，双电源应能自动可靠切换。

（7）工作冷却器、备用冷却器、辅助冷却器能正确动作。

65．变压器散热器（含水冷却器）如何检修？

答：（1）冲洗或吹扫冷却器散热管束。

（2）检查无渗油、锈蚀现象，必要时对支架外壳等进行防腐处理。

（3）水冷却器的压差继电器和压力表的指示是否正常。

（4）冷却水中应无油花。

（5）水冷却器运行压力应符合制造厂的规定。

（6）管式冷却器内部水管清洁，运行 3 年时首检，之后根据历史检查结果确定下次清洁时间。

（7）投运后，流向、温升和声响正常，无渗漏油。

（8）强油水冷装置的检查和试验，按制造厂规定。

66．变压器散热器如何试漏及清扫？

答：（1）清扫散热器表面，油垢严重时可用金属洗净剂（去污剂）清洗，然后用清水冲净晾干，清洗时管接头应可靠密封，防止进水。表面保持洁净。

（2）对带法兰盖板的上、下油室应打开法兰盖板，清除油室内的焊渣、油垢，然后更换胶垫，上、下油室内部洁净，法兰盖板密封良好。

（3）采用气焊或电焊，对渗漏点进行补焊处理，焊点准确，焊接牢固，严禁将焊渣掉入散热器内。

（4）用盖板将接头法兰密封，加油压进行试漏。

（5）试漏标准：片状散热器 0.05～0.1MPa、10h，管状散热器 0.1～0.15MPa、10h。

（6）用合格的变压器油对内部进行循环冲洗，保证内部清洁。

（7）注意阀门的开闭位置，阀门的安装方向应统一，指示开闭的标志应明显、清晰。

（8）安装好散热器的拉紧钢带。

67．变压器套管检修过程中主要有哪些安全注意事项？

答：变压器套管检修过程中安全注意事项如下：

（1）检修主变压器套管时严禁踩踏套管。

（2）安全带采用高挂低用，严禁以套管作为安全带的固定点。

（3）清扫瓷套，检查瓷套完好、无裂纹、无破损。

（4）清扫复合套管，检查应无积污，套管完整，无龟裂老化迹象。

（5）增爬裙（如有）黏着牢固，无龟裂老化现象，否则应更换增爬裙。

（6）检查防污涂层（如有）无龟裂老化、起壳现象，否则应重新喷涂。

（7）检查发现复合套管龟裂时应做修复处理。

68．变压器套管末屏、TA 二次接线盒、密封及油位如何检查？

答：（1）套管末屏无渗漏油，可靠接地，密封良好无受潮、浸水、放电、过热痕迹，必要时更换末屏封盖的密封胶圈。

（2）TA 二次接线盒盖板封闭严密，内部无受潮渗水、漏油。

（3）套管本体及与箱体连接密封应良好、无渗漏，目视检查油色正常、油位正常，若有异常应查明原因。

69．变压器套管导电连接部位检修主要有哪些安全注意事项？

答：变压器套管导电连接部位检修安全注意事项如下：

（1）检查接线端子连接部位，金具应完好、无变形、锈蚀，若有过热变色等异常应拆开连接部位检查处理接触面，并按标准力矩紧固螺栓，力矩符合 GB/T 5273—2016《高压电器端子尺寸标准化》和厂家指导文件的要求。

（2）时检查套管将军帽内部接头连接可靠，无过热现象。

（3）引线长度应适中，套管接线柱不应承受额外应力。

（4）引流线无扭结、松股、断股或其他明显的损伤或严重腐蚀等缺陷。

70．主变压器套管相色标志补漆时主要有哪些安全注意事项？

答：（1）补漆时为防止工作人员吸入大量有刺激性气味的油漆，在补漆过程中应佩戴口罩。

（2）为防止油漆中的甲醛对人体皮肤及黏膜强烈的刺激，补漆应佩戴防护手套。

71．变压器套管解体、组装主要有哪些步骤？

答：（1）对套管进行内部排油。

（2）拆卸上部接线端子，妥善保管，防止丢失。

（3）拆卸油位计上部压盖螺栓，取下油位计，拆卸时，防止玻璃油位计破损。

（4）拆卸上瓷套与法兰连接螺栓，轻轻晃动后，取下上瓷套，注意不要碰坏瓷套。

（5）取出内部绝缘筒，垂直放置，不得压坏或变形。

（6）拆卸下瓷套与导电杆连接螺栓，取下导电杆和下瓷套，分解导电杆底部法兰螺栓时，防止导电杆晃动，损坏瓷套。

（7）用热油（温度60～70℃）循环冲洗后放出，至少循环三次，将残油及其他杂质冲出。

（8）注入合格的变压器油，油的质量应符合相关标准的规定。

（9）所有卸下的零部件应妥善保管，组装前应擦拭干净，妥善保管，防止受潮。

（10）绝缘筒应擦拭干净，如绝缘不良，可在70～80℃的温度下干燥24～48h，绝缘筒应洁净无起层.漆膜脱落和放电痕迹，绝缘良好。

（11）检查瓷套内外表面并清扫干净，检查铁瓷结合处水泥填料无脱落，瓷套内外表面应清洁、无油垢、杂质、瓷质无裂纹，水泥填料无脱落。

（12）为防止油劣化，在玻璃油位计外表涂刷银粉，银粉涂刷应均匀，并沿纵向留一条30mm宽的透明带，以监视油位。

（13）更换各部法兰胶垫，胶垫压缩均匀，各部密封良好。

（14）组装与解体顺序相反，导电杆应处于瓷套中心位置，瓷套缝隙均匀，防止局部受力瓷套裂纹。

（15）组装后注入合格的变压器油。

（16）进行绝缘试验，按Q/CSG 1205019—2018《电力设备交接验收规程》进行。

72．变压器油箱外部检修主要有哪些安全注意事项？

答：变压器油箱外部检修安全注意事项如下：

（1）检查油箱各阀门的功能，按对应功能要求将阀门处于正确的开启、关闭位置。

（2）检查油箱密封良好，无渗漏。若发现有渗漏现象，应查找渗漏部位，根据渗漏情况，采取更换密封件、紧固螺栓、补焊等工艺进行处理，处理后应无渗漏迹象，必要时进行加压检漏。

（3）对局部脱漆和锈蚀部位应处理，重新补漆，壳体漆膜完整，附着牢固。

（4）清扫油箱，清扫后应清洁无油污。

（5）对油箱各螺栓按厂家规定力矩进行紧固检查。

（6）打磨处理上、下钟罩连接片接触面，按厂家规定力矩紧固螺栓，装复后应保证接触良好。

73．变压器油箱内部检修主要有哪些安全注意事项？

答：变压器油箱内部检修安全注意事项如下：

（1）检查油箱内部漆膜完整，对局部脱漆和锈蚀部位应处理，重新补漆。

（2）清除积存在箱底的油污杂质，确保内部洁净，无锈蚀，漆膜完整。

（3）检查固定于下夹件上的导向绝缘管，连接应牢固，表面无放电痕迹。

（4）清扫强油循环管路，打开检查孔，清扫联箱和集油盒内杂质。强油循环管路内部清洁，导向管连接牢固，绝缘管表面光滑，漆膜完整.无破损、无放电痕迹。

（5）检查钟罩（或油箱）法兰结合面，应平整，发现沟痕，应补焊磨平，法兰结合面清洁平整。

（6）检查器身定位钉，防止定位钉造成铁芯多点接地，定位钉无影响可不退出。

（7）检查磁（电）屏蔽装置，无松动放电现象，固定牢固，磁（电）屏蔽装置固定牢固无放电痕迹，可靠接地。

（8）检查钟罩（或油箱）的密封胶垫，接头良好，接头处放在油箱法兰的直线部位，胶垫接头黏合牢固，并放置在油箱法兰直线部位的两螺栓的中间，搭接面平放，搭接面长度不少于胶垫宽度的2～3倍，胶垫压缩量为其厚度的1/3左右（胶棒压缩量为1/2左右）。

74．变压器胶囊式储油柜油位计如何检修？

答：（1）拆卸磁力油位计，检查传动机构灵活，无卡轮、滑齿现象。

（2）检查主动磁铁、从动磁铁耦合和同步转动，指针指示与表盘刻度相符。

（3）核对油位指示是否在标准范围内，是否与温度校正曲线相符。

（4）用连通管对实际油位进行复核，应与油位指示一致，否则应查明原因。

（5）用1000V绝缘电阻表测量油位计电缆绝缘电阻，绝缘电阻应在1MΩ以上或符合厂家要求。

（6）油位计带油位异常报警的应检查回路。

（7）检查限位报警装置动作正确并更换密封胶垫进行复装。

75．变压器胶囊式储油柜油位计检修主要有哪些安全注意事项？

答：变压器胶囊式储油柜油位计检修时安全注意事项如下：

（1）在拆卸时不得损坏连杆，传动齿轮无损坏，转动灵活。

（2）连杆摆动45°时指针应旋转270°，从“0”位置指示到“10”位置，传动灵活，指示正确。

（3）当指针在“0”最低油位和“10”最高油位时，分别发出信号。

76．变压器金属波纹式储油柜如何检修？

答：（1）目视观察金属波纹节，应无渗油、锈蚀现象。

（2）清理滑槽，滚轮转动应灵活无卡涩。

（3）观察油位指示应随油温变化同步动作。观察记录变压器检修停电前油温和油位指示，停电油温明显下降后观察记录油温和油位指示，前后油温变化和油位指示变化应同步动作。

（4）油位报警微动开关外观完好，正常动作。

77．变压器储油柜如何检修？

答：（1）用合格油冲洗干净（隔膜、胶囊式）储油柜内部。

（2）检查隔膜、胶囊应无破裂、渗油，如损坏则进行处理或更换。

（3）波纹膨胀器储油柜检查波纹片焊缝，如有渗漏，则需更换。

（4）呼吸器检查，应无渗油，更换硅胶。

（5）油位计检查，玻璃无破损，指针无卡涩。

78．变压器气体继电器在检修时主要有哪些安全注意事项？

答：变压器气体继电器在检修时安全注意事项如下：

（1）主变压器气体继电器管道无阻塞，无喷油、渗油现象，接点位置正确。

（2）对主变压器气体继电器进行校验，检验不合格的应及时更换。

（3）安全气道结合 A 类检修（大修）更换为压力释放阀。

（4）防爆管检查，玻璃膜应无破损，弯脖处无积水。

（5）压力释放阀检查，清扫护罩和导流罩，检查各部连接。

（6）各紧固螺栓及压力弹簧，微动开关触点应接触良好，信号正确。

79．变压器压力释放阀（安全气道）在检修时主要有哪些安全注意事项？

答：变压器压力释放阀（安全气道）在检修时安全注意事项如下：

（1）主变压器压力释放阀（安全气道）各管道无阻塞，无喷油、渗油现象，接点位置正确。

（2）对主变压器压力释放阀（安全气道）进行校验，检验不合格的应及时更换。

（3）安全气道结合 A 类检修（大修）更换为压力释放阀。

（4）防爆管检查，玻璃膜应无破损，弯脖处无积水。

（5）压力释放阀检查，清扫护罩和导流罩，检查各部连接。

（6）各螺栓及压力弹簧，微动开关触点应接触良好，信号正确。

80．变压器升高座如何检修？

答：（1）对套管型电流互感器、连接端子的密封状况、紧固情况、过热放电情况、完整性及清洁度等进行检查试验，更换不符合厂家要求的部件。按 DL/T 573—2021《电力变压器检修导则》要求执行。

（2）拆卸时应先将外部的二次连线全部脱开，采用和油纸电容型套管同样的拆卸方法和工具（拆除安装有斜度的升高座，必须使用可以调整倾斜角度的吊索具，调整起吊角度与升高座安装角度一至后方可吊起）。

（3）拆下后应注油或充干燥气体密封保存。

（4）检查标志是否正确，引出线的标志应与铭牌相符。

（5）检查线圈固定无松动，表面无损伤。

（6）连接端子上的螺栓动帽和垫圈应齐全。无放电烧损痕迹，补齐或更换损坏的连接端子。

（7）更换引出线接线端子和端子板的密封胶垫，胶垫更换后不应有渗漏，试漏标准：

0.06～0.075MPa、30min 应无渗漏。

81．变压器升高座检修主要有哪些安全注意事项？

答：变压器升高座检修时安全注意事项如下：

（1）在复装时应先检查密封面应平整无划痕，无漆膜，无锈蚀，更换密封垫。

（2）采用拆卸的工具和拆卸的逆顺序进行安装。对安装有倾斜的及有导气连接管的，应先将其全部连接到位以后统一紧固，防止连接法兰偏移和压缩不均匀，连接二次接线时检查原连接电缆应完好，否则进行更换。

（3）调试应在二次端 子箱内进行，不用的互感器二次绕组应可靠短接后接地。

82．变压器净油器及阀门在检修时主要有哪些安全注意事项？

答：按 DL/T 573《电力变压器检修导则》要求，变压器净油器及阀门在检修时安全注意事项如下：

（1）对净油器的密封状况、吸附剂变色情况、完整性及清洁度等进行检查，更换不符合厂家要求的部件。

（2）全密封变压器可将净油器拆除。

（3）对阀门及塞子的密封状况、完整性及清洁度等进行检查，更换不符合厂家要求的部件。

83．变压器变低侧母排热缩包裹检修时主要有哪些安全注意事项？

答：变压器变低侧母排热缩包裹检修时安全注意事项如下：

（1）清扫低压母排及支持瓷瓶，检查瓷瓶无破损、放电痕迹，检查低压母排热缩包裹应无缺损，无明显老化、龟裂、硬化现象，必要时进行更换。

（2）母排为管母形式的，其接头包裹处应无积水，锈蚀等异常现象。

84．变压器钟罩复装过程中主要有哪些安全注意事项？

答：变压器钟罩复装过程中安全注意事项如下：

（1）钟罩复装密封性良好，无渗漏。

（2）组装时要采取防潮措施，充氮气防潮：压力为 0.02MPa。充变压器绝缘油防潮，油位以淹没变压器铁芯为准。

（3）组装主变压器附件时应排尽变压器内氮气或变压器绝缘油。

85．变压器附件复装过程中主要有哪些安全注意事项？

答：变压器附件复装过程中安全注意事项如下：

（1）安装冷却器支架，应牢固。冷却器、螺丝紧固均衡，胶垫不偏移。

（2）油泵、风扇电源，转向应正确。

（3）冷却器汇油管安装应无渗漏油。

（4）套管按制造厂要求装高压引线绝缘筒，必须按规定穿过均压环。

（5）安装升高座，紧固均衡，胶垫不偏移。

（6）安装高、中、低压套管，紧固均衡，胶垫不偏移，油位计方向应正确。

（7）安装储油柜支架，应牢固，储油柜，螺丝紧固均衡，胶垫不偏移。

（8）安装呼吸器并更换硅胶。

（9）安装有载分接开关储油柜，螺丝紧固均衡，胶垫不偏移，箭头指向储油柜。

（10）按二次端子标志接入油位计，按二次端子标志接入气体继电器等。

86．变压器本体真空注油过程中主要有哪些安全注意事项？

答：变压器本体真空注油过程中安全注意事项如下：

（1）主变压器本体抽真空前关闭散热器、压力释放阀、瓦斯继电器阀门。

（2）安装有载开关本体与主变本体专用连接管。

（3）以均匀的速度抽真空，一般抽真空时间为1/3～1/2暴露空气时间，并检查真空系统的严密性，达到指定真空度（133.32Pa）保持2 h不变。

（4）从变压器底部以3～5t/h的速度将油注入变压器距箱顶约200mm时停止，并继续抽真空保持4h以上，应无渗漏，保持真空。

（5）在保持温度不变的条件下，绕组绝缘电阻220kV以上变压器持续12h以上不变，加热温度不应超过50～70℃。

87．变压器油处理时主要有哪些注意事项？

答：变压器油处理时注意事项如下：

（1）过滤后或更换新油准备注入变压器的油质量要求应达到GB/T 7595—2017《运行中变压器油质量》标准。

（2）变压器必须采用真空注油空度、真空保持时间等处理工艺符合厂家技术要求。

（3）热油循环，按照厂家技术要求执行。

（4）真空注油后及热油循环后，分别取样进行油化验与色谱分析，符合GB/T 7595—2017《运行中变压器油质量》要求。

（5）若滤油无效须更换新油。

88．变压器整体密封性检查主要包括哪些方面？

答：变压器整体密封性检查主要包括：

（1）35kV及以下管状和平面油箱变压器采用超过储油柜顶部0.6m油柱试验（约5kPa 压力），对于波纹油箱和有散热器的油箱采用超过储油柜顶部0.3m油柱试验（约2.5kPa压力），试验时间12h无渗漏。

（2）110kV及以上变压器在储油柜顶部施加0.035MPa压力，试验持续时间24h无渗漏。

89．变压器储油柜补油方式有哪些？

答：变压器储油柜补油方式有：

（1）从储油柜注油管补油至正常油位。

（2）向胶囊式储油柜的补油。

（3）向隔膜式储油柜的补油。

（4）向金属波纹膨胀式储油柜补油

90．变压器储油柜补油有哪些安全注意事项？

答：变压器储油柜补油安全注意事项如下：

（1）严禁从下部油门注入，注油时应使油流缓慢注入变压器至规定的油面为止。

（2）进行胶囊排气。打开储油柜上部排气孔，由注油管将油注满储油柜，直至排气孔出油，再关闭注油管和排气孔。从变压器下部油门排油，此时空气经吸湿器自然进入储油柜胶囊内部，至油位计指示正常油位为止。

（3）注油前应首先将磁力油位计调整至零位，然后打开隔膜上的放气塞，将隔膜内的气体排除，再关闭放气塞。由注油管向隔膜内注油达到比指定油位稍高，再次打开放气塞充分排除隔膜内的气体，直到向外溢油为止，经反复调整达到指定油位。发现储油柜下部集气盒油标指示有空气时，应用排气阀进行排气。正常油位低时需要补油，利用集气盒下部的注油管接至滤油机，向储油柜注油，注油过程中发现集气盒中有空气时，应停止注油，打开排气管的阀门向外排气，如此反复进行，直至储油柜油位达到要求为止。

（4）打开储油柜排气管道阀门，由注油管将油注满储油柜，直至排气管阀门出油，再关闭注油管和排气管阀门。从变压器下部排油阀门排油至油位计指示正常油位为止。按照说明书对金属波纹膨胀式储油柜进行抽真空，由注油管将油注入储油柜至油位计指示正常油位为止。

（5）补完油后在升高座、套管、散热器、瓦斯继电器、净油器等部位进行排气，反复多次放气，直至残余气体排尽。

91．变压器排油、注油和滤油作业时主要有哪些安全注意事项？

答：变压器排油、注油和滤油作业时安全注意事项如下：

（1）低压交流电源应装有漏电保护器，滤油机电源开关的操作把手需绝缘良好，接线端子的绝缘护罩齐备，导线的接头须采取绝缘包扎措施，避免低压触电风险。

（2）使用梯子上下油罐（箱）或设备时，梯子须放置稳固，由专人扶持或专梯专用，将梯子与器身等固定物牢固地捆绑在一起，上下梯子和设备时须清除鞋底的油污。

（3）检修过程设专人看管滤油设备，漏油点用容器盛接，检查油管接头必须连接良好，油路密封良好，作业人员需穿耐油性能好的防滑鞋。

（4）作业现场严禁吸烟及明火，必须动火作业时应办理动火手续，并在现场备足消防器材，作业现场不得存放易燃易爆品。

92．变压器的潜油泵、风扇检修时主要有哪些安全注意事项？

答：变压器的潜油泵、风扇检修时安全注意事项如下：

（1）检修前需断开冷却器的控制电源，防止检修时冷却器启动造成人身伤害。

（2）使用专用工具进行拆、装。

（3）拆、装零件时，手不得放在结合面上，两人抬拿重物时保持平稳，脚、手不得放在重物下面。

（4）冷却风扇检修后试运行时，检修人员应躲开叶片松脱飞出的方向，避免叶片意外脱飞造成人身伤害。

93．变压器M型有载调压开关A类检修（大修）排油和吊芯时主要有哪些安全注意事项？

答：变压器M型有载调压开关A类检修（大修）排油和吊芯时安全注意事项如下：

（1）记录有载分接开关运行挡位。

（2）确认加油机电源接好并试机。

（3）确认加油机油管连接良好，防止渗漏油。

（4）确认开关本体油已排尽。

（5）拆除油室头盖前，做好划线标记。

（6）拆除操作机构与分接开关的水平连杆。

（7）拆除油室头盖上螺栓，然后卸除头盖。

（8）卸除分接位置指示盘。

（9）螺丝要妥善保存。

（10）拆卸快速机构之前先记录机构的运行位置，并将开关调整至整定位置。

（11）卸下固定切换开关芯螺母，使切换开关芯子与切换开关油室分离。

（12）妥善保管快速机构。

（13）起吊时不得碰伤动、静触头、均压环及过渡电阻丝。

（14）利用起吊装置缓慢吊起切换开关芯体，在起吊过程中应轻轻摇晃芯体，并注意观察是否有阻碍起吊现象，最后吊离芯体。

（15）芯体应放置在清洁铺垫上，并用干净塑料薄膜遮盖。

94．变压器 M 型有载调压开关 A 类检修（大修）如何进行切换开关检修？

答：按照 DL/T 1538—2016《电力变压器用真空有载分接开关使用导则》和 DL/T 574—2021《电力变压器分接开关运行维修导则》的相关规定，具体要求如下：

（1）清洗分接开关油室，检查无内漏现象。

（2）清洗切换开关芯体。

（3）紧固检查螺栓，各紧固件无松动。

（4）检查快速机构的主弹簧、复位弹簧、爪卡无变形或断裂。

（5）检查转换开关、真空灭弧室的连接导线无松动，绝缘层无破损，与周围金属构件的间隙距离足够。

（6）检查开关芯体所有触头（载流触头、转换开关触头等）应无过热及电弧烧伤痕迹，所有绝缘件应无爬电痕迹。

（7）测量过渡电阻值，与铭牌数据相比，其偏差值不大于±10%，过渡电阻不得有过温变色现象。

（8）测量触头的接触电阻，长期载流触头不大于 500μΩ 且与上次测量值相比无明显变化。测量前分接应变换一个循环，在更换新触头、更换主触头或联接触头后也应进行。

（9）检查分接开关的全部动作顺序，应符合厂家技术要求，选择开关槽轮机构完好，动作到位。

（10）测量开关切换波形，与出厂试验中各触头复合波形比较应无明显变化。

（11）检查真空灭弧室外观无破损，自闭力正常。必要时（如转换开关或选择开关触头有电弧烧蚀痕迹时）进行真空泡回弹力检查，或进行真空度检测或真空泡工频耐压试验。

（12）测量保护间隙的距离，间隙与初始值偏差不超过±4%，否则应更换。

（13）如装有金属氧化物非线性电阻，必要时，进行直流参考电压及0.75倍直流参考电压下泄漏电流或工频参考电压试验。直流参考电压偏差超过±5%或0.75倍直流参考电压下泄漏电流大于50μA应进行更换。工频参考电压小于其标称额定电压应进行更换。

（14）必要时解体拆开切换开关芯体，清洗、检查和更换零部件。

（15）更换顶盖密封圈，确保不存在渗漏油。

95．变压器M型有载调压开关A类检修（大修）后如何复装切换开关？

答：（1）将切换开关芯体吊至油室顶部开口上方，转动芯体使芯体支撑板抽油管切口位置对准抽油管。缓慢小心地放入油室，同时轻轻转动切换开关芯体，使其对准定位销下降到底，并紧固螺栓。

（2）安装好分接位置指示盘。

（3）注入合格变压器油至浸没芯体支撑板。

（4）擦净头盖密封面及更换新的头盖密封垫圈。

（5）螺丝紧固均衡，胶垫不偏移。

（6）密封胶垫压缩量为原厚度的1/3（胶棒压缩量为1/2左右）。

（7）按头盖齿轮轴对准联轴方向盖好头盖。

（8）检查分接开关与操作机构的位置是否一致，然后紧固头盖。

（9）分接开关与操作机构的位置要一致。

（10）检查并增补传动机构中活动部位润滑油。

96．变压器M型有载调压开关A类检修（大修）后如何联接、调试操作机构？

答：（1）检查操作机构与分接开关的分接位置指示，上下挡位应一致。

（2）临时联接水平传动轴。

（3）进行机构箱与本体联接校验。

（4）联接校验后开关手动左右圈数差≤1。

（5）将水平传动轴止动锁片锁紧。

（6）按检修前记录运行档将开关调整至原运行档。

97．变压器有载调压开关A类检修（大修）时有载开关注油及试压，主要有哪些安全注意事项？

答：变压器有载调压开关A类检修（大修）时有载开关注油及试压，安全注意事项如下：

（1）打开分接开关与储油柜之间的阀门。

（2）打开头盖及抽油弯管上的溢气螺丝。

（3）通过注油管向油室注油。

（4）当头盖溢气螺孔向外溢油时关闭排气孔。

（5）根据油位计的指示与现场温度，有载调压储油柜油位应按温度油位曲线补至规定油位。

（6）反复排气，直至分接开关内所有气体排完。

（7）若变压器充油不足需要补油时，油品需要混合使用时，混合的油品应符合各自的质量标准。

（8）主变压器充油不足需要补油时，应补加同一油基、同一牌号及同一添加剂类型的油品。

（9）在进行混油试验时，油样的混合比应与实际使用的比例相同。如果混油比无法确定时，则采用 1:1 质量比例混合进行试验。

（10）分接开关经过 5×10^4Pa 油压 24h 密封试验无渗漏。

（11）在头盖法兰溢气孔、瓦斯继电器、抽油管处反复排气直至气体排空，拧紧溢气螺丝。

98．变压器有载调压开关 A 类检修（大修）时操作机构如何检修？

答：（1）检查箱体密封良好，无进水凝露现象。

（2）清扫机构箱内、外部灰尘及杂物，有锈蚀应除锈并进行防腐处理。

（3）机油润滑的齿轮箱无渗漏油，添加或更换机油。

（4）调挡时，电动机运转平稳，无摩擦、撞击等杂音。

（5）紧固接线端子，检查端子无发热、放电痕迹。

（6）检查交流接触器等电气元件外观完好。

（7）采用 500V 或 1000V 绝缘电阻表测量电气部件绝缘电阻，绝缘电阻值应在 1MΩ 以上或符合厂家要求。

（8）检查信号传送盘触点、弹簧应无锈蚀。

（9）投切检查温湿度控制器及加热器，应工作正常。

（10）调挡时，电动机运转平稳，无摩擦、撞击等杂音。

（11）检查二次线是否有断线现象，紧固接线端子，检查端子无发热、放电痕迹。

（12）检查急停保护是否正确。

（13）检查电动机构逐级控制性能是否良好。

（14）检查机构中间超越性能是否正常。

（15）检查挡位指示正确，制动性能良好，指针停止在规定区域内。

（16）检查“就地”“远方”操作是否正常。

（17）检查机构相序保护是否良好。

（18）记录有载开关累计操作次数。

（19）紧固检查机械传动部位螺栓，传动轴锁定片（如有）应锁定正确。

（20）检查传动齿轮盒，加油润滑。

（21）插上手柄，检查安全开关是否可靠断开。

（22）手摇至极限位置，检查电气限位开关是否可靠断开，再手摇 3～5 转，检查机械限位是否锁死。

（23）正、反两个方向各操作至少 2 个循环分接变换，各元件运转正常，接点动作正确，挡位显示上、下及主控室显示一致。分接变换停止时位置指示应在规定区域内，否则应进行机构和本体连接校验与调试。

（24）检修时未列出部分参考厂家产品说明书执行。

99．变压器V型有载调压开关A类检修（大修）排油时主要有哪些安全注意事项？

答：变压器V型有载调压开关A类检修（大修）排油时安全注意事项如下：

（1）确认加油机电源接好并试机。

（2）确认加油机油管连接良好，防止渗漏油。

（3）打开有载调压开关油室排油管阀门，松开头盖上排气溢油螺钉，排尽绝缘油至油桶中，确认开关本体油已排尽。

（4）排油前检查确认有载开关本体/操作机构运行挡位。

（5）调整调压开关操作机构，由N–1的方向将开关调整到整定工作位置，调整后切断电动操作电源。

100．变压器V型有载调压开关A类检修（大修）起吊调压开关主轴主要有哪些安全注意事项？

答：变压器V型有载调压开关A类检修（大修）起吊调压开关主轴安全注意事项如下：

（1）拆除操作机构与分接开关的水平连杆。

（2）拆除油室头盖前，做好划线标记然后卸除头盖，螺丝要妥善保存。

（3）用M5螺钉拔出两只弹簧固定销，松开储能弹簧。

（4）拆下固定快速机构的螺栓，拔出快速机构，妥善保管快速机构。

（5）松开抽油管头的活节螺母，并将油管拆除，拔出抽油管。

（6）用专用吊具连接主轴的轴承座，并按顺时针方向转动，使转换选择器动触头和三相动触头脱离静触头，动触头组应转到中间空挡位置，起吊芯体。

（7）起吊时不得碰伤动、静触头、均压环及过渡电阻丝。

（8）芯体应放置在清洁铺垫上，并用干净塑料薄膜遮盖，防止受潮。

101．变压器V型有载调压开关A类检修（大修）时调压开关主轴检查主要有哪些安全注意事项？

答：变压器V型有载调压开关A类检修（大修）时调压开关主轴检查时安全注意事项如下：

（1）检查主轴是否弯曲变形及爬电痕迹，检查所有紧固件。

（2）检查每项动触头组支架和转换选择器与主轴连接牢固，动触头无弯曲变形。

（3）检查各触头编织软连接无断股起毛，分接变换达10万次必须更换。

（4）检查过渡电阻是否有断裂，连接是否可靠，并测量其阻值。

（5）用合格的变压器油清洗切换开关部件，清除污垢和碳粉。

（6）按照标准力矩紧固所有螺丝。

（7）清洗切换开关芯体。

（8）检查动静触头烧蚀量，达到厂家规定须更换。检查载流触头应无过热及电弧烧伤痕迹。

（9）测量过渡电阻值，与铭牌数据相比，其偏差值不大于±10%。

（10）必要时解体拆开切换开关芯体，清洗、检查和 更换零部件。

（11）更换顶盖密封圈，渗漏油处理。

（12）具体操作及试验要求按分接开关和有载分接开关运行维护导则执行。

102．变压器V型有载调压开关A类检修（大修）时如何进行快速机构检修？

答：（1）紧固各紧固件，检查各机械传动的动作是否灵活及磨损情况，进行检修和更换。

（2）检查快速机构的主弹簧、复位弹簧、爪卡无变形或断裂。检查弹簧弹力是否足够，有无缺损。

（3）清洗快速机构。

103．主变压器V型有载调压开关A类检修（大修）时如何进行油室检修？

答：（1）油室完好无损、无变形、无放电痕迹、无渗漏油。

（2）擦净油室内壁、静接触头及抽油管中碳粉。

（3）用合格油反复冲洗抽油管及油室内壁。

（4）用无绒白布或刷子擦净内壁、静触头，复装抽油管。

（5）用无绒白布擦净油室头盖。

（6）利用变压器本体油压检查油室未漏油。

104．变压器V型有载调压开关A类检修（大修）时有载开关回装时如何复装开关主轴？

答：（1）将芯体慢慢放入油室内，使主轴底部的轴承与油室底部的嵌件正确衔接并贴紧。

（2）使用专用吊具将动触头转动至整定工作位置，对带转换选择器的分接开关，将其动触头置于“K”“–”位置，插入抽油管并用手将其压入筒底。

（3）将调整到整定位置的快速机构安装到位，用螺栓固定快速机构，装上抽油弯管，安装拉伸弹簧。

（4）注入合格变压器油至浸没芯体。

（5）擦净头盖密封面及更换新的头盖密封垫圈。

（6）按头盖齿轮轴对准联轴方向盖好头盖。

（7）螺丝紧固均衡，胶垫不偏移。

（8）密封胶垫压缩量为原厚度的1/3（胶棒压缩量为1/2左右）。

（9）检查分接开关与操作机构的位置是否一致，然后紧固头盖。

（10）检查并增补传动机构中活动部位润滑油。

105．变压器V型有载调压开关A类检修（大修）时有载开关回装后如何连接、调试操作机构？

答：（1）检查操作机构与分接开关的分接位置指示，上下挡位应一致。

（2）临时连接水平传动轴。

（3）进行机构箱与本体连接校验。

（4）按检修前记录运行挡将开关调整至原运行挡，连接校验后开关手动左右圈数差≤3。

（5）将水平传动轴止动锁片锁紧。

（6）开关调整至原运行挡。

（7）紧固检查机械传动部位螺栓，传动轴锁定片（如有）应锁定正确。

（8）检查传动齿轮盒，加油润滑。

106．变压器消防装置（排油注氮）温感火灾探测器检修项目有哪些？

答：（1）探头夹具退出到一定行程时，行程开关输出接点应由“常开”转为“闭合”，动作可靠。

（2）检查控制箱“火灾动作”信号灯。

（3）外套管应完整、无破损，接头应完好，不渗水，端盖下的密封垫应完好，螺栓均匀压紧，保证进行程开关盒内无渗水。

107．变压器消防装置（排油注氮）断流阀检修项目有哪些？

答：（1）检查阀板是否在开启位置，且无渗漏。

（2）短接时，控制箱“断流阀动作”信号灯亮，蜂鸣器报警。短接线拆除，信号灯灭，同时报警解除。

（3）线间绝缘应大于5MΩ，对地绝缘应大于5MΩ。

（4）外套管应完整、无破损；接头应完好，不渗水；接线柱滑牙，应压紧线；接线盖螺栓完整，应拧紧。

108．变压器消防装置（排油注氮）消防柜内注氮管路、排油管路检修主要有哪些内容？

答：（1）查看氮气瓶压力表压力是否在正常范围，氮气释放阀是否漏气。

（2）高压软管外表是否存在龟裂、锈蚀情况，减压器、注氮电磁铁是否锈蚀，油气隔离装置是否漏油等。

（3）查看检修阀、排油阀是否有漏油现象，查看微漏视窗里是否有油迹、水迹。

109．变压器消防装置（排油注氮）联动功能检查主要有哪些安全注意事项？

答：（1）防爆自动启动应同时满足以下条件：压力释放阀或速动油压继电器动作、本体气体继电器发重瓦斯信号、主变压器断路器跳闸。

（2）灭火自动启动应同时满足以下条件：有2个及以上独立的火灾探测器同时发信号、本体气体继电器发重瓦斯信号、主变压器断路器跳闸。

110．变压器消防装置（水雾喷淋）水雾喷淋系统喷水部件检修主要有哪些安全注意事项？

答：变压器消防装置（水雾喷淋）水雾喷淋系统喷水部件检修安全注意事项如下：

（1）检查阀门的转轴、挡板等部件是否完整、灵活和严密，更换密封胶圈，必要时更换零件。

（2）通过0.05MPa压力试验，挡板关闭严密、无渗漏，轴杆密封良好，指示开、闭位置的标志清晰、正确。

（3）水雾喷淋管路、喷嘴应通畅无堵塞。

（4）水雾喷淋管路、喷嘴管壁上防锈漆应颜色均匀，漆膜平整，附着牢固。

111．变压器消防装置（水雾喷淋）蓄水池检修主要有哪些项目？

答：（1）检查蓄水池水位是否正常，水位低于或接近要求设定值时及时补水并禁止其他系统使用消防水池供水。

（2）检查蓄水池顶盖应按水池管理要求执行。

（3）检查蓄水池内是否有异物，必要时立即清理异物，实行定期清理。

112．变压器消防装置（水雾喷淋）蓄水池电动机检修主要有哪些项目？

答：（1）检查电动机电源是否正常，使用电源电压前应用万用表测量正常，电压值380V。

（2）检查电动机转轴、接线端盒、电动机底座固定是否异常，必要时对底座固定螺栓进行紧固，更换轴承、扇叶、接线端盒密封盖和密封胶垫。

（3）电动机应转动灵活，无卡阻，转动时平滑，无振动及异常声响。电动机接线盖密封及内部接线良好，电动机固定牢固，电源电缆无老化。

（4）检查电动机容量是否过大，电源电缆直径是否满足电动机启动要求，电源电缆接入前应根据电动机容量大小、启动电流大小计算后进行选择。

113．变压器消防装置（水雾喷淋）操作电源箱检修主要有哪些项目？

答：（1）检查操作电源箱内交流接触器、低压断路器、导线等是否满足电动机启动运行要求。

（2）控制箱内交流接触器、低压断路器、导线的选择应根据回路短路电流大小、电动机启动电流大小进行选择安装。

（3）检查380V电源电缆应做好固定。

114．变压器消防装置（水雾喷淋）消防控制系统检修主要有哪些项目？

答：（1）水喷淋灭火系统检查、联动功能检查、启动喷淋测试。

（2）检查水喷淋灭火系统喷头，喷头防护罩应完好、管道清洁干净，标记明显，保护涂层完好。

（3）检查管路外观完好，固定牢靠，消防水池满足设计存储量，水位指示正常，雨淋阀设备检查正常。

（4）按照联动逻辑关系，模拟各个防护区满足主变灭火系统动作，检查现场手动启动及停止喷淋的功能正常。

（5）水喷雾灭火系统应于每季度在不喷水情况下进行雨淋阀、消防泵检查。

（6）变压器本体储油柜与气体继电器间应增设断流阀，以防储油柜中的油下泄而造成火灾扩大。

（7）自动喷水灭火系统持续喷水时间不小于1h。

（8）水喷雾灭火系统应至少一年进行一次试喷水测试（可结合变压器停电开展）。

115．变压器消防装置泡沫喷淋系统检修项目有哪些？

答：（1）泡沫喷淋管路、喷嘴应通畅无堵塞，泡沫喷淋管路、喷嘴管壁上防锈漆应颜色均匀，漆膜平整，附着牢固。

（2）检查火灾探测装置、温控电缆是否完好，火灾探测装置、温控电缆应无完好无破损、断线等现象。

（3）泡沫储存罐应完好无异常，泡沫储存罐监测压力表显示应正常，压力表在合格期范围内。

（4）操作机构启动电源应正常，减压阀检验周期应在有效检验期内。

（5）氮气瓶压力应在有效检验期内，铅封完好，启动压力不应小于 4MPa，动力压力不应小于 8MPa。

（6）连接管道接口应密封无泄漏。

（7）电磁控制阀外观应完好无损，无锈蚀，保护涂层完好，标示完整。启动源电磁阀外观应完好无损，无锈蚀，保护涂层完好，铅封和标示完整。

116．对软母线 T 型线夹发热处理主要有哪些安全注意事项？

答：对软母线 T 型线夹发热处理安全注意事项如下：

（1）登高作业时应按规范佩戴安全带，防止高空坠落。

（2）导线解口前需使用绳索固定，防止导线坠落伤及检修人员或设备。

（3）使用液压钳压接线夹时需注意手的位置，避免将手放在压接处发生夹伤。

117．站内导线绝缘子更换作业主要有哪些安全注意事项？

答：站内导线绝缘子更换作业安全注意事项如下：

（1）高空作业需戴好安全带，移动时需要正确使用双保险安全带。

（2）工作地点需增加个人安保线，防止感应电。

（3）作业点下方禁止人员停留，工具、材料传递时要绑牢，工作绳尾部需做好防滑措施。

（4）拆除旧绝缘子时需防止导线失去保护而飞出，需要使用夹线器和保护绳做好双保险措施。

（5）放下或起吊在绝缘子时，杆上人员应与地面人员密切配合，避免损伤绝缘子。

（6）新绝缘子安装完毕后，应认真检查各金具连接部位的螺栓、销子等确已连接完好后方可拆除临时保险措施。

118．穿墙套管更换时有哪些注意事项？

答：穿墙套管更换时注意事项如下：

（1）拆装一次引线时需用牵引绳系牢。

（2）起吊时设备绑扎牢固可靠，吊带两侧尽量等长，防止起吊后套管受力不均，起吊时要平稳、速度均匀，重物及吊臂下严禁站人，安排专人指挥、监护。

（3）如新套管安装孔径与之前的不一致，需要动火作业时，要做好防火措施及准备灭火器材，并设专人监护。

（4）起吊应缓慢，入墙时应注意插入方向。

（5）搭建脚手架的基础应平稳、牢固，超过三层时，必须使用拉绳进行固定。

119．断路器检修时有哪些注意事项？

答：（1）断路器检修时需与邻近带电体保持安全距离，避免人员触电。

（2）作业人员应按规定佩戴安全帽，高处作业人员需使用工具包，工具、材料不得随意放置或上下抛丢，导致工具、材料坠落伤人。

（3）高处作业应按规定正确使用安全带，避免作业过程中从高处坠落。

（4）断路器检修时需先释放机构弹簧能量，避免误分合断路器被机构动作部件夹伤的风险。

（5）解体检修 SF_6 断路器时，需对 SF_6 进行充分回收，SF_6 浓度过高会造成 SF_6 中毒风险。

120．断路器分、合闸电磁铁的动作电压在测量时有哪些注意事项？

答：（1）并联合闸脱扣器应能在其交流额定电压的 85%～110%范围或直流额定电压的 80%～110%范围内可靠动作。并联分闸脱扣器应能在其额定电源电压的 65%～120%范围内可靠动作，当电源电压低至额定值的 30%或更低时不应脱扣。上述参数为一般通用的标准，部分国外制造商规定的参数可能有部分差异，具体以说明书为准。

（2）分合闸脱扣器均应记录最低可靠脱扣动作电压值。

121．断路器时间参量测试在测量时主要有哪些注意事项？

答：断路器时间参量测试在测量时注意事项如下：

（1）在额定操作电压下进行。

（2）断路器的分、合闸时间，主、辅触头的配合时间应符合制造厂规定。

（3）除制造厂另有规定外，断路器的分、合闸同期性应满足下列要求：

1）相间合闸不同期不大于 5ms。

2）相间分闸不同期不大于 3ms。

3）同相各断口间合闸不同期不大于 3ms。

4）同相各断口间分闸不同期不大于 2ms。

122．断路器灭弧室在解体检修时的作业内容有哪些？

答：（1）对弧触指进行清洁打磨，弧触头磨损量超过制造厂规定要求应予更换。

（2）清洁主触头并检查镀银层完好，触指压紧弹簧应无疲劳、松脱、断裂等现象。

（3）压气缸检查正常，喷口应无破损、堵塞等现象。

（4）清理密封面，更换 O 型密封圈及操动杆处直动轴密封。法兰对接紧固螺栓应全部更换。

（5）检查绝缘拉杆、支持绝缘台等外表无破损、变形，清洁绝缘件表面。绝缘拉杆两头金属固定件应无松脱、磨损、锈蚀现象，绝缘电阻符合厂家技术要求。

（6）检查吸附剂盒有无破损、变形，安装应牢固，更换经高温烘焙后或真空包装的全新吸附剂。

（7）清洁瓷套的内外表面，应无破损伤痕或电弧分解物。

（8）法兰处应无裂纹，与瓷瓶胶装良好。应采用上砂水泥胶装，胶装处胶合剂外露表面应平整，无水泥残渣及露缝等缺陷，胶装后露砂高度 10～20mm，且不得小于 10mm，胶装处应均匀涂以防水密封胶。

（9）瓷套有异常或爬电比距不符合污秽等级要求的应更换。

123．断路器弹簧机构解体检修的作业内容有哪些？

答：（1）分合闸弹簧检查，分合闸弹簧应无损伤、变形。对分、合闸弹簧进行力学性能试验，应无疲劳，力学性能符合要求。

（2）分合闸滚子检查，分合闸滚子转动时无卡涩和偏心现象，与掣子接触面表面应平整光滑，无裂痕、锈蚀及凹凸现象。

（3）电机检查，电机绝缘、碳刷、轴承等应无磨损、工作正常。

（4）减速齿轮检查，减速齿轮无卡阻、损坏、锈蚀现象，润滑应良好。

（5）缓冲器检查，合闸缓冲器和分闸缓冲器的外部、缓冲器下方固定区域应无漏油痕迹，缓冲器应无松动、锈蚀现象，弹簧无疲断裂、锈蚀，活塞缸、活塞密封圈应密封良好。

（6）对所有转动轴、销等进行更换。

（7）必要时更换新的相应零部件或整体机构。

124．断路器检修后抽真空及充气作业过程中主要有哪些安全注意事项？

答：断路器检修后抽真空及充气作业过程中安全注意事项如下：

（1）利用真空泵对断路器抽真空，当真空度达到133.32Pa以下起计时，维持真空泵运转至少30min。

（2）停泵并与泵隔离，静止30min后读取真空度 A 值，再静止5h，读取真空度 B 值。要求 B-A＜66.66Pa（极限允许值133.3Pa），否则需进行检漏并重复抽真空。

（3）真空度合格后，将 SF_6 气体压力充至0.05～0.1MPa，静止5h后检漏，静止12h后测量含水量＜450μL/L，否则需重新抽真空并用高纯度 N_2（99.999%）充至额定压力进行内部冲洗、干燥。

（4）向断路器内缓慢冲入 SF_6 气体至额定压力，充气前应先用新 SF_6 气体对充气管路进行吹洗，用清洁毛巾对充气接头进行清洁。

（5）用泄漏仪或泡沫检漏剂对各密封面进行检漏，应无明显泄漏情况。

125．断路器液压机构检修主要有哪些安全注意事项？

答：断路器液压机构检修安全注意事项如下：

（1）检修前需要打开高压放油阀对高压油进行手动泄压，避免拆除高压油管时带压力的液压油喷溅伤人。

（2）检修前需要断开储能电机电源、开关控制回路电源，避免检修过程中机构储能或分合闸动作造成的机械伤人。

（3）备用油桶设专人看管，漏油点用容器盛接，检查油管接头必须连接良好，油路密封良好，避免油污染地面上造成人员滑倒、摔伤，作业人员需穿耐油性能好的防滑鞋。

（4）作业现场严禁吸烟及明火，必须动火作业时应办理动火手续，并在现场备足消防器材，作业现场不得存放易燃易爆品。

（5）对运行中的断路器液压机构检修，需提前加防分闸卡具，防止断路器慢分。

126．断路器弹簧机构检修主要有哪些安全注意事项？

答：断路器弹簧机构检修安全注意事项如下：

（1）检修前需要将断路器储能电源断开，并将机构合分一次，保证储能弹簧没有能量。

（2）断开机构相关二次电源，确认无电压方可开始工作。

（3）拆解弹簧时做好弹簧突然弹出的防范措施。

（4）试操作时检修人员勿将手放入机构动作部位，避免夹伤。

127．断路器气动机构检修主要有哪些安全注意事项？

答：断路器气动机构检修安全注意事项如下：

（1）检修前需对空气压缩机进行泄压，避免检修过程开关动作夹伤人员或压缩气体泄漏喷伤人员。

（2）断开机构相关二次电源，确认无电压方可开始工作。

（3）调试启动停泵压力时，需注意保护动作气管，防止气管破裂导致漏气。

（4）试操作时检修人员误将手放入机构动作部位，避免夹伤。

（5）空气压缩机需要定期排污，保证其正常工作。

（6）更换压缩机油时需要准备专门容器盛放，避免油污染地面导致人员滑倒。

128．断路器传动部件检修主要有哪些安全注意事项？

答：断路器传动部件检修安全注意事项如下：

（1）检修前需要将断路器储能电源断开，并将机构合分一次，保证储能弹簧没有能量。

（2）拔开口销前需要将其开口并拢并缓慢转动逐渐拔出。

（3）拆卸轴承时需防止锤头脱落或轴承弹飞伤人。

（4）试操作时检修人员需注意手的位置，防止拐臂动作夹伤。

129．断路器液压油过滤主要有哪些安全注意事项？

答：需指定人员监视滤油机，确保滤油机处于正常工作状态，操作人员工作时必须穿防滑和耐油性能良好的防滑鞋，防止滑倒。保持滤油器操作手柄绝缘性能完好，机器外壳必须可靠接地，防止低压电击。

130．断路器辅助开关更换时有哪些安全注意事项？

答：断路器辅助开关更换时安全注意事项如下：

（1）检修前应断开断路器操作机构储能电源，并将机构能量释放，防止机构动作打伤作业人员。

（2）断开操作机构相关二次电源，用万用表确认无电压后方可拆接二次接线。

（3）辅助开关须安装牢固、转动灵活、切换可靠、接触良好。

（4）断路器进行分合闸试验时，检查转换断路器接点应正确切换。

131．断路器分合闸线圈更换时有哪些安全注意事项？

答：断路器分合闸线圈更换时安全注意事项如下：

（1）检修前应断开断路器操作机构储能电源，并将机构能量释放，防止机构动作打伤作业人员。

（2）断开操作机构相关二次电源，用万用表确认无电压后方可拆接二次接线。

（3）分、合闸线圈安装应牢固、接点无锈蚀、接线应可靠。

（4）分、合闸线圈铁芯应灵活、无卡涩现象，间隙应符合厂家要求。

（5）分、合闸线圈直流电阻值应满足厂家要求。

132．断路器储能电机更换主要有哪些安全注意事项？

答：断路器储能电机更换安全注意事项如下：

（1）检修前应断开断路器操作机构储能电源，并将机构能量释放，防止机构动作打伤作业人员。

（2）断开操作机构相关二次电源，用万用表确认无电压后方可拆接二次接线。

（3）需要拆除储能弹簧时需做好防护措施，防止储能弹簧弹出打伤人员。

（4）拆装时勿将手放在传动齿轮间，防止夹伤。

（5）更换后测量电机储能时间应符合制造厂规定。

133．断路器弹簧机构缓冲器更换主要有哪些安全注意事项？

答：断路器弹簧机构缓冲器更换安全注意事项如下：

（1）检修前断开储能电源，将断路器机构能量释放，避免更换缓冲器时机构动作伤人。

（2）工作中戴好安全帽，拔开口销前需要将其开口并拢并缓慢转动逐渐拔出，手锤敲打的方向和销钉退出的方向不得对着作业人员。

（3）拆装缓冲器时需安排专人扶持或将其固定，避免掉落砸伤人员。

（4）安装后检查缓冲器是否漏油，开关动作是否正确，有无卡涩现象。

134．断路器液压机构频繁打压故障处理主要有哪些安全注意事项？

答：断路器液压机构频繁打压故障处理安全注意事项如下：

（1）检修前需要打开高压泄油阀对高压油进行手动泄压，避免拆除高压油管时带压力的液压油喷溅伤人。

（2）检修前需要断开储能电机电源、开关控制回路电源，避免检修过程中机构储能或分合闸动作造成的机械伤人。

（3）备用油桶设专人看管，漏油点用容器盛接，检查油管接头必须连接良好，油路密封良好，作业人员需穿耐油性能好的防滑鞋防止滑倒。

（4）运行中的液压机构检修，断路器慢分慢合的风险，对运行中的断路器液压机构检修，需提前加防分闸卡具。

135．断路器液压机构带电补充液压油时主要有哪些安全注意事项？

答：断路器液压机构带电补充液压油时安全注意事项如下：

（1）补充液压油时需防止误碰造成断路器动作。

（2）避免液压油漏至机构或地面导致人员滑倒、摔伤。

（3）时刻保持与储能电机保持距离，避免储能电机启动伤害检修人员。

（4）补充油位应适宜，不宜过高，避免检修泄压时油箱溢出。

136．隔离开关拆除过程中有哪些安全注意事项？

答：隔离开关拆除过程中安全注意事项如下：

（1）拆除前应断开机构的操作电源和控制电源。
（2）拆下隔离开关两侧引线，引线要用绳子绑牢并做好相序标示。
（3）拆除接地开关与主刀操作机构内的控制电缆，并将电缆的接头保护好。
（4）将隔离开关置于合闸状态，并绑好以防分闸。
（5）拆除机构箱传动连杆和隔离开关水平连杆。
（6）将三相隔离开关的底座螺丝拆除或用气割拆除隔离开关底座。
（7）将隔离开关机构箱的固定螺丝拆除或用气割拆除机构箱底座。
（8）将接地开关机构箱的固定螺丝拆除或用气割拆除机构箱底座。
（9）用吊绳将隔离开关绑扎牢固。
（10）用吊车起吊设备，吊车在回转起落臂应缓慢，不得紧急制动。
（11）设备移至地面时，拴好吊绳，吊绳受力点在器身中心位置。

137．隔离开关安装的作业内容主要有哪些？

答：（1）检查设备的外包装箱有无破损，完好。
（2）开箱对设备进行检查。
（3）吊装各单级隔离开关本体。
（4）对齐安装孔，将隔离开关固定在安装构架上。
（5）吊装电动操作机构。
（6）对齐安装孔、将操动机构固定在安装构架上。
（7）确定隔离开关垂直连杆长度并加工。
（8）将垂直连杆的上端与操作相输出轴连接，将垂直连杆下端插入卡箍。
（9）连接隔离开关的水平连杆。
（10）将接地开关安装在隔离开关底座上。
（11）对齐安装孔，将接地开关固定在安装构架上。
（12）吊装电动操作机构。
（13）用连接卡箍与水平连杆进行连接。
（14）将水平连杆插入接地开关的连接卡箍进行连接。

138．隔离开关安装过程中主要有哪些注意事项？

答：隔离开关安装过程注意事项如下：
（1）设备试验合格。
（2）核对设备装箱清单，备品备件齐全。
（3）检查隔离开关绝缘子无损伤。
（4）检查隔离开关接线端等部件无裂纹、无变形。
（5）符合安装图尺寸要求。
（6）保证各部分装配的垂直度和直线度。

（7）垂直连杆长度小于隔离开关操作相输出轴下端接头的下销中心至操动机构输出轴上平面之间的距离。

（8）安装垂直连杆前，应用砂纸将卡箍的内表面抛光。

（9）安装前确保接地开关和操动机构处于分闸位置。
（10）符合安装图尺寸要求。
（11）接地开关水平连杆长度应小于接地开关合闸时传动轴间距。

139．隔离开关调试的作业内容有哪些？

答：隔离开关调试的作业内容有：
（1）调试隔离开关分、合闸到位。
（2）检查调整隔离开关触头插入深度和上下误差。
（3）检查调整隔离开关三相合闸同期性。
（4）定位螺钉调整。

140．隔离开关调试过程中主要有哪些安全注意事项？

答：隔离开关调试过程中安全注意事项如下：
（1）合闸时不能有单侧的负荷。
（2）合闸位置时触指必须平行于触头。
（3）主隔离开关合闸位置时，主触头用0.05mm×10mm的塞尺检查塞不进去。
（4）主隔离开关合闸后，触头的合后间隙符合厂家要求。
（5）主隔离开关合闸后，动、静导电杆在同一条直线上。
（6）触头插入深度和上下误差符合厂家技术说明书要求。
（7）主隔离开关的端口距离、三相合闸同期性符合厂家技术说明书要求。
（8）主隔离开关合闸后，机构操动拐臂与其定位螺钉的间隙符合厂家要求。
（9）主隔离开关分闸后，机构操动拐臂与其定位螺钉的间隙符合厂家要求。
（10）定位螺钉螺母逼紧，无松动。

141．接地开关调试作业主要有哪些注意事项？

答：接地开关调试作业注意事项如下：
（1）符合安装图尺寸要求。
（2）三相合闸同期性误差值符合厂家技术说明书要求。
（3）缓慢进行合闸操作、检查调整开关触头对中性。
（4）主隔离开关合闸时，主隔离开关与接地开关闭锁板配合间隙应符合厂家要求。
（5）主隔离开关在合闸位置时，接地开关不能合闸。
（6）接地开关合闸时，接地开关与主隔离开关闭锁板配合间隙应符合厂家要求。
（7）接地开关在合闸位置时，主隔离开关不能合闸。
（8）检查调整合格后紧固所有螺栓，并进行几次手动操作检查调整效果。

142．隔离开关及接地开关调试后的测试作业内容有哪些？

答：隔离开关及接地开关调试后的测试作业内容有：
（1）导电回路触头夹紧程度测试。
（2）导电回路电阻测量。
（3）操动机构电机、加热器电阻测量。
（4）操动机构二次回路的绝缘电阻。

（5）操动机构的动作电压试验。

143．隔离开关及接地开关调试后的测试作业过程中主要有哪些安全注意事项？

答：隔离开关及接地开关调试后的测试作业过程中安全注意事项如下：

（1）触头夹紧程度测试应符合制造厂规定。

（2）导电回路电阻测量时用直流压降法测量，电流值不小于100A；使用外接法测量，电流线在电压线外侧；主回路电阻应符合制造厂规定。

（3）电动机、加热器电阻测量电阻值应符合厂家技术要求。

（4）二次回路的绝缘电阻应采用500V或1000V绝缘电阻表测量分合闸、电机、加热器回路绝缘电阻，不应低于10MΩ。

（5）电动机操动机构在其额定操作电压的80%～110%范围内分、合闸动作应可靠。

144．隔离开关检修时主要有哪些安全注意事项？

答：（1）隔离开关检修时，与邻近带电体保持足够安全距离，避免人员触电。

（2）作业人员需按规定佩戴安全帽，高处作业人员应使用工具包，工具、材料不得随意放置或上下抛丢，导致工具、材料坠落伤人。

（3）高处作业应按规定正确使用安全带，防止作业过程中从高处坠落。

（4）调试过程中需沟通好，调整时人员不应站在动触头活动半径内，避免隔离开关或连杆转动打到检修人员，导致检修人员受伤。

145．隔离开关导电回路分解检修主要有哪些安全注意事项？

答：隔离开关导电回路分解检修安全注意事项如下：

（1）检修前拉开隔离开关，并将操作机构操作手柄闭锁住，断开操作电源，检修过程中禁止踩压水平传动拉杆，隔离开关试分合前作业人员充分沟通并配合好，若水平拉杆已拆除，需做好防止自由分闸的措施。

（2）拆装接线座、触头及其他零部件时由专人扶着或使用专用吊具固定，传递时使用绳索固定，作业人员戴好安全帽，避免在作业面下方停留。

146．隔离开关绝缘子检修主要有哪些安全注意事项？

答：隔离开关绝缘子检修安全注意事项如下：

（1）拆装绝缘子时由专人扶着或使用专用吊具固定，传递时使用绳索固定，作业人员戴好安全帽，避免在作业面下方停留。

（2）隔离开关瓷柱上严禁攀爬，梯子不得靠在隔离开关瓷柱上使用，使用工具时避免磕碰到瓷瓶，造成瓷瓶破损。

（3）新更换的绝缘子高度、孔径应该与旧的绝缘子保持一致。

147．隔离开关底座分解检修主要有哪些安全注意事项？

答：隔离开关底座分解检修安全注意事项如下：

（1）解体检修需将齿轮脱离咬合，调试时各检修人员应充分沟通好，避免操作时伞形齿轮夹伤人。

（2）拆装时使用专用吊具传递，作业人员戴好安全帽，避免在作业面下方停留。

148．隔离开关操作机构检修主要有哪些安全注意事项？

答：隔离开关操作机构检修安全注意事项如下：

（1）更换辅助开关时需要断开操作机构二次电源，避免检修人员触电。

（2）更换垂直连杆时需安排专人扶持，避免垂直连杆掉落砸伤检修人员。

（3）试操作时需与各检修人员沟通好，避免操作时发生夹伤。

149．隔离开关操作垂直连杆及水平连杆更换主要有哪些安全注意事项？

答：隔离开关操作垂直连杆及水平连杆更换安全注意事项如下：

（1）工作中戴好安全帽，手锤敲打的方向和销钉退出的方向不得对着作业人员。

（2）拔开口销前需要将其开口并拢并缓慢转动逐渐拔出。

（3）连杆销拆除后需将连杆固定好或安排专人扶持，避免拆除完后突然掉落砸到检修人员。

（4）连杆拆除后需对导电回路做好防止自由分闸的措施。

（5）调整时人员不应站在动触头活动半径内。调整人和操作人协商好，由调整人发令。

150．接地开关检修主要有哪些安全注意事项？

答：接地开关检修安全注意事项如下：

（1）动触头和水平连杆拆装时设有专人扶持，防止脱落砸伤人员。

（2）调试时各检修人员应充分沟通好，手脚不得放在动静触头间及转动部位，作业人员所处位置应躲开动触头的活动半径。

151．隔离开关三相不同期调整作业时有哪些安全注意事项？

答：隔离开关三相不同期调整作业时安全注意事项如下：

（1）拔开口销前需要将其开口并拢并缓慢转动逐渐拔出，拆销钉时手锤敲打的方向和销钉退出的方向不得对着作业人员。

（2）连杆销拆除后需将连杆固定好或安排专人扶持，避免拆除完后突然掉落砸到检修人员。

（3）调整时人员不应站在动触头活动半径内，调整人和操作人协商好，由调整人发令。

152．GIS 开盖检修主要有哪些安全注意事项？

答：GIS 开盖检修安全注意事项如下：

（1）工作地点要保持良好的通风条件，风口应设置在底部。

（2）测量作业环境，粉尘颗粒度、温湿度均在规定值内才可以开始开盖作业。

（3）打开相关气室前，需将该气室气体回收，避免检修人员中毒。

（4）使用的 SF_6 瓶和 N_2 瓶避免受阳光直晒，气瓶应拧紧阀门，盖上气瓶帽。

（5）在 GIS 筒体上作业时，应穿防滑鞋并做好相关防护措施。

（6）检修过程中严禁检修人员将手指伸进对接缝隙内，避免手指夹伤。

（7）打开 GIS 气室前需确定气室内部压力值，保证气室内气压与外部大气压平衡。

（8）检修过程戴好防护手套，必要时戴上防毒面具。

（9）开过盖的各法兰面需清理干净，并更换新的密封胶圈，避免造成漏气。

（10）真空机工作时需设专人看管。

153．高压设备发生接地时，在故障点周围勘查应注意什么？

答：高压设备发生接地故障时，室内不准接近故障点4m以内，室外不准接地故障点8m以内。进入上述范围人员应穿绝缘靴，接触设备外壳和构架时，应戴绝缘手套。

154．开关柜柜体A类检修主要有哪些注意事项？

答：开关柜柜体A类检修注意事项如下：

（1）泄压通道螺柱应齐全、完好。

（2）泄压通道无杂物。

（3）柜门外观无变形、破损、锈蚀、掉漆。

（4）柜门开关门时转动灵活。

（5）信号指示灯，温湿度控制器、电磁锁、断路器状态综合指示仪功能正常、信号灯能正常显示。

（6）长投加热器应始终处于加热状态。

（7）对开关柜柜体及所有一次、二次零部件进行全面检查，如有异常进行更换。

155．开关柜内母线检查主要有哪些安全注意事项？

答：开关柜内母线检查安全注意事项如下：

（1）热缩套应紧贴铜排，无脱落、高温烧灼现象。

（2）母排搭接面应平整紧密，无发热变色。螺栓及垫片应齐全，用力矩扳手检查螺栓紧固达到厂家力矩要求。

（3）用0号砂纸进行打磨氧化面，涂抹导电膏。

（4）清扫母线室，尤其是穿柜套管、触头盒和支持绝缘子，绝缘件表面应整洁，无裂痕和放电痕迹。

156．开关柜断路器本体检查主要有哪些安全注意事项？

答：开关柜断路器本体检查安全注意事项如下：

（1）断路器本体的绝缘筒、固封极柱、触头盒等表面无水滴、尘埃附着，无裂纹、破损或放电痕迹。

（2）触头及其他导电接触面表面无腐蚀严重、损伤、过热发黑、镀银层磨损、触头弹簧变形等。

（3）真空泡（适用时）外观完整，无裂纹、外部损伤及放电痕迹，必要时须对真空泡进行更换。

（4）断路器机构底部应无碎片、异物，清扫断路器室。

（5）辅助开关必须安装牢固、转动灵活、切换可靠、接触良好；断路器进行分合闸试验时，检查转换断路器接点是否正确切换。

（6）电线绝缘层无变色、老化或损坏，储能、联锁销等微动开关无失灵或不能联锁，端子排无缺针、插针变形、损坏。

（7）储能电机工作正常。

（8）按照厂家对相关电气元件更换质量要求，对机构箱内相关电气元件进行更换。

（9）油缓冲器无漏油，橡胶缓冲器无破损。

（10）分合闸弹簧固定良好、无生锈裂纹。

（11）各紧固螺栓、轴销及挡圈检查，无断裂、松动、松脱现象。

（12）对断路器机构进行清洁，对各传动部分存在锈蚀的进行除锈处理，对轴承、转轴等处添加润滑油进行润滑。

（13）检查断路器室加热器及温湿度传感器功能是否正常，长投加热器应始终处于加热状态。

157．开关柜断路器本体A类检修（大修）作业步骤是什么？

答：开关柜断路器本体A类检修（大修）作业步骤如下：

（1）断开需更换的断路器操作机构储能电机低压断路器，释放弹簧能量。

（2）断开断路器控制电源低压断路器，拆除连接断路器机构二次接线。

（3）拆除断路器与母排接触面。

（4）对断路器绝缘拉杆、转动轴解体检修。

（5）解体真空灭弧室导电夹件。

（6）触头磨损量测量（必要时）。

（7）测量分闸、合闸半轴扣接量。

（8）断路器本体检查。

（9）断路器机构进行清洁和润滑。

（10）恢复连接断路器机构二次接线。

（11）紧固回路端子、元件。

158．开关柜断路器分闸、合闸半轴扣接量测量时主要有哪些安全注意事项？

答：开关柜断路器分闸、合闸半轴扣接量测量时安全注意事项如下：

（1）分合闸滚子转动时应无卡涩和偏心现象，扣接时扣入深度应符合厂家技术条件要求。

（2）分合闸滚子与掣子接触面表面应平整光滑，无裂痕、锈蚀及凹凸现象。

（3）分合闸半轴应转动灵活、无锈蚀，半轴扣接量应满足厂家要求。

（4）紧固调节螺钉。

159．开关柜隔离开关进行解体时主要有哪些安全注意事项？

答：开关柜隔离开关进行解体时安全注意事项如下：

（1）螺栓无锈蚀、松动。支撑瓷瓶和动触头瓷套外表无污垢，无破损。

（2）绝缘拉杆、操作拉杆无裂痕，保持清洁；各传动部件无生锈、卡死现象，各转动部位转动灵活，各轴、轴销无弯曲、变形、损伤，进行润滑；各焊接处牢固，紧固处无松动。

（3）连杆无变形现象，隔离开关触头有无烧灼变色痕迹。

（4）弹簧无锈蚀、损坏，弹簧无疲劳现象。

（5）动、静触头接触良好，无过热、烧蚀痕迹。触头压紧弹簧无松动、断裂，无卡死、歪曲等现象。

（6）隔离开关触头开距应符合厂家要求，操作灵活，无卡涩现象，触头插入深度符合要求，保证刀片与触头完全接触。

（7）紧固螺栓，力矩符合厂家要求。

160．为什么运行中的互感器二次侧必须接地？

答：（1）互感器二次接地是指电流互感器二次的 S2 端子接地，或电压互感器的 n 端子接地。

（2）只要单点接地，由于互感器二次与一次之间是隔离的，接地前，二次绕组与大地没有电位关系，接地后，互感器不会与大地形成回路，正常运行时，电流不会流向大地。

（3）当一次绕组与二次绕组之间的绝缘损坏时，一次高压串入二次回路，而一次高压与大地有固定的电位关系，会有电流流向大地，并将互感器二次的电压钳位在地电压，保证二次仪表及人身安全。

161．在带电的电流互感器二次回路上工作主要有哪些安全注意事项？

答：在带电的电流互感器二次回路上工作安全注意事项如下：

（1）禁止将电流互感器二次侧开路。

（2）短路电流互感器二次绕组，应使用短路片或短路线，短路应妥善可靠，禁止用导线缠绕。

（3）若在电流互感器与短路端子之间导线上进行工作，应有严格的安全措施，并填用二次措施单。必要时申请停用有关保护装置、安全自动装置或自动化系统。

（4）工作中禁止将回路的永久接地点断开。

（5）工作时，应有专人监护，使用绝缘工具，并站在绝缘物上。

162．在带电的电压互感器二次回路上工作时主要有哪些安全注意事项？

答：在带电的电压互感器二次回路上工作时安全注意事项如下：

（1）严格防止二次回路短路或接地。必要时，工作前申请停用有关保护装置、安全自动装置和自动化系统。

（2）接临时负载，应装有专用的隔离开关和熔断器。

（3）工作时禁止将回路的安全接地点断开。

163．油浸式电流互感器真空注油主要有哪些安全注意事项？

答：油浸式电流互感器真空注油安全注意事项如下：

（1）使用梯子须放置稳固，由专人扶持或专梯专用，将梯子与器身等固定物牢固地捆绑在一起，上下梯子和设备时须清除鞋底的油污，防止滑倒。

（2）设专人看管注油设备，漏油点用容器盛接，检查油管接头必须连接良好，油路密封良好，作业人员需穿耐油性能好的防滑鞋。

（3）补油速度不宜过快，否则会造成互感器内部沉积物的沸扬，影响内部绝缘。

（4）作业现场严禁吸烟和明火，必须动火作业时应办理动火手续，并在现场备足消防器材，作业现场不得存放易燃易爆品。

164．电压互感器检修时主要有哪些安全注意事项？

答：电压互感器检修时安全注意事项如下：

（1）电压互感器检修后如果二次侧短路，短路点会产生很大短路电流，会造成人员触电或设备损坏，在二次拆线时应做好标记和记录，接线时认真校对。

（2）作业人员按规定佩戴安全帽，高处作业人员应使用工具包，工具、材料不得随意放置或上下抛丢，避免工具、材料坠落伤人。

（3）高处作业按规定正确使用安全带，避免作业过程中从高处坠落。

165．互感器拆除作业主要有哪些安全注意事项？

答：互感器拆除作业安全注意事项如下：

（1）互感器拆头使用合格工具，一次接线端子不能有松动或损坏情况。

（2）拆除引线时应使用细绳捆绑固定，与带电设备保持足够安全距离。

（3）填写二次措施单。

（4）核对图纸好记录，用塑料薄膜对电缆头包扎，防止电缆头受潮。

（5）拆除二次电缆要做好标记，防止错误接线。

（6）此环节应注意保持吊车吊臂与带电体的安全距离：10kV 大于 3m，35kV 大于 4m，110kV 大于 5m，220kV 大于 6m，500kV 大于 8.5m。

（7）吊车吊臂及吊物下严禁人员通行或逗留。

（8）有专人指挥，吊车要接地。

166．互感器安装作业步骤是什么？

答：互感器安装作业步骤如下：

（1）对照清单对新互感器进行拆箱检查。

（2）进行高压试验、保护试验、油化试验或气压、微水测试。

（3）核实安装尺寸。

（4）一次引线连接检查。

（5）恢复二次接线。

167．互感器安装作业主要有哪些安全注意事项？

答：互感器安装作业安全注意事项如下：

（1）互感器外观应完整，附件应齐全，无锈蚀或机械损伤。

（2）油浸式互感器油位应正常，密封应严密，无渗油现象。

（3）电容式电压互感器的电磁装置和谐振阻尼器的铅封应完好。

（4）气体绝缘互感器内的气体压力，应符合产品技术文件的要求。

（5）气体绝缘所配置的密度继电器，压力表等，应经校验合格，并有检定证书。

（6）试验测试数据合格、极性进行检查、测量。

（7）核对基础螺丝孔距与互感器底座孔距是否相符。

（8）核对一次接线端子孔距与新互感器是否一致。

（9）用两根等长强度足够的吊装绳索挂在专用吊装环。

（10）用尼龙绳将互感器与起吊绳索捆绑牢固，防止起吊过程中倾倒。

（11）起吊时用导向绳控制互感器方向，防止互感器碰伤、误碰其他设备及工作人员。

（12）互感器就位时应缓慢下落，调整水平、用螺栓固定好后，方可拆除起吊绳。

（13）互感器的各零部件装配应牢固无松动，位置正确，无歪扭倾斜现象。铭牌正确，字迹清晰、工整。一次、二次接线端子应标志清晰。

（14）互感器接地螺栓直径应不小于 8mm，接地处金属表面应平坦。

（15）互感器的下列各部位应可靠接地：分级绝缘的电压互感器，其一次绕组的接地引出端子。电容式电压互感器的接地应符合产品技术文件的要求。电容型绝缘的电流互感器，其一次绕组末屏的引出端子、铁芯引出接地端子。互感器外壳、电流互感器的备用二次绕组端子应先短路后接地。倒装式电流互感器二次绕组的金属导管应保证工作接地点有两根与主接地网不同地点连接地接地引下线。

（16）此环节应注意保持吊车吊臂与带电体的安全距离：10kV 大于 3m，35kV 大于 4m，110kV 大于 5m，220kV 大于 6m，500kV 大于 8.5m。

（17）吊车吊臂及吊物下严禁人员通行或逗留。

（18）有专人指挥，吊车要接地。

168．避雷器底座更换主要有哪些安全注意事项？

答：避雷器底座更换安全注意事项如下：

（1）拆除避雷器时需固定牢固或设专人扶持，避免避雷器倾倒砸伤人员。

（2）现场需要动火作业前，需设专人监护，现场准备好灭火器材。

（3）回装后避雷器应保持垂直，垂度偏差不大于 2%，必要时可在法兰面间垫金属片予以校正。三相中心应在同一直线上，铭牌应位于易观察的同一侧。

169．避雷器放电计数器更换主要有哪些安全注意事项？

答：避雷器放电计数器更换安全注意事项如下：

（1）更换前需进行试验，确保避雷器放电计数器合格方可进行更换。

（2）放电计数器应连接牢靠无松动，密封良好，接地可靠，三相安装位置一致，便于观察。

170．避雷器更换主要有哪些安全注意事项？

答：避雷器更换安全注意事项如下：

（1）先要固定避雷器底座，然后由下而上逐组安装避雷器各单元。

（2）避雷器应垂直安装，垂度偏差不大于 2%，必要时可在法兰面间垫金属片予以校正。三相中心应在同一直线上，铭牌应位于易观察的同一侧，均压环应安装水平。

（3）氧化锌避雷器的排气通道应通畅，安装时应避免其排出气体，引起相间短路或对地闪络，并不得喷及其他设备。

（4）接地连接线应完好无断裂。

171．电容器检修主要有哪些安全注意事项？

答：电容器检修安全注意事项如下：

（1）在对电容器进行检修前，必须进行放电处理，避免剩余电荷造成的电击事故发生。

（2）接触电容器组中性点前，必须将中性点接地放电，避免中性点电击事故发生。

（3）解体故障电容器过程中，电容器元件未短接放电前，不得用手直接接触电容器元件，尤其要注意带内熔丝电容器元件的放电，避免意外电击事故。

（4）使用吊车作业时需设专人指挥，任何人员不得处于吊臂及吊物下方。

（5）涉及油作业时，需做好防止漏油的措施，作业人员需穿耐油性能好的防滑鞋。作业现场严禁吸烟和明火，必须动火作业时应办理动火手续，并在现场备足消防器材，作业现场不得存放易燃易爆品。

（6）需要拆装一次接线时，避免因拆装连接线导致套管受力而发生套管渗漏油的故障。

172．电容器组串联电抗更换主要有哪些安全注意事项？

答：电容器组串联电抗更换安全注意事项如下：

（1）拆接一次引线时需正确使用工具及防护用品，防止夹伤手。

（2）使用吊车作业时需设专人指挥，人员不能在吊臂及吊物下停留。

（3）串联电抗器的最佳位置应安装在电源侧，且尽量缩短与断路器之间的距离。如果具备条件，电抗器与断路器之间的电气连接可以用绝缘护套之类的工艺加强绝缘，减少故障发生。

（4）安装干式空心电抗器时，尽可能不用叠装结构，避免电抗器单项事故发展为相间事故。

173．电容器组放电线圈更换主要有哪些安全注意事项？

答：电容器组放电线圈更换安全注意事项如下：

（1）拆接二次接线时需保证二次端子处无电压。

（2）放电线圈首末端必须与电容器首末端相连接。当串联电抗器置于电容器组得中性点侧时，放电线圈首末端可以与中性点相连接。

（3）严禁将电容器组三台放电线圈的一次绕组接成三角形或 V 形接线，避免放电线圈故障扩大成相间事故。

（4）禁止使用油浸非全密封放电线圈，防止放电线圈因受潮而发生爆炸事故。

（5）放电线圈的中性点与电容器组中性点不相连的星形接线方式，应只用于小容量电容器中性点不可触及的场合，否则不得使用这种接线，避免发生触及中性点部分而造成的触电事故。

（6）禁止使用放电线圈中心点接地的接线方式。

（7）必须认真校核放电线圈的线圈极性和接线是否正确，确认无误后方可进行试投，试投时不平衡保护不得退出运行，避免因放电线圈极性和接线错误造成的放电线圈损坏，甚至爆炸。

174．装卸高压熔断器作业主要有哪些安全注意事项？

答：装卸高压熔断器，应正确佩戴护目眼镜和绝缘手套，必要时使用绝缘夹钳，并站在绝缘垫或绝缘台上。

175．站用变压器更换主要有哪些安全注意事项？

答：站用变压器更换安全注意事项如下：

（1）一定要注意低压 380V 侧的安全措施，在施工前一定要确认低压进线隔离开关（闸刀）有防止误合的措施，防止倒送电和低压触电。

（2）起吊时设备绑扎牢固可靠，起吊过程要平稳、速度均匀，重物及吊臂下严禁站人，安排专人指挥、监护。

（3）油式站用变压器应妥善放置，防止渗漏油导致人员滑倒或遇到明火发生火灾。

176．中性点接地装置 B 类检修（小修）时接地变压器检查维护作业主要有哪些安全注意事项？

答：中性点接地装置 B 类检修（小修）时接地变压器检查维护作业安全注意事项如下：

（1）铁芯应平整、清洁，无片间短路或变色、放电烧伤痕迹，无卷边、翘角、缺角现象；接地引出点连接片连接可靠，无发热、断裂现象；检查垫块应无位移、松动。

（2）清扫器身，无脏污落尘。检查外绝缘无破损、无裂纹、无放电痕迹；检查器身各部位紧固情况，并按厂家规定力矩对铁芯、夹件等部位螺栓进行紧固。

（3）检查接线端子连接部位，金具应完好、无变形、锈蚀，若有过热变色等异常应拆开连接部位检查处理接触面，并按标准力矩紧固螺栓。引线长度应适中，接线柱不应承受额外应力。引流线无扭结、松股、断股或其他明显的损伤或严重腐蚀等缺陷。

（4）风冷二次回路设备运转正常，无异响，有异常应进行更换。控制元件动作灵活无卡涩、二次端子紧固。

（5）清扫风道，清除异物，保证风道清洁无堵塞。

（6）进行调挡操作至少两个循环，检查挡位指示正确，无滑挡、拒动、异响。对于开放式结构的有载分接开关，检查触头及过渡电阻无过热变色、松动、烧蚀。对机械传动部位进行润滑。控制元件动作灵活无卡涩、紧固二次端子。

177．中性点接地装置 B 类检修（小修）时消弧线圈检查维护作业主要有哪些安全注意事项？

答：中性点接地装置 B 类检修（小修）时消弧线圈检查维护作业安全注意事项如下：

（1）检查各紧固件无松动，并重新紧固。

（2）检查接线无松动，并紧固接线端子。

（3）外表面清扫积尘。

（4）消弧线圈“X”端经电流互感器可靠接地，此接地应与设备外壳接地、电压互感器接地端分开，单独接至变电站主接地点。

178．中性点接地装置 B 类检修（小修）时单相隔离开关、高压电缆检查维护作业主要有哪些安全注意事项？

答：中性点接地装置 B 类检修（小修）时单相隔离开关、高压电缆检查维护作业安全注意事项如下：

（1）单相隔离开关应操作灵敏，动、静触头间接触良好，一次接线压紧螺栓受力应符合规程规定，力矩按产品技术文件要求执行。

（2）高压电缆外绝缘应良好，高压电缆外观应无破损或断芯现象。

179．中性点接地装置 B 类检修（小修）时母排、就地控制柜检查维护作业主要有哪些安全注意事项？

答：中性点接地装置 B 类检修（小修）时母排、就地控制柜检查维护作业安全注意事项如下：

（1）引出线的标志应与铭牌相符。

（2）一次接线母排之间应保持足够的安全距离，母排各处热缩套应牢固套好，母排上热缩套预留停电后装设接地线专用接口。

（3）就地控制柜外观应干净、清洁，柜内仪器仪表应接触良好，显示正常，各接点螺栓应紧固，控制柜各项功能应正常。

180．中性点接地装置 B 类检修（小修）时中性点互感器检查维护作业主要有哪些安全注意事项？

答：中性点接地装置 B 类检修（小修）时中性点互感器检查维护作业安全注意事项如下：

（1）中性点电压互感器接线应紧固可靠，一次接线压紧螺栓受力应符合规程规定，力矩按产品技术文件要求执行。

（2）中性点电流互感器一次接线应紧固可靠，一次接线压紧螺栓受力应符合规程规定，力矩按产品技术文件要求执行。

（3）所有零序电流互感器极性必须严格一致。

第四节　一次设备试验作业

1．什么是电气试验？主要有哪些类型？

答：电气试验是指电气系统、电气设备投入使用前或使用过程中，试验人员为判定其有无制造、安装的质量问题或运行的隐患问题，以确定新安装的或运行中的电气设备是否能够正常投入运行，而对电气系统中各电气设备单体的绝缘性能、电气特性及机械特性等，按照标准、规程、规范中的有关规定逐项进行试验和验证。通过这些试验和验证，可以及时地发现并消除电气设备在制造、安装或运行中的质量问题、错误及缺陷问题，确保电气系统和电力设备能够正常投入运行。

电气试验一般可分为出厂试验、交接试验、预防性试验。

2．什么是出厂试验？主要有哪些作用？

答：出厂试验是指电力设备制造厂家根据有关标准和产品技术条件规定开展的试验项目。对每台产品所进行的检查试验称为例行试验；一批产品中任抽一台所进行的试验，称为型式试验；制造厂和用户在技术协议上所列试验项目，称为特殊试验。试验目的在于检查产品设计、制造、工艺的质量，防止不合格产品出厂。

3．什么是交接试验？主要有哪些作用？

答：交接试验是指电力设备安装完毕后，为了验证电力设备的性能达到设计要求和满足安全运行的需要而做的电气试验。新投运设备进行交接试验是用来检查产品有无缺陷，运输和安装过程中有无损坏等；大修后设备试验主要用来检查设备大修的质量是否合格等。

4．什么是预防性试验？主要有哪些作用？

答：预防性试验是指为了发现运行中设备的隐患，预防发生事故或设备损坏，对设备进行的检查、试验或监测，包括取油样或气样进行的试验。电力设备在设计和制造中可能存在着一些质量问题，运输或者安装过程中也可能出现损坏，给运行设备埋下了隐患；在运行中也会受到电、热、化学、机械振动等因素的影响，其绝缘性能也会出现劣化，甚至造成绝缘击穿而发生故障，为了充分了解设备劣化和缺陷的发展情况，需要对电力系统中的设备按照一定的周期进行相关试验。

5．试验作业对人员主要有哪些基本要求？

答：（1）经医师鉴定，无妨碍工作的病症。

（2）具备必要的电气知识，熟悉电力安全工作相关规程，并经考试合格。

（3）根据专业要求必须取得国家认可的特种作业操作证及企业要求的电气试验上岗证等相关资格证。

（4）学会紧急救护法，特别要学会触电急救。

6．试验作业对环境的要求主要有哪些？

答：在进行与温度和湿度有关的各种试验（如测量直流电阻、绝缘电阻、介损、泄漏电流等）时，应同时测量被试品的温度和周围空气的温度和湿度，被试品温度符合相关标准要求，户外试验应在良好的天气下进行，且空气相对湿度一般不高于80%。

7．试验作业主要有哪些常用仪器仪表？

答：与绝缘试验相关的仪器一般有绝缘电阻表、直流高压发生器、介损仪、工频试验变压器、串联谐振耐压装置等。

与特性试验有关的仪器一般有直流电阻测试仪、变比测试仪、开关特性测试仪、回路电阻测试仪、绕组变形测试仪、短路阻抗测试仪、电容电感测试仪等。

与带电测试有关的仪器一般有避雷器带电测试仪、GIS（开关柜）局放测试仪、电容电流测试仪等。

与油气试验仪器有关的仪器一般有绝缘油气相色谱仪、绝缘油耐压试验仪、绝缘油微水测试仪、绝缘油体积电阻率测试仪、绝缘油闪点仪、SF_6气体综合测试仪、SF_6气体分解产物测试仪等。

8．试验作业的对象主要有哪些？

答：试验作业的对象主要包括：发电机、变压器、母线、断路器、高压开关柜、GIS（HGIS）设备、电流互感器、电压互感器、避雷器、电容器、电抗器、电力电缆等一次设备，以及变电站接地网、配网系统电容电流等影响人身安全和电网运行的相关辅助设备试验。

9．为什么要开展发电机检修前预防性试验？主要有哪些试验项目？

答：发电机检修前预防性试验是指在发电机退出运行开始检修前（热机状态下，一般是24h内）开展的预防性试验。发电机开展检修前预防性试验的目的主要是对发电机定子、转子的绝缘水平进行考量，同时与检修后试验进行对比。发电机检修前预防性试验主要包括发电机定子绕组绝缘电阻及吸收比、定子绕组泄漏电流和直流耐压试验、转子绕组绝缘电阻及吸收比。

10．发电机检修前预防性试验作业主要有哪些安全注意事项？

答：发电机检修前预防性试验作业安全注意事项如下：

（1）被试发电机必须与其他设备断开。试验时发电机本身不得带电，发电机出口与外界连接的母线及其他设备必须断开（若拆除有困难，在分析判断时应考虑外部连接对试验数据的影响）。

（2）充分放电。为防止对试验数据造成影响，在试验前应对发电机进行充分放电，一般情况下，放电时间不得低于15min。

（3）试验前应通知与发电机相连接的各工作面（包括与发电机大轴相连的非电气工作面）撤离工作现场。

（4）试验加压前试验操作人员应高呼“开始加压”并征得试验负责人同意后方可开始加压。

（5）试验加压过程中，试验操作人员应站立在绝缘垫上并佩戴绝缘手套，所有现场工作人员应撤离至安全距离以外，以免发生触电危险。

（6）试验过程中，试验人员应注意发电机是否有放电、闪络等不正常情况，一旦发生放电等不正常情况应停止加压，待查明原因后方可进行下一步工作。

（7）试验加压结束后，试验操作人员应迅速将试验电压降为0并断开试验设备的所有电源，并对试验设备进行充分放电后方能进行解线操作。

（8）在进行发电机试验相关工作需进入发电机前，应事先进行含氧量及有毒有害气体测量，测量合格后方可进入。进入发电机的人员和物品应进行登记，待离开发电机时应一一进行核对。进入发电机的人员不能长时间待在发电机内部，应适时安排休息。

11．为什么要开展发电机检修后试验？主要有哪些试验项目？

答：发电机检修后试验是指发电机检修工作完成后所开展的预防性试验，主要包括定子绕组绝缘电阻及吸收比试验、转子绕组绝缘电阻及吸收比试验。进行发电机修后试验主要是与检修前试验数据进行对比。

12．发电机检修后预防性试验作业主要有哪些安全注意事项？

答：发电机检修后预防性试验作业安全注意事项如下：

（1）被试发电机必须与其他设备断开。试验时发电机本身不得带电，发电机出口与外界连接的母线及其他设备必须断开。

（2）试验前应与值班人员确认与发电机相关的作业面均已完工，并进行检查，确认无人员、物品等遗留后方可开展。

（3）试验加压前试验操作人员应高呼“开始加压”并征得试验负责人同意后开始

加压。

（4）试验加压过程中，试验操作人员应站立在绝缘垫上并佩戴绝缘手套，所有现场工作人员应撤离至安全距离以外以免发生触电危险。

（5）试验过程中，试验人员应注意发电机是否有放电、闪络等不正常情况，一旦发生放电等不正常情况应停止加压，待查明原因后方可进行下一步工作。

（6）试验加压结束后，试验操作人员应迅速将试验电压降为 0 并断开试验设备的所有电源。并对试验设备进行充分放电后方能进行解线操作。

13．如何分析发电机预防性试验数据？

答：当得出发电机试验数据后，首先应将试验数据与相关试验规程要求进行对比，其次还应与历史数据进行纵向对比，有必要的情况下还应与同类型发电机的数据进行横向比较，根据以上对比情况最终得出试验结论。

14．为什么要开展发电机定子绕组绝缘电阻及吸收比试验？

答：发电机定子绕组绝缘电阻试验是指对发电机定子绕组绝缘施加电压，根据加压 60s 时流过绝缘的电流而得出绝缘电阻值，60s 的绝缘电阻值与 15s 时的绝缘电阻值之比称为吸收比。因高压发电机尺寸较大，定子绝缘基本为夹层复合绝缘，集合电容电流和吸收电流较大，所以试验用绝缘电阻表应有能满足吸收过程的容量。测量发电机定子绕组的绝缘电阻和吸收比，可初步了解绕组绝缘状况，特别是测量吸收比，能有效发现绝缘是否受潮。但是，由于绝缘电阻受温度、湿度、绝缘材料的几何尺寸等因素的影响，尤其是受绝缘电阻表电压低的影响，在反映绝缘局部缺陷上不够灵敏，但它可以为更严格的绝缘试验提供绝缘的基本情况。因此，除了用绝缘电阻表测量绝缘电阻绝对值之外，还要测量吸收比 R60/R15，以判断绝缘的受潮程度。

15．发电机定子绕组绝缘电阻及吸收比试验作业主要有哪些步骤？

答：开展发电机绝缘电阻及吸收比前应主要准备绝缘电阻表、绝缘垫、绝缘手套、放电棒、线轮等。具体开展流程为：

（1）拆除发电机定子出口连接。

（2）对被试绕组进行充分放电。

（3）非被试绕组应短接接地。

（4）记录试验现场环境情况，一般包括温度、湿度。

（5）检查接线无误后根据试验设备选择合适的试验电压并开始加压。

（6）试验完成后，迅速将绝缘电阻表电压降压至 0，并通过放电棒对被试绕组进行放电操作。

（7）待充分放电后，进行解线操作。

（8）对试验数据进行分析。

16．发电机定子绕组绝缘电阻及吸收比试验作业有哪些安全注意事项？

答：（1）触电风险。在进行发电机定子绕组绝缘电阻及吸收比试验时的试验电压一般为 2500V，在加压和接解线过程有触电的风险。试验前和接解线前，应对发电机定子绕组充分放电，放电应选择对应电压等级的放电棒，试验人员在进行相关操作的过程中应正确佩戴合格的防护用具（如绝缘防护手套等）。

（2）密闭空间作业。在进行发电机定子绕组绝缘电阻及吸收比试验过程中，人员可能会进入到发电机内部进行相关工作。由于发电机内部为一个封闭的空间，在进入该区域工作应按照密闭空间作业进行管理。主要的注意事项有：进入发电机内部的人员和工器具应进行逐一登记，并在结束工作后逐一核对；应确保发电机内部含氧量不低于18%且无有害气体方能进入开展工作；通常情况下，开展发电机绝缘电阻及吸收比试验时，发电机本体处于热状态，进入发电机的人员不得长时间在该区域作业，应适时休息；进入发电机内部的人员应着软底鞋，以免损坏线棒、磁极等部件的绝缘；发电机入口处应安排专职人员把守，并时刻关注发电机内部作业人员的状况，出现紧急情况进行施救。

17．为什么要开展发电机定子绕组直流泄漏电流试验和直流耐压试验？

答：发电机定子绕组直流耐压试验、直流泄漏电流的测量和绝缘电阻的测量在原理上是一样的，区别在于直流耐压试验和直流泄漏电流的试验电压高，泄漏电流与电压呈指数上升关系；而绝缘电阻试验一般呈直线关系，符合欧姆定律，因此，直流耐压试验和直流泄漏电流试验能进一步发现定子绕组绝缘的缺陷。发电机定子绕组直流耐压及泄漏电流试验可以从电压和电流对应的关系中了解定子绕组的绝缘状态，通常情况下，直流耐压和泄漏电流试验可以在定子绕组绝缘尚未击穿前发现或找出缺陷。在直流耐压和泄漏电流试验时，定子绕组绝缘是按照电阻分压的，能够较交流耐压更有效地发现端部缺陷和间歇性缺陷。此外，直流耐压试验对绝缘的损坏程度较交流耐压小，所需要的试验设备容量也小，故普遍采用直流耐压的方式来判断发电机绕组的绝缘情况。

18．发电机定子绕组直流耐压试验和泄漏电流试验作业主要有哪些步骤？

答：开展发电机定子绕组直流耐压试验及泄漏电流试验应按照图4-2所示准备相应试验设备。同时还应准备绝缘电阻表、万用表、绝缘手套、绝缘垫、放电棒、线轮、扳手、螺丝刀等。主要试验步骤如下：

（1）根据被试品的情况，查阅交接试验标准或预防性试验规程，确定直流试验电压值。若直流泄漏电流试验与直流耐压试验结合进行，则应以直流试验电压值作为最高试验电压。

（2）根据试验电压的大小、现场设备条件，选择合适的试验设备和接线方式，画出试验接线图。

（3）首先结合现场的条件，进行试验设备的合理布置，然后接线。合理布置的原则应是安全可靠、读数操作方便、接线清晰、高低压应尽量有明显的界线；一人接线完毕，由另一人进行检查，应做到接线正确、仪表量程选择合适、调压器处于零位，微安表短路开关应闭合。

（4）正式试验前，可将最高试验电压分成4～5段，在不接试品的情况下逐段升压“空试”，记录各试验电压下流过微安表的杂散电流值。“空试”结束，退下高压，拉开电源隔离开关，并对滤波电容器进行充分放电。

（5）接上试品，按第（4）步的对应分段电压，逐段升压，并相应读取泄漏电流值。每次升压后，待微安表指示稳定后再读取泄漏电流值（一般在加压1min后读数）；最后升到最高试验电压值，按相关标准或规程所要求的持续时间后，读取泄漏电流。用分段读取的泄漏电流值与相应“空试”泄漏电流值之差，作为被试品的分段泄漏电流值。

（6）试验完毕，先将调压器退回零位，切断调压器电源，然后使用放电棒将被试品经电阻进行充分放电，放电时间不得少于 2min。根据被试品放电火花的大小，可初步了解其绝缘状况。

（7）记录整理试验数据。记录内容包括被试品名称、编号、铭牌规范、运行位置、湿度，环境温度和试验数据，并绘出 $I=f(U)$曲线。

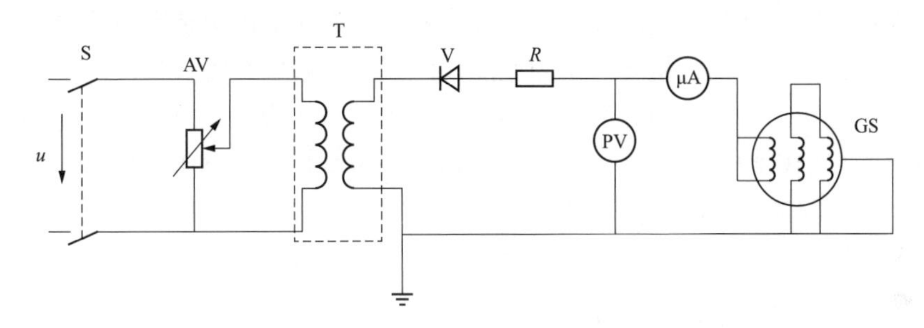

图 4-2　发电机定子绕组（主）绝缘的直流泄漏电流试验及直流耐压试验接线

S—电源开关；AV—高压器；T—试验变压器；V—整流二极管；PV—静电电压表；

μA—微安表；GS—发电机定子绕组

19．发电机定子绕组直流耐压试验和泄漏电流试验作业主要有哪些安全注意事项？

答：发电机定子绕组直流耐压试验和泄漏电流试验作业安全注意事项如下：

（1）试验前，将发电机出线套管表面擦拭干净，用软铜线在套管端部缠绕几圈接至屏蔽线的屏蔽芯子上，以免绕组绝缘表面泄漏电流通过微安表。

（2）正式试验前应空试，以检查试验设备绝缘是否良好、接线是否正确。空试时应分段进行，所分段数和每段持续时间与正式测试时相同，读取各段泄漏电流。若在最高试验电压下，空试泄漏电流只有 1～2μA，则可忽略不计；若空试泄漏电流较大，则当正式测试时，在对应的分段泄漏电流数值内将其扣除。空试时应加稳压电容，其值应大于 0.5μF，以保证试验电压的波形平稳，否则会带来很大误差。

（3）空试无误后，接上定子绕组端线开始正式试验。试验电压按每级 0.5 倍的额定电压分阶段升高，每阶段停留 1min，读取泄漏电流值。升压速度，在试验电压的 40%以前可以是任意的，其后必须是均匀的，约每秒 3%的试验电压。

（4）在达到最高试验电压经过 1min 后，将电压均匀地降到最高试验电压的 25%以下，电压为零后切断电源。

（5）每次试验完后，均需用串接 10MΩ 电阻的地线放电，然后再用地线直接放电。

（6）高压试验，有触电风险。发电机定子绕组直流耐压和泄漏电流试验的试验电压通常为额定电压的数倍。试验存在触电风险，开展试验前应确保试验设备可靠接地，非被试绕组及转子绕组应可靠接地；试验前应确保试验场所无关人员已经全部撤离；试验操作人员操作过程中应站立在绝缘垫上并全程佩戴检验合格的绝缘手套。

（7）密闭空间作业。在进行发电机定子绕组直流耐压及泄漏电流试验过程中，人员可能会进入到发电机内部进行相关工作。由于发电机内部为一个封闭的空间，在进入该区域工作应按照密闭空间作业进行管理。主要的注意事项有：进入发电机内部的人员和工器具应进行逐一登记，并在结束工作后逐一核对；应确保发电机内部含氧量不低于18%且无有害气体方能进入开展工作；通常情况下，开展发电机绝缘电阻及吸收比试验时，发电机本体处于热状态，进入发电机的人员不得长时间在该区域作业，应适时休息；进入发电机内部的人员应着软底鞋，以免损坏线棒、磁极等部件的绝缘；发电机入口处应安排专职人员把守，并时刻关注发电机内部作业人员的状况，出现紧急情况进行施救。

20．为什么要开展发电机转子绕组直流电阻试验？主要有哪些作用？

答：发电机转子绕组是由导线绕制而成，转子绕组构成发电机转子的电回路，电回路的导通情况直接影响发电机的正常运行。通常采用测量转子绕组直流电阻来判断发电机转子绕组导电回路的状况及接触情况。主要作用有：

（1）检测转子绕组内部导线接头是否存在虚接、焊接不良等情况。

（2）检查转子绕组导线是否存在断线、接触不良及是否存在层、匝间短路等情况；同时在进行验收时，通过测量转子绕组直流电阻还可以判定转子绕组导线是否存在以次充好的情况。

21．发电机转子绕组直流电阻试验作业主要有哪些安全注意事项？

答：发电机转子绕组直流电阻试验作业安全注意事项如下：

（1）测量需在发电机转子引出端头进行，不允许包含绕组的外部引线。

（2）测量电压、电流接线点必须分开，电压接线点在绕组端头的内侧并尽量靠近绕组，电流接线点在绕组端头的外侧。

（3）密闭空间作业。在进行发电机转子绕组直流电阻试验过程中，人员可能会进入到发电机内部进行相关工作。由于发电机内部为一个封闭的空间，在进入该区域工作应按照密闭空间作业进行管理。主要的注意事项有：进入发电机内部的人员和工器具应进行逐一登记，并在结束工作后逐一核对；应确保发电机内部含氧量不低于18%且无有害气体方能进入开展工作；通常情况下，开展发电机绝缘电阻及吸收比试验时，发电机本体处于热状态，进入发电机的人员不得长时间在该区域作业，应适时休息；进入发电机内部的人员应着软底鞋，以免损坏线棒、磁极等部件的绝缘；发电机入口处应安排专职人员把守，并时刻关注发电机内部作业人员的状况，出现紧急情况进行施救。

22．什么是发电机定子绕组交流耐压试验？

答：发电机定子绕组交流耐压试验即工频耐压试验，是检查定子绕组主绝缘是否存在局部缺陷，鉴定发电机定子绕组绝缘强度的一种高压试验。发电机定子绕组交流耐压试验一般比运行电压高，能够有效检测发电机定子绕组的绝缘水平，是保证发电机安全运行的重要手段之一。

23．发电机定子绕组交流耐压试验作业主要有哪些作业步骤？

答：开展发电机定子绕组交流耐压试验应按照如图所示准备相应试验设备。同时还应准备绝缘表、万用表、绝缘手套、绝缘垫、放电棒、线轮、扳手、螺丝刀等。主要步骤有：

（1）交流耐压试验前，先用绝缘电阻表检查绝缘电阻，如有严重受潮和严重缺陷，消除后才能进行交流耐压试验。

（2）按照图 4-3 进行接线。在空载情况下调整保护间隙，使其放电电压应在 1.1～1.2 倍范围内，并调整电压在试验电压下维持 2min 后电压降为零，拉开电源。

（3）经过限流电阻 R_1，在高压侧短路，调试过电流保护动作的可靠性。一般情况下，其动作电流应为试验变压器额定电流的 1.3～1.5 倍。

（4）确认电压及电流保护调试正确，各仪表接线正确后，将高压引线接到被试发电机绕组上进行试验。

（5）发电机定子绕组交流耐压试验结束后，再次测量被试绕组的绝缘电阻。

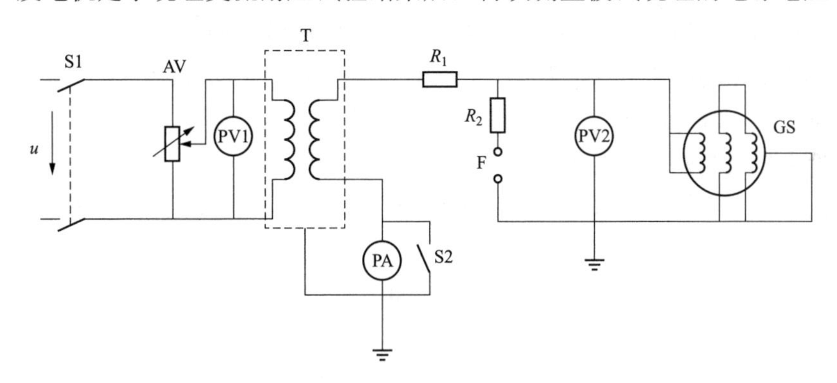

图 4-3　发电机定子绕组交流耐压试验原理图

S1—电源开关；AV—单相调压器；T—试验变压器；PV1—低压倒监视用电压表；PV2—静电电压表；R_1—限流电阻；R_2—球隙保护电阻；S2—短路隔离开关；F—保护球隙；GS—发电机定子绕组；PA—毫安表

24．发电机定子绕组交流耐压试验作业主要有哪些安全注意事项？

答：发电机定子绕组交流耐压试验作业安全注意事项如下：

（1）试验升压必须从零开始，不得冲击合闸。升压速度在 40%试验电压以下可以不受限制，其后应均匀升压，升压速度为每秒 3%的试验电压。

（2）在试验过程中，若因为空气湿度、温度、表面脏污等因素的影响导致被试定子绕组表面发生放电，不应认为定子绕组的绝缘不合格，应对定子绕组清洁或干燥处理后再次进行试验。

（3）高压试验，有触电风险。发电机定子绕组交流耐压试验的试验电压通常为额定电压的数倍。试验存在触电风险，开展试验前应确保试验设备可靠接地，非被试绕组及转子绕组应可靠接地；试验前应确保试验场所无关人员已经全部撤离；试验操作人员操作过程中应站立在绝缘垫上并全程佩戴检验合格的绝缘手套。

（4）密闭空间作业。在进行发电机定子绕组交流耐压试验过程中，人员可能会进入到发电机内部进行相关工作。由于发电机内部为一个封闭的空间，在进入该区域工作应按照密闭空间作业进行管理。主要的注意事项有：进入发电机内部的人员和工器具应进行逐一登记，并在结束工作后逐一核对；应确保发电机内部含氧量不低于 18%且无有害气体方能进入开展工作；通常情况下，开展发电机绝缘电阻及吸收比试验时，发电机本体处于热状态，进入发电机的人员不得长时间在该区域作业，应适时休息；进入发电机内部的人员应着软底鞋，以免损坏线棒、磁极等部件的绝缘；发电机入口处应安排专职人员把守，并时刻关注发电机内部作业人员的状况，出现紧急情况进行施救。

25．为什么直流耐压试验比交流耐压试验更容易发现发电机定子绕组端部的绝缘缺陷？

答：因为发电机定子绕组端部导线与绝缘表面间存在分布电容，在交流耐压试验时，绕组端部的电容电流沿绝缘表面流向定子铁芯。在绝缘表面沿电容电流的方向便产生了显著的电压降，因此，离铁芯较远的端部导线与绝缘表面间的电位差便减小。所以不能有效地发现离铁芯较远的绕组端部绝缘缺陷。而在直流耐压试验时，不存在电容电流，只有很小的泄漏电流通过端部的绝缘表面。因此，沿绝缘表面也就没有显著的电压降，使得端部主绝缘上的电压分布比较均匀，因而在端部各段上所加的直流试验电压都比较高，这样就能比较容易地发现端部绝缘的局部缺陷。

26．什么是发电机定子绕组局放试验？

答：发电机定子绕组绝缘老化后，绝缘介质内部通常会出现裂缝、气泡和气隙，当外施电压达到气隙放电的场强时，气隙开始放电。局放试验就是通过放电量的大小来判断发电机定子绕组绝缘的老化情况，同时，还可以根据逐年放电量变化的情况来判断发电机绝缘的演变情况。

27．发电机定子绕组局放试验作业主要有哪些步骤？

答：开展发电机定子绕组局放试验应按照图 4-4 所示准备相应试验设备。同时还应准备绝缘电阻表、万用表、绝缘手套、绝缘垫、放电棒、线轮、扳手、螺丝刀等，开展发电机定子绕组局部放电试验的主要步骤如下：

（1）按照图 4-4 接线，并确保各试验设备和非被试绕组可靠接地。

（2）在被试绕组上注入标准放电量（$q_0 = C_0U_0$），进行测试前的校正，使其单位放电量 q_0 在某一定值。其中必须注意将 K 调整好的放大器位置旋钮加压前后务必保持同一固定位置。

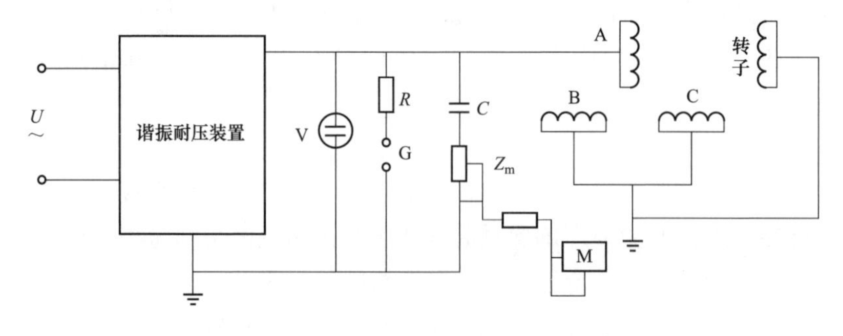

图 4-4　发电机定子绕组局放试验的接线图

R—限球隙保护电阻；V—分压器；G—球隙；C—耦合电容；Z_m—测量阻抗；M—测量仪器

（3）加压前拆除方波发生器，在空试（不接入发电机绕组）状态观察装置本身元件有无放电现象。

（4）接入发电机定子绕组后逐步升压，每隔一定电压值（例如500～1000V）测定其放电量，直至高试验电压。在整个试验中除测定最大局部放电量外，应测定局部放电的起始放电电压和熄灭电压。所谓起始电压即放电量达到某一明显程度的初始电压，熄灭电压即放电停止或小于某一明显程度的电压。

（5）以上参数测量完毕，电源电压降为零，记录机温，试验结束。

28．发电机定子绕组局放试验作业主要有哪些安全注意事项？

答：（1）测量用的仪器本身灵敏度应至少能满足测出规定允许放电强度的10%。

（2）加压前应对定子绕组及试验设备进行清洁并保持干燥，试验温度应保持环境温度。为确保试验结果正确，每次加压前在机械上、热量上和电气上的应力可能会影响试验结果，所以试验前应有一段休息恢复时间。

（3）为了得到同期的椭圆扫描波形和稳定的标量脉冲，前置放大器的电源与试验电源相应要求一致。

（4）发电机局部放电测量遇到的麻烦问题是外界干扰。外界干扰可分两大类，一类为与电源电压基本无关的干扰，例如，操作开关（包括继电器开关）、直流电机换向、电焊、吊车起用、高压试验及无线电发射等（其中也包括仪器本身之固有噪声）；另一类与电源有关的干扰，这种干扰表现为随试验电压升高而增大，但不是发电机内部发出，而是来自变压器中、高压引线上或者邻近物接地不良等，有时高低压侧接触不良也能产生干扰。对于这些干扰应采取相应措施，为了遏制电源电压的干扰信号，电源侧二端可并联一个5～10μF的电容器，整个试验回路应保持接触良好，接地可靠（可采用一点接地），高压引线导线外径不能过细，防止产生电晕。对于外界明显干扰，例如吊车，励磁机整流换向、高压线路应尽量避开。在现场的工业试验中，外界的干扰通常无法完全消除，试验时需要凭试验专业人员的经验加以识别。

（5）高压试验时需注意触电风险的防控。发电机定子绕组局部放电试验的试验电压通常为额定电压的数倍。试验存在触电风险，开展试验前应确保试验设备可靠接地，非被试绕组及转子绕组应可靠接地；试验前应确保试验场所无关人员已经全部撤离；试验操作人员操作过程中应站立在绝缘垫上并全程佩戴检验合格的绝缘手套。

（6）进入发电机内部工作时，应按照密闭空间作业进行风险管控。主要的注意事项有：进入发电机内部的人员和工器具应进行逐一登记，并在结束工作后逐一核对；应确保发电机内部含氧量不低于18%且无有害气体方能进入开展工作；通常情况下，开展发电机绝缘电阻及吸收比试验时，发电机本体处于热状态，进入发电机的人员不得长时间在该区域作业，应适时休息；进入发电机内部的人员应着软底鞋，以免损坏线棒、磁极等部件的绝缘；发电机入口处应安排专职人员把守，并时刻关注发电机内部作业人员的状况，出现紧急情况进行施救。

29．变压器试验项目主要有哪些？

答：针对不同电压等级、不同类型的变压器试验项目有所不同，共性的试验项目主要有绝缘电阻试验、直流电阻试验、变比试验、交流耐压试验等；针对 35kV 及以上油浸式变压器还包括绕组连同套管的介损、套管的介损、绕组变形、短路阻抗及有载分接开关特性、绝缘油色谱、绝缘油微水、绝缘油耐压等试验项目，对于 SF_6 变压器还需进行 SF_6 气体湿度及分解产物测试等试验项目。

30．变压器试验作业主要有哪些安全注意事项？

答：变压器试验作业安全注意事项如下：

（1）拆、接试验接线前，将被试品设备对地充分放电，对于大容量变压器一般放电 5min 及以上，以防止剩余电荷、感应电触电伤人。试验前后也必须对被试品对地充分放电，以防止测量剩余电荷触电伤人，试验仪器的金属外壳应可靠接地，加压操作人员必须穿好绝缘鞋或者站在绝缘垫上。

（2）主变压器上工作时必须正确佩戴双保险的安全带，移动时不得失去安全带的保护。如需攀爬才能开展套管引线的拆除或接线，建议使用高空作业车，减少攀爬带来的试验人员滑落摔伤风险。

（3）在测量加压过程中要大声呼唱并设置围栏，防止试验人员和其他人员接触被试品触电。

（4）在高空作业车工作台操作过程中，在套管本体侧面操作，并保持一定的安全距离，避免操作人员操作失误或者高空车失控损坏套管，并设专人监护。

（5）高处作业应使用工具袋，上下传递物品时必须用绳索绑扎牢固，严禁上下抛掷物品。

31．变压器绕组连同套管绝缘电阻试验作业主要有哪些安全注意事项？

答：变压器绕组连同套管绝缘电阻测试能有效地检查出变压器绝缘整体受潮、部件表面受潮或脏污情况以及贯穿性的集中性缺陷。绝缘电阻测试作为高压试验，一般电压选择 2500V，如果绝缘电阻偏低，也可通过测试吸收比和极化指数或者对各部位进行分解测量等方式进行辅助判断。安全注意事项如下：

（1）测试前应确保各接地点均已可靠接地，测试过程中带电部位应设置专人监护并装设临时遮拦和悬挂“止步，高压危险”标示牌。

（2）当存在较大感应电时，针对仪器仪表及工作人员应采取相应的防感应电措施，并确保措施安全可靠。

32．变压器绕组连同套管介损及电容量试验作业主要有哪些安全注意事项？

答：通过变压器绕组连同套管介损及电容量检测，可以检查变压器受潮、绝缘油及纸劣化、绕组鼓包等缺陷，它是判断变压器绝缘状态的一种有效手段，同时也是判断变压器绕组变形辅助手段之一。介损试验作为高压试验，一般电压选择 10kV，如果介损偏差较大时，可以通过额定电压下的介损进一步分析判断。注意事项如下：开展变压器绕组连同套管介损及电容量测试时，非试验绕组必须短路接地，未拆除引线的情况下，需派专人到可能的来电侧进行监护，并设置临时遮拦和悬挂“止步，高压危险”标示牌。

33．为什么变压器绕组连同套管介损及电容量试验必须把被试绕组短接在一起加压？

答：针对星形接线的绕组开展绕组连同套管介损及电容量测试时，仅其中一相套管加压时，会在其他相产生一定的压降，套管之间会形成一个耦合回路，试验叠加了套管表面及空气的介损，影响测试数据的准确和判断，因此，要求变压器绕组连同套管介损及电容量测试时被试绕组必须短接在一起加压。

34．变压器直流电阻试验作业主要有哪些安全注意事项？

答：通过变压器绕组直流电阻测试，可以检查绕组内部导线接头的焊接质量，引线与绕组接头的焊接质量、电压分接开关各个分接位置及引线与套管的接触是否良好、并联支路连接是否正确、变压器载流部分有无断路、接触不良以及绕组有无短路现象。一般选用双臂电桥（即“四端接线方法”）测试，选择变压器额定电流的 2%～10%作为测试电流。安全注意事项如下：

（1）主变压器投运后励磁涌流过大，造成主变压器断路器跳闸，对于大容量设备直流电阻测试结果后，必须使用消磁仪对变压器进行消磁工作，三相消磁时间不小于30min。

（2）进行无载调压变压器直流电阻测试时，若需要切换挡位，必须停止测试，待放电完毕后方可切换分接开关。

35．变压器套管介损及电容量试验作业主要有哪些安全注意事项？

答：开展变压器容性套管介损试验时，为了避免套管表面泄漏电流对测试结果的影响，一般选择正接法测试，需要拆除套管末屏接地连接片或盖子等。安全注意事项如下：

（1）对于一些特殊结构的套管末屏，现场必须使用专用的工器具使其脱离接地，严禁使用硬力工器具蛮力作业导致末屏损坏。

（2）试验人员在拆除末屏接线时一定要做好记录，恢复接地后使用万用表导通挡或绝缘电阻测试仪确认末屏接地牢靠。

36．变压器铁芯及夹件绝缘电阻试验作业主要有哪些安全注意事项？

答：通过变压器铁芯及夹件绝缘电阻测试，可以检查铁芯及夹件对地（变压器外壳）、绕组及支撑架的绝缘情况，以及是否存在多点接地的情况。试验过程中需要拆除铁芯或夹件的接地引线，安全注意事项如下：

（1）拆除铁芯及夹件的接地引线时，必须选用合适的工器具，用力均匀，严禁蛮力作业导致引线套管损坏。

（2）按照谁拆除谁恢复的原则进行铁芯及夹件的接地引线恢复，并使用绝缘电阻表对恢复情况进行测量，确保铁芯及夹件接地牢靠。

37．变压器短路阻抗试验作业主要有哪些安全注意事项？

答：测量变压器短路阻抗及阻抗电压，是确定变压器并联运行的条件，是计算变压器的效率及稳定的重要参数，如果两台变压器并联运行，而阻抗电压偏差较大，就会在变压器之间形成的环流影响变压器的运行，而且如果阻抗电压大的变压器满载，阻抗电压小的就要过载，影响变压器的内部绝缘的运行年限，相反阻抗电压小的满载，阻抗电压大的就会欠载，不能获得充分的利用；通过短路试验还可以发现变压器各结构部件或油箱壁中由于漏磁通引起的附加损耗过大引起的局部过热情况，并且通过阻抗电压测量可以发现运行中变压器出口发生短路后变压器内部几何尺寸的改变，这也是变压器遭受短路冲击后必做项目之一。安全注意事项如下：试验前必须认真检查试验接线，使用规范的短路线，仪器仪表的表计倍率、量程、调压器零位及仪表的开始状态，均应准确无误。

38．为什么变压器负载损耗试验最好在额定电流下进行？

答：变压器负载损耗试验的目的主要是测量变压器负载损耗和阻抗电压。变压器负载损耗的大小和流过绕组的电流的平方成正比，如果流过绕组的电流不是额定电流，那么测得损耗将会偏差较大，影响判断。

39．变压器空载试验作业主要有哪些安全注意事项？

答：空载试验的主要目的是发现磁路中的铁芯硅钢片的局部绝缘不良或整体缺陷，如铁芯多点接地、铁芯硅钢片整体老化等缺陷，如果运行中变压器发生铁芯多点接地或者硅钢片绝缘不良就会在两点之间产生环流引起铁芯局部过热，容易引起铁芯绝缘的损坏；根据交流耐压前后两次空载试验的结果也可以判断绕组是否存在匝间击穿的情况，是绕组和铁芯缺陷查找必做项目之一。安全注意事项如下：

（1）试验前必须认真检查试验接线，使用规范的短路线，仪器仪表的表计倍率、量程、调压器零位及仪表的开始状态，均应准确无误。

（2）空载试验应在直流电阻试验前或充分消磁后开展，防止铁芯剩磁对测试结果造成影响。额定电压下的空载试验应在常规电气试验合格后开展，铁芯应可靠接地，分级绝缘变压器中性点应可靠接地。

40．为什么变压器空载试验最好在额定电压下进行？

答：空载试验是测量变压器的空载损耗和空载电流，空载损耗主要是铁损耗。空载损耗的大小与负载大小无关，也就是说，负载时的空载损耗等于空载时的空载损耗，但这是在施加额定电压的前提下，当变压器铁芯中的磁感应处在磁化曲线的饱和阶段时，空载损耗和空载电流都会急剧变化，超出和低于额定电压测试的数据偏差都会很大，影响判断。

41．变压器局放试验及交流耐压试验的目的和原理分别是什么？

答：变压器的绝缘可分为主绝缘和纵绝缘，其中主绝缘主要包括变压器绕组的相间绝缘、不同电压等级绕组间绝缘和相对地绝缘；纵绝缘则是指变压器同一绕组具有不同电位的不同点或不同部位之间的绝缘，主要包括绕组匝间、层间和段间绝缘性能。变压器交流耐压试验考验主绝缘强度、检查局部缺陷，能发现主绝缘受潮、开裂、绝缘距离不足等缺陷；而局放试验主要考核变压器纵绝缘的电气强度（包括绕组层间、相间及段间）。局放接线原理如图 4-5 所示，局放试验加压顺序如图 4-6 所示。

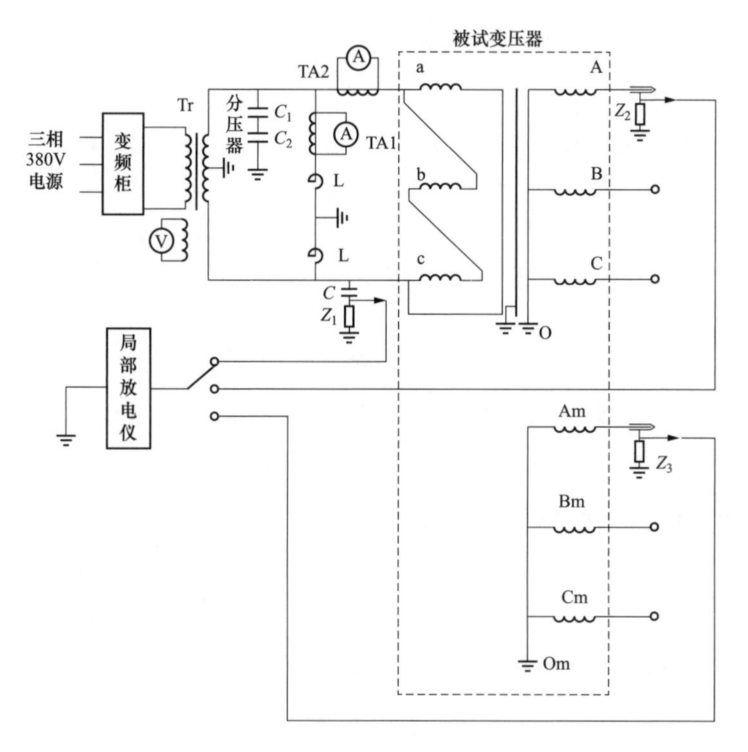

图 4-5　局放接线原理图

Tr—无局放励磁变压器；L—补偿电抗器；Z_1，Z_2，Z_3—分别为局放测量检测阻抗

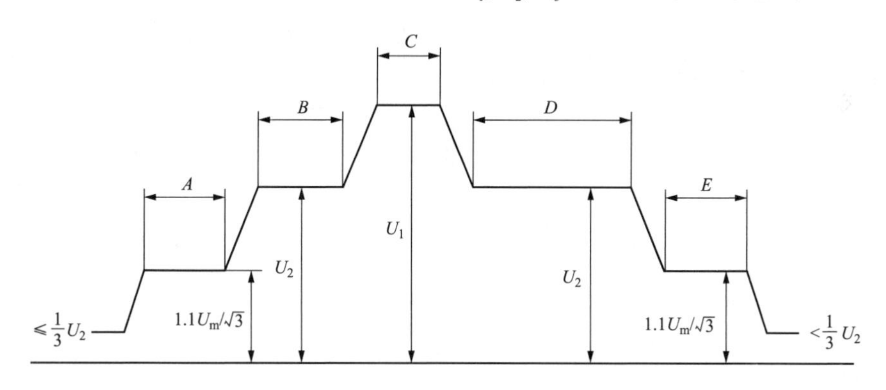

图 4-6　局放试验加压顺序图

图中，$A = 5\text{min}$；$B = 5\text{min}$；C—试验时间；$D \geqslant 60\text{min}$ 或 30min；$E = 5\text{min}$；$C =$（120×额定频率）/试验频率（S）；$U_1 = 1.7U_m/\sqrt{3}$；$U_2 = 1.5U_m/\sqrt{3}$ 或 $1.3U_m/\sqrt{3}$，视试验条件定；U_m 为设备最高电压的有效值。

交流耐压试验原理图如图 4-7 所示。全部更换绕组时，按出厂试验电压值（110kV 变压器的绕组中性点绝缘水平为 200kV；35kV 变压器的绕组中性点绝缘水平为 85kV）。

部分更换绕组时，按出厂试验电压值的 0.8 倍（110kV 变压器的绕组中性点绝缘水平为 160kV；35kV 变压器的绕组中性点绝缘水平为 68kV）。

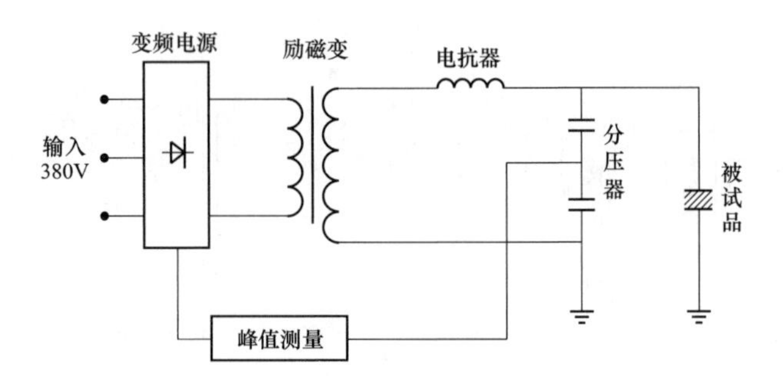

图 4-7　交流耐压试验原理图

42．变压器局放试验及交流耐压试验作业主要有哪些安全风险？应如何管控？

答： 变压器局放试验及交流耐压试验作业的主要风险和管控措施见表 4-3。

表 4-3　变压器局放试验及交流耐压检测试验作业的主要风险及管控措施

序号	主要风险	控制措施
1	试验设备吊装时操作不当或者使用的吊绳吊具不合格发生高空坠物损坏设备或砸伤工作人员	（1）检查吊具是否完好、不允许超载使用； （2）吊装设备时要专人指挥，现场设置专职监护人； （3）严禁人员站在吊物的下方； （4）吊装过程中要设置专职监护人
2	试验设备吊装时与带电设备安全距离不够，造成设备跳闸或者人员触电	（1）吊装大件物体时，需要专人用绳索固定物体，使其在吊装过程中不随意摆动； （2）吊车必须保证可靠接地； （3）现场吊装物体时必须满足相关规定安全距离的要求，必要时使用测距仪进行辅助测距
3	安装均压罩或者屏蔽桶时操作不当发生套管瓷瓶损坏	（1）搬运过程中使用绳索绑扎牢固，避免接触套管瓷瓶； （2）必要时，使用高空作业车安装
4	试验电压变比计算错误，试验电压超出设备承受值，发生绝缘击穿或放电	（1）试验电压必须在高压侧检测，不能仅仅通过变比计算； （2）高压回路安装过压保护球隙，整定值一般为试验电压的 1.15 倍
5	电流互感器二次回路开路，造成二次过压绝缘击穿	试验前检查电流互感器二次绕组短接牢固，不允许存在开路情况
6	试验过程中使用的短路线或者套管末屏没有恢复接地，送电后造成设备短路放电	（1）试验使用的短路线严格按照谁拆除谁恢复，并经第二人检测确认； （2）试验完成后要使用万用表导通档或绝缘电阻测试仪确认末屏接地牢靠
7	试验人员升压操作不当造成设备损坏	（1）耐压试验电压必须从零（或接近零）开始，禁止进行冲击合闸； （2）升压过程中密切关注高压回路电流、电压变化情况，时刻监听被试品是否有异响； （3）耐压测试完毕后要进行绝缘电阻和绝缘油相关试验

43．为什么一般最后才进行变压器的局放及交流耐压等试验？

答： 变压器局放及交流耐压试验是一种破坏性试验，因此，在耐压试验前要对被试品进行绝缘电阻、介损、绝缘油等相关试验且试验合格后方可开展，针对充油设备还应在注油后静止足够的时间（110kV 及以下：24h，220kV：48h，500kV：72h）方能加压，以避免耐压试验时发生绝缘击穿。

44．35kV 充油套管为什么不允许在无油状态下进行耐压试验？

答：由于空气的介电常数为 1，电气强度 E=30kV/cm，而油的介电常数为 2.2，电气强度 E 可达 80～120kV，若套管不充油做耐压试验，导杆表面出现的场强会大于正常空气的耐受场强，造成瓷套空腔放电，电压全部加在瓷套上，导致瓷套击穿损坏。

45．开展变压器交流耐压试验，为什么非被试绕组必须接地？

答：在做交流耐压试验时，非被试绕组如果不接地，由于电磁感应可能产生不允许的过电压，可能会损坏设备的绝缘，因此开展变压器交流耐压试验时，非被试绕组必须接地牢固。

46．管型母线主要试验项目有哪些？

答：管型母线主要试验项目有：红外测温、绝缘电阻测试、介质损耗测试及交流耐压试验等。

47．绝缘型管母交流耐压试验作业主要有哪些安全注意事项？

答：绝缘型管母交流耐压试验是考验绝缘型管母对地绝缘能力，同时可以检测出绝缘型管母机械性损伤等问题。安全注意事项如下：

（1）试验前后应对被试管母进行充分放电，试验过程中应派专人在各带电场所进行监护，10kV 配电室内各开关柜柜门应关闭，同时各带电场所均应设置相应的标示牌及警示标志。

（2）在选用耐压仪器时应充分考虑容量、电压、电流等因素，试验仪器应采取配置计时器、过流保护、过压保护、并联放电间隙等防护措施，加压前认真检查表计倍率、量程、调压器零位及仪表的开始状态均正确无误，严格按照规定的耐压试验电压及时间进行试验。

48．110kV 及以上户外管母绝缘电阻试验作业主要有哪些安全注意事项？

答：110kV 及以上户外管母绝缘电阻试验是考验母线支撑绝缘子及隔离开关支座等辅助设备的对地绝缘能力。安全注意事项如下：

（1）为防止绝缘电阻表被烧坏，试验时应先将绝缘电阻表启动至试验电压，再将高压线触碰母线进行测试，若遇到较大感应电也可适当提高绝缘电阻表试验电压进行试验。

（2）试验前应确认试验时所用的伸缩杆、绝缘垫等工器具及仪器仪表经检验并合格，试验过程设置专人监护。

49．断路器主要试验项目有哪些？

答：变电站使用的断路器主要分为两种：一种是 SF_6 断路器（含 GIS、HGIS 等）主要试验项目有红外测温、GIS（HGIS）局放测试、回路电阻测试、开关动作特性试验、SF_6 气体湿度及分解产物测试、绝缘电阻测试及交流耐压试验等；一种是真空断路器，又包括户外和户内手车式两种，主要试验项目有红外测温、高压开关柜局放测试、回路电阻测试、开关动作特性试验、真空度检测、绝缘电阻测试及交流耐压试验等。

50．户外 110kV 及以上 SF_6 断路器回路电阻试验作业主要有哪些安全注意事项？

答：断路器导电回路接触良好是保证断路器安全运行的一个重要条件，如回路电阻增大，将使触头发热严重，造成弹簧退火、触头周围绝缘零件烧损，因此，在预防性试验中需要测量断路器导电回路电阻。现场一般采用直流压降法进行测量，其原理图如图4-8所示。

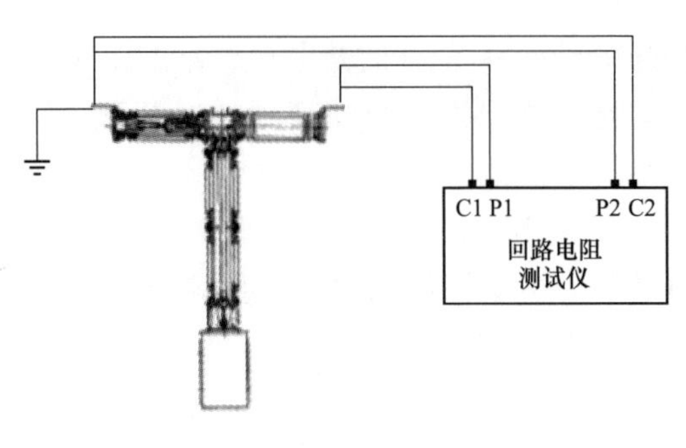

图 4-8　直流压降法原理图

110kV 及以上户外敞开式断路器回路电阻需要注意减少引线的影响，电流先应接到电压线外侧，测试电流不得小于 100A，避免断路器接线端子表面的油漆或者金属氧化层对回路电阻的干扰；一般情况下安装测试线时试验人员需要借助高空作业车或绝缘杆等设备把测试线接到断路器接线端子处，或者试验人员徒手攀爬断路器进行接线，安全注意事项如下：

（1）不建议采取试验人员徒手攀爬这种方法，宜采用长梯或高空作业车开展。

（2）高空作业车移动一定要在安全围网的范围以内，除工作台上的作业者外，地面还必须有一名操作人员随时准备进行应急处理工作，最后必须配置专职监护人，监护整个高空作业车作业过程。

（3）使用绝缘杆挂接测试线时，必须两人一起操作，换相时必须把绝缘杆收回后才能继续进行，禁止将带测试线的绝缘杆直接换相测试。

51．GIS 交流耐压试验作业主要有什么安全注意事项？

答：GIS 交流耐压试验作业安全注意事项如下：

（1）规定的试验电压应施加在每一相导体和金属外壳之间，非被试相导体和接地金属外壳相连接。

（2）试验电源容量必须满足要求，当试验电源容量有限时，可将 GIS 用其内部的断路器或隔离开关分断成几个部分分别进行试验，同时不试验的部分应接地。

（3）GIS 内部的避雷器在进行耐压试验时应与被试回路断开，GIS 内部的电压互感器、电流互感器的耐压试验应参照相应的试验标准执行。

（4）如果电压互感器与 GIS 一起进行耐压试验，必须保证电压互感器一次绕组、二次绕组尾端接地，绝对不允许二次短路造成二次电流过大损坏电压互感器二次绕组绝缘。

（5）试验天气的状况对品质因数 Q 值影响较大，因此，建议试验应在较干燥的天气情况下进行。

（6）试验回路中的电流互感器二次侧绕组绝对不允许二次开路造成二次过压损坏电流互感器二次绕组绝缘。

52．GIS 局部放电检测作业主要有什么安全注意事项？

答：GIS 局部放电检测主要是利用设备发生局部放电时所产生的声、电等故障特征信息，常见的有超声波和特高频局部放电检测技术两种。安全注意事项如下：

（1）进入 GIS 室前，必须开启抽风机通风不少于 15min，保证室内的 O_2 含量不少于 18%，SF_6 含量少于 1000μL/L。

（2）应确保检测人员及检测仪器与带电部位保持足够的安全距离。

（3）登高检测时应做好安全措施，防止高空坠落。

（4）检测现场出现明显异常情况时（如异响、电压波动、系统接地等），应立即停止检测并撤离现场。

53．高压开关柜局放测试作业主要有什么安全注意事项？

答：高压开关柜局部放电检测主要是利用设备发生局部放电时所产生的声、电等故障特征信息，常见的有暂态地电压、超声波、和特高频局部放电检测技术两种。安全注意事项如下：

（1）应确保检测人员及检测仪器于带电部位保持足够的安全距离。

（2）测试时不得操作开关柜，开关柜金属外壳应接地良好。

（3）检测现场出现明显异常情况时（如异响、电压波动、系统接地等），应立即停止检测并撤离现场。

54．高压开关柜真空断路器回路电阻试验作业主要有哪些安全注意事项？

答：高压开关柜真空断路器回路电阻试验作业安全注意事项如下：

（1）在进行柜式真空断路器回路电阻试验接线时，禁止把电流极夹到触头压紧弹簧上，避免因试验电流大造成弹簧烧断或者烧损。

（2）现场进行合闸回路电阻测试时，需要解开合闸电子闭锁装置，操作前恢复后必须拍照对比，并经过第二人确认。

55．回路电阻过大的高压开关柜真空断路器，应重点检查哪些部位？

答：回路电阻过大的高压开关柜真空断路器，应重点检查以下部位：

（1）静触头座与支座、中间触头与支座之间的连接螺丝是否压紧。

（2）动、静触头和中间触头的触指有无缺损或烧毛，表面镀层是否完好。

（3）各触指的弹力是否均匀合适，触指弹簧有无脱落或退火、变色。

56．真空断路器耐压试验作业主要有哪些安全注意事项？

答：真空断路器耐压试验需分别在分闸和合闸状态下进行。合闸状态下试验是为了考验绝缘支柱瓷套管的绝缘；分闸状态下试验是为了考验断路器断口、灭弧室的绝缘。安全注意事项如下：

（1）在选用耐压试验仪器时应充分考虑容量、电压、电流等因素，试验仪器应采取配置计时器、过流保护、过压保护、并联放电间隙等防护措施，加压前认真检查表计倍率、量程、调压器零位及仪表的开始状态均正确无误，检查试验接线并确认接线正确，严格按照规程规定的耐压试验电压及时间进行试验。

（2）试验过程使用规范的测试线及线夹，试验结束后试验人员应拆除自装的接地短路线，并对被试设备进行检查，确认设备上无异物遗留，并恢复至试验前状态。

57．电流互感器主要试验项目有哪些？

答：针对不同绝缘类型的电流互感器试验项目也有所不同，相同的主要有绝缘电阻、耐压、直流电阻、励磁特性以及红外测温等试验项目。对于电容型电流互感器还包括了介损及电容量试验，油浸式电流互感器包括绝缘油耐压、色谱、微水等试验，而 SF_6 绝缘电流互感器需进行 SF_6 气体湿度和分解产物测试等相关试验。

58．电流互感器试验作业主要有哪些安全注意事项？

答：电流互感器试验作业安全注意事项如下：

（1）拆、接试验接线前，将被试品设备对地充分放电，对于大容量设备一般放电5min以上，以防止剩余电荷、感应电伤人；试验前后也必须对被试品对地充分放电，以防止测量剩余电荷伤人，试验仪器的金属外壳应可靠接地，加压操作人员必须穿好绝缘鞋或者站在绝缘垫上。

（2）工作时必须佩戴好双保险的安全带，移动时不得失去安全带的保护；必要时使用高空作业车，减少攀爬带来的坠落风险。

（3）在测量加压过程中要大声呼唱并设置围栏，防止试验人员和其他人员接触被试品触电。

59．电流互感器介损及电容量试验作业主要有哪些安全注意事项？

答：电流互感器介损及电容量试验能够发现油浸式和串级绝缘结构电流互感器绝缘受潮、劣化等缺陷，以及电容性电流互感器电容板制造工艺不良造成的放电和绝缘性能下降的缺陷。电流互感器末屏接地端拆除前、恢复后要拍照对比，并经第二人确认接地牢固。

60．电压互感器主要试验项目有哪些？

答：针对不同绝缘类型的电压互感器试验项目也有所不同，主要有绝缘电阻、变比、直流电阻以及红外测温等相同试验项目。对于电容型电压互感器还包括介损及电容量试验，油浸电磁式电压互感器还包括绝缘油耐压、色谱、微水等试验，SF_6绝缘电压互感器还包括SF_6气体湿度和分解产物测试，电磁式电压互感器还包括空载电流及励磁特性等相关试验。

61．电压互感器试验作业主要有哪些安全注意事项？

答：电压互感器试验作业安全注意事项如下：

（1）拆、接试验接线前，将被试品设备对地充分放电，对于大容量设备一般放电5min以上，以防止剩余电荷、感应电伤人；试验前后也必须将被试品对地充分放电，以防止剩余电荷伤人，试验仪器的金属外壳应可靠接地，加压操作人员必须穿好绝缘鞋或者站在绝缘垫上。

（2）工作时必须正确佩戴双保险的安全带，移动时不得失去安全带的保护；必要时使用高空作业车，减少攀爬带来的坠落风险。

（3）在测量加压过程中要大声呼唱并设置围栏，防止试验人员和其他人员接触被试品触电。

62．干式电磁式电压互感器空载及感应耐压试验作业主要有哪些安全注意事项？

答：开展干式电磁式电压互感器空载及感应耐压试验目的是检查互感器铁芯质量和绝缘性能，通过磁化曲线的饱和程度来判断互感器有无匝间短路，并根据励磁曲线合理选配互感器，避免发生铁磁谐振过电压。安全注意事项如下：

（1）开展干式电磁式电压互感器空载及感应耐压试验时，未加压绕组尾端必须牢固接地，加压绕组的尾端可以不接地。

（2）在对未加压绕组尾端接地时，使用带有绝缘层保护的夹子，避免因接错线或者夹子短接造成二次绕组短路，产生较大短路电流损坏设备的绝缘。

63．干式电压互感器感应耐压试验作业未使用三倍频会有什么影响？

答：干式电压互感器感应耐压试验的电压值一般远超过互感器的额定电压，如果施加 50Hz 的互感器上时，互感器铁芯会处于严重饱和状态，励磁电流会非常大，瞬间产生的大量热量影响设备的整体绝缘性能。根据感应电动势 $E = 4.44WfBS$，当 E 升高时，要使 B 保持不变，只有升高频率 f，所以现场一般都采用三倍频（150Hz）进行电压互感器感应耐压试验。

64．35kV、110kV 电容式电压互感器介损及电容量试验作业主要有哪些安全注意事项？

答：35kV、110kV 电容式电压互感器介损及电容量试验能发现电容器介质受潮、击穿等缺陷，对电容芯子铝箔或者膜纸不平整等工艺问题也有很好的反应。安全注意事项如下：

（1）高处作业必须正确佩戴安全带，并且调整保险绳到合适长度，方便试验人员双手操作工器具，登高使用的梯子要绑扎牢固。

（2）二次绕组短接前、拆除后要拍照对比，并经第二人确认。

（3）电容单元尾端接地拆除前、恢复后要拍照对比，并经第二人确认。

（4）因试验工作需拆除二次绕组接线，必须填写二次措施单，拆前做好记录，拆后做好检查，并经第二人确认。

65．220kV 电容式电压互感器介损及电容量试验作业主要有哪些安全注意事项？

答：220kV 电容式电压互感器上节介损及电容量测试中，因反接屏蔽法测试结果与出厂值偏差加大，需要拆除高压一次引线工作。安全注意事项如下：

（1）拆除高压引线时必须正确佩戴安全带，使用梯子攀爬时必须绑扎牢固并专人扶梯，调整保险绳到合适长度，方便试验人员双手操作工器具。

（2）使用高空作业车拆除高压一次引线时，尽量在设备本体侧面操作，并保持一定的安全距离，避免操作人员操作失误或者高空车失控损坏瓷瓶，并设专人监护。

66．氧化锌避雷器主要试验项目有哪些？

答：氧化锌避雷器主要试验项目有：红外检测、运行电压下的交流泄漏电流带电试验、主绝缘电阻试验、底座绝缘电阻试验、主绝缘直流泄漏试验、工频参考电压和持续电流、检查放电计数器动作情况。

67．氧化锌避雷器停电试验作业主要有哪些安全注意事项？

答：氧化锌避雷器停电试验作业安全注意事项如下：

（1）拆、接试验接线前，将被试品设备对地充分放电，以防止剩余电荷、感应电伤人；试验前后必须将被试品对地充分放电，以防止剩余电荷造成人员触电，试验仪器的金属外壳应可靠接地，加压操作人员必须穿好绝缘鞋或者站在绝缘垫上。

（2）工作时必须正确佩戴双保险的安全带，移动时不得失去安全带的保护；必要时使用高空作业车，减少攀爬带来的坠落风险。

（3）在测量加压过程中要大声呼唱并设置围栏，防止试验人员和其他人员接触被试品触电。

68．氧化锌避雷器绝缘电阻试验作业主要有哪些安全注意事项？

答：氧化锌避雷器绝缘电阻检测是判断内部绝缘受潮和瓷瓶裂纹等缺陷的重要手段，确保放电计数器在避雷器动作时能够正确计数。一般主绝缘电阻要求：35kV及以上，不小于2500MΩ；35kV以下，不小于1000MΩ；1kV以下，不小于2MΩ；底座绝缘要求：不小于5MΩ。试验前后应对被试设备进行充分放电，试验过程中应派专人监护。

69．氧化锌避雷器直流泄漏试验作业主要有哪些安全注意事项？

答：氧化锌避雷器直流泄漏试验目的是检查氧化锌阀片是否受潮、老化，以及确定其动作性能是否符合要求的重要依据。首先，对氧化锌避雷器主绝缘施加直流电压，观察直流泄漏电流幅值，当直流泄漏电流值达到1mA时，记录所施加的电压值，称为直流参考电压U1mA；其次，对氧化锌避雷器主绝缘施加0.75倍U1mA，记录泄漏电流值，称为0.75U1mA下的泄漏电流。一般氧化锌避雷器直流1mA电压U1mA及0.75U1mA下的泄漏电流要求是：①直流参考电压U1mA实测值与出厂值比较，允许偏差应为±5%。②0.75U1mA下的泄漏电流值不应大于50μA，或符合产品技术条件的规定。

安全注意事项如下：

（1）试验前后应对被试设备进行充分放电，试验过程中应派专人监护。

（2）在试验前尽可能地把避雷器表面擦拭干净，必要时在避雷器端部伞裙前几片加装屏蔽环，排除表面泄漏电流的干扰。

（3）氧化锌避雷器绝缘电阻呈非线性特征，在泄漏电流大于200μA以后，随着电压的升高，电流急剧增加，故应放慢升压速度，当电流达到1mA时准确读取数据。

70．影响氧化锌避雷器直流泄漏电流测试的因素有哪些？

答：（1）高压引线的影响。高压引线及高压输出端均暴露在空气中，对地、绝缘部件和临近设备等均有一定的杂散电流，泄漏电流流入测量回路。在避雷器底部设置电流表，可以排除周围设备杂散电流、高压引线对地泄漏电流，再通过加装屏蔽环排除避雷器表面泄漏电流的干扰。

（2）温度的影响。与绝缘电阻一样，温度对泄漏电流影响较大，如果测量结果不满足要求，建议按照出厂时温度进行复测确认。

（3）剩余电荷的影响。剩余电荷极性与直流输出电压同极性时，测试泄漏电流偏小，相反，泄漏电流偏大，因此，避雷器泄漏试验前后必须充分放电。

71．氧化锌避雷器工频参考电压和持续电流试验作业主要有哪些安全注意事项？

答：氧化锌避雷器工频参考电压是检验避雷器动作特性和保护特性的重要手段，避雷器运行一段时间后工频参考电压的变化能够直接反应避雷器阀片老化程度。而持续电流是在持续电压下流过避雷器的泄漏电流，它是反应阀片和绝缘受潮的有效手段。测量工频参考电压时，应以工频参考电流为基础，在达到工频参考电流时读取相应的电压，而不应将试验电压升到参考电压后看电流值是否超过规定值。

72．氧化性避雷器带电检测作业主要有哪些安全注意事项？

答：正常情况下，通过避雷器的电流主要是容性电流、而阻性电流占很小一部分，但是当避雷器内部绝缘状况不良或者阀片特性发生变化时，泄漏电流阻性分量会增大很多，而容性电流变化不多；阻性电流增大会使阀片功率损耗增加、温度升高，进而加速阀片的老化，因此，测量氧化性避雷器运行电压下的泄漏电流及阻性分量是判断避雷器运行状态好坏的重要手段。现场使用较为广泛的避雷器带电测试是不平衡电桥法（也称为电容补偿法），其原理图如图4-9所示。

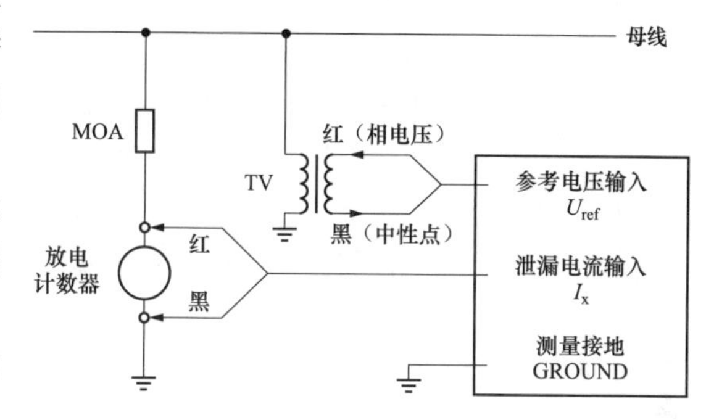

图4-9　不平衡电桥法原理图

避雷器带电测试需从电压互感器二次侧取补偿电压和从避雷器本体取泄漏电流，安全注意事项如下：

（1）在选取补偿电压时，首先使用万用表电压挡量测相对地电压和线间电压是否满足要求，如果电压异常禁止进行避雷器带电测试工作；其次尽量从计量回路出线端获取补偿电压，使用的夹子外表面必须用绝缘护套包裹以防二次电压回路短路和人员触电。

（2）测量电流信号要采用屏蔽线，引线要尽可能短，试验人员在接线过程中必须穿戴绝缘手套，如发现需接线的计数器高于避雷器底座，安全距离不满足要求时禁止进行避雷器带电测试工作。

73．如何判断氧化性避雷器带电检测数据的好坏？

答：金属氧化物在运行中劣化主要是指电气特性和物理状态发生变化，这些变化使其伏安特性漂移，热稳定性变差，非线性系数改变，电阻局部劣化等。一般情况下这些变化可以从避雷器带电测试的几种数据反映出来：

（1）运行电压下，泄漏电流阻性分量峰值的绝对值增大。

（2）运行电压下，泄漏电流谐波分量明显增大。

（3）运行电压下，有功损耗绝对值增大。

（4）运行电压下，总泄漏电流的绝对值增大，但不一定明显。

74．电容器组设备主要试验项目有哪些？

答：电容器组主要设备有：电容器、电抗器、放电线圈、避雷器。主要试验项目有：设备绝缘电阻及交流耐压、电容器电容量、电抗器及放电线圈直流电阻、电抗器电抗量、放电线圈空载及感应耐压试验、避雷器主绝缘直流泄露试验、工频参考电压和持续电流以及红外测温等。

75．电容器组电容量试验作业主要有哪些安全注意事项？

答：测量电容器电容量的目的是，通过电容量变化分析电容器内部接线是否正确及绝缘是否受潮劣化、元件是否击穿断线、是否漏油等缺陷。安全注意事项如下：

（1）试验前后必须对电容器逐个进行充分放电，一般要求5min以上；对于框架式带有保险的电容器，还必须检查保险的熔断情况，避免因保险断裂放电不充分。

（2）集合式电容器因活动平台较小，登高过程必须正确佩戴安全带，必要时设置安全保险绳固定安全带，移动过程不能失去安全带保护。

76. 电容器组放电线圈试验作业主要有哪些安全注意事项？

答：电容器组放电线圈一般与高压并联电容器连接，使电容器组从电力系统中切除后的剩余电荷迅速泄放，确保检修人员的安全；如果带有二次绕组，可供电压监测和二次保护用。安全注意事项如下：

（1）开展放电线圈空载及感应耐压试验时，未加压绕组尾端必须接地良好。

（2）在对未加压绕组尾端接地时，必须使用带有绝缘层保护的夹子，避免因接错线或者夹子短路造成二次绕组短路，产生较大短路电流影响设备的绝缘。

77. 电容器组电抗器匝间耐压试验作业主要有哪些安全注意事项？

答：开展电抗器匝间绝缘检测时是通过电抗器电感的变化情况来判断的，在电抗器发生匝间短路时，电抗器的电感将随着作用其上的电压增大而变化特别明显。干式空心电抗器的匝间耐压试验电路，根据放电开关位置的不同，分为图 4-10 和图 4-11 所示的两种。

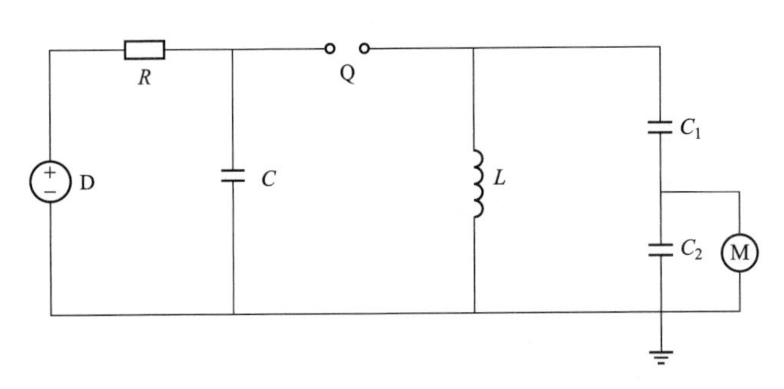

图 4-10 充电电容器接地的试验电路图

D—直流电源；R—充电电阻；C—充电电容器；Q—点火球隙；L—被试电抗器；C_1、C_2—分压器；M—测量系统

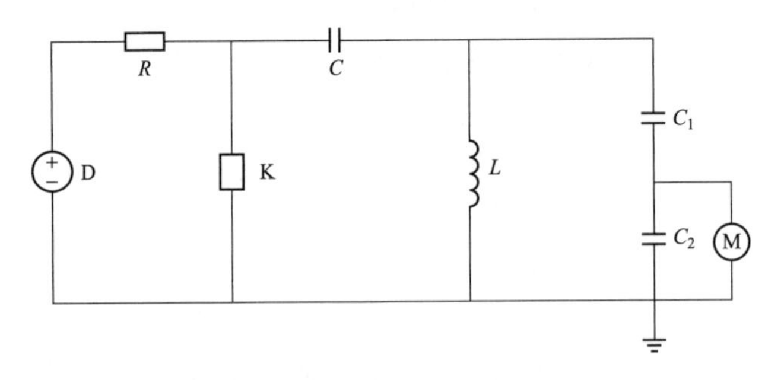

图 4-11 放电开关接地的试验电路图

安全注意事项如下：

（1）试验过程中必须设置临时遮栏，避免非工作人员进入试验区域造成触电，试验结束后必须立即断开电源才能进行拆接线。

（2）电抗器直流电阻、电抗量、绝缘电阻测试合格后才能开展电抗器匝间绝缘测试，并且现场配置相应的灭火装置，户外作业试验人员站立在上风口并与被试品保持足够的安全距离。

78．变电站接地网试验项目主要有哪些？

答：变电站接地网试验项目主要有：电力设备接地引线与接地网连接情况检查、接地网的腐蚀诊断检测、接地网安全性评估（包括接触电压、跨步电压、土壤电阻率等试验）。

79．为什么要开展接触电压、跨步电压测量？

答：人员站在发生接地短路故障设备旁边，距设备水平距离 0.8m，这时人手触及设备外壳（距地面 1.8m 的高处），手与脚两点之间呈现的电位差，称为接触电压。接地短路（故障）电流流过接地装置时，人体两脚接触地面且两脚水平距离为 1.0m 处的两点间的电位差，称为跨步电压。当系统发生接地故障时，若接地网接触不良、人员正好在接地点附近，可能发生接触电压或者跨步电压触电安全事故。

80．接触电压、跨步电压测量作业主要有哪些安全注意事项？

答：正常情况下开展接触电压、跨步电压测量，注入地网中的电流越大，测量值越大，也越准确。在测量过程中防止工作人员或其他人员接触变电站内电流极或者站外的电流极，所放电压线和电流线应完好，无破损裸露的情况，并派专人监护整个试验线路及电压、电流极。

81．为什么要开展接地网土壤电阻率测试？

答：土壤电阻率是决定接地装置接地电阻的重要因素，不同性质的土壤，有不同的土壤电阻率，受温度、湿度及含盐量影响，土壤电阻率也会随之发生变化，因此必须进行土壤电阻率的测量。

82．接地网土壤电阻率测量作业主要有哪些安全注意事项？

答：在测量过程中防止工作人员或其他人员接触变电站内电流极或者站外的电流极，所放电压线和电流线应完好，无破损裸露的情况，并派专人监护整个试验线路及电压、电流极。

83．接地网的接地电阻不符合规定有何危害？

答：接地网起着工作接地和保护接地的作用，当接地电阻过大时：

（1）发生接地故障时，由于接地电阻大，而使中性点电压偏移增大，可能使健全相和中性点电压过高，超过绝缘水平的要求。

（2）在雷击或雷击波袭击时，由于电流很大，会产生很高的残压，使附近的设备遭受到反击的威胁，因此，要求接地装置的接地电阻要在一个允许范围之内。

84．接地网接地电阻测试作业主要有哪些安全注意事项？

答：变电站主接地网是保证电力设备和人身安全的重要技术指标，由于接地电阻的设计值与实际值偏差较大，为了得到一个真实的值必须对接地网的接地电阻进行测试。对于变电站地网常规试验方法有工频大电流法和异频法两种，这两种方法都需要在变电站外布置测试线和接地极。作业时安全注意事项如下：

（1）首先确保所使用的电压线和电流线连接完好，不应有破损裸露情况，电压极、电流极旁边及测试线必须有专人看护，避免其他人员靠近。

（2）道路上工作需注意来往车辆，防范交通事故的发生。

（3）进入农区、林区作业时，必须携带防止蛇鼠虫害的急救包，穿戴高帮的劳保鞋和工作服，行进中使用棍棒不停敲打道路两边。

85．为什么变电站接地电阻检测不能在雨后进行？

答：因为接地体的接地电阻值随地中水分增加而减少，如果在刚下雨不久就去测量接地电阻，得到的数值必然偏小，为了避免这种假象，不应在雨后不久就测试接地电阻，尤其不能在大雨或者久雨之后进行接地电阻测试。

86．电力电缆主要试验项目有哪些？

答：电力电缆试验主要有红外测温、主绝缘电阻、电缆外护套、内衬层绝缘电阻、主绝缘交流耐压试验及局部放电、主绝缘直流耐压试验及泄漏电流测量等项目。

87．35kV及以下橡塑绝缘电力电缆主绝缘电阻试验作业主要有哪些安全注意事项？

答：橡塑绝缘电力电缆绝缘电阻测试可判断电力电缆绝缘受潮、屏蔽层割伤、内衬层贯穿性击穿等缺陷。作业安全注意事项如下：

（1）电力电缆绝缘电阻试验前后必须进行充分放电，一般要求放电时间5min以上，放电后立即短路接地。

（2）线路感应电太大时，应采用比感应电压更高的绝缘电阻表，并且先启动绝缘电阻表后再接入被试设备。

（3）对长电缆进行绝缘电阻测试，由于容量大，充电时间较长，测量时间必须充足，待测试数据稳定后再进行读数。

88．35kV及以下橡塑绝缘电力电缆交流耐压试验作业主要有哪些安全注意事项？

答：35kV及以下橡塑绝缘电力电缆交流耐压试验可以检验和保证橡塑电缆的安装质量，可以检测出电缆存在绝缘性能、机械性损伤等问题。相对直流耐压试验，交流耐压具有更能模拟实际运行工况、避免产生“记忆”效应、更容易发现绝缘击穿等优势。作业安全注意事项如下：

（1）试验前后应对被试电缆进行充分放电，试验过程中应派专人在各带电部位进行监护，同时设置相应的标示牌及警示标志。

（2）在选用耐压试验仪器时应充分考虑容量、电压、电流等因素，试验仪器应采取配置计时器、过流保护、过压保护、并联放电间隙等防护措施，加压前认真检查表计倍率、量程、调压器零位及仪表的开始状态均正确无误，严格按照规定的试验电压及时间进行试验。

89．橡塑绝缘电力电缆进行直流耐压试验的优缺点是什么？

答：橡塑绝缘电力电缆进行直流耐压试验优点是：试验设备轻，现场搬运方便，容易实现，容易发现高阻接地等故障类型。

缺点是：（1）直流耐压试验不能真正反映电缆运行状况。

（2）直流试验电缆剩余电荷较多，如果放电不充分就投入运行，可能造成电压叠加而损坏电缆绝缘。

（3）橡塑绝缘电力电缆容易产生水树枝，在直流电压的作用下转变为电树枝，加速绝缘的老化，投运后容易引发绝缘击穿。

90．盘式瓷质悬式绝缘子试验项目主要有哪些？

答：盘式瓷质悬式绝缘子试验项目有：红外测温检测、绝缘电阻检测、火花间隙检测、绝缘子表面污秽度检测及交流耐压试验。

91．盘式瓷质悬式绝缘子绝缘电阻试验作业主要有哪些安全注意事项？

答：盘式瓷质悬式绝缘子一般装在高压线路两头，目的是保持高压线路对地绝缘。测量绝缘子绝缘电阻是检查绝缘子绝缘状态最简便和最基本的方法，它能有效发现绝缘子贯穿性缺陷或有裂纹以及水汽及灰尘侵入后造成的绝缘不良现象。作业安全注意事项如下：

（1）攀爬龙门架时必须正确佩戴双保险安全带，在攀登过程中和在龙门架平台上移动过程中不得失去安全带保护，在现场安全距离满足要求的情况下，建议使用高空作业车工作。

（2）使用高空作业车时，与被试品保持一定的安全距离，避免操作人员操作失误或者高空车失控损坏瓷瓶，除此之外，地面必须有一名操作人员随时准备进行应急处理工作，并配置专职监护人，监护高空作业车整个操作过程。

（3）高空试验时必须两人配合完成，试验所用仪器和测试线必须固定牢靠后，方可开始试验；并且试验过程中正下方的不得有人工作或走动，上下传递物件时用绳索绑扎牢固，禁止上下抛掷。

92．盘式瓷质悬式绝缘子火花间隙检测作业主要有哪些安全注意事项？

答：绝缘子火花间隙检测可以有效发现运行中的低值或零值绝缘子，发现低零值绝缘子并及时更换是保证电网安全稳定运行的一项重要措施。作业时安全注意事项如下：

（1）带电作业用的工器具及仪器仪表均需定期开展绝缘试验，合格后方能使用，带电检测杆应专杆专用并设专用存放处，必要时现场使用前应用绝缘电阻表对带电检测杆进行绝缘电阻测试并确认结果合格。带电作业应在天气晴好的情况下开展，严禁雨天、大风天等恶劣天气开展此项工作。

（2）试验人员在攀爬杆塔或龙门架过程中应正确使用安全带，在移动或者转位时不得失去安全带保护。

（3）高处作业人员应防止东西掉落，非必要物品不得随身携带，工器具应装在专用工具袋内或绑扎后用绳索传递。地面人员在传递物品时严禁在高空作业点正下方逗留，非作业人员不能进入作业区域。

93．绝缘子表面污秽度检测作业主要有哪些安全注意事项？

答：绝缘子表面污秽度检测主要是通过现场不停电采集绝缘子表面污秽物，在实验室开展等值盐密、灰密值检测。主要的安全注意事项：

（1）应确保检测人员及检测仪器在带电部位保持足够的安全距离。

（2）登高检测时应做好安全措施，防止高空坠落。

（3）应在天气晴好的情况下开展，严禁雨天、大风天等恶劣天气开展此项工作。

94．支柱绝缘子试验项目主要有哪些？

答：支柱绝缘子在电力系统中起到支撑和绝缘的作用，试验项目主要包括绝缘电阻试验、交流耐压试验，对于瓷质支柱绝缘子还需进行瓷瓶探伤试验，探伤试验又包括超声探伤和振动法探伤两种。

95．瓷质支柱绝缘子超声探伤检测作业主要有哪些安全注意事项？

答：超声波检测是超声波（纵波、横波、爬波）发出后遇到介质面产生反射信号，通过接受反射信号的时间长短和波形的变化等来判断支柱绝缘子表面的裂纹、夹层、气孔等缺陷。优点是能够准确发现支柱瓷瓶存在的裂纹、气孔等缺陷；缺点是需要停电检查，尤其是母线侧隔离开关因系统运行方式的问题经常无法停电检测，及时性不够，而且超声探头造价较高，对于一些瓷瓶间隙小的探头无法有效接触，影响判断结果。试验人员登高时必须正确佩戴安全带，必须专人扶梯并绑扎牢固，禁止将梯子直接架在隔离开关支柱瓷瓶上，使其受力。

96．瓷质支柱绝缘子带电振动法检测作业主要有哪些安全注意事项？

答：振动声学检测是通过自由振荡频率和绝缘子振动的谐振频率频谱评价支柱绝缘子的强度，可以实现不停电作业，减少用电损失，能够有效地发现绝缘子机械强度不够的绝缘子。测试用的绝缘杆按照带电绝缘工器具管理要求，每年进行耐压试验，每次使用前用500V绝缘电阻表进行绝缘电阻测试，绝缘电阻不小于500MΩ，日常存放在恒温恒湿的绝缘工器具柜内保管。

97．为什么要进行系统电容电流的测试？

答：由于电容电流的存在，在单相接地瞬间可能形成接地电弧，而接地电弧不容易熄灭，在风力、热气流等的作用下会拉长，导致相间短路的发生调整事件；接地电弧还可能产生间歇性弧光过电压，使电磁式电压互感器铁芯饱和过载，造成熔断器熔断或者电压互感器烧损。由于弧光接地过电压持续时间长，能量极易超过避雷器的承受能力，容易发生避雷器爆炸的情况，这类故障已经成为威胁电网安全重要原因。

98．10kV系统电容电流测试作业主要有哪些安全注意事项？

答：系统电容电流的测量方法，可分为直接法与间接法两大类，其中直接法是指单相金属性接地法，间接法是指中性点外加电容法、电压法、变频注入法等，直接法需要人工接地有可能引起绝缘弱点击穿，故现场多采用间接法测试，下面主要针对常用PT二次测量和主变压器中性点测量两种方法进行分析。

（1）TV二次测量法：从TV开口三角处注入微弱的异频测试信号，既不会对继电保护和TV本身产生任何影响，又避开了50Hz工频信号的干扰，电容电流测试原理图如图4-12所示。

从TV开口三角注入一个异频的电流，这样在TV高压侧感应出一个按变比减小的电流，此电流为零序电流，即其在三相的大小和方向相同，因此它在电源和负荷侧均不能流通，只能通过TV和对地电容形成回路，通过检测测量信号就可以测量出三相对地电容值$3C_0$，再根据公式$I=3\omega C_0U$（U为被测系统的相对地电压）计算出配网系统的电容电流。安全注意事项如下：

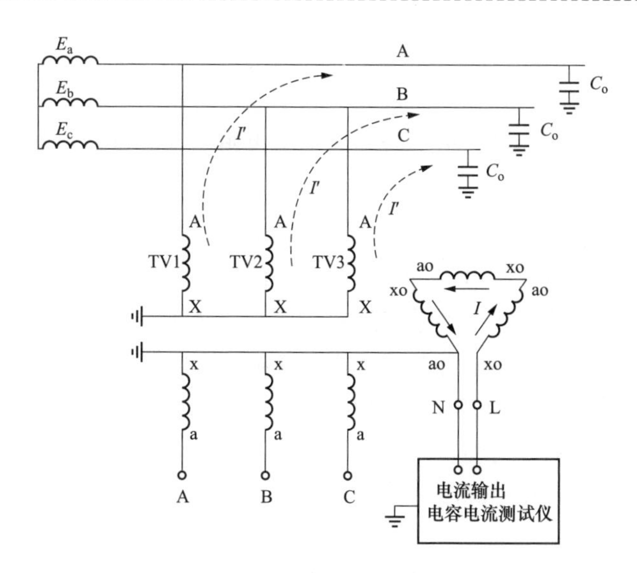

图 4-12　电容电流测试原理图

1）拆除 TV 消谐器之前应进行拍照留底，恢复后要经过负责人检查确认，并对比拆除前的照片，并且要求恢复后用万用表导通挡进行导通测量。

2）开始接线前使用万用表电压挡量测电压，确认无误后再接入测试线，使用的夹子必须有绝缘套。

（2）主变压器中性点测量。主要应用在主变压器 35kV 侧绕组或者是 10kV 系统的接地变压器中性点，通过在中性点外接一个 TV，同样在 TV 二次注入一个异频的电流，在 TV 高压侧感应出一个电流，再根据公式 $I = 3\omega C_0 U$（U 为被测系统的相对地电压）计算出配网系统的电容电流。中性点电容电流测试方法原理图如图 4-13 所示。

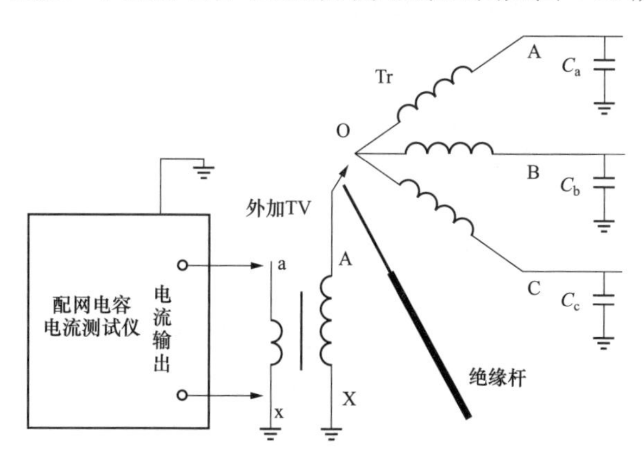

图 4-13　中性点电容电流测试方法原理图

安全注意事项如下：

1）试验前要对外接的 TV 进行绝缘测量，保证外接 TV 的绝缘是合格的，并且试验应在良好的天气和系统无接地的情况下进行。

2）挂接试验线时要使用经检验合格的绝缘杆，并且佩戴检验合格的绝缘手套。

3）测量全过程要有专人监护，保证测试人员与外接TV有足够的安全距离，读取数据要迅速，尽量缩短测试的时间，切记取下高压测试线后再进行收线。

99．使用绝缘电阻表测量大容量试品的绝缘电阻时，测量完毕后主要有哪些安全注意事项？

答：在测量过程中，绝缘电阻表电压始终高于被试品的电压，被试品电容逐渐被充电，而当测量结束前，被试品电容已储存有足够的能量。测量完毕后绝缘电阻表不能骤然停止，而必须先从试品上取下测量引线后再停止，否则，则因被试品电压高于绝缘电阻表电压，势必对绝缘电阻表放电，有可能烧坏绝缘电阻表。

100．绝缘油的试验项目主要有哪些？

答：绝缘油的试验项目主要有：

（1）功能特性试验，包括黏度、倾点、凝点、含水量、击穿电压、密度、介质损耗因数、苯胺点试验。

（2）精制与稳定性试验，包括酸值、界面张力、总硫含量、腐蚀性硫、抗氧化剂、糠醛试验。

（3）运行性能试验，包括氧化安定性、析气性、带电倾向试验。

（4）健康、安全、环境测试，包括闪电（闭口）、多环芳香烃含量、多氯联苯含量测试。

（5）补充试验项目，包括冲击击穿电压、颗粒度、气体含量试验。

101．绝缘油含水量测试作业主要有哪些注意事项？

答：绝缘油含水量测试作业注意事项如下：

（1）样品溶解性。加入合适的增溶剂，使用油类专用的卡氏试剂。

（2）样品均匀性，分析前需要先匀化。

（3）取样细节，用样品润洗3次干燥的注射器。

（4）起始漂移值，获得尽量低且稳定的漂移值。

（5）漂移不稳定，更换阳极液和阴极液，清洗电极。

（6）电极污染清洗方法：油类污染用溶剂清洗，再用乙醇清洗干净。清洗隔膜先将甲醇充入发生电极的阴极腔，再倒出，重复该过程2～3次。彻底清洗后干燥所有部件，可以用电吹风，如果用烘箱干燥，注意温度不能超过50℃。

102．绝缘油击穿电压测试作业主要有哪些安全注意事项？

答：绝缘油击穿电压测试作业安全注意事项如下：

（1）绝缘油耐压测试仪是绝缘油介电强度专用测试设备，不可另作他用，非专业维修人员不得随意开箱。

（2）机箱外壳在使用时，应接地良好。

（3）绝缘油耐压测试仪在升压过程中，不得随便接触，以免发生高压触电。

（4）绝缘油耐压测试仪的专用油杯，不可高温烘干处理。

103．绝缘油介质损耗因数测试作业主要有哪些安全注意事项？

答：绝缘油介质损耗因数测试作业安全注意事项如下：

（1）仪器接地端接地良好，电源入口引入AC 220V电源。

（2）打开箱盖，可将油杯取出，加热及测试介质损时，应将箱盖关上。

（3）箱盖内有一根测量线，芯线应连接油杯测量极，屏蔽层应连接油杯屏蔽极。

（4）搬运仪器时应该将油杯取出单独包装，以防掉落摔坏。

104．绝缘油水溶性酸测试作业主要有哪些安全注意事项？

答：绝缘油水溶性酸测试作业安全注意事项如下：

（1）试验所用的仪器必须清洁，所用蒸馏水、乙醇、汽油等必须检查证明确呈中性，方可使用。

（2）水溶性酸及碱易沉淀在试样底部，因此在量取试样前应充分摇匀。

（3）应用力摇荡分液漏斗内的混合液，使其充分接触，并注意适时打开分液翻斗的玻璃塞放气，以免漏斗因压力过高将玻璃塞冲出。

（4）试验柴油、碱洗润滑油或含有添加剂的润滑油，遇到试样的水抽提液呈碱性反应时，或用蒸馏水抽提水溶性酸及碱，产生乳化时必须改用乙醇水溶液（1:1）重新进行试验。如仍呈碱性反应，才能判断试样中有水溶性碱。

105．绝缘油闪电（闭口）测试作业主要有哪些安全注意事项？

答：绝缘油闪电（闭口）测试作业安全注意事项如下：

（1）仪器应在无腐蚀环境中使用。

（2）更换试样时，油杯须进行清洗。

（3）切勿手动强制按下上升（下降）键，以免损坏升降机构。

（4）禁止无油状态下启动仪器升温，以免损坏炉套和加热系统。

106．绝缘油试验作业过程使用酒精灯时，主要有哪些安全注意事项？

答：绝缘油试验作业过程使用酒精灯时安全注意事项如下：

（1）不能在点燃的情况下添加酒精。

（2）两个酒精灯不允许相互点燃。

（3）熄灭时应用灯罩盖灭。

（4）酒精注入量不得超过灯容积的2/3。

107．稀释浓硫酸时，为何不准将水倒入浓硫酸中？

答：因为浓硫酸溶解于水时，和水发生反应，生成水化物并放出大量的热。当水倒入时，水浮在硫酸表面，并立即发生反应，造成局部热量集中，使水沸腾，易造成酸液飞溅，引起化学烧伤。

108．绝缘油试验作业所需有毒、易燃、易爆药品的存放，主要有哪些安全注意事项？

答：凡是有毒、易燃、易爆的化学药品不准存放在化验室的架子上，应储存在隔离室的房间和柜内，或远离厂房的地方，并由专人负责保管，易爆品、剧毒药品应有两把钥匙且分别由两人保管，使用和报废药品应有严格的管理制度，对有挥发性的药品应存放在专门的柜内。

109．绝缘油试验作业中有毒、易燃或易爆药品的使用，主要有哪些安全注意事项？

答：使用这类药品时要特别小心，必要时要戴口罩、防护镜及橡胶手套；操作时必须在通风橱或通风良好的地方进行，并远离火源；接触的器皿应彻底清洗。

110．绝缘油色谱分析试验会用到氢气等可燃物，什么是可燃物的爆炸极限？

答：可燃气体或可燃粉尘与空气混合，当可燃物达到一定浓度时，遇到明火就会发生爆炸。遇明火爆炸的最低浓度叫爆炸下限；最高浓度叫爆炸上限。浓度在爆炸上下限都能引起爆炸。这个浓度范围叫该物质的爆炸极限。

111．如何安全鉴别试剂瓶、烧瓶内容物的气味？

答：当鉴别试剂瓶、烧瓶内容物的气味时，须将试剂瓶远离鼻子，用手轻轻扇动，稍闻其味即可，严禁以鼻子接近瓶口鉴别，更不允许用口尝的方式来鉴别烧瓶或试剂瓶内容物。

112．玻璃电极的使用主要有哪些安全注意事项？

答：（1）必须在有效期内。

（2）小心碰撞，以防破碎。

（3）表面应无污物、锈点。

（4）内电极与球泡之间不能有气泡存在。

113．变压器有载分接开关不停电油样采集作业主要有哪些安全注意事项？

答：（1）一般应从有载放油阀取样，取样前应退出变压器有载重瓦斯压板。

（2）取样应避免油中溶解水分及气体逸散。

（3）取样应在晴天进行，取样后要求注射器芯子能自由活动，以避免形成负压空腔。

（4）油样应避光保存。

（5）用500～1000mL取样瓶或10mL的注射器，先用洗涤剂进行清洗，再用自来水冲洗，最后用蒸馏水洗净，烘干、冷却后，盖紧瓶塞。

（6）取样前油阀门需先用干净甲级棉纱或布擦净，再放油冲洗干净。

114．SF_6气体的试验项目主要有哪些？

答：SF_6气体密度、酸度、可水解氟化物含量、矿物油含量、空气含量、四氟化碳含量、湿度、分解产物、泄漏检查、毒性生物试验等。

115．SF_6气体在电弧作用下的主要分解产物有哪些？

答：在电弧作用下SF_6的分解物如SF_4、S_2F_2、SF_2、SOF_2、SO_2F_2、SOF_4和HF等，它们都有强烈的腐蚀性和毒性。

116．SF_6气体在电弧作用下的主要分解产物有什么特性？

答：（1）HF，具有强烈刺激性气味的气体，易溶于水，即氢氟酸，酸性极强，具有强腐蚀性，可以溶解玻璃；对皮肤、黏膜有强刺激作用，可烧伤呼吸道，可引起肺水肿，肺部炎症。

（2）SF_4，有类似SO_2的刺激气味，极易水解形成HF等，在空气中遇水可形成烟雾。

（3）氟化亚硫酰，有刺激性气味，水解后生成HF。

（4）二氟化硫酰，无色，无味，无嗅的气体，可引起全身痉挛，麻痹呼吸系统，可使肌肉组织丧失功能。

（5）S_2F_{10}，无色，无味，无嗅，是一种剧毒物质，主要破坏呼吸系统，其毒性超过光气。光气即氧化亚氮，是由呼吸道进入，对神经中枢系统起兴奋和麻痹作用并发生耳鸣，使人处于狂妄状态，全身 SF_2 青紫，会因麻痹而失去知觉，严重者会因呼吸停止而死亡。

（6）四氟化亚硫酰，无色有刺激性的气体，对肺部有侵害作用，与水应生成 SO_2F_2。

（7）SO_2，具有刺激性气味的气体，可损害黏膜及呼吸系统，可引起肠胃障碍和疲劳，但在生产上用于漂白，其水溶液为亚硫酸。

（8）SF，无色有刺激性气味的气体，对呼吸系统有类似光气的破坏作用。

（9）SF_2，性质与 HF 相似。

117．户外 SF_6 气体绝缘设备试验作业主要有哪些安全注意事项？

答： 户外 SF_6 气体绝缘设备试验作业安全注意事项如下：

（1）检查测气口高度、与带电部位距离，符合安全距离要求（10kV，0.7m；35kV，1.0m；110kV，1.5m；220kV，3m；500kV，5m）。

（2）检查 SF_6 设备气体压力在正常范围。

（3）了解现场风向，检查试验用接头是否匹配。

（4）人站在上风口，在仪器出口处接排气管。

118．GIS 设备 SF_6 气体检测作业主要有哪些安全注意事项？

答： GIS 设备 SF_6 气体检测作业安全注意事项如下：

（1）进入 GIS 室前，必须开启抽风机通风不少于 15min，保证室内的氧气含量不少于 18%，SF_6 含量少于 1000μL/L。

（2）检查各气室压力在正常范围。

（3）检查试验用接头是否匹配。

（4）在仪器出口处接排气管，试验的尾气必须排出室外。

119．电气设备中 SF_6 气体取样作业主要有哪些安全注意事项？

答： 电气设备中 SF_6 气体取样作业安全注意事项如下：

（1）户外设备取样时，应检查测气口高度、与带电部位距离，符合安全距离要求（10kV，0.7m；35kV，1.0m；110kV，1.5m；220kV，3m；500kV，5m）。

（2）GIS 设备取样时，进入 GIS 室前，必须开启抽风机通风不少于 15min，保证室内的氧气含量不少于 18%，SF_6 含量少于 1000μL/L。

（3）取样前检查设备气体压力在正常范围，选用合适的接头。

（4）尾气用气体回收袋回收。

120．SF_6 气体泄漏检测技术主要有哪些？

答： SF_6 气体泄漏检测技术主要有电化学技术、电击穿技术和红外光谱吸收技术。

（1）电化学技术的原理是被检测气体接触到 200℃左右高温的催化剂表面，并与之发生相应的化学反应，从而产生电信号的改变，以此来发现被检测气体。

（2）电击穿技术是从 SF_6 气体在电力上的典型应用，作为绝缘气体在 GIS 开关柜中的应用演变而来。其工作原理是根据 SF_6 气体绝缘的特性，从置于被检测空气中的高压电极间电压的变化来判断空气中是否含有 SF_6 气体。

（3）红外光谱吸收技术（又称激光技术）的原理是 SF_6 气体作为温室气体，对特定波段的红外光有很强烈的吸收特性。

121．SF_6 气体泄漏现场检测方法主要有哪些？

答：（1）泡沫检漏法。采用在检漏部位涂抹肥皂水，看其有无气泡产生。需要基本知道泄漏部位以后才能进行检漏确认，同时，对于安全距离不满足要求的带电部位无法检测，且工作量大，适用性差。

（2）定性检漏法。将检漏仪探头沿断路器各连接口表面和铝铸件表面移动，根据检漏仪读数判断气体的泄漏情况。此方法工作量大，没有目的性，若探头移动速度过快，容易错过漏点；检漏时受到风速影响，泄漏气体容易被风吹走而影响检漏，同时对安全距离不满足要求的带电设备无法检测。

（3）包扎检漏法。将充气设备包扎起来，经过一段时间后再采用检漏仪在包扎体内部进行检漏，检查包扎部位的漏气情况。工作量大，有些部位包扎困难或无法包扎，安全距离不满足要求的带电部位无法检测，同时，该方法属于局部面检测，不易快速找准泄漏点。

（4）红外成像法。红外成像的检测精度不高，微量泄漏根本检测不出来，泄漏量大的部位也需要多次调整焦距，才能找到漏点；另外室内 GIS 设备安装较为紧凑，对内部的检漏较为困难。对于室外 HGIS 设备，由于安装高度较高，也使得对设备顶部、边沿或隐蔽的地方检漏较为困难，加上室外风速、温湿度等环境因素的影响，一些存在轻微渗漏的 HGIS 设备就更难以用光学成像法检测出来。

第五节　二次设备作业

1．二次设备作业主要有哪些？

答：二次设备作业包括各类二次设备按照相应规程周期进行的定检作业，一次设备更换期间二次部分配合性作业，二次设备技改更换、缺陷处理等作业。

2．二次回路上使用万用表作业主要有哪些安全注意事项？

答：（1）万用表电流挡测试插孔，原则上应用绝缘胶布密封，防止挡位选择错误导致运行设备跳闸。

（2）使用前，应确认将要测量的二次回路供电类型，正确选择直流电压挡或是交流电压挡。

（3）如需要使用万用表电阻挡或蜂鸣挡作业时，应先使用电压挡，确认回路已无电压后，才可进行作业。

3．二次回路拆、接线作业主要有哪些安全注意事项？

答：二次回路拆、接线作业安全注意事项如下：

（1）执行拆、接线工作前，应充分进行现场勘察，明确需要拆除、接入的二次回路及用途，并编制二次安全措施单。

（2）执行拆、接线工作时，使用工器具的金属裸露部分，必须经过绝缘包裹。

（3）拆除二次回路时，应确认电压回路、电流回路和直流回路均处于不带电状态，拆除后要两侧逐根对线核对无误，拆除后的二次回路金属部分应进行包扎。

（4）跳闸等关键二次回路应先拆除其电源侧，防止运行设备跳闸。

（5）新设备安装调试期间，所有回路不得擅自接入运行设备或回路。

（6）二次回路接线时，每接一处，用万用表测量接入点电位差异来验证接线结果的正确性。

（7）二次回路接线过程，按先接直流电源回路、交流电流回路、交流电压回路、信号回路，后接连跳出口回路、失灵启动回路的顺序进行。

4．在互感器、变压器、高压并联电抗器上进行二次回路登高作业主要有哪些安全注意事项？

答：（1）在没有脚手架或者在没有栏杆的脚手架上工作，且高度超过1.5m时，应使用有后备保护绳的双背带式或全身式安全带。安全带和保护绳应分挂在杆塔不同部位的牢固构件上。

（2）如使用高空车进行作业时，地面应有专人进行监护，确保高空车作业斗不误入带电设备区或与设备发生磕碰。

5．对断路器或隔离开关，进行遥控作业、整组传动试验作业主要有哪些安全注意事项？

答：（1）遥控断路器时，确保更换后断路器机构内防跳插销、闭锁插销等与原断路器机构保持一致。

（2）断路器、隔离开关实际分合闸试验前，应有专人在设备区进行监督，防止其他人员靠近正在进行试验的断路器或隔离开关。

（3）整组传动220kV及以上分相断路器，应有专人在断路器现场进行观察，检查确认断路器跳开相别是否与保护装置发出跳闸命令的相别一致。

6．线路保护定检作业主要的作业流程是什么？

答：（1）执行二次安全技术措施，隔离与运行设备关联的电压、电流回路，密封涉及其他运行设备的出口连接片。

（2）如相关规定有要求，应向各级调度自动化主站申请，封锁可能影响调度自动化系统监盘的各类信号。

（3）线路保护外部检查，确认直流回路无寄生回路、电流互感器二次回路一点接地、电压互感器二次回路一点接地、氧化锌避雷器状态。

（4）线路保护功能校验。

（5）线路保护信号、录波回路检查。

（6）线路保护通道检验。

（7）线路保护联调和远跳试验。

（8）线路保护二次回路绝缘电阻测试。

（9）线路保护整组试验。

（10）恢复现场二次安全措施，将低压断路器、连接片、切换把手、定值区、地址码等元器件恢复工作开始前状态，与值班员核对线路保护定值无误。

7．线路保护功能校验作业主要有哪些安全注意事项？

答：线路保护功能校验作业注意事项如下：

（1）进行线路主保护功能校验或其他可能造成线路对侧继电保护跳闸的功能校验时，应告知对侧继电保护运维人员，了解对侧一次设备运行方式和二次设备状态。若对侧一、二次设备在运行状态下，进行线路保护功能校验前，应断开本侧继电保护与对侧继电保护联系的通道。

（2）记录工作开始前，线路保护低压断路器、连接片、切换把手、定值区、地址码等元器件或参数的初始状态，在工作结束后按记录进行恢复。

（3）进行线路保护功能调试时应确保保护出口连接片在退出状态并有相应防误投入措施，防止调试保护功能时误投入出口连接片造成一次开关设备误动作，误伤其他作业人员。

8．线路保护二次回路绝缘试验作业主要有哪些安全注意事项？

答：（1）对二次回路进行绝缘检查前，应确认被保护设备的断路器、电流互感器全部停电，交流电压回路已在电压切换把手或分线箱处与其他单元设备的回路断开，并与其他回路隔离完好后，才允许进行。

（2）进行直流控制、信号回路绝缘检查前，应先检查控制、信号回路对地、正负之间，确认已无电压。

（3）在进行绝缘测试时，试验线连接要紧固；每进行一项绝缘试验后，须将试验回路对地放电。

（4）交流电流回路绝缘试验完成后，还应确保原有的一点接地恢复原样。

（5）根据规程选用与二次回路绝缘相适应的绝缘电阻表，如使用电子式绝缘电阻表，应采取相应措施确保绝缘测试时不会影响正常运行回路，如在测试回路与运行回路的端子连接片断口处，解开测试回路二次电缆。

9．线路保护光纤衰耗测试作业主要有哪些安全注意事项？

答：（1）工作过程中任何时候，都不允许用肉眼直视光纤通道珐琅头处，防止出现光源对眼睛造成伤害。

（2）作业前，应记录各光纤接线情况，光纤衰耗测试完成后，应将光纤通道恢复至原样，并确认保护装置光纤通道通道延时、误码数、失步次数等各项数据正常。

10．母线保护定检作业主要的作业流程是什么？

答：（1）执行二次安全技术措施，隔离与运行设备关联的电压、电流回路，密封涉及其他运行设备的出口连接片。

（2）母线保护外部检查，确认直流回路无寄生回路、电流互感器二次回路一点接地。

（3）母线保护功能校验。

（4）母线保护信号、录波回路检查。

（5）母线保护校验出口矩阵。

（6）恢复现场二次安全措施，将低压断路器、连接片、切换把手、定值区、地址码等元器件恢复工作开始前状态，与值班员核对母线保护定值无误。

11．带电电流回路二次作业主要有哪些安全注意事项？

答：带电电流回路二次作业安全注意事项如下：

（1）确认螺丝刀、万用表等工具金属裸露部分除刀口部分外用绝缘胶布包好。

（2）禁止将电流互感器二次侧开路（光电流互感器除外）。

（3）短路电流互感器二次绕组，应使用短路片或短路线，短路应妥善可靠，禁止用导线缠绕。

（4）若在电流互感器与短路端子之间导线上进行工作，应有严格的安全措施，并填用二次措施单，必要时申请停用有关保护装置、安全自动装置或自动化系统。

（5）工作中禁止将回路的永久接地点断开。

（6）工作时，应有专人监护，使用绝缘工具，并站在绝缘物上。

12．母线保护校验出口矩阵作业主要有哪些安全注意事项？

答：母线保护校验出口矩阵作业，是为了验证母线保护装置跳闸回路接线，是否满足保护定值单要求。安全注意事项如下：

（1）检查检查并再次确认涉及其他运行设备的跳闸连接片已退出并密封完好。

（2）使用导通的方式验证到每个断路器回路的正确性时，应保证使用表计挡位正确。

13．变压器保护定检作业主要的作业流程是什么？

答：（1）执行二次安全技术措施，隔离与运行设备关联的电压、电流回路，密封涉及其他运行设备的出口连接片。

（2）如相关规定有要求，应向各级调度自动化主站申请，封锁可能影响调度自动化系统监盘的各类信号。

（3）变压器保护外部检查，确认直流回路无寄生回路、电流互感器二次回路一点接地、电压互感器二次回路一点接地、氧化锌避雷器状态。

（4）变压器保护功能校验。

（5）变压器保护信号、录波回路检查。

（6）变压器保护校验出口矩阵。

（7）变压器保护二次回路绝缘电阻测试。

（8）变压器保护整组试验。

（9）恢复现场二次安全措施，将低压断路器、连接片、切换把手、定值区、地址码等元器件恢复工作开始前状态，与值班员核对变压器保护定值无误。

14．变压器高后备保护功能调试作业主要有哪些安全注意事项？

答：高后备保护功能调试作业，是为了验证保护装置各种保护功能是否正常，主要有以下安全注意事项：作业前，应再次确认电流回路后是否有串接其他运行设备，如部分老旧变电站，间隙电流回路后可能串接小电源解列装置，试验电流误入小电源解列装置会导致误跳其他运行开关。

15．变压器保护校验出口矩阵作业主要有哪些安全注意事项？

答：变压器保护校验出口矩阵作业，是为了验证变压器保护出口连接片、跳闸回路是否均能与定值单一一对应。例如，定值单要求，某功能保护动作后，2.0s 跳开 10kV

分段断路器，需要验证对应出口连接片、跳闸回路是否为对应的10kV分段断路器。主要有以下安全注意事项：

（1）检查检查并再次确认涉及其他运行设备的跳闸连接片已退出并密封完好。

（2）使用导通的方式验证到每个断路器回路的正确性时，应保证使用表计挡位正确。

（3）如实际情况下允许直接跳开对应断路器，应直接投入跳闸出口连接片，实际传动对应断路器。

16．断路器保护定检作业主要的作业流程是什么？

答：（1）执行二次安全技术措施，隔离与运行设备关联的电压、电流回路，密封涉及其他运行设备的出口连接片。

（2）断路器保护外部检查，确认直流回路无寄生回路、电流互感器二次回路一点接地。

（3）断路器保护功能校验。

（4）断路器保护信号、录波回路检查。

（5）断路器保护二次回路绝缘电阻测试。

（6）验证断路器保护失灵回路。

（7）断路器保护整组试验。

（8）恢复现场二次安全措施，将低压短路器、连接片、切换把手、定值区、地址码等元器件恢复工作开始前状态，与值班员核对断路器保护定值无误。

17．验证断路器保护失灵回路作业主要有哪些安全注意事项？

答：断路器保护失灵回路作业，为了验证断路器失灵时，各种失灵跳闸回路、启动失灵回路、失灵发远跳命令回路，实际接线是否与保护装置失灵出口连接片一一对应。主要包括以下安全注意事项：

（1）作业前，应严格区分并确认涉及运行设备的失灵回路和处于检修状态设备的失灵回路。

（2）对于涉及运行设备的失灵回路，作业过程中应严格密封失灵回路出口连接片，使用万用表直流电压挡，测试断路器失灵保护动作时，失灵出口连接片下端带正电，失灵出口连接片上端带负电。断路器失灵保护动作返回时，失灵出口连接片下端应不带电。

（3）对于涉及检修状态设备的失灵回路，有条件情况下可投入失灵回路出口连接片，当断路器失灵保护动作时，可在检修设备处（如辅助保护、光纤通信接口装置）确认失灵回路正确性。

18．小电流接地选线装置定检作业主要的作业流程是什么？

答：（1）执行二次安全技术措施，隔离与运行设备关联的电压、电流回路，密封涉及其他运行设备的出口连接片。

（2）小电流接地选线装置外部检查，确认直流回路无寄生回路、电流互感器二次回路一点接地。

（3）小电流接地选线装置功能检验。

（4）小电流接地选线装置整组试验。

（5）恢复现场二次安全措施，将低压断路器、连接片、切换把手、定值区、地址码等元器件恢复工作开始前状态，与值班员核对小电流接地选线装置定值无误。

19．小电流接地选线装置整组试验作业主要有哪些安全注意事项？

答：小电流接地选线装置整组试验作业安全注意事项如下：

（1）确认各跳闸出口连接片已处于退出状态，并使用绝缘胶布进行密封。

（2）确认运行电流回路与试验回路可靠隔离。

20．接地变压器保护自动化定检主要的作业流程是什么？

答：（1）执行二次安全技术措施，隔离与运行设备关联的电压、电流回路，密封涉及其他运行设备的出口连接片。

（2）向地调自动化主站申请，封锁遥测数据，并封锁可能影响调度自动化系统监盘的各类信号。

（3）接地变压器压器保护装置外部检查，确认直流回路无寄生回路、电流互感器二次回路一点接地。

（4）接地变压器保护功能校验。

（5）接地变压器保护信号回路检查。

（6）接地变压器保护装置遥信、遥测、遥控功能校验。

（7）接地变压器保护校验出口矩阵。

（8）接地变压器保护二次回路绝缘电阻测试。

（9）接地变压器保护整组试验。

（10）恢复现场二次安全措施，将低压断路器、连接片、切换把手、定值区、地址码等元器件恢复工作开始前状态，与值班员核对10kV接地变压器保护定值无误。

21．接地变压器保护校验零序过流出口矩阵作业主要有哪些安全注意事项？

答：（1）确认涉及运行设备的跳闸出口连接片、闭锁10kV备自投连接片已退出，并用绝缘胶布密封好。

（2）校验过程中，按照定值单规定时间，通过使用万用表直流电压挡的方式，测试10kV接地所变/接地变保护零序过流动作时，涉及运行设备的出口连接片下端带正电，上端带负电，零序过流保护动作返回时，出口连接片下端应不带电。

22．6～35kV保护测控装置保护自动化定检主要的作业流程是什么？

答：（1）执行二次安全技术措施，隔离与运行设备关联的电压、电流回路，密封涉及其他运行设备的出口连接片。

（2）向地调自动化主站申请，封锁遥测数据，并封锁可能影响调度自动化系统监盘的各类信号。

（3）保护测控装置外部检查，确认直流回路无寄生回路、电流互感器二次回路一点接地。

（4）保护测控装置保护功能校验。

（5）保护测控装置信号回路检查。

（6）保护测控装置遥信、遥测、遥控功能校验。

（7）保护测控装置二次回路绝缘电阻测试。

（8）保护测控装置整组试验。

（9）恢复现场二次安全措施，将低压断路器 、连接片、切换把手、定值区、地址码等元器件恢复工作开始前状态，与值班员核对保护测控装置定值无误。

23．6～35kV 保护测控装置遥测功能校验作业主要有哪些安全注意事项？

答：6～35kV 保护测控装置遥测功能校验作业安全注意事项如下：

（1）进行遥测功能校验前，应确认自动化主站确已对检修设备进行数据封锁，避免影响网区负荷总加。

（2）试验过程中加入的电压、电流范围，不应超过保护测控装置厂家规定范围。

24．频率电压紧急控制装置定检主要的作业流程是什么？

答：（1）执行二次安全技术措施，隔离与运行设备关联的电压，密封涉及其他运行设备的出口连接片。

（2）频率电压紧急控制装置功能检验。

（3）频率电压紧急控制装置信号及录波回路检查。

（4）频率电压紧急控制装置整组试验。

（5）恢复现场二次安全措施，将低压断路器、连接片、切换把手、定值区、地址码等元器件恢复工作开始前状态，与值班员核对频率电压紧急控制装置定值无误。

25．频率电压紧急控制装置整组试验作业主要有哪些安全注意事项？

答：频率电压紧急控制装置整组试验作业安全注意事项如下：

（1）作业前确认涉及运行设备跳闸连接片、闭锁重合闸连接片已退出并密封完好。

（2）通过使用万用表直流电压挡的方式，确认各出口连接片、闭锁重合闸连接片正确性。

（3）作业完成后，立即恢复绝缘密封。

26．小电源解列装置定检主要的作业流程是什么？

答：（1）执行二次安全技术措施，隔离与运行设备关联的电压、电流回路，密封涉及其他运行设备的出口连接片。

（2）小电源解列装置功能检验。

（3）小电源解列装置信号及录波回路检查。

（4）小电源解列装置整组试验。

（5）恢复现场二次安全措施，将低压断路器 、连接片、切换把手、定值区、地址码等元器件恢复工作开始前状态，与值班员核对小电源解列装置定值无误。

27．小电源解列装置校验整组试验作业主要有哪些安全注意事项？

答：小电源解列装置校验整组试验作业安全注意事项如下：

（1）作业前确认涉及运行设备跳闸连接片已退出并密封完好。

（2）通过使用万用表直流电压挡的方式，确认各出口连接片正确性。

（3）作业完成后，立即恢复绝缘密封。

28．安全稳定控制系统调试作业主要的作业流程是什么？

答：（1）执行二次安全技术措施，隔离与运行设备关联的电压、电流回路，密封涉及其他运行设备的出口连接片。

（2）退出并密封与其他变电站安全稳定控制系统的通信连接片。

（3）与其他变电站安全稳定控制系统运维人员确认，已落实其运维站内各项安全措施。

（4）严格遵照调试总协调人安排，按照调试方案开展各项试验。

（5）恢复现场二次安全措施，将低压断路器 、连接片、切换把手、定值区、地址码等元器件恢复工作开始前状态，与值班员核对安全稳定控制系统定值无误。

29．备自投装置单体试验主要的作业流程是什么？

答：（1）执行二次安全技术措施，隔离与运行设备关联的电压、电流回路，密封涉及其他运行设备的出口连接片。

（2）拆除备自投装置与运行设备关联的跳（合）闸位置信号，并用绝缘胶布包好。

（3）备自投装置外观检查。

（4）备自投装置功能校验。

（5）备自投装置信号及录波回路检查。

（6）备自投装置整组试验。

（7）恢复现场二次安全措施，将低压断路器、连接片、切换把手、定值区、地址码等元器件恢复工作开始前状态，与值班员核对备自投装置定值无误。

30．备自投装置单体试验整组试验作业主要有哪些安全注意事项？

答：备自投装置单体试验整组试验作业安全注意事项如下：

（1）作业前确认涉及运行设备跳（合）闸连接片、闭锁重合闸连接片已退出并密封完好。

（2）若使用模拟断路器的方式开展试验，试验前应检查模拟断路器与备自投装置之间试验接线正确，确保与其他运行设备无寄生回路。

（3）使用“万用表+短接分闸信号”的方式开展作业，试验前应确认备自投装置开入信号端子位置，并将与试验无关端子排用绝缘胶布密封。

31．安全稳定控制系统传动试验作业主要有哪些安全注意事项？

答：安全稳定控制系统传动试验作业安全注意事项如下：

（1）当传动断路器为本站断路器时，应与运行值班员核实现场安全措施已落实，断路器可进行分合闸试验。

（2）当传动断路器为其他变电站断路器时，应与该站安全稳定控制系统运维人员确认。

（3）完成一项传动工作后，应向调试总协调人汇报工作完成情况，在总协调人同意后，方可进行下一项传动试验。

32．断路器更换作业需要注意哪些二次专业技术参数？

答：（1）断路器分合闸线圈额定电压。

（2）通过断路器分合闸线圈电阻，计算断路器分合闸电流，并按照继电保护厂家资料，确保断路器分合闸电流在继电保护分合闸自保持电流范围之内。

33．更换断路器，二次专业工作主要的作业流程是什么？

答：（1）根据停电前勘察结果，确认二次措施单中涉及断路器控制回路、信号回路、电气联锁回路、储能回路、机构箱加热器电源回路及备自投装置位置回路与实际回路相符。

（2）断开上述回路电源，如无法断开时可采用拆除上述回路电源侧接线的方式进行隔离。

（3）拆除待更换断路器内上述回路二次接线，并用绝缘胶布包好。

（4）待断路器本体及机构箱（汇控柜）安装到位后，根据一次设备厂家图纸说明，依次接入涉及断路器控制回路、信号回路、电气联锁回路、储能回路、机构箱加热器电源回路及备自投装置位置回路。

（5）接入后，测量上述二次回路绝缘情况。

（6）进行断路器遥控试验，查看断路器分合闸状态和监控后台信号状态是否一致，机构储能是否正常，两侧隔离开关在断路器合闸时是否成功闭锁。

（7）220kV及以上分相断路器，应通过继电保护装置，模拟实际故障时，逐相传动断路器，并安排专人在现场进行确认，确保跳开相别与继电保护动作相别一致。还需校验本体三相不一致回路，确认本体三相不一致动作时间与定值单要求时间相符。

34．更换与备自投相关联的断路器后，为何需要进行备自投装置带负荷试验？

答：由于备自投装置动作逻辑中，需要采集主供电源断路器分闸辅助接点，判明主供电源已跳开后，才会合上备用电源。如更换断路器后，备自投至断路器的分闸辅助接点二次回路接线有误或分闸辅助节点本身故障，将会导致之后运行中备自投装置拒动，造成全站失压。因此，在完成断路器更换后，应对该断路器涉及的备自投装置进行带负荷试验。

35．更换断路器后，进行信号回路功能校验主要有哪些安全注意事项？

答：进行信号回路校验时，对于其他运行设备有影响的回路，应在运行设备处做好隔离措施，待工作结束前再接入。

36．电压互感器更换作业需要注意哪些二次专业技术参数？

答：电压互感器二次绕组数量、各绕组变比、准确度等级及额定容量。

37．更换10～35kV开关柜内电压互感器，二次专业工作主要的作业流程是什么？

答：（1）在开关柜或开关手车上，使用二次措施单，记录电压互感器本体或开关柜前上柜处，需要拆除的电压二次回路及用途，并用绝缘胶布包好。

（2）电压互感器本体安装到位后，将待接入的二次回路预留至待接入处并固定二次线缆。

（3）对待接入电压二次回路开展绝缘试验。

（4）对电压互感器二次回路开展升压试验，并逐相、逐个绕组确认升压合格。

（5）按照二次措施单记录情况，恢复二次回路接线。

（6）利用工作电压，开展电压回路二次核相试验。

38．更换110kV及以上户外电压互感器，二次专业工作主要的作业流程是什么？

答：（1）所使用工器具裸露部分必须进行绝缘包扎。

（2）在电压互感器端子箱处，拆除各保护绕组、测量绕组、计量绕组以及开口三角绕组、N600电缆线芯二次电压回路，并用绝缘胶布包扎完好。

（3）如更换的是电压互感器同时作为载波通道的耦合电容器使用，应先合上结合设备的接地开关后，方可攀登至电压互感器本体。

（4）在电压互感器本体二次接线盒处，拆除至电压互感器端子箱二次电压回路，并用绝缘胶布包好。如存在载波通道时，还应拆除电压互感器本体末屏至结合滤波器的铜杆。

（5）待新更换电压互感器一次部分固定完毕后，将电压互感器二次电缆引入二次接线盒内。

（6）对待接入电压二次回路开展绝缘试验。

（7）在电压互感器本体二次接线盒处，开展二次回路升压试验，并在电压互感器端子箱处确认升压试验正确性。

（8）按照二次措施单记录情况，恢复二次回路接线（包括电压互感器本体末屏至结合滤波器的铜杆）。

（9）利用工作电压，开展电压回路二次核相试验。

39．更换电压互感器后，开展二次回路升压试验主要有哪些安全注意事项？

答：（1）逐相检查并确认电压互感器各个绕组二次电压回路与其他运行设备已有效隔离。

（2）升压过程中需要确保进行升压的二次回路不发生短路、接地或触碰其他设备。

40．更换后的电压互感器，开展电压回路二次核相试验工作主要的作业流程是什么？

答：（1）一次设备带电前，应确认各电压回路二次低压断路器已在端子箱处断开，开口三角电压回路未接入，防止因待投运二次电压回路因相序不正确影响其他运行二次设备工作。

（2）一次设备带电后，在端子箱处电压回路二次低压断路器上端确认各相对地电压、各相相间电压正确，开口三角电压大小正确，电压回路二次低压断路器上下端电压无压差。

（3）按照送电方案，在端子箱处合上各电压回路二次低压断路器，接入开口三角电压。

41．电流互感器更换作业需要注意哪些二次专业技术参数？

答：电流互感器二次绕组数量、各绕组变比、准确度等级、额定容量、额定内阻及拐点电压等。

42．更换10～35kV开关柜内电流互感器，二次专业工作主要的作业流程是什么？

答：（1）如待更换间隔电流回路，涉及其他运行设备，应在开关柜前上柜处先断开二次电流回路，并短接靠电流互感器本体侧。

（2）拆除电流互感器本体处二次电流回路，并记录在二次措施单内容中。

（3）电流互感器本体安装完毕后，按照二次措施单记录内容，恢复电流互感器本体处二次电流回路接线。

（4）对二次电流回路进行绝缘、极性、伏安特性、一次升流（变比）试验。

（5）对更换完毕的电流互感器二次回路，开展带负荷试验。

43．更换110kV及以上户外电流互感器，二次专业工作主要的作业流程是什么？

答：（1）应在最靠近检修TA的汇控箱或端子箱端子排处，打开检修TA对应的二次电流回路端子连接片，端子连接片靠近保护侧禁止短接密封。

（2）更换前对原先电流互感器开展极性测试。

（3）在本体二次接线盒处，拆除电流互感器二次回路并记录在二次措施单内。

（4）电流互感器本体安装完毕后，按照二次措施单恢复本体二次接线盒接线。

（5）对更换后电流互感器开展极性测试、伏安特性测试、一次电流升流试验。

（6）恢复汇控箱或端子箱端子排处，打开的二次电流回路端子连接片。

（7）开展带负荷试验。

44．电流互感器更换前极性测试作业主要有哪些安全注意事项？

答：作业前要求相应的二次电流回路须进行物理隔离，应在最靠近检修TA的汇控箱、端子箱、开关柜前上柜端子排处，打开检修TA对应的二次电流回路端子连接片，端子连接片靠近保护侧禁止短接密封。

45．更换电流互感器后，开展电流互感器极性测试作业主要有哪些安全注意事项？

答：更换电流互感器后，开展电流互感器极性测试作业安全注意事项如下：

（1）开展试验前，需要确认电流互感器一次侧极性端（P1）朝向。

（2）如更换的是开关柜内部电流互感器，极性测试应在开关柜前上柜进行确认，保证更换后电流互感器二次回路极性与相关二次设备要求相符。

（3）如更换的是户外电流互感器，极性测试应在最靠近检修TA的汇控箱或端子箱端子排处进行，确认与更换前极性试验结果保持一致。如需要使用绝缘棒装设一次设备上试验线时，应有专人监护，确保作业人员所持绝缘棒不伸出停电检修区域。

（4）应正确选择机械万用表计直流电流挡量程，确保测试。

（5）使用互感器测试仪进行极性测试时，试验前必须确保测试仪器接线可靠，否则会干扰测试结果。

46．更换电流互感器后，采用工频法开展伏安特性测试主要有哪些安全注意事项？

答：更换电流互感器后，采用工频法开展伏安特性测试安全注意事项如下：

（1）应确保仪器设定的绕组准确度等级与待测试绕组准确度等级一致。

（2）采用的试验仪最高输出电压不应超过1000V，防止端子排或二次电缆发生击穿。

（3）采用工频试验仪进行试验时，作业人员全程应佩戴绝缘手套，试验过程中应确保试验仪器可靠接地。

47．更换电流互感器后，开展一次电流升流试验作业主要有哪些安全注意事项？

答：更换电流互感器后，开展一次电流升流试验作业安全注意事项如下：

（1）作业前，应确认所有绕组二次回路无开路，并将涉及运行设备的电流回路可靠隔离。

（2）在电流互感器本体处逐个短接各绕组时，应正确佩戴安全帽，防止工作过程中作业人员头部与设备发生磕碰造成人身伤害。

（3）短接各二次绕组时，应按照在各保护装置、测控装置处确认，电流幅值有明显减小。

48．更换电流互感器后，开展带负荷试验作业主要有哪些安全注意事项？

答：更换电流互感器后，开展带负荷试验作业安全注意事项如下：

（1）试验前，应确认各绕组电流回路已紧固完毕。

（2）带负荷试验过程中出现二次回路接线不正确时，应确保在电流互感器处于检修状态下，方可在电流互感器本体二次接线盒处进行检查、调整接线。

（3）必要时，申请停用有关保护装置、安全自动装置和自动化系统。

49．更换隔离开关，二次专业主要的作业流程是什么？

答：（1）根据现场实际情况编制二次安全措施单，并执行隔离开关的二次回路拆除。

（2）隔离开关本体及机构箱安装完成后，恢复二次回路接线。

（3）开展隔离开关的五防电气闭锁试验。

（4）开展隔离开关的遥信遥控试验。

50．更换隔离开关后，开展闭锁试验主要有哪些安全注意事项？

答：更换隔离开关后，开展闭锁试验安全注意事项如下：

（1）按照典型设计要求进行隔离开关闭锁的验证。

（2）验证就地合上断路器，受该断路器两侧隔离开关闭锁等关键回路。

（3）试验过程中应防止人员靠近相关隔离开关、断路器，避免人员机械伤害。

51．变压器、高抗A类检修（大修）作业，二次回路作业主要有哪些？

答：（1）变压器、高抗本体套管电流、瓦斯继电器、压力释放、油温高、绕温高等二次回路拆、接线工作。

（2）变压器、高抗套管电流互感器二次升流试验。

（3）本体、有载重瓦斯跳闸验证。

（4）本体、有载轻瓦斯，压力释放、油温高、绕温高等告警信号验证。

52．变压器、高抗非电量信号二次回路校验作业，主要有哪些安全注意事项？

答：（1）重瓦斯跳闸试验时，应确认作业人员已撤离断路器现场，并派人做好监督。

（2）轻瓦斯、压力释放、油温高、绕温高等其他试验，应只发出信号而不会引起跳闸。

（3）作业全程应核对监控后台信号、保护装置信号与现场实际信号保持一致。

53．6～35kV保护测控装置更换主要的作业流程是什么？

答：（1）待一次设备停电后，根据跟现场相符的二次措施单进行二次回路拆除工作。

（2）进行保护测控装置的拆除安装工作。

（3）对保护测控装置进行安装固定，完成非运行设备二次回路接线。

（4）对保护装置进行遥测、遥信、遥控等调试验收试验。

（5）恢复涉及运行设备的二次措施单，等待启动带负荷测试。

54．110kV 及以上线路保护更换主要的作业流程是什么？

答：（1）一次设备停电前进行必要的二次电缆的敷设。

（2）待一次设备停电后，根据跟现场相符的二次措施单进行二次回路拆除工作。

（3）进行线路保护屏柜的拆除安装。

（4）对线路保护装置进行调试验收。

（5）对保护装置进行遥测、遥信、遥控等试验。

（6）开展整组试验。

（7）恢复二次措施单，等待启动带负荷测试。

55．更换继电保护装置后，带负荷试验作业主要有哪些安全注意事项？

答：更换继电保护装置后，带负荷试验作业安全注意事项如下：

（1）试验前，应确认保护装置更换工作已结束，各电压电流等二次回路已紧固完毕。

（2）带负荷试验过程中出现二次回路接线不正确时，应确保在开关及线路保护处于检修状态下，方可进行相关二次回路调整。

（3）负荷测试仪的表笔应做好绝缘包裹，避免二次电压短路发生。

56．新 6～35kV 保护测控装置本体安装作业时主要有哪些安全注意事项？

答：更换继电保护装置后，带负荷试验作业安全注意事项如下：

（1）使用转动工器具开孔时应禁止穿戴手套。

（2）拆装保护测控装置时应在装置断电后进行。

（3）保护测控装置安装在屏柜上应用螺钉进行紧固，避免松动导致保护测控装置掉落。

57．新 6～35kV 保护测控装置遥测试验作业主要有哪些安全注意事项？

答：新 6～35kV 保护测控装置遥测试验作业安全注意事项如下：

（1）遥测试验前应向调度部门报备，申请封锁数据，退出自动电压控制功能。

（2）使用经过检验合格的遥测专用试验调试设备进行电流电压加量。

（3）按照验收标准进行试验，避免试验不全导致的验证不到位。

58．更换线路保护或变压器保护装置后，电压回路升压试验作业主要有哪些安全注意事项？

答：（1）升压过程中需要确保进行升压的二次回路不发生短路、接地或触碰其他设备。

（2）加入保护装置的二次电压应不超过装置允许的二次电压值。

59．更换线路保护或变压器保护装置后，电压回路切换试验作业主要有哪些安全注意事项？

答：新 6～35kV 保护测控装置遥测试验作业安全注意事项如下：

（1）当保护屏的电压切换回路采用双位置继电器接点时，切换继电器同时动作信号应采用双位置继电器接点，以便监视双位置切换继电器工作状态。切换继电器回路断线或直流消失信号，应采用隔离开关动合触点启动的不保持继电器触点。

（2）电压切换装置直流电源宜与本间隔控制回路直流电源共用一组电源，二者在保护屏上通过直流断路器分开供电。

（3）对二次电压回路进行绝缘测试时，应选用 1000V 绝缘电阻表；对保护装置各回路进行测试时，应选用 500V 绝缘电阻表。

（4）在电压接口屏接线时应使用带绝缘护套的工器具、待接入裸露电缆芯应做好绝缘包裹，防止二次电压短路情况的发生。

（5）加入保护装置的二次电压应不超过装置允许的二次电压值。

60．更换继电保护装置后，电流回路升流试验作业主要有哪些安全注意事项？

答：更换继电保护装置后，电流回路升流试验作业安全注意事项如下：

（1）有条件时，应自电流互感器的一次分相通入电流，检查抽头变比及回路是否正确；不具备条件的，应从电流互感器二次接线盒处进行全回路二次同流验证完整性与正确性。

（2）更换电流二次回路电缆，应在更换前后自电流互感器二次接线盒处的极柱、编号套等进行记录，避免二次电流接线错误导致的保护拒动误动。

（3）对二次电流回路进行绝缘测试时，应选用 1000V 绝缘电阻表；对保护装置各回路进行测试时，应选用 500V 绝缘电阻表。

（4）电流回路二次升流试验前应对全回路的螺钉进行紧固，防止电流开路的发生；没有电联系的电流互感器二次回路，宜在开关场一点接地，有和电流的电流回路宜在和电流处一点接地。

（5）加入保护装置的二次电流应不超过装置允许的二次电流值。

61．更换 500kV 线路保护装置，工作主要的作业流程是什么？

答：（1）一次设备停电前进行必要的二次电缆的敷设。

（2）待一次设备停电后，根据跟现场相符的二次措施单进行二次回路拆除工作。

（3）进行线路保护屏柜的拆除安装。

（4）对线路保护装置进行调试验收。

（5）对保护装置进行遥测、遥信、遥控等试验。

（6）开展整组试验。

（7）恢复二次措施单，等待启动带负荷测试。

62．更换变压器保护，工作主要的作业流程是什么？

答：（1）一次设备停电前进行必要的二次电缆的敷设，保护装置上电进行单体调试工作。

（2）一次设备停电后，拆除原变压器保护屏柜及相关二次回路电缆。

（3）变压器保护电压、电流、控制、信号、直流、录波、保信等二次回路接入调试验收。

（4）变压器保护整组传动。

63．更换500kV母线保护的作业流程是什么？

答：500kV一次设备一般采用3/2接线型式，停用500kV的1段母线不会影响变电站正常运行，因此，常采用将需进行母线保护改造的母线段及其所连接的开关停电转检修的方式开展保护更换。工作主要的作业流程是：

（1）一次设备停电前进行必要的二次电缆的敷设。

（2）将母线及其所连接的开关转检修。

（3）根据跟现场相符的二次措施单进行二次回路拆除工作。

（4）进行母线保护屏柜的拆除安装。

（5）对母线保护装置进行调试验收。

（6）对保护装置进行遥信、录波等回路试验。

（7）保护装置开关传动试验。

（8）恢复二次措施单，等待启动带负荷测试。

64．更换220kV母线保护的作业流程是什么？

答：220kV一次设备一般采用双母、双母分段接线型式，停用其母线将会影响变电站负荷送出，因此，常采用不停一次设备的型式轮流停220kV的两套母线的方式进行。主要的作业流程是：

（1）确认另一套母线保护装置正常运行，无异常告警。

（2）申请退出本套母线保护装置跳闸出口连接片、失灵连接片、失灵联跳连接片等。

（3）根据跟现场相符的二次措施单进行二次回路拆除工作。

（4）进行母线保护屏柜的拆除安装。

（5）对母线保护装置进行调试验收。

（6）对保护装置进行遥信、录波等回路试验。

（7）逐个间隔停电进行失灵开入、开关传动等试验。

（8）恢复二次措施单。

（9）确认本套母线保护无差流，运行无异常告警，申请投入本套母线保护。

（10）另一套母线保护装置改造与本套流程一致。

65．更换110kV母线保护的作业流程是什么？

答：110kV一次设备一般采用双母、双母分段或单母分段接线型式，停用其母线将会影响变电站负荷送出，因此，常采用不停一次设备的型式进行。主要的作业流程是：

（1）申请退出母线保护装置跳闸出口连接片等关键连接片。

（2）根据跟现场相符的二次措施单进行二次回路拆除工作。

（3）进行母线保护屏柜的拆除安装。

（4）对母线保护装置进行调试验收。

（5）对保护装置进行遥信、录波等回路试验。

（6）逐个间隔停电进行开关传动等试验。

（7）恢复二次措施单。

（8）确认母线保护无差流，运行无异常告警，申请投入母线保护。

66．更换母线保护，隔离带电的二次电流回路主要有哪些安全注意事项？

答：更换母线保护，隔离带电的二次电流回路安全注意事项如下：

（1）短接线试验合格、电流封接处端子紧固良好，防止电流回路开路。

（2）采用带绝缘套的工器具，防止电流回路短路。

（3）仔细核对电缆牌与编号套信息，避免封接至其他运行设备的二次电流，造成保护误动作。

67．更换变压器保护、母线保护或其他安自装置，进行涉及运行设备的跳闸矩阵校验主要有哪些安全注意事项？

答：进行涉及运行设备的跳闸矩阵校验主要两种方式，第一种是退出涉及运行设备的跳闸出口连接片，第二种是在电源源头处拆除跳闸二次电缆。第一种方式下应注意测量跳闸出口连接片处应使用万用表的直流电压挡；第二种方式下应注意使用万用表导通档进行矩阵验证时，避免碰到屏柜内其他带电设备及端子；测试完毕应立即恢复绝缘密封。

68．更换故障录波器作业主要有哪些安全注意事项？

答：更换故障录波器作业安全注意事项如下：

（1）短接线试验合格、电流封接处端子紧固良好，防止电流回路开路。

（2）采用带绝缘套的工器具，防止二次电压电流回路短路。

（3）拆动接线前应当先核对无误；接线解除开后当用绝缘胶布包好，并在二次安全技术措施单上做好记录。

69．更换继电保护信息子站/控制型子站作业主要有哪些安全注意事项？

答：更换继电保护信息子站/控制型子站作业安全注意事项如下：

（1）拔插件前断开装置电源和相关的信号电源，以防烧坏插件，并做好防静电措施。

（2）修改数据库前后做好备份，不得随意更改或误改数据，避免因数据库变化导致远方误操作及厂站数据上传错误。

（3）更换完成继电保护信息子站/控制型子站，应做好保护信息主（分）站与子站的联调，确认上传数据和远方操作的准确性，避免主（分）站对子站及连接的二次设备误操作。

70．更换频率电压紧急控制装置作业的作业流程是什么？

答：（1）进行必要的二次电缆的敷设、试验，二次设备上电进行单体调试工作。

（2）原二次设备退出联跳等连接片。

（3）拆除电压、控制、信号、直流、保信等二次回路。

（4）对电压、电流、信号、直流、录波、保信等功能进行验证。

（5）逐一停馈线间隔进行跳闸二次回路的整组传动验证。

（6）恢复二次回路。

71．变电站综合自动化改造主要有哪些安全注意事项？

答：变电站综合自动化改造安全注意事项如下：

（1）做好后台数据库、远动数据库备份工作。

（2）10～35kV综自保护装置改造完成后应确保电流无开路、电压无短路。

（3）改造完成应进行后台及调度端遥信遥控遥测操作，遥控试验前应将其他在运设备的“远方/就地”把手打至“就地”，退出在运设备的远方遥控连接片，避免遥控导致误出口。

（4）遥控试验完成后，应与调度端核对全站遥控序号，确保试验完成后未改变其他运行设备遥控序号

72．更换厂站自动化设备后，进行遥控预置作业主要有哪些安全注意事项？

答：更换厂站自动化设备后，进行遥控预置作业安全注意事项如下：

（1）断开变电站内所有隔离开关、接地开关动力电源及控制电源。

（2）在其他运设备的测控装置处，将其对应测控装置的“远方/就地”把手打至“就地”，并退出全站遥控出口连接片，避免遥控导致误出口。

（3）全站遥控出口连接片退出期间，值班人员应始终在变电站内，防止出现事故或其他异常情况时，需要立即恢复遥控出口连接片。

（4）遥控预置时应考虑一次设备当前位置，遥控预置位置需与实际位置一致；遥控预置在确认返校成功后，不得进行遥控执行的步骤。

73．更换测控装置作业主要有哪些安全注意事项？

答：更换测控装置作业安全注意事项如下：

（1）工作开始前应向调度部门申请对该测控装置进行数据封锁，防止冒数。

（2）拆动接线前应当先核对无误；接线解除开后当用绝缘胶布包好，并在二次安全技术措施单上做好记录。

（3）做好本装置交流回路与外部回路隔离，防止电流回路开路、电压回路短路。

74．更换规约转换装置作业主要有哪些安全注意事项？

答：更换规约转换装置作业安全注意事项如下：

（1）更换完毕在监控后台及调度监控核实数据正确性、完整性。

（2）涉及测控/保护测控装置的规约转换装置更换，应考虑通过遥控预置的方式验证远方遥控的正确性，遥控校验前，需将其他在运设备的“远方/就地”把手打至“就地”，退出在运设备的隔离开关远方遥控连接片，避免遥控导致误出口；遥控预置时应考虑一次设备当前位置，遥控预置位置需与实际位置一致；遥控预置应在调度端操作到预置后，不再进行执行步骤。

75．更换同步相量测量装置作业主要有哪些安全注意事项？

答：更换同步相量测量装置作业安全注意事项如下：

（1）工作开始前应向调度部门申请封锁数据，避免数据误上传。

（2）在本装置的上一级做好二次电流回路的封接，避免出现电流开路情况。

（3）带电的二次电压端子排应做好密封措施，避免误碰。

（4）编制与现场实际相符的二次安全技术措施单。

76．更换不间断电源装置作业主要有哪些安全注意事项？

答：更换不间断电源装置作业安全注意事项如下：

（1）更换前应对不间断电源供电的设备进行负荷转移。

（2）拆接交流输入电源及直流电源时应使用带有绝缘包裹的工器具，尽量减少金属裸露部分。

（3）更换完成后应确保不间断电源装置处于“整流—逆变”工作状态，而非旁路状态。

77．更换远动装置作业主要有哪些安全注意事项？

答：更换远动装置作业安全注意事项如下：

（1）工作前应做好数据库备份，下装至远动装置，数据库生效前，应再次调取数据库，确认数据库内容与备份数据库内容保持一致。

（2）工作前应向调度部门申请，并明确远动装置更换期间不得进行远方操作。

（3）远动装置更换完成后应进行遥信、遥测验证。

（4）必须在遥信、遥测验证无误后，方可进行断路器、隔离开关的遥控预置试验。

78．更换监控后台机作业主要有哪些安全注意事项？

答：更换监控后台机作业安全注意事项如下：

（1）更换前应做好数据库备份，不得随意更改或误改数据，避免因数据库变化导致误操作及数据上传错误。

（2）监控后台接入站控层网络前，应确保遥控列表各断路器、隔离开关已正确输入调度编号，监控后台遥控五防功能处于开启状态。

（3）在线配置数据时，保证双机同时在线且能自动同步；离线配置数据时，全过程应始终在同一台监控后台上进行配置，配置完毕后采用“备份+还原”方式，将数据库离线同步至另一台监控后台。

（4）监控后台改造后应进行数据的核对及断路器、隔离开关的遥控预置试验。

79．更换电力系统纵向加密装置或防火墙作业主要有哪些安全注意事项？

答：换电力系统纵向加密装置或防火墙作业安全注意事项如下：

（1）检查并核实新加密装置、防火墙策略配置情况与原设备保持一致。

（2）更换之前应与各业务部门核对当前业务情况，确认更换前业务正常，并将更换工作告知所有受影响的业务运维部门，取得同意后方可开展施工。

（3）更换完毕后，应与各业务运维部门，确认其业务已恢复正常。

80．更换电力系统网络安全态势感知作业主要有哪些安全注意事项？

答：更换电力系统网络安全态势感知作业安全注意事项如下：

（1）更换前应与相关网络安全管理人员报备，封锁网络安全态势感知设备运行时长统计。

（2）更换调试过程中，应尽可能减少对站内其他网络设备的访问，避免频繁访问导致其他运行设备无法正常运行。

81．更换站用电源直流系统充电模块作业主要有哪些安全注意事项？

答：更换站用电源直流系统充电模块作业安全注意事项如下：

（1）更换前核对待更换充电模块的厂家、型号、参数与原充电模块一致。

（2）在充电模块上设置正确的地址码。

（3）在绝缘监测器对该充电模块进行定值设置，与其他充电模块定值保持一致。

（4）检查充电模块更换后，指示灯显示正确，无异常告警，电压电流输出正确，充电模块均流不平衡度满足规程要求。

82．二次设备电源直流系统负载转移作业主要有哪些安全注意事项？

答：二次设备电源直流系统负载转移作业安全注意事项如下：

（1）检查二次设备电源所属直流系统，核对编号套、电缆牌等关键信息，避免两套直流系统窜电。

（2）推荐二次设备停电进行负荷转移工作，确因无法停电，必须进行带电负荷转移时应采取搭接临时二次电缆等措施防止二次设备失电。

（3）负荷转移过程中，二次电缆芯应做好绝缘包裹，采用具有绝缘护套的工器具，避免直流短路的发生。

83．更换站用直流电源蓄电池组作业主要有哪些安全注意事项？

答：更换站用直流电源蓄电池组作业安全注意事项如下：

（1）接入临时蓄电池组或将负荷转移至另一套直流系统，确保直流系统不脱离蓄电池组运行。

（2）检查待投运蓄电池组电压与直流系统电压差满足规程要求。

（3）检查蓄电池电压采集保险及二次线连接情况，避免绝缘监测装置发生异常告警。

84．站用直流电源蓄电池核对性充放电试验作业主要有哪些安全注意事项？

答：站用直流电源蓄电池核对性充放电试验作业安全注意事项如下：

（1）连接备用蓄电池组时，应首先将连接线一端进行绝缘包裹处理，另一端方可进行连接。

（2）单组蓄电池放电试验应先并接备用蓄电池组，再退出直流系统中蓄电池组；两组蓄电池放电试验应先将两段直流母线并列，再退出其中一组直流蓄电池进行试验。

（3）工作结束前检查直流系统充电机、蓄电池组输出开关投入方向正确，确保直流系统不脱离蓄电池组运行。

85．继电保护及稳控装置光纤通道故障处理作业主要的作业流程是什么？

答：（1）确认待检查的光纤保护功能已退出。

（2）ODF 配线架处进行自环，确认通道缺陷或保护缺陷。

（3）确认为保护缺陷，则在保护装置、复用接口装置处分别自环，进行缺陷点确认。

（4）确认为通道缺陷故障，联合通信班组对通道设备进行排查，进行缺陷点确认。

（5）更换缺陷插件或光纤，对光纤通道、插件收发光功率进行测试，测试合格后恢复通道。

（6）将光纤通道与保护及稳控装置连接，检查装置光纤通道误码率，确认合格后投入光纤保护功能。

86．继电保护及稳控装置光纤通道故障处理作业主要有哪些安全注意事项？

答：继电保护及稳控装置光纤通道故障处理作业安全注意事项如下：

（1）禁止误碰运行跳纤、线缆，防止其他运行通道非计划中断。

（2）未经调度员许可，不可擅自断开光纤通道。

（3）测试过程不得将光口对准眼睛。

（4）通道衰耗满足规程要求才能投入使用。

87．直流接地缺陷处理作业主要有哪些安全注意事项？

答：直流接地缺陷处理作业安全注意事项如下：

（1）测量电压时万用表挡位应选用电压挡，避免造成直流的两点或多点接地。

（2）工具裸露部分应用绝缘胶布缠绕，并做好相应的隔离措施。

（3）严禁擅自断开运行中保护装置电源或断路器控制电源的直流低压断路器。

88．断路器控制回路缺陷处理作业主要有哪些安全注意事项？

答：断路器控制回路缺陷处理作业安全注意事项如下：

（1）涉及断路器机构箱、汇控柜工作时，应严格注意可能导致断路器跳闸的元器件，作业全程应防止误碰此类元器件。

（2）按照规程要求及试验设备极限参数综合考虑选择相应等级绝缘电阻表及试验仪。

（3）严禁带电拔插插件，防止插件损坏。

89．二次设备通信故障缺陷处理作业主要有哪些安全注意事项？

答：二次设备通信故障缺陷处理作业安全注意事项如下：

（1）做好相邻运行设备的按钮把手安全隔离，防止误碰。

（2）严禁采用易造成继电器接点抖动的不正当操作（如敲击等）。

（3）防止误走间隔作业，造成其他二次设备通信异常。

90．单一间隔 TV 二次回路失压缺陷处理作业主要有哪些安全注意事项？

答：单一间隔 TV 二次回路失压主要考虑二次电压接口屏至该间隔的二次回路及保护装置的异常，主要应注意以下安全事项：

（1）测量二次电压时应使用万用表中正确的挡位，防止造成 TV 回路两点接地。

（2）拆接二次线做好绝缘包裹，防止 TV 二次回路短路。

（3）严禁带电拔插插件，防止插件损坏。

91．整段母线 TV 二次回路失压缺陷处理作业主要有哪些安全注意事项？

答：整段母线 TV 二次回路失压主要考虑 TV 端子箱或汇控箱至二次电压接口屏的二次回路及保护装置异常，除单一间隔 TV 二次回路失压缺陷处理所注意的安全事项外，还应注意 TV 二次回路接地点可靠接地，避免全站失去一点接地点。

92．非电量保护回路缺陷处理作业主要有哪些安全注意事项？

答：非电量保护回路缺陷处理作业安全注意事项如下：

（1）使用合格的带绝缘护套工具，临近运行设备侧的端子用绝缘胶布封好，避免误碰造成变压器非电量保护跳闸。

（2）拆动接线前应当先核对无误，接线解除后当用绝缘胶布包好，并在二次安全技术措施单中做好记录，必要时申请退出非电量保护跳闸出口连接片或申请停电处理。

93．继电保护交流采样异常缺陷处理作业主要有哪些安全注意事项？

答：继电保护交流采样异常缺陷处理作业安全注意事项如下：

（1）检查保护装置启动远跳、启动安稳、备自投、失灵启动、失灵联跳以及运行开关跳闸出口连接片退出，并用绝缘胶布包好，逐一做好记录。

（2）做好本装置交流回路与外部回路隔离，防止电流回路开路、电压回路短路，并在二次安全技术措施单做好记录。

94．保护信息子站/控制型子站缺陷处理作业主要有哪些安全注意事项？

答：保护信息子站/控制型子站缺陷处理作业安全注意事项如下：

（1）拔插件前断开装置电源和相关的信号电源，以防烧坏插件，并做好防静电措施。

（2）修改数据库前后做好备份，不得随意更改或误改数据，避免因数据库变化导致远方误操作及厂站数据上传错误。

95．继电保护装置定值修改作业主要有哪些安全注意事项？

答：继电保护装置定值修改是作业人员按照定值单要求对装置参数、定值区号、TA变比及其他定值项进行修改，以及对保护装置软连接片进行修改。主要包括以下安全注意事项：

（1）作业开始前，应确认保护装置运行正常、无告警等异常，退出单套保护进行定值修改时还应确认其他套保护装置运行正常。

（2）核对定值单所列间隔名称及保护装置与现场一致，避免走错间隔进行误操作。

（3）工作监护人与工作班成员逐项核对，确保装置中定值、参数等与定值单一致，执行定值有疑问时应立即联系整定人员核实。

（4）更改完成后，工作班成员与值班员核对，确认无误双方签字。

第六节　带　电　作　业

1．什么是带电作业？

答：带电作业是指在不停电的情况下，对电力线路和设备进行检修的方式。带电作业能保证不间断供电，使用合适的工具、采用正确的工作方法和必要的安全措施，带电作业可以确保人身的安全。常见的带电作业主要有带电断接引线、带电清扫作业、带电水冲洗设备等。带电作业根据人体与带电体之间的关系可分为三类：等电位作业、地电位作业和中间电位作业，示意图如图4-14所示。按作业人员是否直接接触带电体划分，可分为直接作业和间接作业。

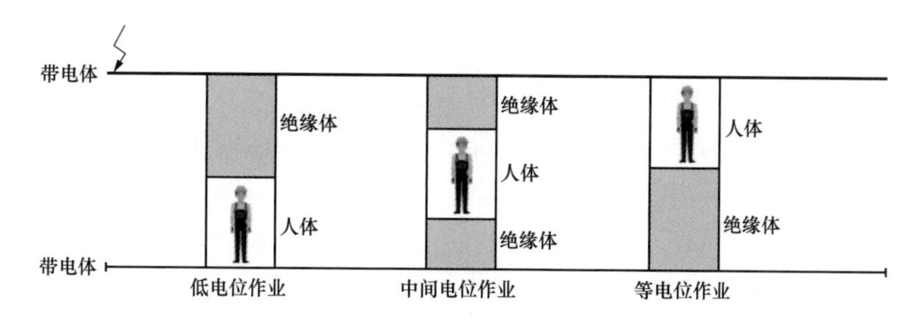

图 4-14　带电作业分类示意图

2．带电作业确保人身安全应满足哪些技术条件？

答：（1）流经人体的电流不超过人体感知水平 1mA。

（2）人体体表场强至少不超过人的感知水平 2.4kV/cm。

（3）保证可能导致对人身放电的空气距离足够大。

3．带电作业主要有哪些安全注意事项？

答：带电作业主要安全注意事项如下：

（1）带电作业应在良好天气下进行。如遇雷电、雪、雹、雨、雾等，不应进行带电作业。风力大于 5 级，或湿度大于 80%不应进行带电作业。

（2）对于比较复杂、难度较大的带电作业新项目和研制的新工具，应进行科学试验，确认安全可靠，编制操作工艺方案和安全措施，并经严格审批后，方可进行作业和使用。

（3）带电作业人员应经专门培训，并经考试合格取得作业资格，方可参加相应的作业。带电作业工作负责人、专责监护人应由带电作业实践经验的人员担任，工作负责人、专责监护人应具备带电作业资格。

（4）带电作业应设专责监护人。监护人不应直接操作，其监护的范围不应超过一个作业点。复杂的或高杆塔上的带电作业，应增设监护人。

（5）在带电作业过程中如设备突然停电，作业人员应视设备仍然带电。设备运维单位或值班调度员未与工作负责人取得联系前，不应强行送电。

（6）在跨越处下方或邻近带电线路或其他弱电线路的档内进行带电架、拆线的工作，应制定可靠的安全技术措施。

4．在带电作业过程中遇到天气突变应如何处理？

答：带电作业过程中遇到天气突变，危及人身或设备安全时，立即停止工作。在保证人身安全的前提下，尽快恢复设备正常状况，或采取其他安全措施。

5．带电作业过程中，作业人员要承受电压的类型有哪些？

答：作业人员在作业过程中承受着设备、线路的正常工作电压，电网内部故障时的暂时过电压和开关操作时所引起的操作过电压。

6．带电作业工作前应准备哪些内容？

答：（1）了解现场线路状况和杆塔及周围环境、地形地貌状况等，判断能否采用带电作业以及确定现场作业方案。

（2）了解有关图纸资料、线路及设备的规格型号、性能特点、受力情况。明确系统接线的运行方式，选用作业方法及作业器具，判断是否停用馈线断路器重合闸。

（3）了解计划作业日期的气象条件是否满足要求。

（4）根据作业内容与方法准备所需工器具和材料，进行必要的检查，确保合适、可用、够用。

（5）办理带电作业工作票。

7．带电作业有哪些优点？

答：（1）带电作业不影响系统的正常运行，不需倒闸操作，不需改变运行方式，因此不会造成对用户停电，可以多供电，提高经济效益和社会效益。

（2）对一些需要带电进行监测的工作可以随时进行，并可实行连续监测，有些监测数据比停电监测更有真实可靠性。

（3）及时消除事故隐患，提高供电可靠性。由于缩短了设备带病运行时间，减少甚至避免了事故停电，提高设备全年供电小时数。

（4）检修工作不受时间约束，提高工时利用率。停电作业必须提前数日集中人力、物力、运力，有效工时的比重很少；带电作业既可随时安排，又可计划安排，增加了有效工时。

（5）促进检修工艺技术进步，提高检修工效。带电作业需要优良工具和优化流程，促使检修技术不断提升和完善。

8．从事带电作业人员主要应具备哪些条件？

答：（1）带电作业人员应经专门培训，并经考试合格取得资格（带电作业证）、本单位书面批准后，方可参加相应的作业。

（2）带电作业工作票签发人和工作负责人、专责监护人应由具有带电作业实践经验的人员担任。工作负责人、专责监护人应具备带电作业资格。

（3）应熟悉作业工具的名称、原理、结构、性能和试验标准，熟悉作业项目的操作方法、程序、工艺和注意事项。

9．什么是等电位作业法？主要有哪些安全注意事项？

答：等电位作业法是指人体与带电体处于同一电位下，人体直接接触带电部件进行作业的方法。安全注意事项有：

（1）沿绝缘子串进入电场前，必须对耐张瓷质绝缘子进行检测，检测结果应满足规程的要求。

（2）等电位电工所穿屏蔽服必须经试验合格后方可使用，且各部位应可靠连接。

（3）由于沿耐张绝缘子串进入电场同样有组合间隙的要求，故该方法只适用于220kV以上电压等级输电线路的耐张绝缘子串上。

（4）等电位电工在移动过程中，必须始终使用高空保护绳。

10．什么是地电位作业法？主要有哪些安全注意事项？

答：地电位作业法是指人体处于地（零）电位状态下，使用绝缘工具间接接触带电设备，来达到检修目的的方法。特点是人体处于地电位时，不占据带电设备对地的空间尺寸。地电位作业的示意图和等效电路图如图4-15所示。安全注意事项有：

（1）保证绝缘工具的有效绝缘长度。

（2）保证人身对带电体的安全距离，地电位带电作业时人身与带电体间应有足够的安全距离。

（3）地电位作业过程中，应保持绝缘工具表面干燥清洁，并妥当保管防止受潮，作业人员应采取戴绝缘手套、穿绝缘鞋等辅助防护措施。

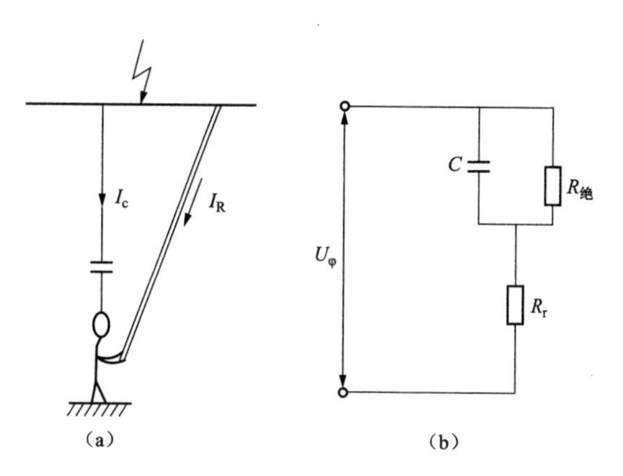

图 4-15　地电位作业的位置示意图及等效电路

（a）作业示意图；（b）等效电路图

11．什么是中间电位作业法？主要有哪些安全注意事项？

答：中间电位作业法是指作业人员与接地体和带电体均保持一定的电位差，可直接触及与自己电位相同的设备，或通过绝缘工具间接触及高于自身电位的设备的作业方法。特点是人体处于中间电位下，占据了带电体与接地体之间一定空间距离，既要对接地体保持一定的安全距离，又要对带电体保持一定的安全距离。中间电位作业的位置示意图如图 4-16 所示。安全注意事项有：

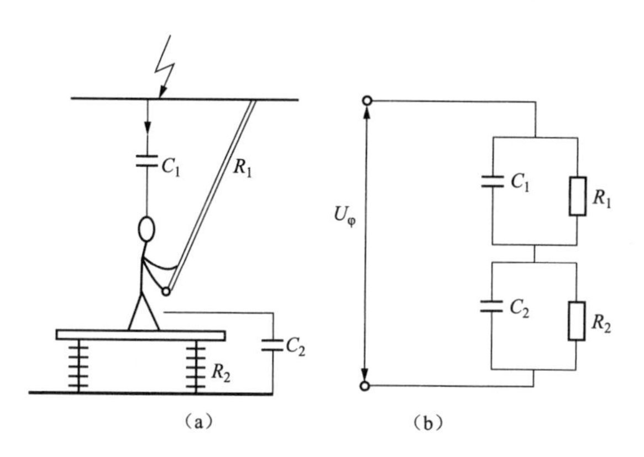

图 4-16　中间电位作业的位置示意图及等效电路

（a）作业示意图；（b）等效电路图

（1）地面作业人员禁止直接用手向中间电位作业人员传递物品。

（2）当电压较高时，中间作业人员应穿屏蔽服。

（3）绝缘工具应保持良好的绝缘性能，有效绝缘长度应满足相应电压等级规定的要求，组合间隙应比同电压等级的单间隙大 20%左右。

12．什么是带电水冲洗？主要有哪些安全注意事项？

答：带电水冲洗就是在高压设备正常运行的情况下，利用电阻率不低于 1500kΩ·cm 的水，保持一定的水压和安全距离等条件，使用专门的泵水机械装置，对有污秽的电气设备绝缘部分进行冲洗清污的作业方法。安全注意事项有：

（1）带电水冲洗一般应在良好天气进行。风力大于 4 级，气温低于 0℃，雨天、雪天、沙尘暴、雾天及雷电天气时不宜进行。

（2）带电水冲洗前应掌握绝缘子的表面盐密情况，当超出表 4-4 中的数值时，不宜进行水冲洗。

（3）带电水冲洗用水的电阻率不应低于 $1\times10^5\Omega\cdot cm$。每次冲洗前，都应使用合格的水阻表从水枪出口处取得水样测量其水电阻率。

（4）以水柱为主绝缘的水枪喷嘴与带电体之间的水柱长度不应小于表 4-5 的规定，

且应呈直柱状态。

（5）小型水冲工具进行冲洗时，冲洗工具不应接触带电体。引水管的有效绝缘部分不应触及接地体，操作杆的使用和管理按带电作业工具的有关规定执行。

（6）带电水冲洗前，应有效调整水压，确保水柱射程和水流密集。当水压不足时，不应将水枪对准被冲洗的带电设备，冲洗中不应断水或失压。

（7）水冲洗操作人员，应穿防水服、绝缘靴，戴绝缘手套、防水安全帽等辅助安全措施。

（8）冲洗绝缘子时应注意风向，应先冲下风侧，后冲上风侧。对于上、下层布置的绝缘子应先冲下层，后冲上层，还要注意冲洗角度，严防临近绝缘子在溅射的水雾中发生闪络。

表 4-4　　绝缘子水冲洗临界盐密值

绝缘子种类	厂站支柱绝缘子		线路绝缘子	
	普通型绝缘子	耐污型绝缘子	普通型绝缘子	耐污型绝缘子
爬电比距（mm/kV）	14～16	20～31	14～16	20～31
临界盐密值（mg/cm^2）	0.12	0.20	0.15	0.22

注　本表内容适用于 220kV 及以下电压等级。

表 4-5　　喷嘴与带电体之间的水柱长度　　单位：m

电压等级（kV）	喷嘴直径[a] mm			
	≤3	4～8	9～12	13～18
10～35	1.0	2.0	4.0	6
110	1.5	3.0	5.0	7
220	2.1	4.0	6.0	8
500	—	6.0[b]	8.0[b]	—

注　a　水冲喷嘴直径为 3mm 及以下者称小水冲；直径为 4～8mm 者称中水冲；直径为 9mm 及以上者称大水冲。
　　b　为输电线路带电水冲洗数据，变电站带电水冲洗时参照执行。

13．带电水冲洗时影响水柱泄漏电流的主要因素有哪些？

答：影响水柱泄漏电流的主要因素有：

（1）被冲洗电气设备的电压。

（2）水柱的水电阻率。

（3）水柱的长度。

（4）水枪喷口直径。

14．带电断、接引线主要有哪些安全注意事项？

答：带电断、接引线安全注意事项如下：

（1）带电断、接空载线路时，应确认需断、接线路的另一端断路器和隔离开关确已断开，接入线路侧的变压器、电压互感器确已退出运行后，方可进行，禁止带负荷断、接引线。

（2）带电断、接空载线路时，作业人员应戴护目镜，并应采取消弧措施。消弧工具的断流能力应与被断、接的空载线路电压等级及电容电流相适应。如使用消弧绳，则其断、接的空载线路的长度不应大于表 4-6 的规定，且作业人员与断开点应保持 4m 以上的距离。

（3）在查明线路确无接地、绝缘良好、线路上无人工作且相位确定无误后，方可进行带电断、接引线。

（4）带电接引线时未接通相的导线及带电断引线时已断开相的导线，将因感应而带电。为防止电击，应采取措施后方可触及。

（5）不应同时接触未接通的或已断开的导线两个断头。

表 4-6　　使用消弧绳断、接空载线路的最大长度

电压等级（kV）	10	20（35）	63（66）	110	220
长度（km）	50	30	20	10	3

注　线路长度包括分支在内，但不包括电缆线路。

15．用分流线短接断路器、隔离开关等载流设备主要有哪些安全注意事项？

答：用分流线短接断路器、隔离开关等载流设备安全注意事项如下：

（1）短接前一定要核对相位。

（2）组装分流线的导线处应清除氧化层，且线夹接触应牢固可靠。

（3）35kV 及以下设备使用的绝缘分流线的绝缘水平应符合相应的规定。

（4）断路器应处于合闸位置，并取下跳闸回路熔断器，锁死跳闸机构后，方可短接。

（5）分流线应支撑好，以防摆动造成接地或短路。

（6）阻波器被短接前，严防等电位作业人员人体短接阻波器。

（7）短接开关设备或阻波器的分流线截面和两端线夹的截流容量，应满足最大负荷电流的要求。

（8）高压配电线路带电短接故障线路、设备前，应确认故障已隔离。

16．带电清扫机械作业有哪些安全注意事项？

答：（1）进行带电清扫工作时，人身与带电体间应保持足够的安全距离。

（2）在使用带电清扫机械进行清扫前，应确认清扫机械的电机及控制、软轴及传动等部分工况完好，绝缘部件无变形、脏污和损伤，毛刷转向正确，清扫机械已可靠接地。

（3）带电清扫作业人员应站在上风侧位置作业，应戴口罩、护目镜。

（4）作业时，作业人的双手应始终握持绝缘杆保护环以下部位，并保持带电清扫有关绝缘部件的清洁和干燥。

17．什么是绝缘斗臂车？主要有哪些常见类型？

答：绝缘斗臂车由汽车底盘、绝缘斗、工作臂、斗臂结合部分组成，绝缘斗、工作臂、斗臂结合部能满足规定的绝缘性能指标绝缘斗臂车的绝缘臂采用玻璃纤维增强型环氧树脂材料制成，绕制成圆柱形或矩形截面结构，具有质量轻、机械强度高、绝缘性能好，憎水性强等优点，在带电作业时为人体提供相对地的绝缘防护。绝缘斗有单层斗、为双层斗，外层斗一般采用环氧玻璃钢制作，内层斗采用聚四氟乙烯材料制作，绝缘斗应具有高强度电气绝缘，与绝缘臂一起组成相对地之间的纵向绝缘，使整车的泄漏电流小于 500μA，工作时若绝缘斗同时触及两相导线，不会发生沿面闪络。绝缘斗上下部都可进行液压控制，具有水平方向和垂直方向旋转功能，如图 4-17 所示。

绝缘斗臂车根据其工作臂形式可分为折叠臂式、直伸臂式、多关节臂式、垂直升降式和混合式。根据支腿型式可分为“A”形腿和“H”形腿、蛙式支腿，无支腿。

图 4-17　绝缘斗臂车

18．绝缘斗臂车使用前的摆放检查主要有哪些内容？

答：（1）绝缘斗臂车可靠接地，接地线应采用有透明护套的不小于 25mm^2 的多股软铜线，临时接地体埋深应不小于 0.6m。

（2）检查绝缘斗、绝缘臂确保其清洁、无裂纹、无损伤。

（3）在专人监护下进行空斗试操作，确认液压传动、回转、升降、伸缩系统工作正常，操作灵活，制动装置可靠。

（4）停放位置应避开附近电力线和障碍物，并能保证作业时绝缘斗臂车的绝缘臂有效绝缘长度不小于 1.0m。

（5）支腿不应支放在沟道盖板上。

（6）软土地面应使用垫板或枕木。

（7）车辆前后、左右呈水平，四轮应离地。

（8）试操作时注意避开邻近的高、低压线路及各类障碍物，与其足够安全距离。

19．使用绝缘斗臂车作业主要有哪些安全注意事项？

答：（1）绝缘斗臂车的工作位置应选择适当，支撑应稳固可靠，并有防倾覆措施。使用前应在预定位置空斗试操作一次，确认液压传动、回转、升降、伸缩系统工作正常、操作灵活，制动装置可靠。

（2）绝缘斗臂车操作人员应服从工作负责人的指挥，作业时应注意周围环境及操作速度。在作业过程中，绝缘斗臂车的发动机不准熄火。接近和离开带电部位时，应由绝缘斗中人员操作，但下部操作人员不准离开操作台。

（3）绝缘臂的有效绝缘长度应大于表4-7的规定，并应在其下端装设泄漏电流监视装置。

（4）绝缘臂下节的金属部分，在仰起回转过程中，应对带电体保持足够的距离。工作中车体应良好接地。

（5）绝缘斗上双人带电作业，禁止同时在不同相或不同电位作业。

（6）高压配电线路带电作业时，不应使用绝缘斗支撑导线。

表4-7　　绝缘臂的最小长度

电压等级（kV）	10	20	35～63（66）	110	220
长度（m）	1.0	1.2	1.5	2.0	3.0

20．带电作业主要有哪些常用工器具？

答：带电作业常用工器具详见表4-8。

表4-8　　带电作业常用工器具

序号	工器具类型	工器具名称
1	绝缘工器具	绝缘拉杆、绝缘传递绳、合成绝缘吊杆、绝缘滑轮组、绝缘操作杆、绝缘服、测距杆、硬梯、滑车组、断线剪、绝缘无极绳套等
2	金属工器具	通用小工具、紧螺母工具等
3	测试仪器	温度计、湿度计、风速仪、绝缘检测仪等
4	防护用品	安全帽、护目镜、绝缘安全带、绝缘鞋等

21．带电作业工器具的保管和存放主要有哪些要求？

答：（1）带电作业工器具应有专门的库房存放并设置专人保管，经常予以检查。库房内应保持恒定的温度（干燥）和相对湿度，并有专用除湿设备。橡胶绝缘用具应放在避光的柜内，并撒上滑石粉。

（2）带电作业工器具必须建立台账，统一编号，放置位置应相对固定。

（3）带电作业工器具使用应有出入库登记，工器具使用后入库时应认真检查其状态是否良好，发现损坏或损失应及时做好维修保养和电气机械试验记录，试验合格后方能继续使用。不合格的应予报废并分库存放，配以醒目标示禁用。

（4）超过试验周期的工器具应分库存放并进行检测。

22．带电作业工器具运输及现场使用主要有哪些管理要求？

答：（1）运输带电工器具，应将工器具存放在专用工具袋、工具箱或专用工具车内，以防受潮和损伤，避免与金属材料、工具混放。

（2）使用前，应进行外观检查。用清洁干燥的毛巾（布）擦拭后，分段检测绝缘工器具的表面绝缘电阻。

（3）使用过程中，发现受潮或表面损伤、脏污时，及时处理并经试验合格后方可使用。

23．带电工器具库房主要有哪些基本要求？

答：（1）带电作业工器具库房应设置在通风良好、清洁干燥、工具运输及进出方便的地方。在许可条件下，绝缘工器具库房、金属工器具库房可分开，金属工器具房一般不做温度要求。

（2）库房的门窗应密闭严实，阳光不能直射。库房门可采用防火门，配备防火锁。确保库房具有隔湿及防火功能。

（3）地面、墙面及顶面应采用不起尘、阻燃、隔热、防潮、无毒的材料，做好防水、防潮及防虫处理。

（4）库房应配备湿度计、温度计、抽湿机，辐射均匀的加热器，足够的工器具摆放架、吊架和灭火器等，其中工器具摆放架宜采用不锈钢等防锈蚀材料制作。

（5）室内的相对湿度应保持在50%～70%。室内温度应略高于室外，温差不宜大于5℃且不低于0℃。

（6）库房进行室内通风时，应在干燥的天气进行，并且室外的相对湿度不准高于75%。通风结束后，应立即检查室内的相对湿度，并加以调控。常见的带电工器具库房如图4-18所示。

图4-18　带电工器具库房

24．带电作业过程中遇到设备突然停电时怎么办？

答：带电作业过程中遇到设备突然停电时，视作业设备仍然带电，调度值班人员未与工作负责人取得联系前不得强送电，工作负责人尽快与调度联系并报告工作现场状况，根据实际情况将人员撤离作业现场待命。

25．带电作业对屏蔽服的加工工艺和原材料的要求有哪些？

答：对屏蔽服的要求有：

（1）屏蔽服的导电材料应由抗锈蚀、耐磨损、电阻率低的金属材料组成。

（2）布样纺织方式应有利于经纬间纱线金属的接触，以降低接触电阻，提高屏蔽率。

（3）分流线对降低屏蔽服电阻及增大通流容量起重要作用，所有各部件（帽、袜、手套等）连接均要用两个及以上连接头。

（4）纤维材料应有足够的防火性能。

（5）尽量降低人体裸露部分表面电场，缩小裸露面积。

26．屏蔽服有哪些类别？其适用范围是什么？

答：由于不同电压等级对屏蔽服的要求有所区别，屏蔽服可分为Ⅰ型、Ⅱ型两类。Ⅰ型屏蔽服用于交流110（66）kV、500kV、直流±500kV及以下电压等级的作业；Ⅱ型屏蔽服用于交流750kV电压等级的作业。Ⅱ型屏蔽服必须配置面罩，整套服装为连体衣裤帽。

27．带电作业时使用屏蔽服的注意事项有哪些？

答：使用屏蔽服之前应测量整套屏蔽服最远端点之间的电阻值，其数值应不大于20Ω，对屏蔽服外观进行详细检查，确无钩挂、破洞、折损处，如有破损应及时加以修补，检测合格后方可使用。屏蔽服使用完毕，应卷成圆筒形存放在专门的箱子内，不得挤压，造成断丝。使用后洗涤汗水时不得揉搓，可放在较大体积的50℃左右的热水中浸泡15min，然后用多量清水冲洗晾干。

第七节　高　处　作　业

1．什么是高处作业？主要有哪些风险？

答：高处作业指人在一定位置为基准的高处进行的作业，GB/T 3608—2008《高处作业分级》规定：在坠落高度基准面2m以上（含2m）有可能坠落的高处进行的作业，都称为高处作业。高处作业主要风险包括高处坠落、触电和物体打击。

2．高处作业如何分级？

答：作业高度在2～5m时，称为一级高处作业；作业高度在5～15m时，称为二级高处作业；作业高度在15～30m时，称为三级高处作业；作业高度在30m以上时，称为特级高处作业。

3．高处作业对人员身体状况主要有哪些要求？

答：患有精神病、癫痫病及经县级或二级甲等及以上医疗机构鉴定患有高血压、心脏病等不宜从事高处作业的人员，不应参加高处作业。凡发现工作人员有饮酒、精神不振时，禁止登高作业。从事高处作业人员应每年进行一次体检。

4．高处作业对人员资质主要有哪些要求？

答：高处作业属于特种作业，所以必须持证上岗。特种作业人员必须经专门的安全技术培训并考核合格，取得《中华人民共和国特种作业操作证》后，方可上岗作业。

5．高处作业对人员着装主要有哪些要求？

答：高处作业人员应衣着灵便，衣袖、裤脚应扎紧，穿软底防滑鞋。禁止赤脚，禁止穿拖鞋、凉鞋、硬底鞋、高跟鞋和带钉易滑的鞋靴。

6．高空作业时安全带的使用有哪些安全注意事项？

答：高空作业时安全带使用有以下安全注意事项：

（1）在没有脚手架或者在没有栏杆的脚手架上工作，且高度超过1.5m时，应使用有后备保护绳的双背带式或全身式安全带。安全带和保护绳应分别挂在杆塔不同部位的牢固构件上，后备保护绳不应对接使用。当后备保护绳超过 3m 时，应使用缓冲器。

（2）砍剪树木的高处作业应按要求使用安全带，安全带不准系在待砍剪树枝的断口附近或以上。

（3）安全带应采用高挂低用的方式，不应系挂在移动、锋利或不牢固的物件上。攀登杆塔和转移位置时不应失去安全带的保护。作业过程中，应随时检查安全带是否拴牢。

（4）在导（地）线上作业时应采取防止坠落的后备保护措施。在相分裂导线上工作，安全带可挂在一根子导线上，后备保护绳应挂在整组相（极）导线上。

7．常用的登高工具有哪些？

答：常用的登高工具主要包括：绝缘梯、脚扣、升降板、绝缘检修平台、刚性导轨自锁器、柔性导轨自锁器、速差式防坠器、快装绝缘脚手架等。

8．高处作业通常采用的作业方式主要有哪些？

答：高处作业可采取搭设脚手架、使用高处作业车、梯子、移动平台等方式，防止作业人员发生坠落。

9．高处作业时防坠落主要有哪些安全注意事项？

答：高处作业时防坠落安全注意事项如下：

（1）高处作业应正确使用安全带。安全带应采用高挂低用的方式，不应系挂在移动、锋利或不牢固的物件上。攀登杆塔和转移位置时不应失去安全带的保护。作业过程中，应随时检查安全带是否拴牢。

（2）在没有栏杆的脚手架上工作，高度超过 1.5m 时，应使用安全带，或采取其他可靠的安全措施。

（3）高处作业人员不应坐在平台或孔洞的边缘，不应骑坐在栏杆上，不应躺在走道板上或安全网内休息；不应站在栏杆外作业或凭借栏杆起吊物品。

（4）在屋顶、坝顶、陡坡、悬崖、吊桥以及其他危险的边沿进行工作，临空一面应装设安全网或防护栏杆，否则工作人员应使用安全带。

（5）线路杆塔宜设置作业人员上下杆塔和杆塔上水平移动的防坠落安全保护装置。

10．高处作业时使用安全带主要有哪些安全注意事项？

答：高处作业应正确使用安全带，安全带使用前应进行检查，安全带应采用高挂低用的方式，不应系挂在移动、锋利或不牢固的物件上。攀登杆塔和转移位置时不应失去安全带的保护。作业过程中，应随时检查安全带是否拴牢。

11．高处作业时使用梯子主要有哪些安全注意事项？

答：高处作业时使用梯子安全注意事项如下：

（1）梯子应坚固完整，有防滑措施。梯子的支柱应能承受作业人员及所携带的工具、材料攀登时的总重量。作业中使用梯子时，应设专人扶持或绑扎牢固。

（2）硬质梯子的横档应嵌在支柱上，梯阶的距离不应大于 40cm，并在距梯顶 1m 处设限高标志。使用单梯工作时，梯与地面的斜角度为 60°左右。

（3）梯子不宜绑接使用。人字梯应有限制开度的措施。人在梯子上时，禁止移动梯子。

（4）使用软梯、挂梯作业或用梯头进行移动作业时，软梯、挂梯或梯头上只准一人工作。作业人员到达梯头上进行工作和梯头开始移动前，应将梯头的挂钩口可靠封闭。

12．高处作业时使用脚扣主要有哪些安全注意事项？

答：（1）在登杆作业前应认真检查杆根是否牢固，检查拉线是否牢固。

（2）在登杆作业前应对脚扣进行外观检查，冲击试验等。

（3）使用脚扣进行登杆作业时，上、下杆的每一步必须使脚扣环完全套入并可靠地扣住电杆，才能移动身体。

（4）登高、作业过程中不得失去安全带的保护。

13．高处作业使用登高板主要有哪些安全注意事项？

答：高处作业使用登高板安全注意事项如下：

（1）登高板的金属部分有变形和损伤者不应使用。

（2）登高板的绳损伤者不应使用。

（3）检查电杆是否有伤痕、裂缝，电杆的倾斜度情况，确定选择登杆的位置。

（4）登杆前应对登高板做人体冲击试登，判断登高板是否有变形和损伤。

14．高处作业时使用脚手架主要有哪些安全注意事项？

答：高处作业时使用脚手架安全注意事项如下：

（1）非专业工种人员不应装拆脚手架，现场装拆等作业应安排专人进行监督；作业场地临近的输电线路等设施应采取防护措施；在地面应设有围栏和警示标示，非操作人员不得入内。

（2）在没有栏杆的脚手架上工作，高度超过 1.5m 时，应使用安全带，或采取其他可靠的安全措施。

（3）脚手架使用期间，不得拆除架体上的杆件。

（4）高处作业使用的脚手架应经验收合格后方可使用。上下脚手架应走斜道或梯子，作业人员不准沿脚手杆或栏杆等攀爬。

15．高处作业时使用移动高处作业平台主要有哪些安全注意事项？

答：利用高空作业车、带电作业车、高处作业平台等进行高处作业时，高处作业平台应处于稳定状态，需要移动车辆时，作业平台上不得载人。移动平台工作面四周应有 1.2m 高的护栏，升降机构牢固完好，升降灵活，液压机构无渗漏现象，有明显的荷重标志，严禁超载使用，禁止在不平整的地面上使用，使用时应采取制动措施，防止平台移动。

16．高处作业时防止坠物伤人的措施主要有哪些？

答：（1）进入工作现场应戴安全帽，杆塔作业应使用工具袋，较大的工具应固定在牢固的构件上，不准随便乱放。

（2）上下传递物件应用绳索拴牢传递，禁止上下抛掷。高空使用工具应采取防止坠落的措施。

（3）在进行高处作业时，除有关人员外，不准他人在工作地点的垂直下方及坠物可能落到的地方通行或逗留，防止落物伤人。如在格栅式的平台上工作，应采取铺设木板等防止工具和器材掉落的有效隔离措施。

（4）峭壁、陡坡的场地或人行道上的冰雪、碎石、泥土应经常清理，靠外面一侧应设 1050～1200mm 高的栏杆。在栏杆内侧设 180mm 高的侧板，以防坠物伤人。

（5）注意防止钢筋等物体反弹伤人。

17．上下层同时开展高处作业时，主要有哪些安全注意事项？

上下层同时进行工作时，中间必须搭设严密牢固的防护隔板、罩棚或其他隔离设施。工作人员必须戴安全帽，以防止落物伤人。

18．特殊天气的高处作业主要有哪些安全注意事项？

答：低温或高温环境下进行高处作业时，应采取保暖和防暑降温措施，作业时间不宜过长。在 6 级及以上的大风以及暴雨、雷电、冰雹、大雾、沙尘暴等恶劣天气下，应停止露天高处作业。特殊情况下，确需在恶劣天气进行抢修时，应制定必要的安全措施，并经本单位批准后方可进行。

19．换流站阀厅内高处作业主要有哪些安全注意事项？

答：换流站阀厅工作使用升降车上下时，在升降车上应使用安全帽，正确使用安全带。进入阀厅前，应继续使用安全带，同时应做好防止安全带保险钩等硬质部件阀体元件的措施。

20．厂站内爬梯设置和使用主要有哪些安全注意事项？

答：厂房外墙、烟囱、冷水塔等处应设置固定爬梯，高出地面 2.4m 以上部分应设有护圈。高百米以上的爬梯，中间应设有休息的平台，并定期进行检查和维护。上爬梯必须逐档检查爬梯是否牢固，上下爬梯必须抓牢，并不准两手同时抓一个梯级。

第八节　起重与运输作业

1．什么是起重作业？

答：利用起重机械或工具，移动重物放置到相应位置的操作。起重作业的方式主要分为机械起重吊运和手工起重搬运。

2．起重作业人员主要有哪些要求？

答：起重作业人员包括起重指挥人员、起重机司机和起重挂钩工。起重设备的操作人员和指挥人员应该经专业技术培训，并经实际操作及有关安全规程考试合格、取得《中华人民共和国特种作业操作证》后方可独立上岗作业，其合格证种类应与所操作（指挥）的起重机类型相符合。

3．起重作业前，现场勘察应察看哪些主要内容？

答：现场勘察应察看施工作业现场周边有无影响作业的建构筑物、地下管线、邻近设备、交叉跨越及地形、地质、气象等作业现场条件以及其他影响作业的风险因素，并提出安全措施和注意事项。

4．哪些起重作业需要制订专项安全技术措施？

答：凡属下列情况之一，应制订专门的起重作业安全技术措施，并经设备运维单位审批，作业时应有专门技术负责人在场指导：

（1）质量达到起重设备额定负荷的90%及以上。

（2）两台及以上起重设备抬吊同一物件。

（3）起吊重要设备、精密物件、不易吊装的大件或在复杂场所进行大件吊装。

（4）爆炸品、危险品必须起吊时。

5．起重机安全操作的一般要求有哪些？

答：起重机安全操作有以下要求：

（1）司机接班时，应对限制器、吊钩、钢丝绳和安全装置进行检查，发现性能不正常时，应在操作前排除。

（2）起重机行驶前，必须鸣铃或报警，操作中接近人时，亦应给予断续铃声或报警。

（3）操作应按指挥信号进行，对紧急停车信号，不论何人发出，都应立即执行。

（4）当起重机上或其周围确认无人时，才可以闭合主电源，当电源电路装置上加锁或有标牌时，应由有关人员除掉后才可闭合主电源。

（5）闭合主电源前，应使所有控制器手柄置于零位。

（6）工作中突然断电时，应将所有控制器手柄置于零位；在轨道上露天作业的起重机，当工作结束时，应将起重机锚固定。

6．起重机作业时主要有哪些安全注意事项？

答：起重机作业时安全注意事项如下：

（1）起重工作应由有相应经验的人员负责，并应明确分工，统一指挥、统一信号，做好安全措施。工作前，工作负责人应对起重作业工具进行全面检查。

（2）起重臂及吊件下方必须划定安全区。

（3）受力钢丝绳周围、吊件和起重臂下方不应有人逗留和通过。

（4）吊件吊起10cm时应暂停，检查悬吊、捆绑情况和制动装置，确认完好后方可继续起吊。

（5）吊件不应从人或驾驶室上空越过。

（6）起重臂及吊件上不应有人或有浮置物。

（7）起吊速度均匀、平稳，不得突然起落。

（8）吊挂钢丝绳间的夹角不应大于120°。

（9）吊件不应长时间悬空停留；短时间停留时，操作人员、指挥人员不应离开现场。

（10）起重机运转时，不应进行检修。

（11）工作结束后，起重机的各部应恢复原状。

7．起重作业出现什么情况必须停机检查、检修？

答：起重机出现异常情况都与其零部件的严重磨损、变形、老化等有关，遇到以下情况必须停机检查、检修：

（1）起重机在起吊重物时刹车，出现较大的或异常的下滑。

（2）在变幅时，出现臂架异常摆动。

（3）在旋转时，出现异常的晃动。

（4）吊运重物运行时，出现制动后滑行距离太大。

（5）起重机运转时，出现异常声响、异常噪声、冲击振动等情况。

8．特殊天气下的起重作业主要有哪些安全注意事项？

答：遇有雷雨天、大雾、照明不足、指挥人员看不清工作地点或起重机操作人员未获得有效指挥时，不应进行起重工作。遇有6级以上的大风时，禁止露天进行起重工作。当风力达到5级以上时，不宜起吊受风面积较大的物体。

9．起重机应装设哪些安全装置，起重机的工作负荷主要有哪些安全注意事项？

答：各式起重机应依据相关规范装设有过卷扬限制器、过负荷限制器、起重臂俯仰限制器、行程限制器、联锁开关等安全装置。起重机吊臂的最大仰角以及起重设备、吊索具和其他起重工具的工作负荷，不准超过制造厂铭牌规定。

10．移动式起重机作业过程应注意哪些安全事项？

答：移动式起重机作业过程应注意以下安全事项：

（1）移动式起重机作业前，应将支腿支在坚实的地面上，必要时使用枕木或钢板增加接触面积。

（2）机身倾斜度不应超过制造厂的规定。

（3）不应在暗沟、地下管线等上面作业。

（4）作业完毕后，应先将臂杆放在支架上，然后方可起腿。

11．起重设备使用前主要应进行哪些检查？

答：对吊钩、卡线器、双钩、紧线器检查有如下规定：

（1）无裂纹或显著变形。

（2）无严重腐蚀、磨损现象。

（3）转动灵活，无卡涩现象。

（4）防脱钩装置完好。

12．起重作业使用的钢丝绳报废应考虑哪些因素？

答：（1）断丝的性质和数量。

（2）绳端断丝。

（3）断丝的局部聚集。

（4）断丝的增加率。

（5）绳子股断裂。

（6）绳径因绳芯损坏而减少。

（7）外部磨损。

（8）弹性降低。

（9）外部和内部腐蚀。

（10）变形、受热或电弧引起损坏。

13．使用手拉葫芦时主要有哪些安全注意事项？

答：使用手拉葫芦时安全注意事项如下：

（1）使用前必须进行外貌检查，确认其结构是否完整、转动部分是否灵活以及充油部分是否有油等，防止发生干磨、跑链等不良现象。

（2）吊挂葫芦的绳子、支架、横梁等，应绝对稳定可靠。

（3）葫芦吊挂后，应先将手拉链反拉，让起重链条倒松，使之有最大的起重距离，然后慢慢拉紧起吊物件。

（4）接近泥沙工作的葫芦，应采取垫高措施。避免泥沙带进转动轴承内，影响使用寿命。

（5）使用三个月以上的葫芦，须进行拆卸检查、清洗和注油，对于缺件、失灵和结构损坏等，一定要修复后才能使用。

14．使用电动葫芦时主要有哪些安全注意事项？

答：使用电动葫芦时安全注意事项如下：

（1）在使用前，应进行静负荷和动负荷试验。

（2）检查制动器的制动片上是否沾有油污，各触点均不能涂润滑油或用锉刀锉平。

（3）严禁超负荷使用，不允许倾斜起吊或作为拖拉工具使用。

（4）操作人员操作时，应随时注意并及时消除钢丝绳在卷筒上脱槽或绕有两层的不正常情况。

（5）盘式制动器要用弹簧调整至使物件容易处于悬空状态，其制动距离在最大负荷时不得超过 80mm。

（6）电动葫芦应有足够的润滑油，并保持干净。

（7）电动葫芦不工作时，禁止把重物悬于空中，以防零件产生永久变形。

15．使用桥式起重机主要有哪些安全注意事项？

答：使用桥式起重机安全注意事项如下：

（1）行车必须处于正常状态，特别是安全装置，如制动机机声光、信号、联锁装置等都必须灵敏完好。

（2）工作过程中操作人员要集中精力，起吊前先空转，然后起吊，吊物离地 100～150mm，如发现起吊物捆缚不紧时，应重新捆缚。开车前应先发出信号铃，吊物不得从人头上越过，天车开动时，严禁修理、检查、加油和擦拭机件，在运行中如发现故障必须立即停车。

（3）工作终止时，要把天车停在车线上，把吊钩升到位，吊钩上不得悬挂重物，把所有的控制、操纵杆放到零位上，并拉掉电源开关，锁上驾驶室门。

（4）桥式起重机必须装设可靠灵敏的安全装置，一般设有缓冲器、限位器（行程限位器、起升限位器）、起重限制器、防风夹轨钳等。

（5）起重机所有带电部分的外壳，应可靠接地，以免发生操作人员的意外触电事故。小车轨道不是焊接在主梁上时，亦应采取焊接接地，降变压器应按规定在低压侧接地。

16．移动式起重机应怎么接地？

答：（1）接地范围。起重机上所有电气设备正常不带电的金属外壳、金属线管、电缆金属护层、安全变压器低压侧一端均应可靠接地。

（2）接地结构。起重机上允许用金属结构作接地干线，金属结构必须是一个可靠电气连接的整体。如金属结构的连接有非焊接处时，应另设接地干线或跨接线。接地线连接宜用截面积不小于 150mm^2 扁钢或 10mm^2 的铜线。接地线与设备的连接可用焊接或螺栓连接，螺栓连接时应采用防松及防锈措施。司机室与起重机本体用螺栓联接时，二者的电气跨接宜采用多股软铜线，其截面积不得小于 16mm^2，两端压接接线端子应采用镀锌螺栓固定；当采用扁钢或圆钢跨接时，扁钢应不小于 40mm×4mm，圆钢直径不得小于 12mm。跨接点应不少于两处。在轨道上工作的起重机，一般可通过车轮和轨道接地。必要时应另设专门接地滑线或采取其他有效措施。

（3）接地电阻。起重机每条轨道，应设两处接地，在轨道间的接头处宜作电气跨接。轨道以及起重机上任何一点的接地电阻均不得大于 4Ω。零线重复接地时不大于 10Ω。

17．使用移动式起重机时主要有哪些安全注意事项？

答：使用移动式起重机时安全注意事项如下：

（1）使用移动式起重机时，在道路上施工应设围栏，并设置适当的警示标示牌。

（2）移动式起重机停放，其车轮、支腿或履带的前端或外侧与沟、坑边缘的距离不得小于沟、坑深度的 1.2 倍；否则应采取防倾、防坍塌措施。行驶时，应将臂杆放在支架上，吊钩挂在挂钩上并将钢丝绳收紧，禁止车上操作室坐人。

（3）移动式起重机作业前，应将支腿支在坚实的地面上，必要时使用枕木或钢板增加接触面积。机身倾斜度不应超过制造厂的规定。不应在暗沟、地下管线等上面作业。作业完毕后，应先将臂杆放在支架上，然后方可起腿。

（4）汽车式起重机除设计具有吊物行走性能者外，均不应吊物行走。

（5）移动式起重机长期或频繁地靠近架空线路或其他带电体作业时，应采取隔离防护措施。

18．厂站带电区域或临近带电体的起重作业时主要有哪些安全注意事项？

答：厂站带电区域或临近带电体的起重作业时安全注意事项如下：

（1）针对现场实际情况选择合适的起重机械。

（2）工作负责人应专门对起重机械操作人员进行电力相关安全知识培训和交代作业安全注意事项。

（3）作业全程，设备运维单位应安排专人在现场旁站监督。

（4）起重机械应安装接地装置，接地线应用多股软铜线，截面不应小于 16mm^2，并满足接地短路容量的要求。

19．在临近带电体处吊装作业时，起重机与带电体的距离有哪些要求？

答：起重臂不应跨越带电设备或线路进行作业。在临近带电体处吊装作业时，起重机臂架、吊具、辅具、钢丝绳及吊物等与带电体的距离不得小于表 4-9 的规定。

表 4-9　　　　　　　　　起重机械及吊件与带电体的安全距离

电压等级（kV）		＜1	1～10	35～66	110	220	500	±50 及以下	±400	±500	±800
最小安全距离（m）	净空	1.50	3.00	4.00	5.00	6.00	8.50	—	—	—	—
	垂直方向	—	—	—	—	—	—	5.00	8.50	10.00	13.00
	水平方向	—	—	—	—	—	—	4.00	8.00	10.00	13.00

注　1．数据按海拔 1000m 校正。
2．表中未列电压等级按高一档电压等级的安全距离执行。
3．厂站作业若小于或大于本表的作业安全距离时，应制定防止摆动等导致误碰带电设备的有效安全措施，并经地市级单位分管生产的负责人批准。

20．吊装过程中对于起吊物件主要有哪些安全注意事项？

答：吊装过程中对于起吊物件安全注意事项如下：

（1）起吊物应绑牢，吊钩悬挂点应与吊物重心在同一垂线上，吊钩钢丝绳应垂直，严禁偏拉斜吊；落钩时应防止吊物局部着地引起吊绳偏斜；吊物未固定好严禁松钩；起吊物体若有棱角或特别光滑的部分时，在棱角和滑面与绳子接触处应加以包垫。

（2）起吊成堆物件时，应有防止滚动或翻倒的措施。钢筋混凝土电杆应分层起吊，每次吊起前，剩余电杆应用木楔掩牢。

（3）吊装使用开门滑车时，应将开门勾环扣紧，防止绳索自动跑出。

21．吊装过程中对于作业人员主要有哪些安全注意事项？

答：吊装过程中对于作业人员安全注意事项如下：

（1）任何人不得在起重机的轨道上站立或行走。特殊情况需在轨道上进行作业时，应与起重机的操作人员取得联系，起重机应停止运行。

（2）禁止作业人员利用吊钩来上升或下降。

（3）禁止用起重机起吊埋在地下的物件。

22．使用起重车立、撤杆作业，主要有哪些安全注意事项？

答：使用起重车立、撤杆时，钢丝绳套应挂在电杆的适当位置以防止电杆突然倾倒。吊重和起重车位置应选择适当，吊钩应有可靠的防脱落装置，并应有防止吊车下沉、倾斜的措施。起、落时应注意周围环境。撤杆时，应检查无卡盘或障碍物后再试拔。

23．机动车运输装运超长、超高或重大物件作业主要有哪些安全注意事项？

答：机动车运输装运超长、超高或重大物件作业安全注意事项如下：

（1）物件重心与车厢承重中心应基本一致。

（2）易滚动的物件顺其滚动方向必须用木楔卡牢并捆绑牢固。

（3）采用超长架装载超长物件时，在其尾部应设置警告的标志；超长架与车厢固定，物件与超长架及车厢必须捆绑牢固。

（4）押运人员应加强途中检查，防止捆绑松动；通过山区或弯道时，防止超长部位与山坡或行道树碰剐。

24．管子滚动搬运作业主要有哪些安全注意事项？

答：管子滚动搬运作业安全注意事项如下：

（1）应由专人负责指挥。

（2）管子承受重物后两端各露出约 30cm，以便调节转向。手动调节管子时，应注意防止手指压伤。

（3）上坡时应用木楔垫牢管子，以防管子滚下；上下坡时均应对重物采取防止下滑的措施。

第九节　动　火　作　业

1．什么是动火作业？

答：动火作业是指在易燃易爆场所等禁火区，使用喷灯、电钻、电焊、砂轮等进行融化、焊接、切割等可能直接或间接产生火焰、火花、炽热表面等明火的临时性作业。

2．动火区域和级别如何划分？

答：（1）一级动火区，是指火灾危险性很大，发生火灾时后果很严重的部位、场所或设备。主要指油区和油库围墙内，油管道及与油系统相连的设备，油箱（除此之外的部位列为二级动火区域），危险品仓库内；变压器等注油设备，蓄电池室（铅酸），其他需要纳入一级动火区管理的部位。

（2）二级动火区，是指一级动火区以外的所有防火重点部位、场所或设备及禁火区域。主要指油管道支架及支架上的其他管道，动火地点有可能火花飞溅落至易燃易爆物体附近，电缆沟道（竖井）内、隧道内、电缆夹层；调度室、控制室、通信机房、电子设备间、计算机房、档案室，其他需要纳入二级动火区管理的部位。

3．动火工作票如何选用？

答：根据不同的动火作业场所，选用以下不同的动火工作票：

（1）一级动火区动火作业，应填用一级动火工作票。

（2）二级动火区动火作业，应填用二级动火工作票。

（3）动火工作票不应代替电气工作票。一级动火工作票的有效期为 24h，二级动火工作票的有效期为 120h。动火作业超过有效期，应重新办理动火工作票。

4．动火作业对人员有哪些基本要求？

答：（1）动火人员持有效特种作业证、动火工作资质。

（2）在高处和电气设备开展动火作业人员，应身体健康、无禁忌症（眩晕、美尼尔、高血压、心脏病等）。

5．哪些情况禁止开展动火作业？

答：以下情况禁止开展动火作业：

（1）压力容器或管道未泄压前。

（2）存放易燃易爆物品的容器未清洗干净前或未进行有效置换前。

（3）喷漆、喷砂现场。

（4）遇有火险异常情况未查明原因和消除前。

6．动火作业前的安全检查主要有哪些注意事项？

答：动火作业前的安全检查注意事项如下：

（1）设备、管道的吹扫、置换、经检测合格。

（2）动火部位与相连设备完全脱离或加盲板分隔。

（3）电焊回路线必须搭接在焊件上。

（4）动火点周围半径15m范围内必须清除易燃物，地沟、阴井、地漏已有覆盖封闭、隔离措施。

（5）现场消防器材、喷淋、冷却措施，必须到位、完好。

（6）乙炔瓶、氧气瓶之间距离为5m，乙炔瓶、氧气瓶与动火点之间距离为10m。胶管无老化，接头夹牢，乙炔瓶有无回火装置。

（7）电焊接线必须完好，无裸露现象。

（8）2m以上高处动火作业，风力超过五级禁止用火。

7．动火作业过程中主要有哪些安全注意事项？

答：动火作业过程中安全注意事项如下：

（1）乙炔瓶、氧气瓶之间的间距为5m。

（2）乙炔瓶、氧气瓶与动火点之间的间距为10m。

（3）静电接地桩接地电阻不大于10Ω。

（4）设备管道动火前测爆、测氧分析数据：可燃性气体爆炸极限＞4%，检测合格指标＜0.5%；可燃性气体爆炸极限＜4%，检测合格指标＜0.2%；氧含量检测合格指标为：19.5%～23.5%。

（5）动火点周围下水井、地沟、地漏、电缆沟清除易燃物并封闭的最小半径为15m。

（6）高处动火作业风力大于5级时应停止用火。

8．动火作业过程中需关注的动态风险主要有哪些？

答：（1）动火本体有无异常，动火环境条件有无变化（如天气变化等）。

（2）动火周围装置、设备、管线和生产情况有无异常。

（3）气瓶胶管接头有否松动、脱落。

9．动火工作监护主要有哪些安全注意事项？

答：动火工作监护安全注意事项如下：

（1）一级动火时，动火部门负责人、消防（专职）人员应始终在现场监护。

（2）二级动火时，动火区域管理部门应指定人员，并和动火监护人始终在现场监护。

10．动火作业结束后主要有哪些安全注意事项？

答：动火作业结束后安全注意事项有：

（1）动火现场余火是否熄灭。

（2）切断动火设备电源、气源。

11．什么是焊接作业？主要分为哪几类？

答：焊接是通过加热、加压，或两者并用（用或不用）填充材料，使焊件达到原子间结合的一种加工工艺方法。根据焊接时的工艺特点和母材金属所处的状态，可以把焊接方法分成熔焊、压焊和钎焊三类，金属焊接的分类如图 4-19 所示。

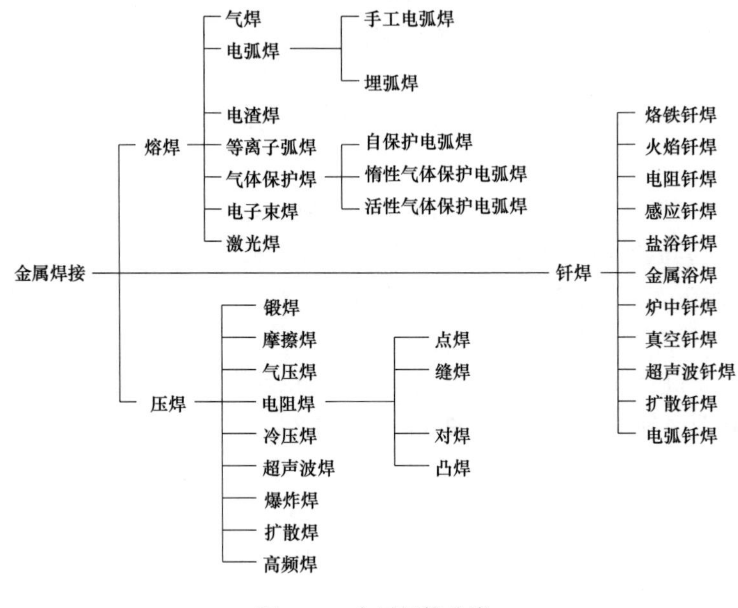

图 4-19　金属焊接分类

12．焊接及切割作业有哪些基本要求？

答：焊接及切割作业基本要求有：

（1）在动火区域内进行焊接或切割等动火作业前，应执行动火作业的有关规定办理相关手续。

（2）在风力超过 5 级及雨雪天气时，不可露天进行焊接或切割工作。如必须进行时，应采取防风、防雨雪的措施。

（3）进行焊接与切割作业前，应检查使用的机具、气瓶等合格完整，作业人员应穿戴专用劳动防护用品；作业点周围 5m 内的易燃易爆物应清除干净，动火点采取必要的防火隔离措施，备有足够的灭火器材，现场的通排风应良好。

13．焊接及切割作业人员需要具备什么条件？

答：焊接及切割作业人员需要具备以下条件：

（1）焊接与切割作业属特种作业工种，作业人员必须持政府部门颁发的相关《特种作业操作证》上岗。

（2）作业人员必须具备对特种作业人员所要求的基本条件，并懂得将要实施操作时可能产生的危害以及适用于控制危害条件的程序。

（3）作业人员必须懂得正确安全地使用设备，使之不会对生命及财产构成危害。

作业人员只有在规定的安全条件得到满足，并得到现场管理及监督者准许的前提下，才可实施焊接或切割操作。

14．焊接及切割作业常用的防护用具有哪些？

答：焊接及切割作业常用的防护用具有：手把面罩或套头面罩、电焊手套、橡胶绝缘鞋、清除焊渣用的白光眼镜、防护工作服、披肩、斗篷及套袖、劳保鞋等。

15．焊接及切割作业主要的风险点有哪些？

答：焊接及切割作业主要的风险点有：触电、火灾爆炸、灼伤（烫伤）、高处坠落、物体打击、中毒窒息等。

16．什么情况下不能进行气焊（割）、电焊作业？

答：以下情况不能进行气焊（割）、电焊作业：

（1）非焊、割工不能进行焊、割作业。

（2）重点要害部门及重要场所未经消防安全部门批准，未落实安全措施的，不能进行焊、割作业。

（3）不了解焊、割地点及周围情况（如该处是否能动用明火、有无易燃、易爆物品等）的，不能进行焊、割作业。

（4）不了解焊、割件内部是否有易燃、易爆危险性的，不能进行焊、割作业。

（5）盛装过易燃、易爆液体、气体的容器（如钢瓶、油箱、槽车、贮罐等），未经过彻底置换、清洗，不能进行焊、割作业。

（6）用可燃材料（如塑料、软木等）作保温层、冷却层、隔音、隔热的部位或火星能飞溅到的地方，在未采取切实可靠的安全措施之前，不能进行焊、割作业。

（7）有压力或密封的导管、容器等，不能进行焊、割作业。

（8）焊、割部位附近还有易燃、易爆物品，在未做清理、未采取有效的安全措施之前，不能进行焊、割作业。

（9）未经消防、安全部门批准，在禁火区内，不能进行焊、割作业。

（10）附近有与明火作业相抵触的工种在作业（如油漆等）时，不能进行焊、割作业。

17．什么是熔焊作业？主要有哪些类型？

答：焊接过程中，将焊件接头加热至熔化状态，不加压力的焊接方法，称为熔焊，是目前应用最广泛的焊接方法。常用的有手工电弧焊、埋弧焊、CO_2 气体保护焊及手工钨极氩弧焊等。

18．什么是压焊作业？主要有哪些类型？

答：焊接过程中，必须对焊件施加压力，加热或不加热的焊接方法，称为压焊。压焊有两种形式：

（1）被焊金属的接触部位加热至塑性状态，或局部熔化状态，然后加一定的压力，使金属原子间相互结合形成焊接接头，如电阻焊、摩擦焊等。

（2）加热，仅在被焊金属接触面上施加足够大的压力，借助于压力引起的塑性变形，原子相互接近，从而获得牢固的压挤接头，如冷压焊、超声波焊、爆炸焊等。

19．什么是钎焊作业？主要有哪些类型？

答：采用熔点比母材低的金属材料作钎料，将焊件和钎料加热到高于钎料熔点，但低于母材熔点的温度，利用毛细作用使液态钎料润湿母材，填充接头间隙并与母材相互扩散，连接焊件的方法，称为钎焊。钎焊分为如下两种：

（1）软钎焊，用熔点低于4500℃的钎料（铅、锡合金为主）进行焊接，接头强度较低。

（2）硬钎焊，用熔点高于4500℃的钎焊（铜、银、镍合金为主）进行焊接，接头强度较高。

20．焊接作业主要有哪些安全风险？

答：焊接作业中安全风险主要有：高空坠落、电击、烟尘、有毒气体、高频电磁场、弧光辐射、火灾爆炸等。

21．电焊作业主要有哪些安全注意事项？

答：电焊作业主要安全注意事项如下：

（1）焊接场地必要时配备消防器材，保证足够的照明和良好的通风。

（2）在操作场地10m内，不应储存油类或其他易燃易爆物品（包括有易燃易爆气体产生的器皿、管线）。

（3）工作前必须穿戴好防护用品。操作时（包括清渣）所有工作人员必须戴好防护眼镜或面罩。

（4）在缺氧危险作业场所及有易燃易爆物品及其挥发性气体的环境，设备、容器应经事先置换、通风，并经检测合格。

（5）对压力容器、密封容器、燃料容器、管道的焊接，必须事先泄压、敞开，置换清除掉有毒、有害物质后再施焊。潮湿环境，容器内作业还应采取相应电气隔离或绝缘等措施，并设人监护。

（6）在焊接、切割密闭空心工件时，必须留有出气孔。在容器内焊接，外面必须设人监护，并有良好通风措施，照明电压应采取12V，禁止在已做油漆或喷涂过塑料的容器内焊接。

（7）电焊机接零（地）及电焊工作回线都不准搭在易燃易爆的物品上，也不准接在管道和机床设备上，工作回路线应绝缘良好，机壳接地必须符合安全规定，回路应独立或隔离。

（8）电焊机的屏护装置必须完善（包括一次侧、二次侧接线），电焊钳把与导线连接处不得裸露。二次线接头应牢固。2m及其以上的高处作业，应遵守高处作业的安全规程，作业时不准将工作回路线缠在身上，高处作业应设人监护。

（9）工作完毕，应检查焊接工作地（包括相关的二次回路部分），确认无异常状态后切断电源，灭绝火种。

22．气焊（气割）作业主要有哪些安全注意事项？

答：气焊（气割）作业安全注意事项如下：

（1）气焊（气割）是利用可燃气体与氧气的混合燃烧产生3000℃的高温火焰将金属熔化，而达到焊割目的。气焊（气割）过程中，所使用的氧气乙炔气均系易燃易爆的危险品，所使用的氧气瓶、乙炔瓶为受压气瓶，稍有不慎会造成爆炸危险。

（2）气瓶（包括氧气瓶和乙炔瓶，下同）储室通风要良好，电气要防爆。乙炔瓶不准与氧气瓶等混合和混载，不准用手或肩直接搬运和滚动，要用专门的手推车或用麻绳绑扎木搬运，气瓶上要有橡皮圈，托运气瓶时，气瓶应盖上安全盖，严禁气瓶上阀门裸露搬运。

（3）气瓶要防止受振动、撞击和温度升高而引起爆炸，存放气瓶的地方要阴凉干燥通风良好，温度不超过35℃，并且在远离电源，火源和传热设备，严禁烟火或其他火源接近。

（4）充满气体的气瓶应该立放并固定，气瓶必须旋紧安全盖。

（5）气瓶严禁沾有油类，有油污的手及工具不准接触气瓶嘴。

（6）开闭气瓶阀门时不能太快，防止高压氧气猛烈冲出造成压缩发热。氧气流速亦不能过快，以防产生静电火花。不准用锤或其他物件敲击，使用中所流速度不得超过1.5～2.0m^3/h，使用中压力不超过0.15MPa，不准全部用光瓶内气体，必须留有0.1～0.2MPa的压力。

（7）乙炔瓶与焊接地点之间的距离应保持在8m以外，其附近严禁吸烟和明火，以免引起爆炸。

（8）在焊接过程中，气体的胶管不准沾上油脂或金属溶渣，严禁把软管放置在高温源附近或电线附近，当可燃气体的胶管脱落、破裂或着火时，应先把焊枪火焰熄灭，然后停止供气，当氧气软管着火时，应拧松调节器上的调节蜗杆或把气瓶上的阀门关闭，停止供氧气。

（9）当焊枪堵塞时，只准用黄铜剔通，不得用钢丝剔通，以免扩大或损坏枪眼，焊枪点火时先开可燃气体阀，着火后才开氧气阀；而熄火时正好相反；使用完毕，应将焊枪挂在安全的地方，并关闭所有阀门，严防漏气。

（10）长时间不用的气瓶应将气瓶上的调节器卸下，检查瓶阀是否关严，并将安全盖盖好。

（11）气焊（气割）设备和工具应指定专人负责管理和使用，未经许可，其他人不得随便动用。

23．焊接或切割作业中防止触电主要有哪些安全注意事项？

答：焊接或切割作业中防止触电安全注意事项如下：

（1）焊工工作时必须穿绝缘鞋，戴皮手套，以防触电。

（2）焊工在推拉电闸时，必须单手进行。双手进行，如发生触电，电流会通过人体心脏形成回路，造成触电者迅速伤亡。

（3）绝对禁止在带电的情况下接地线、手把线。

（4）在容器内焊接时，应采用12V的照明灯，登高作业不准将电缆线缠在焊工身上或搭在背上。

（5）使用手提照明灯，其电压不能超过36V。

（6）遇到有人触电时，应迅速切断电源，再去抢救触电者，切不可用手去拉触电者。

24．高处焊接与切割作业主要有哪些安全注意事项？

答：高处焊接与切割作业安全注意事项如下：

（1）应遵守高处作业的有关规定。

（2）作业前应对熔渣有可能落入范围内的易燃易爆物进行清除，或采取可靠的隔离、防护措施。

（3）严禁携带电焊导线或气焊软管登高或从高处跨越。

（4）使用绳索提吊电焊导线或气焊软管时应切断工作电源或气源。

（5）地面应有人监护和配合。

（6）电焊作业或其他有火花、熔融源等的场所使用的安全带或安全绳应有隔热防磨套。

25．焊接或切割作业中预防弧光伤害主要有哪些安全注意事项？

答：弧光辐射为直线传播，易于遮挡。辐射强度随着至辐射源距离平方的增加而减弱。一般在距离电弧 10m 以外，人眼偶然被弧光刺激，其伤害不大。为避免电弧光辐射对人眼和皮肤的伤害，应采取如下防护措施：普通平光眼镜能够通过所有的可见光和红外线、吸收大部分的紫外线。护目玻璃不但能够吸收大部分的紫外线，而且还能遮挡大部分的可见光和红外线。从事电弧焊作业的焊工必须使用合适的附有护目玻璃的防护面罩，以保护焊工面部及眼睛不受弧光辐射和金属飞溅的伤害。焊工助手和作业区域内会受到弧光辐射的其他人员可佩戴普通平光眼镜。防护皮肤主要是穿戴合适的防护服、防护手套和工作帽等，以弧光辐射不能照射到人体任何部位皮肤为原则。

26．焊接或切割作业中预防溶渣及金属飞溅烫伤主要有哪些安全注意事项？

答：焊接或切割作业中的溶渣及飞溅金属，在冷却前有 1000℃以上的高温，如不加强防护，会灼伤人体皮肤和眼睛。其安全注意事项如下：焊工的工作服、手套、安全帽，除了防护弧光辐射外，同时起防护溶渣及金属飞溅伤害皮肤的作用。焊接过程中除了使用防护面罩外，在清理焊缝时，要戴上普通平光眼镜，并使清渣方向避开周围人员；最好不要急于清理尚未冷却的焊件，高温溶渣崩到人眼或皮肤上，会造成严重的灼伤事故。

27．切割作业使用的气瓶有哪些要求？

答：切割作业使用的气瓶要求有：

（1）气瓶不得靠近热源或在烈日下曝晒。乙炔气瓶使用时必须直立放置，禁止卧放使用。

（2）禁止敲击、碰撞乙炔气瓶。气瓶必须装设专用减压器，不同气体的减压器严禁换用或替用。

（3）使用中的氧气瓶和乙炔气瓶应垂直固定放置，氧气瓶和乙炔气瓶的距离不得小于 5m；气瓶的放置地点不得靠近热源，应距明火 10m 以外。

（4）禁止将氧气瓶与乙炔气瓶、易燃物品或装有可燃气体的容器放在一起运送。

28．气割主要包含哪些过程？

答：气割是利用气体火焰的热能将工件切割处预热到燃点后，喷出高速切割氧流，使金属燃烧并放出热量而实现切割的方法。气割过程有三个阶段：

（1）预热。气割开始时，利用气体火焰（氧乙炔焰或氧丙烷焰）将工件待切割处预热到该种金属材料的燃烧温度即燃点，对于碳钢约为 1100～1150℃。

（2）燃烧。喷出高速切割氧流，使已达燃点的金属在氧流中激烈燃烧，生成氧化物。

（3）吹渣。金属燃烧生成的氧化物被氧流吹掉，形成切口，使金属分离，完成切割过程。

29．氧气切割需要满足哪些条件？

答：氧气切割需要满足的条件有：

（1）金属燃烧生成氧化物的熔点应低于金属熔点，且流动性要好。

（2）金属的燃点应比熔点低。

（3）金属在氧流中燃烧时能放出大量的热量，且金属本身的导热性要低。

符合上述气割条件的金属有纯铁、低碳钢、中碳钢、低合金钢以及钛，其他常用的金属材料如铸铁、不锈钢、铝和铜等由于不满足以上三个条件，所以不能使用氧气切割。

30．气割作业对软管有什么要求？

答：气割作业对软管要求有：

（1）氧气软管与乙炔软管禁止混用，软管连接处应用专用卡子卡紧或用软金属丝扎紧。

（2）氧气、乙炔气软管禁止沾染油脂。

（3）软管不得横跨交通要道或将重物压在其上。

（4）软管产生鼓包、裂纹、漏气等现象应切除或更换，不应采用贴补或包缠等方法处理。

31．气割作业时软管着火该怎么处理？

答：气焊切割作业时，乙炔软管着火，应先将火焰熄灭，然后停止供气；氧气软管着火时，应先关闭供气阀门，停止供气后再处理着火软管；不得使用弯折软管的方法处理。

32．在狭窄或封闭空间进行焊接及切割作业时主要有哪些注意事项？

答：在狭窄或封闭空间进行焊接及切割作业时注意事项主要有：

（1）在狭窄通风不良的地沟、坑道、管道、容器、半封闭地段进行气焊、气割作业时，应在地面上进行测试焊炬或割炬的混合气，并点好火，禁止在工作地点调试和点火，焊炬或割炬都应随人进出。

（2）在封闭容器、罐、桶、舱室中进行气焊、气割时，应先打开上述工作物的孔、洞，使其内部空气流通，在未进行良好的通风，未对封闭空间进行毒气、可燃气、有害气、氧量含量等测试之前禁止人员进入。

（3）工作暂停和完毕时，焊炬、侧炬和胶管都应随人进出，禁止放在工作地点。

第十节　有限空间作业

1．什么叫有限空间作业？

答：有限空间是指封闭或部分封闭，进出口较为狭窄有限，未被设计为固定工作场所，自然通风不良，易造成有毒有害、易燃易爆物质积聚或氧含量不足的空间。有限空间作业是指作业人员进入有限空间实施的作业活动，包括有限空间场所进行的安装、检修、巡视、检查等。

2．发变电生产作业中涉及的有限空间场所主要有哪些？

答：发变电生产作业中的有限空间场所主要包括但不限于以下类型：

（1）深基坑。

（2）隧洞，如电缆沟道、综合管廊、排水廊道、地质探洞、水电站引水隧洞、压力钢管等。

（3）竖井，如电梯竖井、电缆竖井等。

（4）密闭建筑室内，如消防水池、事故油池、危险废物临时存储点和仓库、SF_6 电气设备室等。

（5）密闭设备内部，如变压器箱体、发电机组、锅炉、压力容器罐体内部等。

（6）其他有限空间。

3．有限空间作业主要有哪些风险？

答：有限空间作业风险类别主要包括但不限于以下方面：

（1）作业空间场地封闭，可能存在酸、碱、毒、尘、烟等具有一定危险性的介质，易引发窒息、中毒、火灾或爆炸等事故事件。

（2）作业空间场地狭窄，施工作业时易引发触电、物体打击、机械伤害等事故事件。

（3）作业空间封闭，长期无人进入，容易聚集有毒昆虫、动物等，人员突然进入易受攻击。

（4）作业空间温湿度高，作业人员体能消耗大，易引发因工作疲劳导致的人身伤害事故事件。

（5）作业空间照明不良、通信不畅，工作监护困难、应急救援困难。

4．有限空间作业发生中毒风险的原因有哪些？

答：有限空间内存在或积聚有毒气体，作业人员吸入后会引起化学性中毒，甚至死亡。有限空间作业中有毒气体可能的来源主要包括：有机物分解产生的有毒气体，进行焊接、涂装等作业时产生的有毒气体，相连或相近设备、管道中有毒物质的泄漏等。有毒气体主要通过呼吸道进入人体，再经血液循环，对人体的呼吸、神经、血液等系统及肝脏、肺、肾脏等脏器造成严重损伤。引发有限空间作业中毒风险的典型物质有：硫化氢、一氧化碳、苯和苯系物、氰化氢、磷化氢等。

5．有限空间作业发生缺氧窒息风险的原因有哪些？

答：有限空间内缺氧主要有两种情形：一是由于生物的呼吸作用或物质的氧化作用，有限空间内的氧气被消耗导致缺氧；二是有限空间内存在二氧化碳、甲烷、氮气、氩气、水蒸气和六氟化硫等单纯性窒息气体，排挤氧空间，使空气中氧含量降低，造成缺氧。引发有限空间作业缺氧风险的典型物质有二氧化碳、甲烷、氮气、氩气等。

6．有限空间作业哪些因素产生爆燃风险？

答：有限空间中积聚的易燃易爆物质与空气混合形成爆炸性混合物，若混合物浓度达到其爆炸极限，遇明火、化学反应放热、撞击或摩擦火花、电气火花、静电火花等点火源时，就会发生燃爆事故。有限空间作业中常见的易燃易爆物质有甲烷、氢气等可燃性气体以及铝粉、玉米淀粉、煤粉等可燃性粉尘。

7．有限空间作业哪些因素会产生触电风险？

答：地下隧道内敷设的电缆，由于地下环境潮湿，多年运行，时间一久将使绝缘老化而漏电；电缆浸泡于水中，由于受井下水的酸性侵蚀及渗透作用，也会使绝缘因受潮而漏电。在有限空间作业过程中使用电钻、电焊等设备可能存在触电的危险。

8．有限空间现场作业有哪些严禁行为？

答：（1）严禁未经过许可进入有限空间作业。

（2）严禁未进行通风、气体检测进入有限空间作业。

（3）严禁有限空间作业不设具备资格的地上监护人。

（4）严禁使用纯氧进行通风换气。

（5）严禁在有限空间内使用燃油（气）发电机等设备。

（6）严禁有限空间内发生人员伤亡盲目施救。

9．有限空间作业风险管控的保障措施主要有哪些？

答：生产单位应对所涉及的有限空间开展风险辨识，根据辨识结果建立管理台账、作业方案以及应急预案，对有限空间作业人员开展技能培训，定期开展应急演练，作业现场应配置合格的个人防护用品和应急物品，有限空间相关通风、监测等设施应定期检验和维护，加强有限空间作业的到位管控等。

10．有限空间作业的人员配置主要有哪些要求？

答：（1）有限空间作业人员应具有一定的工作经验，熟悉现场环境和作业安全要求，经过安全教育并考核合格，开展电气作业、高处作业、电焊等特种作业工作的人员还需具备对应特种作业资格证。

（2）有限空间作业现场必须配备监护人，除作业空间特别狭窄的情况外，有限空间内作业人员不应少于2人，同时地面或有限空间外必须有人监护。

（3）有限空间监护人员应掌握必要的紧急救援方法和救护器具的使用方法。

11．有限空间作业前应采取哪些风险预控措施？

答：（1）有限空间作业前，应针对有限空间作业内容、作业环境等方面进行风险评估，根据风险评估的结果制定相应的控制措施。

（2）作业人员应检查确认安全措施落实后方可作业，否则有权拒绝作业。

（3）有限空间作业严格遵守“先通风、再检测、后作业”的原则，未经通风和检测合格，任何人员不得进入有限空间作业。检测的时间不得早于作业开始前30min。

12．有限空间作业过程管控主要有哪些安全注意事项？

答：有限空间作业过程管控安全注意事项如下：

（1）在有限空间作业过程中，作业现场应当采取通风措施，保持空气流通，禁止采用纯氧通风换气。发现通风设备停止运转、有限空间内氧含量浓度低于或者有毒有害气体浓度高于国家标准或者行业标准规定的限值时，作业人员必须立即停止有限空间作业，作业监护人清点作业人员，撤离作业现场。

（2）在有限空间作业过程中，严禁关闭出入口的门盖，作业人员应对作业场所中的危险有害因素进行定时检测或者连续监测。

（3）作业中断超过 30min，作业人员再次进入有限空间作业前，应重新通风、检测空气质量合格后方可进入。

（4）发生险情时，需严格按照应急预案进行救援和处置，救援人员应做好自身防护，配备应急救援防护设备设施，严禁盲目施救，避免事故扩大。

（5）工作结束或间断时，工作负责人需逐一清点人员，确认撤场的人员人数与入场时一致。

13．有限空间内气体浓度检测应遵循什么标准？

答：作业人员进入有限空间前，必须进行气体检测，各类气体浓度应符合《工作场所有害因素职业接触限值　第 1 部分：化学有害因素》（GBZ 2.1—2019）规定，其中氧气等几种常见气体浓度的安全范围值见表 4-10。

表 4-10　　空间作业内气体浓度安全范围值

气体名称	最低	最高	说明（规定）
O_2	最低允许值 19.5%	最高允许值 23.5%	标准值 21%
CH_4	甲烷的爆炸极限为：4.9%～16%，最剧烈爆炸浓度约为 9.5%，无色无味，高浓度时引起窒息，达到 25%～30%出现头昏、呼吸加速、运动失调，易燃，与空气混合能形成爆炸性混合物，遇热源和明火有燃烧爆炸的危险		
H_2S	工作场地允许最大浓度为 10mg/m^2（10ppm），无色，臭鸡蛋味，剧毒，易燃危化品，与空气混合能形成爆炸性混合物，遇明火、高热能引起燃烧爆炸		
CO	作业场所最高容许浓度：20mg/m^2；健康成年人在 8h 内可以承受的最大浓度为 50ppm		

14．在沟道或井下等有限空间作业时，对于环境温度有什么要求？

答：在沟道或井下等有限空间的温度超过 50℃时，不应进行作业，温度在 40～50℃时，应根据身体条件轮流工作和休息。若有必要在 50℃以上进行短时间作业时，应制定具体的安全措施并经分管生产的负责人批准。

15．有限空间作业呼吸防护用品有哪些？

答：根据呼吸防护方法，呼吸防护用品可分为隔绝式和过滤式两大类。

（1）隔绝式呼吸防护用品。隔绝式呼吸防护用品能使佩戴者呼吸器官与作业环境隔绝，靠本身携带的气源或者通过导气管引入作业环境以外的洁净气源供佩戴者呼吸。常见的隔绝式呼吸防护用品有长管呼吸器（见图 4-20 和图 4-21）、正压式空气呼吸器（见图 4-22）和隔绝式紧急逃生呼吸器（见图 4-23）。

（2）过滤式呼吸防护用品：过滤式呼吸防护用品能把使用者从作业环境吸入的气体通过净化部件的吸附、吸收、催化或过滤等作用，去除其中有害物质后作为气源供使用者呼吸，常见的过滤式呼吸防护用品有防尘口罩和防毒面具等。

（3）鉴于过滤式呼吸防护用品的局限性和有限空间作业的高风险性，作业时不宜使用过滤式呼吸防护用品，若使用必须严格论证，充分考虑有限空间作业环境中有毒有害气体种类和浓度范围，确保所选用的过滤式呼吸防护用品与作业环境中有毒有害气体相匹配，防护能力满足作业安全要求，并在使用过程中加强监护，确保使用人员安全。

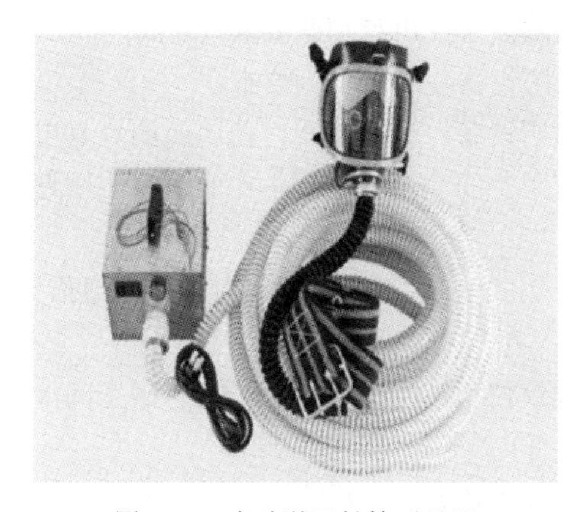

图 4-20　电动送风长管呼吸器

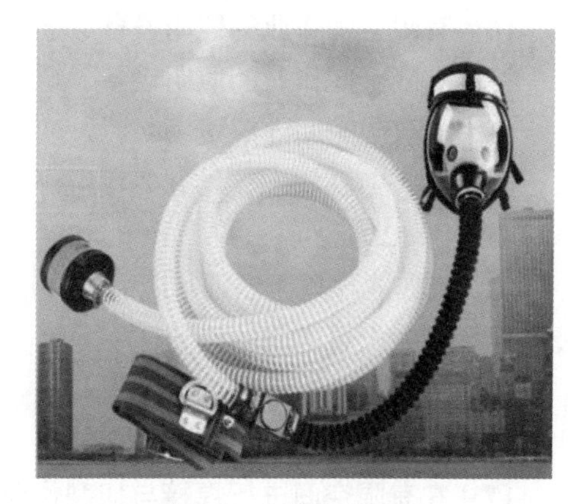

图 4-21　长管呼吸器

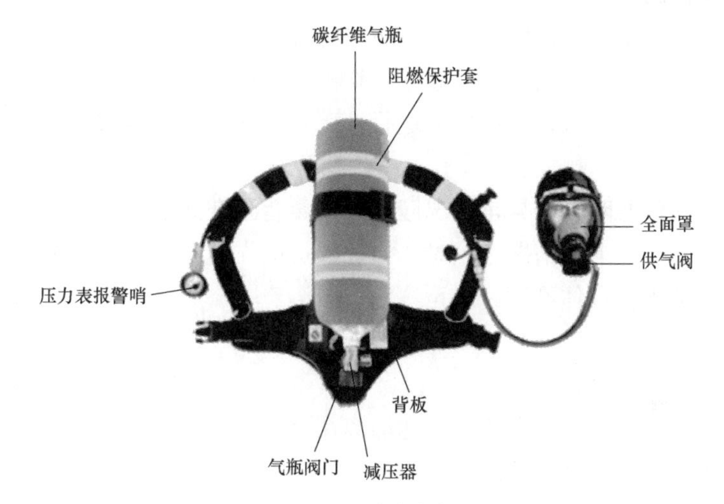

图 4-22　正压式空气呼吸器

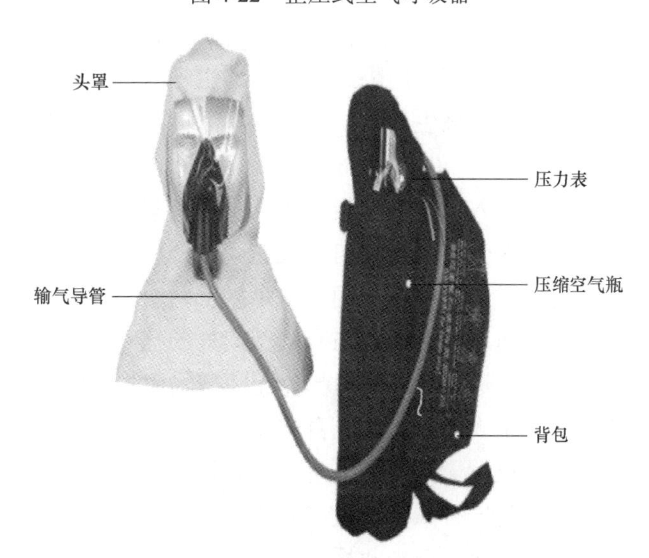

图 4-23　隔绝式紧急逃生呼吸器

16．有限空间作业的照明设备、通信、消防设备使用有哪些要求？

答：有限空间作业的照明设备、通信、消防设备使用有下列要求：

（1）当有限空间内照度不足时，应使用照明设备。有限空间内使用照明灯具电压不大于大于 24V，在积水、结露等潮湿环境的有限空间和金属容器中作业时，照明灯具电压应不大于 12V。

（2）当作业现场无法通过目视、喊话等方式进行沟调时，应使用对讲机等通信设备，便于现场作业人员之间的沟通。

（3）完全密闭有限空间为缺氧环境，不建议使用消防灭火器，开放有限空间涉及动火作业应按要求配备灭火器。

17．在有限空间进行焊接与切割作业应如何管控？

答：首先要检测有限空间是否有可燃、爆炸、毒气等威胁，经检测无上述危险，符合焊接与切割作业安全条件，经批准后方可进行焊接与切割作业。电焊机、切割机也应相对选择符合封闭环境使用的型号。焊接、切割、钎焊及有关的操作必须要在足够的通风条件下（包括自然通风或机械通风）进行，工作中还应该注意通风降温设施的配备，设专人监护。

18．有限空间作业时哪些异常情况应紧急撤离有限空间？

答：作业期间发生下列情况之一时，作业人员应立即中止作业，撤离有限空间：

（1）作业人员出现身体不适。

（2）安全防护设备或个体防护用品失效。

（3）气体检测报警仪报警。

（4）监护人员或作业现场负责人下达撤离命令。

（5）其他可能危及安全的情况。

19．有限空间作业发生意外时，应如何选择救援方式？

答：当作业过程中出现异常情况时，作业人员在还具有自主意识的情况下，应采取积极主动的自救措施，作业人员可使用隔绝式紧急逃生呼吸器等救援逃生设备，提高自救成功效率。如果作业人员自救逃生失败，应根据实际情况采取非进入式救援或进入式救援方式。

（1）非进入式救援。非进入式救援是指救援人员在有限空间外，借助相关设备与器材，安全快速地将有限空间内受困人员移出有限空间的一种救援方式。非进入式救援是一种相对安全的应急救援方式，但需至少同时满足以下两个条件：①有限空间内受困人员佩戴了全身式安全带，且通过安全绳索与有限空间外的挂点可靠连接；②有限空间内受困人员所处位置与有限空间进出口之间通畅、无障碍物阻挡。

（2）进入式救援。当受困人员未佩戴全身式安全带，也无安全绳与有限空间外部挂点连接，或因受困人员所处位置无法实施非进入式救援时，就需要救援人员进入有限空间内实施救援。进入式救援是一种风险很大的救援方式，一旦救援人员防护不当，极易出现伤亡扩大。实施进入式救援，要求救援人员必须采取科学的防护措施，确保自身防护安全、有效。同时，救援人员应经过专门的有限空间救援培训和演练，能够熟练使用防护用品和救援设备设施，并确保能在自身安全的前提下成功施救。若救援人员未得到足够防护，不能保障自身安全，则不得进入有限空间实施救援。

20．有限空间作业如工作人员发生气体中毒意外应如何急救？

答：有限空间作业如工作人员发生意外，应采取下列方法进行急救：

（1）窒息性气体中毒救援应迅速将患者移离中毒现场至空气新鲜处，立即吸氧并保持呼吸道通畅。心跳及呼吸停止者，应立即施行人工呼吸和体外心脏按压术，直至送达医院。

（2）凡硫化氢、一氧化碳、氰化氢等有毒气体中毒者，切忌对其口对口人工呼吸（二氧化碳等窒息性气体除外），以防施救者中毒；宜采用胸廓按压式人工呼吸。

附录A 应 急 处 置

心肺复苏操作步骤见表 A-1。

表 A-1 心肺复苏操作步骤

步骤	具体操作
1．症状识别	（1）现场风险评估。确认现场及周边环境安全，避免二次伤害的发生。 （2）判断伤员意识。拍打患者肩部并大声呼叫（例如，先生怎么了），观察患者有无应答。 （3）判断生命体征。听呼吸看胸廓，观察患者有无呼吸和胸廓起伏；在喉结旁两横指或颈部正中旁三横指处，用食指和中指两指触摸颈动脉，观察有无搏动。以上操作要在 10s 内完成。如发现患者出现意识丧失，且无呼吸无脉搏，应立即进行心肺复苏
2．拨打120 急救	（1）遇到这种情况不要慌张，立即进行以下处理。大声呼喊旁人帮忙拨打急救电话 120，并设法取得 AED（自动体外除颤器）； （2）若旁边无人时，需先对患者行心肺复苏术，与此同时拨打急救电话 120，电话可开免提，以避免影响心肺复苏术的操作
3．实施步骤及注意事项	（1）胸外按压。 1）放置患者于平整硬地面。将患者放置于平整硬地面上，呈仰卧位，其目的是保证进行胸外按压时，有足够按压深度。 2）跪立在患者一侧，两膝分开，与肩同宽。 3）开始胸外按压。找准正确按压点，保证按压力量、速度和深度。 ①找准正确按压点：找准患者两乳头连线的中点部位（胸骨中下段），右手（或左手）掌根紧贴患者胸部中点，双手交叉重叠，右手（或左手）五指翘起，双臂伸直。 ②保证按压力量、速度和深度：利用上身力量，用力按压 30 次，速度至少保证 100～120 次/分，按压深度至少 5～6cm。按压过程中，掌根部不可离开胸壁，以免引起按压位置波动，而发生肋骨骨折。 （2）开放气道。按压胸部后，开放气道及清理口鼻分泌物。 1）仰头抬/举颏法开放气道：用一只手放置在患者前额，并向下压迫，另一只手放在颏部（下巴），并向上提起，头部后仰，使双侧鼻孔朝正上方即可。 2）清理口腔分泌物：将患者头偏向一侧，看患者口腔是否有分泌物，并进行清理；如有活动假牙，需摘除。 （3）人工呼吸。进行口对口人工呼吸前，一定要保证自身安全，在患者口部放置呼吸膜进行隔离，若无呼吸膜，可以用纱布、手帕、一次性口罩等透气性强的物品代替，但不能用卫生纸巾这类遇水即碎物品代替。用手捏住患者鼻翼两侧，用嘴完全包裹住患者嘴部，吹气两次。每次吹气时，需注意观察胸廓起伏，保证有效吹气，并松开紧捏患者鼻翼的手指；每次吹气，应持续 1～2s，不宜时间过长，也不可吹气量过大
4．AED 使用	（1）当取得 AED（自动体外除颤器）后，打开 AED 电源，按照 AED 语音提示，进行操作； （2）根据电极片上的标示，将一个贴在右胸上部，另一个贴在左侧乳头外缘（可根据 AED 上的图片指示贴）； （3）离开患者并按下心电分析键，如提示室颤，按下电击按钮； （4）如一次除颤后未恢复有效心率，立即进行 5 个循环心肺复苏，直至专业医护人员赶到

注　以上步骤按照 30:2 的比例，重复进行胸外按压和人工呼吸，直到医护人员赶到；30 次胸外按压和 2 次人工呼吸为一个循环，每 5 个循环检查一次患者呼吸、脉搏是否恢复，直到医护人员到场。当进行一定时间感到疲累时，及时换人持续进行，确保按压深度及力度。

有人触电时，确定潜在的事故或紧急情况下对其进行控制，为防止或减少人员伤亡和财产损失，产生不利影响特制定以下措施，具体见表 A-2。

表 A-2　　高压触电应急措施

序号	应急措施
1	第一发现人首先切断电源，将触电者和带电部位分开。若触电者触电后未脱离电源，立即电话通知有关部门拉闸停电并拨打急救电话 120，或穿戴绝缘手套、绝缘靴，使用相应等级的绝缘工具协助触电者脱离电源。触电者脱离电源后迅速检查其伤情，在救护车到来之前，对触电者进行紧急救护
2	及时报告本单位负责人，将触电者抬到平整场地，进行心肺复苏。在触电者未脱离电源前，切勿直接接触触电者，切勿用潮湿物体搬动触电者，切勿使用金属物质或潮湿的工具拨动带电体或触电者
3	若触电者昏迷无呼吸脉搏，应立即进行心肺复苏，步骤如下：开放气道、胸外按压、人工呼吸（胸外按压和人工呼吸次数比例为 15:2），直至医院救护人员到来
4	拨打 120 急救电话，请求急救，并由专人负责对 120 急救车的引导工作
5	观察、检查与触电相邻部位的电器，设备等是否存在隐患
6	协助 120 急救人员，做些力所能及的工作

注　1. 在救护触电者期间择机报告上级。
　　2. 若触电者有皮肤灼伤，用剪刀小心剪开灼伤处衣物，在灼伤部位覆盖消毒纱布或清洁布，并用绷带或布条包扎。

有人触电时，确定潜在的事故或紧急情况下对其进行控制，为防止或减少人员伤亡和财产损失，产生不利影响特制定表 A-3 的措施。

表 A-3　　低压触电应急措施

序号	应急措施
1	立即切断电源，若无法及时找到电源或因其他原因无法断电，可用干燥的木棍、橡胶、塑料制品等绝缘物体使触电者脱离带电体，或站在木凳、塑料凳等绝缘物体上设法使触电者脱离带电体
2	立即电话通知有关部门拉闸停电并拨打急救电话 120，请求急救，并由专人负责对 120 急救车的引导工作
3	触电者脱离电源后迅速检查其伤情，在救护车到来之前，对触电者进行紧急救护
4	及时报告本单位负责人，将触电者抬到平整场地，进行心肺复苏。在触电者未脱离电源前，切勿直接接触触电者，切勿用潮湿物体搬动触电者，切勿使用金属物质或潮湿的工具拨动带电体或触电者
5	若触电者昏迷无呼吸脉搏，应立即进行心肺复苏，步骤如下：开放气道、胸外按压、人工呼吸（胸外按压和人工呼吸次数比例为 15:2），直至医院救护人员到来
6	若触电者有皮肤灼伤，用剪刀小心剪开灼伤处衣物，在灼伤部位覆盖消毒纱布或清洁布，并用绷带或布条包扎，勿涂抹药膏

注　1. 在救护触电者期间择机报告上级。
　　2. 若触电者有皮肤灼伤，用剪刀小心剪开灼伤处衣物，在灼伤部位覆盖消毒纱布或清洁布，并用绷带或布条包扎。

高处坠落应急措施见表 A-4。

表 A-4　　高处坠落应急措施

流程	应急措施
1. 事故快报	及时报告上级现场情况。当发生高空坠落事故时，现场的第一发现人立即报告管理人员，说明发生事故地点、伤亡人数，并全力组织人员进行救护
	立即拨打 120 求救，并说明受伤人数、事故发生地点及现场人员受伤等基本情况。在救护车到来之前，对伤者进行紧急救护
	指定专人对接 120 急救人员，减少时间消耗，避免延误抢救时间
2. 现场应急救护	应急人员到事故发生现场，排除事故发生地隐患，减少事故导致的次生灾害
	若伤者清醒，能够站起或移动身体，使其躺下用平托法转移到担架（或硬质平板）上，并送往医院做进一步检查（某些内脏损伤的症状具有延后性）
	若伤者失血，应立即采取包扎、止血急救措施，防止伤者因大量失血造成休克、昏迷
	若伤者出现颅脑损伤，用消毒纱布或清洁布等覆盖伤口，并用绷带或布条包扎。昏迷的必须维持其呼吸道通畅，清除口腔内异物，使之平卧，并使面部偏向一侧，以防舌根下坠或呕吐物流入造成窒息
	若伤者昏迷无呼吸脉搏，应立即进行心肺复苏：开放气道、胸外按压、人工呼吸（胸外按压和人工呼吸次数比例为 15:2），直至医院救护人员到来
	严禁随意搬动伤者，禁止一人抬肩一人抬腿的搬运法，防止拉伤脊椎造成永久伤害，导致或加重伤情

注　1. 若无呼吸脉搏，先观察创口，若出血量大，优先包扎止血，否则优先进行心肺复苏。
2. 平托法即在伤者一侧将小臂伸入伤者身下，并有人分别托住头、肩、腰、胯、腿等部位，同时用力，将伤者平稳托起，再平稳放在担架上。
3. 在救护伤者期间择机报告上级。

物体打击应急措施见表 A-5。

表 A-5　　物体打击应急措施

流程	应急措施
1. 事故快报	及时报告上级现场情况。当发生物体打击人身伤亡事故时，现场的第一发现人立即报告管理人员，说明发生事故地点、伤亡人数，并全力组织人员进行救护
	立即拨打 120 求救，并说明受伤人数、事故发生地点及现场人员受伤等基本情况。在救护车到来之前，对伤者进行紧急救护
	指定专人对接 120 急救人员，减少时间消耗，避免延误抢救时间
2. 现场应急救护	应急人员到事故发生现场，排除事故发生地隐患，减少事故导致的次生灾害
	若伤者清醒，能够站起或移动身体，使其躺下用平托法转移到担架（或硬质平板）上，并送往医院做进一步检查（某些内脏损伤的症状具有延后性）
	若伤者失血，应立即采取包扎、止血急救措施，防止伤者因大量失血造成休克、昏迷
	若伤者出现颅脑损伤，用消毒纱布或清洁布等覆盖伤口，并用绷带或布条包扎。昏迷的必须维持其呼吸道通畅，清除口腔内异物，使之平卧，并使面部偏向一侧，以防舌根下坠或呕吐物流入造成窒息
	若伤者昏迷无呼吸脉搏，应立即进行心肺复苏：开放气道、胸外按压、人工呼吸（胸外按压和人工呼吸次数比例为 15:2），直至医院救护人员到来
	严禁随意搬动伤者，禁止一人抬肩一人抬腿的搬运法，防止拉伤脊椎造成永久伤害，导或加重伤情

注　1. 若无呼吸脉搏，先观察创口，若出血量大，优先包扎止血，否则优先进行心肺复苏。
2. 平托法即在伤者一侧将小臂伸入伤者身下，并有人分别托住头、肩、腰、胯、腿等部位，同时用力，将伤者平稳托起，再平稳放在担架上。
3. 在救护伤者期间择机报告上级。

高温中暑应急措施见表A-6。

表A-6　高温中暑应急措施

流程	应急措施
1. 事故快报	及时报告上级现场情况。当发生高温中暑人身伤亡事故时，现场的第一发现人立即报告管理人员，并说明发生事故地点、伤亡人数，并全力组织人员进行救护
	立即拨打120求救，并说明受伤人数、事故发生地点及现场人员受伤等基本情况。在救护车到来之前，对伤者进行紧急救护
	指定专人对接120急救人员，减少时间消耗，避免延误抢救时间
2. 现场应急救护	应急人员到事故发生现场，排除事故发生地隐患，减少事故导致的次生灾害
	尽快脱离高温环境，将中暑患者转移至阴凉处
	使患者平躺休息，垫高双脚增加脑部血液供应。若患者有呕吐现象，应使其侧卧以防止呕吐物堵塞呼吸道
	解开患者衣物（应考虑性别差异和尊重隐私），使用扇风和冷水反复擦拭皮肤等方式进行降温。若患者持续高温或中暑症状不见改善，应尽快送至医院治疗
	给患者补充淡盐水，或饮用含盐饮料以补充水和电解质（切勿大量饮用白开水，否则可能导致水中毒）

注　水中毒即出现中暑症状时，人身体已通过汗液排出大量的钠，若短时间内大量饮用淡水，会进一步稀释血液中的钠，导致低钠血症，水分渗入细胞使之膨胀水肿，若脑细胞发生水肿，颅内压增高，有可能会造成脑组织受损，出现头晕眼花、呕吐、虚弱无力、心跳加快等症状，严重者会发生痉挛、昏迷甚至危及生命。

溺水应急措施见表A-7。

表A-7　溺水应急措施

流程	应急措施
1. 事故快报	及时报告上级现场情况。当发生溺水人身伤亡事故时，现场的第一发现人立即报告管理人员，并说明发生事故地点、伤亡人数，并全力组织人员进行救护
	立即拨打120求救，并说明受伤人数、事故发生地点及现场人员受伤等基本情况。在救护车到来之前，对伤者进行紧急救护
	指定专人对接120急救人员，减少时间消耗，避免延误抢救时间
2. 现场应急救护	（1）溺水自救。 1）保持冷静，不要在水中挣扎，争取将头部露出水面大声呼救，如头部不能露出水面，将手臂伸出水面挥舞，吸引周围人员注意来营救。 2）采用仰体卧位（又称“浮泳”），头后仰，四肢在水中伸展并以掌心向下压水增加浮力；嘴向上，尽量使口鼻露出水面呼吸，全身放松，呼气要浅，吸气要深（深吸气时人体比重可降至比水略轻而浮出水面）；保持用嘴换气，避免呛水，尽可能保存体力，争取更多获救时间
	（2）溺水救人。 1）迅速向溺水者抛掷救生圈、木板等漂浮物，或递给溺水者木棍、绳索等助其脱险（不会游泳者严禁直接下水救人）。 2）下水救援时，为防止被溺水者抓、抱，应绕至溺水者背后，用手托其腋下，使其口鼻露出水面，采用侧泳或仰泳方式拖运溺水者上岸。 3）上岸后若溺水者有呼吸、脉搏，立即进行控水：清除溺水者口鼻异物，保持呼吸道通畅，并使其保持稳定侧卧位，使口鼻能够自动排出液体。 4）若溺水者昏迷无呼吸、脉搏，立即拨打急救电话120，在救护车到来之前，对伤者进行紧急救护（如人手充裕，可在救护的同时安排人员拨打急救电话）。

续表

流程	应 急 措 施
2. 现场应急救护	5）清理其口鼻异物并进行心肺复苏：开放气道、胸外按压、人工呼吸（胸外按压和人工呼吸次数比例为 15:2）

注　溺水者死因往往不是呛水太多，而是反射性窒息（即干性溺水，落水后因冷水刺激或精神紧张等原因导致喉头痉挛，没有呼吸动作，空气和水都无法进入），所以若溺水者无呼吸、脉搏，立即进行心肺复苏，无需控水。

灼伤现场应急措施见表 A-8。

表 A-8　　灼伤现场应急措施

流程	应 急 措 施
1. 事故快报	及时报告上级现场情况。当发生灼伤事故时，现场的第一发现人立即报告管理人员，并说明发生事故地点、人员伤亡情况，并全力组织人员进行救护
	立即拨打 120 求救，并说明受伤人数、事故发生地点及现场人员受伤等基本情况。在救护车到来之前，对伤者进行紧急救护
	指定专人对接 120 急救人员，减少时间消耗，避免延误抢救时间
2. 现场应急救护	发生灼烫事故后，迅速将烫伤人脱离危险区进行冷疗伤，面积较少的烫伤应用大量冷水清洗，大面积烫伤的要立即拨打 120 送到医院紧急救治
	发生灼烫事故后，如小面积烫伤，应马上用清洁的冷水冲洗 30min 以上，用烫伤膏涂抹在伤口上，同时送医院治疗。如大面积烫伤，应马上用清洁的冷水冲洗 30min 以上，同时，要立即拨打 120 急救，或派车将受伤人员送往医院救治
	衣服着火应迅速脱去燃烧的衣服，或就地打滚压灭火焰或用水浇，切记站立喊叫或奔跑呼救，避免面部和呼吸道灼伤
	高温物料烫伤时，应立即清除身体部位附着的物料，必要时脱去衣服，然后冷水清洗，如果贴身衣服与伤口粘连在一起时，切勿强行撕脱，以免伤口加重，可用剪刀先剪开，然后将衣服慢慢地脱去
	当皮肤严重灼伤时，必须先将其身上的衣服和鞋袜小心脱下，最好用剪刀一块块剪下。由于灼伤部位一般都很脏，容易化脓溃烂，长期不能治愈，因此，救护人员的手不得接触伤者的灼伤部位，不得在灼伤部位涂抹油膏、油脂或其他护肤油。保留水泡皮，也不要撕去腐皮，在现场附近，可用干净敷料或布类保护创面，避免转送途中再污染、再损伤。同时应初步估计烧伤面积和深度
	动用最便捷的交通工具，及时把伤者送往医院抢救，运送途中应尽量减少颠簸。同时，密切注意伤者的呼吸、脉搏、血压及伤口的情况

注　1. 对烫伤严重的应禁止大量饮水防止休克。
　　2. 对呼吸道损伤的应保持呼吸畅通，解除气道阻塞。
　　3. 在救援过程中发生中毒、休克的人员，应立即将伤者撤离到通风良好的安全地带。
　　4. 如果受伤人员呼吸和心脏均停止时，应立即采取人工呼吸。
　　5. 在医务人员未接替抢救之前，现场抢救不得放弃现场抢救。

火灾逃生应急措施见表 A-9。

表 A-9　　火灾逃生应急措施

流程	应 急 措 施
1. 事故快报	及时报告上级现场情况。当发生火灾事故时，现场的第一发现人立即拨打火警电话 119 报警并报告上级，并说明发生事故地点、人员伤亡情况，并全力组织人员进行救护
	指定专人对接 119 应急救援人员，减少时间消耗，避免延误抢救时间

续表

流程	应 急 措 施
2. 现场应急救护	发现火情后立即启动附近火灾报警装置，发出火警信号
	火势较小，尝试利用就近的灭火器材（消防设施）尽快扑灭
	灭火要点： （1）电器、电路和电气设备着火，先切断电源再灭火。 （2）精密仪器着火宜采用二氧化碳灭火器灭火。 （3）燃气灶、液化气罐着火，先关闭阀门再灭火；若阀门损坏，用棉被、衣物浸水后覆盖灭火；切不可将着火的液化气罐放倒地上，否则可能发生爆炸。 （4）炒菜油锅着火，关闭燃气阀门或切断电磁炉等电器电源，使用锅盖覆盖，或用棉被、衣物浸水后覆盖灭火，切不可浇水灭火，否则可能发生爆燃
	火势较大、无法控制、无法判明或发展较快时，迅速逃离至安全地带，并逃生时应佩戴消防自救呼吸器或用湿毛巾捂住口鼻，同时压低身姿，按安全出口指示沿墙体谨慎前行，逃生过程禁乘电梯，不要贸然跳楼

注 报警时要说明火灾地点、火势大小、燃烧物及大约数量和范围、有无人员被困、报警人姓名及电话号码。

食物中毒应急措施见表A-10。

表A-10 食物中毒应急措施

流程	应 急 措 施
1. 事故快报	及时报告上级现场情况。当发生食物中毒时，现场的第一发现人立即拨打120急救电话并报告上级，并说明发生事故地点、人员伤亡情况，并全力组织人员进行救护
	指定专人对接120应急救援人员，减少时间消耗，避免延误抢救时间
2. 现场应急救护	立即停止食用可疑食品，进行紧急救护
	大量饮用洁净水来稀释毒素
	若患者意识清醒，可用筷子或手指向其喉咙深处刺激咽后壁、舌根进行催吐，服用鲜生姜汁或者较浓的盐开水也可起到催吐作用
	若患者昏迷并有呕吐现象，应使其侧卧以防止呕吐物堵塞呼吸道
	若患者出现抽搐、痉挛症状，用手帕缠好筷子塞入口中，防止咬破舌头
	若患者进食可疑食品超过两小时且精神状态仍较好，可服用适量泻药进行导泻

注 1. 报告上级并及时送患者就医，用塑料袋留存呕吐物或大便，一并带去医院检查。
2. 对可疑食品进行封存、隔离，向当地疾病预防控制机构和市场监督管理部门报告。

电梯事故应急措施见表A-11。

表A-11 电梯事故应急措施

事故情形	应 急 措 施
1. 电梯运行速度不正常	立即按下低于当前楼层的所有楼层按钮，预防电梯失控下坠
	将背部紧贴电梯内壁，双腿微弯并提起脚尖，以缓冲电梯失控后造成的纵向冲击，保护脊椎
	若电梯内有扶手，握紧扶手固定身体位置；若电梯内没有扶手，双手抱颈保护颈椎
2. 受困电梯内	保持冷静，勿轻易强行开门爬出，以防爬出过程中电梯突然开动造成伤害
	立即通过电梯内警铃、对讲机或手机与外界联系寻求救援
	若无法联系外界，则大声呼救或间歇性拍打电梯门进行求救

续表

事故情形	应急措施
3．电梯门夹人	稳定被夹人员情绪，并立即联系物管人员使用电梯钥匙开门，同时寻找大小合适的坚硬物体插入夹缝，防止被夹空间继续缩小
	若电梯钥匙无效，寻找撬棍、铁管、大扳手等结实工具尝试扩张被夹处来解救被夹人员
	及时拨打急救电话120和火警电话119寻求救援和帮助
4．电梯运行中发生火灾	立即在就近楼层停靠，迅速逃离
	及时拨打火警电话119报警

道路交通安全救助措施见表A-12。

表A-12　　道路交通安全救助措施

事故情形	救助措施
车辆自燃着火	立即靠边停车，熄火，开启双闪灯，设置警告标志
	若车辆仅冒烟无明火，可将引擎盖打开，使用干粉或二氧化碳灭火器灭火，灭火过程人员应站在上风向，避免吸入粉尘或二氧化碳气体
	若火势较大，则禁止打开引擎盖，人员立即撤离至安全位置，同时拨打火警电话119，并报告上级
	指定专人对接119应急救援人员，减少时间消耗，避免延误抢救时间
车辆涉水	严禁盲目涉水，安全涉水深度应低于车轮半高
	切至低速挡，利用发动机输出大扭矩越过水中可能的障碍
	低速通过，避免推起过高水墙灌入车内；与其他涉水的大型车辆拉开距离，防止它们产生水浪过大涌入车内
	涉水过程应稳住油门不松，若熄火切勿再次点火，尽快将车辆拖至安全地带
	过水后，可在低速行驶时多次轻踩刹车，利用摩擦产生热能及时排除刹车片水分；有必要的停车检查车况，重点检查发动机舱电路和空气滤芯是否进水
车辆制动失灵	手动挡车辆立即挂至低速挡，自动挡车辆则切换到模拟手动挡并降档或切换到上坡/下坡挡（根据车辆不同叫法有所差异，具体可查看车辆说明书），并慢拉手刹利用发动机和手刹的阻力制动进行减速
	车速较高时切勿猛拉手刹以防侧滑甩尾导致翻车
	将车辆驶入应急车道，车辆停稳后拉紧手刹防止车辆滑动发生二次险情
	可以将车辆缓慢靠近路基、绿化带、墙壁、树木等坚实物体，利用车体剐蹭进行辅助减速，或驶入沙地、泥地、浅水池等柔软路面进行减速
	避让障碍物时，要遵循“先避人，后避物”的原则
交通事故	立即停车，开启双闪灯，设置警告标志
	若无人员伤亡，拍照留存证据后将车辆移至路边，勿阻碍其他车辆通行
	若有人员伤亡，优先救护伤者，保护现场，并拨打急救电话120、交通事故报警电话122和保险理赔电话
	报告上级

暴恐应急措施见表A-13。

表 A-13 暴恐应急措施

流程	应急措施
现场应急救护	不要惊慌，立即拨打电话 110 报警，并及时报告上级，立即丢弃妨碍逃生的负重逃离现场，逃离时不要拥挤推搡，若摔倒应设法靠近墙壁或其他坚固物体，防止发生踩踏挤伤
	被恐怖分子劫持时，沉着冷静，不反抗、不对视、不对话，在警察发起突袭瞬间，尽可能趴在地上，在警察掩护下脱离现场
	遭遇冷兵器袭击时，尽快逃离现场，可以利用建筑物、围栏、车体等隔离物躲避；无法躲避时尽量靠近人群，并联合他人利用随手能够拿到的木棍、拖把、椅子、灭火器等物品进行反抗自卫
	若遭遇枪击或炸弹袭击时，压低身姿逃离现场，无法及时逃离时立即蹲下、卧倒或借助立柱、大树干、建筑物外墙、汽车等质地坚硬物品或设施进行掩蔽
	若遭遇有毒气体袭击时，用湿布或将衣物沾湿捂住口鼻，尽量遮盖暴露的皮肤，并尽快转移至上风处，就近进入密闭性好的建筑物躲避，关闭门窗、堵住孔洞隙缝，关闭通风设备（包括空调、风扇、抽湿机、空气净化器等）
	若遭遇生物武器袭击时，利用随身物品遮掩身体和口鼻，迅速逃离污染源或污染区域，有条件的情况下要做好衣物和身体的更换、消毒和清洗，并及时就医

地震避难应急措施见表 A-14。

表 A-14 地震避难应急措施

地震区域	应急措施
高楼	远离外墙、门窗、楼梯、阳台等位置，以及玻璃制品或含有大块玻璃部件的物件和家具
	选择厨房、卫生间等有水源的小空间，或承重墙根、墙角等易于形成三角空间的地方，背靠墙面蹲坐；或者在坚固桌子、床铺等家具下躲藏
	不要乘坐电梯，不要贸然跳楼逃生
平房	头顶保护物立即逃离房间，不要躲在墙边
	若来不及逃离，就躲在结实的桌子底下或床边，尽量利用棉被、枕头、厚棉衣等柔软物品或安全帽等保护头部
室外	寻找开阔区域躲避，不要乱跑，保护好头部，可以蹲下或趴下降低重心，以免地面晃动时站不稳摔倒
	勿靠近易坍塌、倾倒的建筑物或物体（如烟囱、水塔、高大树木、立交桥，特别是有玻璃、幕墙的建筑物，以及电线杆、路灯、广告牌、危房、围墙等危险物）
车内	平稳减速并靠边停车，减速过程勿急刹车，除非发现前方路面发生坍塌或有障碍
	停稳车辆后熄火并拉紧手刹，迅速下车寻找开阔区域躲避，车门非必要情况下不要上锁，以备灾后车辆无法正常启动时方便清障

有限空间作业意外应急措施见表 A-15。

表 A-15 有限空间作业意外应急措施

有限空间作业意外应急措施	
1. 事故快报	及时报告上级现场情况。当发生窒息人身伤亡事故时，现场的第一发现人立即报告管理人员，并说明发生事故地点、伤亡人数，并全力组织人员进行救护
	立即拨打 120 求救，并说明受伤人数、事故发生地点及现场人员受伤等基本情况。在救护车到来之前，对伤者进行紧急救护

续表

有限空间作业意外应急措施	
1. 事故快报	指定专人对接120急救人员，减少时间消耗，避免延误抢救时间
2. 现场应急救护	窒息性气体中毒救援应迅速将患者移离中毒现场至空气新鲜处，立即吸氧并保持呼吸道通畅
	心跳及呼吸停止者，应立即施行人工呼吸和体外心脏按压术，直至送达医院
	凡硫化氢、一氧化碳、氰化氢等有毒气体中毒者，切忌对其口对口人工呼吸（二氧化碳等窒息性气体除外），以防施救者中毒；宜采用胸廓按压式人工呼吸

注 接收到作业人员求救信号后，确认人员受伤情况，拨打急救电话。不得盲目施救，在保证自身安全的情况下，佩戴正压式呼吸器，吊救设施及时将人员拉离空间，将人员撤离至远离有限空间的安全环境，保持空气流通。

附录B 现场作业督查要点

现场作业督查要点见表B-1。

表B-1 现场作业督查要点

序号	检查步骤	检查项目	检查内容
1	查阅资料	—	督查项目管理单位、监理单位、施工单位项目管理、人员到位、措施落实、安全检查等情况开展督查，是否发现问题并闭环管理，是否存在“老发现、老整改、老是整改不彻底”等现象，管理资料是否留有记录
2	现场观察		（1）根据资料查阅情况和对作业风险了解情况，现场组织是否合理、工作节奏是否有序、是否按施工方案要求逐步实施、整体工作环境是否安全。 （2）现场指挥、工作负责人、小组负责人、安全员等主要管理人员和现场监理人员是否按要求到位、是否有效管控现场。 （3）检查设备设施是否得到有效管理、状态是否安全，特种等作业人员是否具备资质，行为是否规范，工器具是否试验合格及性能良好，安全措施是否得到落实
3	现场询问		在不影响现场工作的前提下： （1）通过向现场主要管理人员询问现场组织、进度、安全管控总体情况。 （2）以“现场观察”发现的问题为导向，深入了解风险的控制措施落实情况，并通过现场观察的结果进行核查，挖掘管理性因素。 （3）抽查现场作业人员对风险控制措施的掌握情况，是否将安全注意事项、交底、防控措施落实到具体作业人员
4	人员管理	管理人员到位情况	（1）施工单位项目经理与投标组织架构不一致且未履行变更手续；分包单位现场负责人与报审架构不一致且未履行变更手续；监理单位项目总监理师与投标组织架构不一致且未履行变更手续。 （2）施工单位项目经理、分包单位现场负责人、监理单位项目总监理师长期不在现场，管理缺位。 （3）施工单位（含分包单位）现场技术负责人、安全员、质检员、监理单位现场监理人员现场缺位
5		持证上岗管理	（1）施工单位特殊工种人员未持有执业资格证书或证书失效，或与岗位不对应。 （2）工作负责人、工作票签发人未通过“两种人”考试。 （3）作业人员未通过安全监管部门或项目管理部门或经授权业主项目部组织的安规考试，或安规考试造假
6	施工机具与PPE管理（个人防护用品管理）	施工机具管理（非特种设备）	（1）运输索道、机动绞磨、卷扬机、起重机械、手拉葫芦、手扳葫芦、防扭钢丝绳、钢丝绳套、卡线器、紧线器等受力机具、工器具未按要求进行检验、校验。 （2）砂轮片、切割机、锯木机刀片等有裂纹、破损仍在使用。 （3）机械转动部分保护罩有破损或缺失。 （4）邻近带电设备施工时，现场处于使用状态的施工机械（具）和设备无人看护，对运行设备构成安全隐患
7		施工机具管理（特种设备）	（1）进场未报审、未定期进行检查、维护保养和检验（检测）。 （2）安装和拆卸单位不具备资质，安装、拆卸方案未经审查。 （3）未办理使用登记证
8		个人防护用品管理	（1）未按规定给作业人员配备合格的安全帽、安全带、劳保鞋等防护用品。 （2）个人防护用品未进行定期检验。 （3）施工人员未佩戴劳动防护用品或与作业任务不符。 （4）施工人员使用个人防护用品不规范

续表

序号	检查步骤	检查项目	检查内容
9	作业过程现场控制	施工勘查管理	现场勘查应查明项目施工实施时，需要停电的范围、保留的带电部位、装设接地线的位置、邻近线路、交叉跨越、多电源、自备电源、地下管线设施和作业现场的条件、环境及其他影响作业的危险点，组织填写《现场勘察记录》。（重点关注临近或交叉跨越高、低压带电设备或线路的风险是否辨识）
10		作业施工计划管理	（1）抽查信息系统施工计划风险定级的准确性，是否存在人为降低风险等级的情况。 （2）施工计划信息未规范填写，包括：①作业风险等级与实际不符；②作业内容不清晰；③电压等级错误；④作业类型填报错误等。 （3）正在作业的施工现场发现无施工计划，擅自增加工作任务、擅自扩大作业范围、擅自解锁的
11		施工方案管理	（1）施工作业前未编制施工方案或方案未通过审批。 （2）施工过程未按施工方案施工。 （3）施工方案完成后未经验收合格即进入下道程序。 （4）基建工程规定需要编制专项施工方案的专项施工内容未编制专项施工方案。 （5）危险性较大的分部分项工程未编制安全专项方案，未经企业技术负责人审批或未召开专家论证会（超过一定规模的危险性较大的分部分项工程施工方案须开展专家论证）
12		两票管理	（1）无票作业、无票操作。 （2）工作票、操作票未规范填写、使用。 （3）工作票（或现场实际）安全措施不满足工作任务及工作地点要求
13		安全技术交底（交代）	是否存在未对作业人员进行安全技术交底（交代）
14		安全“四步法”	是否存在未开站班会，或站班会安全技术交底等作与现场实际不符，安全控制措施未真正落实。（现场询问施工现场人员，对安全交底内容是否清楚）
15		跨越、邻近带电设备作业	（1）跨越、邻近带电线路架线施工时未制定及落实“退重合闸”、防止导地线脱落、滑跑、反弹的后备保护措施。 （2）邻近带电线路架线施工时，导地线、牵引机未接地，邻近带电线路组塔时吊车未接地。 （3）同塔多回线路中部分线路停电的工作未采取防止误登杆塔、误进带电侧横担措施。 （4）现场作业人员、工器具、起重机械设备与带电线路（设备）不满足安全距离要求。 （5）跨越、邻近带电线路（设备）施工无专人监护；安全距离不满足要求时，未停电作业。 （6）在带电区域内或邻近带电导体附近，使用金属梯。 （7）施工作业存在感应电触电风险时，个人保安线、接地线松脱或未有效接地
16		起重吊装作业	（1）起重吊装区域未设警戒线（围栏或隔离带）和悬挂警示标志。 （2）起重吊装作业未设专人指挥。 （3）绞磨或卷扬机放置不平稳，锚固不可靠。 （4）吊件或起重臂下方有人逗留或通过。 （5）在受力钢丝绳、索具、导线的内角侧有人。 （6）办公区、生活区等临建设施处于起重机倾覆影响范围内，安全距离不满足要求

续表

序号	检查步骤	检查项目	检查内容
17	作业过程现场控制	脚手架及跨越架作业	（1）脚手架、跨越架搭设和拆除无施工方案，未按规定进行审核、审批。 （2）脚手架、跨越架未定期（每月一次）开展检查或记录缺失。 （3）脚手架、跨越架未经监理单位、使用单位验收合格，未挂牌即投入使用。 （4）脚手架、跨越架长时间停止使用或在强风（6级以上）、暴雨过后，未经检查合格就投入使用。 （5）脚手架未按规定搭设和拆除，未设置扫地杆、剪刀撑、抛撑、连墙件。 （6）脚手架的脚手板材质、规格不符合规范要求，铺板不严密、牢靠；架体外侧无封闭密目式安全网，网间不严密。 （7）临街或靠近带电设施的脚手架未采取封闭措施
18		爬梯作业	（1）移动式梯子超范围使用。 （2）使用无防滑措施梯子。 （3）使用移动式梯子时，无人扶持且无绑牢措施（即两种措施均未实施）。 （4）使用移动式梯子时，与地面的倾斜角过大或过小（一般60° 左右）
19		夜间施工	（1）现场照明、通信设备不满足夜间施工要求。 （2）作业人员精神状态不满足夜间施工要求
20		危化品管理	（1）氧气瓶与乙炔气瓶同车运输。 （2）氧气瓶与乙炔瓶放置相距不足5m。 （3）氧气瓶或乙炔瓶距明火不足10m、未垂直放置、无防倾倒措施。 （4）使用中的乙炔瓶没有防回火装置。 （5）氧气软管与乙炔软管混用或有龟裂、鼓包、漏气
21	安全文明施工管理	安全警示装置	（1）“楼梯口、电梯井口、预留洞口、通道口”“尚未安装栏杆的阳台周边，无外架防护的层面周边，框架工程楼层周边，上下跑道及斜道的两侧边，卸料平台的侧边”、预留埋管（顶管）口未设置可靠防护安全围栏、盖板，未设置明显的标示牌、警示牌。 （2）在车行道、人行道上施工，未根据属地区域规定选用围蔽装置，或未在来车方向设置警示牌。 （3）施工作业人员在夜间作业或道路、地下洞室作业时未穿着符合规范的反光衣。 （4）施工区域未按规定设置夜间警示装置
22		消防管理	（1）仓库、宿舍、加工场地、办公区、油务区、动火作业区及重要机械设备旁或山林、牧区，未配置相应的消防器材、设施。 （2）消防器材、设施无专人管理，未定期检查并填写记录。 （3）消防器材、设施过期或失效
23		临时用电	（1）电源箱设置不符合“一机、一闸、一保护”要求。 （2）漏电保护器的选用与供电方式、作业环境等不一致、不匹配。 （3）未使用插头而直接用导线插入插座，或挂在隔离开关上供电。 （4）熔丝采用其他导体代替。 （5）电源箱和用电机具未接地或接地不规范。 （6）电源线的截面、绝缘、架设（敷设）、接线、隔离开关安装等不满足规范要求。 （7）施工用电设备的日常维护不到位

附录C　发变电设备典型故障及异常处理

发变电设备典型故障及异常处理见表C-1～表C-18。

表C-1　SFC拖动蓄能机组过程过流保护动作检查处理

名称	SFC拖动蓄能机组过程过流保护动作检查处理
故障现象	后台监控机：SFC拖动蓄能机组过程过流保护动作
原因分析	常见原因1：SFC系统晶闸管故障。 常见原因2：触发电路故障。 常见原因3：保护误动作
处置步骤	（1）判断是否为保护误动作。调取故障时刻故障数据进行分析，了解机桥及网桥控制电流是否异常状态。 （2）分析启动起始时刻电流波形，结合机桥VCU的波形，判定晶闸管在正常触发及保护性触发下导通是否异常。 （3）检查SFC机桥侧及网桥侧晶闸管触发电路是否正常。 （4）检查SFC机桥侧及网桥侧晶闸管是否正常
安全注意事项	（1）进入生产场所，应正确佩戴安全帽。 （2）应做好风险分析和安全措施，确保现场检查人身安全

表C-2　发电机定子接地保护动作检查处理

名称	发电机定子接地保护动作检查处理
故障现象	后台监控机：发电机定子接地保护动作
原因分析	常见原因1：定子接地保护电源发生器输出不稳定。 常见原因2：定子接地保护带通滤波器工作不稳定。 常见原因3：发电机定子绕组绝缘击穿或受损
处置步骤	（1）判断是否为保护误动作。现场检查定子接地电压、电流采样是否正常。 （2）检查定子接地保护电源发生器是否正常。 （3）读取保护装置波形，检查滤波器工作是否正常。 （4）若所有保护装置正常则需停机检查发电机绝缘情况
安全注意事项	（1）进入生产场所，应正确佩戴安全帽。 （2）应做好风险分析和安全措施，确保现场检查人身安全

表C-3　变压器发出异常声响检查处理

名称	变压器发出异常声响检查处理
故障现象	变压器本体发出异常声响
原因分析	常见原因1：系统有振荡或过电压。 常见原因2：变压器过负荷。 常见原因3：内部有不接地部件静电放电或线圈匝间放电。 常见原因4：内部夹件或压紧铁芯的螺钉松动，硅钢片震动
处置步骤	（1）检查响声是否均匀，有无爆裂声。 （2）检查变压器是否过负荷。 （3）检查系统频率、各侧母线电压值，判定系统是否有振荡或过电压。 （4）检查变压器轻瓦斯保护是否动作，瓦斯继电器内有无气体。 （5）变压器内部发出较高且沉重的“嗡嗡”声，检查确认是否为变压器过负荷或满载运行引起，按调度令降低变压器负荷。

续表

处置步骤	（6）变压器内部发出忽粗忽细的“嗡嗡”声，可能是系统振荡或谐振过电压。检查频率指示、变压器三侧母线电压情况，系统是否有振荡或过电压。 （7）如果声音中夹有“吱吱”或“劈啪”的放电声，则可能内部有不接地部件静电放电或线圈匝间放电，或分接开关接触不良放电。应汇报调度，要求检修人员进一步检测。 （8）如果声音中夹有不均匀的爆裂声，则是变压器内部或表面绝缘击穿，应申请将变压器停用。 （9）如果声音有“叮当”杂音，但变压器电流、电压、温度无明显变化，则可能是内部夹件或压紧铁芯的螺钉松动，硅钢片震动，应申请将变压器停用。 （10）变压器内部有水沸腾声，且温度急剧变化，油位升高，则应判断为变压器绕组发生短路或分接开关接触不良引起严重过热，应立即申请停用变压器。 （11）对于出现以上异常现象的同时，还要检查变压器轻瓦斯保护是否动作，瓦斯继电器内有无气体，变压器其他保护是否动作。 （12）如果声音中夹有“吱吱”或“劈啪”的放电声，则可能内部有不接地部件静电放电或线圈匝间放电，或分接开关接触不良放电。应汇报调度，要求检修人员进一步检测。 （13）汇报调度值班员及管理所
安全注意事项	（1）进入生产场所，应正确佩戴安全帽。 （2）应做好风险分析和安全措施，确保现场检查人身安全

表 C-4　　变压器着火检查处理

名称	变压器着火检查处理
故障现象	变压器本体着火
原因分析	常见原因1：变压器套管故障着火。 常见原因2：变压器顶部着火
处置步骤	（1）检查变压器着火情况，观察有无影响人身安全的情形，若没有，立即进行救火，并及时将火情汇报值班调度员及管理所。 （2）若为外壳下部局部起火，可用干粉灭火器灭火。 （3）若为变压器内部或上部着火，检查变压器三侧开关是否已经跳闸，变压器已经停电。若未停电即断开三侧开关，同时断开站用电配电室送至变压器风冷装置的电源。当开关跳闸后应手动启动水消防灭火系统及使用干粉灭火器进行灭火。 （4）如变压器油溢出并在变压器箱上着火时，在保证安全的情况，则应立即打开变压器下部的事故放油阀放油，使油面低于着火处。 （5）如油从下部流出起火，则禁止打开放油阀放油，应用沙子覆盖在流出的变压器油上，并用沙子将着火流出的变压器油阻隔住，防止火势扩大危及其他设备。 （6）火势过大无法控制时，拨打119求助
安全注意事项	（1）进入生产场所，应正确佩戴安全帽。 （2）灭火前，必须断开变压器各侧开关。 （3）应做好风险分析和安全措施，确保现场检查人身安全

表 C-5　　变压器重瓦斯保护动作检查处理

名称	变压器重瓦斯保护动作检查处理
故障现象	后台监控机：变压器重瓦斯保护动作
原因分析	常见原因1：变压器内部严重故障。 常见原因2：二次回路有人工作。 常见原因3：呼吸器呼吸不畅或排气未尽
处置步骤	（1）检查变压器保护动作及开关跳闸情况。 （2）检查变压器绕组油温和上层油温情况。 （3）检查瓦斯继电器内是否充满油，有无积聚气体，如果有气体则判别气体的颜色，油色有无浑浊、有无碳质。 （4）检查呼吸器和压力释放器有无喷油现象。压力释放器附近油箱表面、地面有无油迹。

续表

处置步骤	（5）外界有无大的震动。 （6）检查变压器油路管道、散热器、油枕、吸湿器及变压器保护回路等有无进行工作。 （7）如检查瓦斯继电器内无气体，其他又未发现异常情况，经试验合格后，可申请变压器空载运行后进行全面检查，如无异常，再申请带负荷运行。 （8）重瓦斯保护动作跳闸时，在未查明原因和清除故障前，禁止将变压器投入运行。为查明原因应重点考虑以下因素，作出综合判断： 1）是否呼吸不畅或排气未尽。 2）保护及直流等二次回路是否正常。 3）变压器外观有无明显反映故障性质的异常现象。 4）气体继电器中积聚气体量，是否可燃。 5）气体继电器中的气体和泊中溶解气体的色谱分析结果。 6）压力释放器动作情况。 7）变压器其他继电保护装置动作情况。 8）必要的电气试验结果
安全注意事项	（1）进入生产场所，应正确佩戴安全帽。 （2）应做好风险分析和安全措施，确保现场检查人身安全

表 C-6　　变压器差动保护动作检查处理

名称	变压器差动保护动作检查处理
故障现象	后台监控机：差动保护动作
原因分析	常见原因 1：变压器内部电气故障。 常见原因 2：引线与构架之间的支持瓷瓶有接地短路。 常见原因 3：新投运或大修后充变压器时合闸涌流。 常见原因 4：差动回路上有人工作
处置步骤	（1）检查变压器保护动作情况。 （2）复归事故影响告警，记录时间，检查监控后台事故告警信息。检查变压器三侧开关的位置，检查开关的电压、电流功率。检查电容器、电抗器开关已断开，恢复站用电，检查站用变切换情况。 （3）检查变压器三侧 A、B、C 三相套管有无破裂或放电痕迹，引线有无断线接地现象，并按差动保护动作的检查项目对变压器进行详细的检查。 （4）检查瓦斯继电器内是否充满油，有无积聚气体，如果有气体则判别气体的颜色，油色有无浑浊、有无碳质。 （5）检查呼吸器和压力释放器有无喷油现象。压力释放器附近油箱表面、地面有无油迹。 （6）检查变压器三侧断路器、隔离开关、电流互感器、电压互感器、避雷器的本体、套管的引线有无断线、接地短路现象，引线与构架之间的支持瓷瓶有无放电闪络或其他接地短路痕迹，电流互感器、电压互感器的 SF_6 气体密度计、开关的压力表的指针是否还指在绿色区。 （7）检查变压器三侧隔离开关、断路器、电流互感器、电压互感器、避雷器的本体是否有损伤、有无击穿放电痕迹，检查变压器三侧隔离开关、开关机构箱汇控箱内有无零件掉落，有无烧焦痕迹或烧焦气味。 （8）检查变压器端子箱、变压器三侧间隔相关端子箱、变压器保护屏中的差动保护用电流端子有无烧焦痕迹或烧焦气味等开路迹象。 （9）检查差动回路上是否有断线或短路、接地现象，保护及二次回路上是否有人工作，令其马上停止工作，检查是否误动设备造成保护误动。 （10）复归信号，将检查结果汇报调度及管理所
安全注意事项	（1）进入生产场所，应正确佩戴安全帽。 （2）应做好风险分析和安全措施，确保现场检查人身安全

表 C-7　　断路器拒动故障处理

名称	断路器故障处理
故障现象	后台监控机：控制回路断线或无任何信号

续表

原因分析	常见原因1：控制电源空气开关跳闸。 常见原因2：漏投入开关遥控分闸压板
处置步骤	（1）应立即停止操作，汇报调度，查明拒动原因。 （2）检查控制电源是否正常。 （3）检查断路器机构内元器件是否有冒烟、焦味等异常情况。 （4）开关灭弧室 SF_6。 （5）检查远方/就地切换把手位置、遥控压板位置是否正确。 （6）有无断路器闭锁信号。 （7）若上述情况正常，可再次尝试进行遥控操作，若仍存在拒动情况，应汇报调度申请检修处理。 （8）双母线接线方式下，某一出线元件开关因故不能分闸时，可采用倒母线方式将故障开关单独连接在某条母线上，然后断开母联开关和线路对侧开关，再验明无电后解锁拉开开关两侧隔离开关将故障开关停电隔离。故障开关停电隔离后，应尽快恢复双母线正常运行方式。 （9）双母线接线方式下，母联开关因故不能分闸时，可首先倒空一条母线，再拉开母联开关两侧隔离开关
安全注意事项	（1）进入生产场所，应正确佩戴安全帽。 （2）使用合格的工器具，并设专人监护。 （3）不宜带负荷采取手拍跳闸铁芯的方式断开开关。 （4）应做好风险分析和安全措施，确保现场检查人身安全

表C-8　断路器压力告警处理

名称	断路器压力告警处理
故障现象	后台监控机：断路器“压力低告警”信号或“压力低闭锁分合闸”信号
原因分析	常见原因1：漏气。 常见原因2：气温异常突变
处置步骤	（1）当 SF_6 断路器气压降到发出“压力低告警”信号，应立即报告调度，并检查压力表，如由于温度变化引起压力降低应派人立即补气。 （2）当 SF_6 断路器气压降到发出“压力低闭锁分合闸”信号时，应立即报告调度，并检查压力表，如由于温度变化引起压力降低应派人立即补气。如由于漏气引起压力明显下降，应采取断开控制电源等防误分闸措施。联系当值集控（调度）采取倒负载的办法，将负载转移后，停电处理。 （3）双母线接线方式下，某一出线开关因 SF_6 压力低发“压力低闭锁分合闸”不能分闸时，可采用倒母线方式将故障开关单独连接在某条母线上，然后断开母联开关和线路对侧开关，再验明无电后解锁拉开开关两侧隔离开关将故障开关停电隔离。故障开关停电隔离后，应尽快恢复双母线正常运行方式。 （4）双母线接线方式下，母联开关因 SF_6 压力低发“压力低闭锁分合闸”不能分闸时，可首先倒空一条母线，再拉开母联开关两侧隔离开关
安全注意事项	（1）进入生产场所，应正确佩戴安全帽。 （2）现场检查漏气时，人应站在上风处，防止 SF_6 气体泄漏造成人员中毒。 （3）应做好风险分析和安全措施，防止误碰带电设备导致人身触电。 （4）断路器气压低发出“压力低闭锁分合闸”信号时，应采取断开控制电源等防误分闸措施

表C-9　SF_6 设备漏气故障处理

名称	SF_6 设备漏气故障处理
故障现象	后台监控机：SF_6 设备气室“压力低”信号或“压力低闭锁”信号
原因分析	常见原因1：SF_6 设备管道接口，阀门、法兰罩、气室隔板等漏气。 常见原因2：相关表计、继电器等元器件故障
处置步骤	（1）SF_6 设备在运行中，若发现以下情况之一者，值班员应立即汇报调度及管理所： 1）SF_6 气体严重泄漏； 2）设备内部有异常响声；

续表

处置步骤	3）设备有严重的破损和放电现象，发热变色、损坏变形； 4）发出控制回路断线信号，但控制电源低压断路器完好再合上； 5）液压机构失压到零，弹簧储能机构分合闸弹簧不储能； 6）SF_6气体压力降低，发出SF_6总闭锁信号。 （2）发现GIS组合电器SF_6气体压力降低或有异味应查明原因。 （3）将压力表读数及相应环温与制造厂提供的“运行压力—温度曲线”相比较，以区分环温变化而引起的压力异常还是设备漏气。 （4）用肥皂水或SF_6气体检漏仪对管道接口，阀门、法兰罩、气室隔板等可疑部分检漏。 （5）确认有少量SF_6泄漏后，应将情况报告主管领导并加强监视，增加抄表次数。 （6）SF_6各气室发出“告警”或“闭锁”信号时，应检查SF_6压力表读数，判断是SF_6气体下降还是密度继电器及二次回路误动。如确认 SF_6气体压力降低发出“告警”信号，应对泄漏气室及与其相连接的检测管道进行检查；如确认是 SF_6气体压力下降，发出“闭锁”信号闭锁开关操作回路，应将开关操作电源断开，并立即报告值班调度员，进行负荷转移或停电处理。 （7）SF_6开关发生爆炸或严重漏气等事故时，需采取必要的防护措施才可进入现场进行检查。 1）对于室外SF_6电气设备区域，尽量选择从“上风处”接近设备，必须戴防毒面罩、穿绝缘靴。 2）对于室内SF_6电气设备区域，严格执行“先通风、再检测、后作业”的基本要求。一是通风，进入室内SF_6电气设备区域前，先强制通风15min。二是空气检测，进入室内SF_6电气设备区域前，先检测空气质量，氧含量不低于18%、SF_6不高于1000μL/L。空气质量检测合格后方可进入，同时监护人应在室外全过程持续监护，发现异常时，应立即向作业者发出撤离警报，协助作业者逃生
安全注意事项	（1）进入生产场所，应正确佩戴安全帽。 （2）室外SF_6设备严重漏气，尽量选择从“上风处”接近设备。 （3）室内SF_6设备严重漏气，严格执行“先通风、再检测、后作业”的基本要求。 （4）应做好风险分析和安全措施，防止人员窒息、中毒，防止误碰带电设备导致人身触电

表C-10　　开关柜异常声响检查处理

名称	开关柜异常声响检查处理
故障现象	开关柜发出异常声响
原因分析	常见原因1：开关柜内紧固夹件松动。 常见原因2：开关柜内受潮，支柱绝缘子放电
处置步骤	（1）异常响声部位查找。 1）用耳朵贴近开关柜，听声音的变化。 2）用手触摸开关柜体有无颤动。 3）看开关柜外观紧固件、紧固螺母等有无明显松动。 （2）检查开关柜间隔负荷有无重载、过载。 （3）检查开关柜驱潮装置正常投入或配电室空调正常开启。 （4）与作业人员核实送电前作业情况，有无工器具遗漏柜内。 （5）使用局部放电检测仪进行检查柜内有无放电现象。 （6）将检查情况汇报管理所，轻微情况可视情况结合停电处理。 （7）如果异常声响过大，有明显发展，应立即汇报调度值班员申请停电处理
安全注意事项	（1）进入生产场所，应正确佩戴安全帽。 （2）严禁解锁打开运行中的开关柜前、后柜门。 （3）严禁拧开后上柜封板螺母，打开母线侧后封板。 （4）应做好风险分析和安全措施，防止误碰带电设备导致人身触电，防止带电设备绝缘损坏导致人身跨步电压伤害

表C-11　　电压互感器本体故障处理

名称	电压互感器本体故障处理
故障现象	后台监控机：三相电压异常
原因分析	常见原因1：电压互感器绝缘击穿。 常见原因2：电压互感器内部故障冒烟

续表

处置步骤	（1）电压互感器本体出现放电、着火、接地等紧急情况时，应立即报告调度值班员，严禁用隔离开关带电拉故障的电压互感器。 （2）单母线接线方式下，切断电压互感器所在母线上所有开关，验明无电的情况下，拉开故障的电压互感器的隔离开关进行隔离。故障电压互感器停电隔离后，应尽快恢复单母线正常运行方式，并进行二次电压并列。 （3）双母线接线方式下，对于轻微故障：可将故障电压互感器所在母线上所有出线倒至另一条母线运行，然后断开母联开关，验明无电的情况下，拉开故障的电压互感器的隔离开关进行隔离。对于严重故障：应立即切断故障电压互感器的电源，以限制事故的发展，再隔离故障的电压互感器。故障电压互感器隔离后，应尽快恢复双母线正常运行方式，并进行二次电压并列
安全注意事项	（1）进入生产场所，应正确佩戴安全帽。 （2）应做好风险分析和安全措施，防止误碰带电设备导致人身触电，防止带电设备绝缘损坏导致人身跨步电压伤害。 （3）严禁用隔离开关带电拉故障的电压互感器。 （4）电压互感器二次回路故障，二次侧不允许并列

表 C-12　　电流互感器二次侧开路故障处理

名称	电流互感器二次侧开路故障处理
故障现象	后台监控机：开关有功、无功功率指示不正常，电流表三相指示不一致
原因分析	常见原因 1：电流互感器二次端子紧固不到位，接触不良。 常见原因 2：室外端子箱、接线盒受潮，端子螺丝和垫片锈蚀过重，造成开路
处置步骤	（1）电流互感器二次开路的特征有： 1）电流互感器出现类似有变压器的嗡嗡响声。 2）在有负荷的情况下，如果测量用 TA 二次绕组开路，开路相的电流表指示到零值。保护用 TA 二次绕组开路，开路相采样值为零值，差动保护会产生差流。 3）线路有功、无功功率表显示不正常，电流表三相指示不一致，电能表计量不正常。 4）仪表、电能表、继电器等冒烟烧坏。 5）电流互感器二次回路松动的端子、元件线头等可能有放电、打火现象。 6）电流互感器本体可能有严重发热、有异味、冒烟等现象。 （2）引起电流互感器二次回路开路的原因有： 1）交流电流回路中的试验接线端子，由于结构和质量上的缺陷，在运行中发生螺杆与铜板螺孔接触不良，造成开路。 2）电流回路中试验端子压板，由于压板胶木头过长，旋转端子金属片未压在压板的金属片上，而误压在胶木套上，造成开路。 3）检修工作中失误，如忘记将继电器内部接头接好。 4）二次线端子接头压接不紧，回路中电流很大时，发热烧断或氧化过热造成开路。 5）室外端子箱、接线盒受潮，端子螺丝和垫片锈蚀过重，造成开路。 （3）电流互感器二次开路时，需判断故障属于哪一组电流回路、开路的相别、对保护有无影响，并及时汇报调度，由调度安排停电处理
安全注意事项	（1）进入生产场所，应正确佩戴安全帽。 （2）应做好风险分析和安全措施，防止误碰带电设备导致人身触电。 （3）禁止带负荷处理电流互感器开路端子，防止人身触电或产生差流保护跳闸

表 C-13　　电容器异常故障处理

名称	电容器异常故障处理
故障现象	监控后台机：电容器不平衡电流保护动作
原因分析	常见原因 1：电容器严重漏油，箱壳鼓肚或爆裂。 常见原因 2：电容器喷油或着火

续表

处置步骤	（1）电容器在如下情况应退出运行： 1）电容器严重漏油，箱壳鼓肚或爆裂。 2）电容器喷油或着火。 3）接头严重过热或熔化。 4）套管放电闪络。 5）电容器内部有异常声音。 6）电流超过允许值。 7）母线失压后。 8）投入变压器之前。 （2）运行中的电容器出现异常或噪声时，应注意音质、发生时间及电流表变化情况，以判别是配套设备还是电容器本身故障。 （3）电容器渗漏油。因外壳焊接和套管根部焊锡封堵不良，引起渗漏，此时应尽快采取停电修补或更换措施。 （4）高压熔丝熔断。应检查电容器外壳有无变形，也可能是合闸涌流引起或电容器内部故障引起。测量电容绝缘电阻（极间及两极对地），如正常，可更换适当容量保险后重新投入运行。 （5）电容器组运行异常或故障。此时应停电检查试验，对单个电容器逐台进行充分放电。 （6）电容器所在母线失压。失压保护应动作跳闸。如未跳开，应立即手动断开。空载情况下，为防止过电压和当空载变压器投入时可能与电容器发生铁磁谐振产生的过电流。因此，在投入变压器前不应投入电容器组。 （7）运行中如发现个别电容器损坏时，应换上同规格的电容器。如无备品时，可在其余相拆下同容量的电容器，使三相容量保持平衡。 （8）电容器、电抗器等无功补偿装置开关跳闸后，应迅速检查电容器有无爆炸着火，检查保护动作情况。如确认是误动、误碰或外部故障造成母线电压波动所引起，经自放电完毕后，电容器可重新投入运行。不准对电容器试送电，否则必须查明原因，并将故障排除后方可送电。若电容器着火时，首先切断电源，停下电容器室抽风机，然后用砂或灭火器灭火。火势严重时须迅速通知当地消防队
安全注意事项	（1）进入生产场所，应正确佩戴安全帽。 （2）应做好风险分析和安全措施，防止误碰带电设备导致人身触电。 （3）电容器应在额定电压下运行，母线电压超过电容器额定电压的 1.1 倍时不得投入电容器。 （4）电容器应在额定电流下运行，电流不得超过其额定电流的 1.3 倍或三相不平衡电流不得超过其额定电流的 5%。 （5）电容器投入时，必须检查电抗器在退出位置，禁止将电容器和电抗器组同时投入运行

表 C-14　　电抗器异常故障处理

名称	电抗器异常故障处理
故障现象	后台监控机：电抗器过流保护动作
原因分析	常见原因 1：电抗器内部故障放电声和紧固件、螺丝等松动发出的异常声响。 常见原因 2：电抗器内部故障着火
处置步骤	（1）电抗器在如下情况应退出运行： 1）内部有爆炸声和严重的放电声。 2）电抗器着火。 3）套管有严重的破裂和放电现象。 （2）35kV 电抗器运行异声异常处理。 1）检查确认异声发出情况，重点检查 35kV 电抗器内部故障放电声和紧固件、螺丝等松动发出的声音。 2）申请值班调度员退出电抗器。 （3）按照设备检修流程进行设备抢修工作。 （4）按照设备缺陷管理流程上报处理。
安全注意事项	（1）进入生产场所，应正确佩戴安全帽。 （2）应做好风险分析和安全措施，防止误碰带电设备导致人身触电。 （3）电抗器投入时，必须检查电容器在退出位置，禁止将电抗器和电容器组同时投入运行

表 C-15　避雷器异常故障处理

名称	避雷器异常故障处理
故障现象	无异常信号
原因分析	常见原因1：避雷器在线监测器三相电流不平衡。 常见原因2：连接引线、防雷设备的接地部分严重烧伤或断裂
处置步骤	（1）运行中的避雷器有下列故障之一时，应立即向值班调度员汇报： 1）引线接头松脱或断线。 2）瓷套管有破裂、放电现象。 3）内部有异常响声。 4）连接引线、防雷设备的接地部分严重烧伤或断裂。 5）避雷器在线监测器三相电流不平衡，某相泄漏电流值过高或为零。监测器进水或损坏。 （2）避雷器放电计数器动作异常时，结合停电更换故障元件或更换计数器。 （3）避雷器泄漏电流监测仪指示异常时，应清理表面污秽，器件老化或受潮应结合停电更换监测仪
安全注意事项	（1）进入生产场所，应正确佩戴安全帽。 （2）应做好风险分析和安全措施，防止误碰带电设备导致人身触电。 （3）雷电时，禁止用隔离开关操作投入或退出避雷器。 （4）禁止用隔离开关拉开故障避雷器

表 C-16　高压电缆异常故障处理

名称	高压电缆异常故障处理
故障现象	后台监控机：馈线线路过流保护动作
原因分析	常见原因1：高压电缆过负荷。 常见原因2：高压电缆头爆炸着火
处置步骤	（1）运行中的高压电缆有下列故障之一时，应立即向值班调度员汇报： 1）高压电缆过负荷。 2）高压电缆有异响、放电，冒烟。 3）高压电缆外表有严重损伤或向外漏油。 4）高压电缆局部温升异常。 （2）电缆头爆炸着火处理时，应立即拉开该电缆线路的开关，隔离电源后进行灭火，并进入事故电缆层应使用防毒面具，立即调度及管理所
安全注意事项	（1）进入生产场所，应正确佩戴安全帽。 （2）应做好风险分析和安全措施，防止误碰带电设备导致人身触电。 （3）进入电缆竖井等有限空间作业，应严格执行“先通风、再检测、后作业”的基本要求，防范通风不良导致人员窒息、中毒等

表 C-17　消弧线圈异常故障处理

名称	消弧线圈异常故障处理
故障现象	后台监控机：35kV系统接地，三相电压不平衡
原因分析	常见原因1：消弧线圈漏油，且有异常声响。 常见原因2：消弧线圈着火、冒烟
处置步骤	（1）消弧线圈发生下列情况，应立即报告值班调度员退出运行： 1）严重漏油，且有异常声响。 2）套管严重放电。 3）电气故障引起消弧线圈着火、冒烟。 （2）消弧线圈其他运行要求如下： 1）如变压器中性点带消弧线圈运行，当变压器停电时，应先拉开中性点隔离开关，再进行变压器操作，送电顺序与此相反。禁止变压器带中性点隔离开关送电或先停变压器后拉开中性点隔离开关。 2）消弧线圈倒换分接头或消弧线圈停送电时，应遵循过补偿的原则。

续表

处置步骤	3）倒换分接头前，必须拉开消弧线圈的隔离开关，并做好消弧线圈的安全措施（除自动切换外）。 4）正常情况下，禁止将消弧线圈同时接在两台运行的变压器的中性点上。如需将消弧线圈由一台变压器切换至另一台变压器的中性点上时，应按照“先拉开，后投入”的顺序进行操作。 5）经消弧线圈接地的系统，在对线路强送时，严禁将消弧线圈停用。系统发生接地时，禁止用隔离开关操作消弧线圈。 6）自动跟踪接地补偿装置在系统发生单相接地时起到补偿作用，在系统运行时必须同时投入消弧线圈
安全注意事项	（1）进入生产场所，应正确佩戴安全帽。 （2）应做好风险分析和安全措施，防止误碰带电设备导致人身触电

表 C-18　　站用变压器异常故障处理

名称	站用变压器异常故障处理
故障现象	后台监控机：站用变压器过流保护动作
原因分析	常见原因 1：站用变压器低压侧短路故障。 常见原因 2：站用变压器失压，备自投或 ATS 动作失败
处置步骤	（1）站用变压器出现下列情况，应停电处理： 1）站用变压器声音很大，同时发出强烈不均匀的爆裂噪声。 2）站用变压器套管严重破裂或有明显裂纹，有严重放电现象。 3）站用变压器着火。 4）站用变压器声音很大，同时发出强烈不均匀的爆裂噪声。 （2）站用变压器事故处理要点如下： 1）站用变压器跳闸，应检查、记录保护动作情况，及检查站用变和开关本体，判断故障性质。如确认是外部故障并经消除后可恢复送电。 2）有备用电源的站用变故障跳闸时，应检查备用电源是否自动投入，如无自投装置或自投失灵应手动启用备用电源。 3）备用电源投入不成功时，在检查站用系统无异常时可强送一次。若强送成功，则拉开站用电低压母线上所有负荷，摇测母线绝缘电阻，正常后恢复站用电母线送电，并逐个摇测各条站用线路，绝缘电阻正常者恢复送电。注意首先恢复重要的站用负荷如变压器冷却、直流充电机、站内照明等。 4）站用变压器跳闸时，应首先考虑是否由工作人员引起。若是，则应停止其工作进行处理。检查保护动作情况，判断故障性质。如确认是外部故障并经消除后可恢复送电。 （3）两台站用变同时跳闸的处理： 1）先断开站用变低压侧 380V 母线联络开关。 2）投入 1 号站用变压器或 2 号站用变压器。 3）一台站用变恢复正常后，恢复变压器冷却器器运行正常。 4）恢复直流系统充电机运行正常。 5）检查另一台待送电的站用变压器的负荷回路，找出并隔离故障点。 6）送上另一台站用变压器，恢复正常回路的供电。 7）如两台站用变压器均不能恢复运行时，检查低压配电室所有设备，将所有出线开关断开，如无明显故障试送其中一台站用变压器，如成功应恢复变压器冷却器电源，随后再逐条检查其他出线（注意低压电源环网点应断开）正常后恢复。 （4）站用变压器失压，备用电源自投装置（或双电源自动切换控制器 ATS）拒动的处理方法： 1）检查备用电源自投装置（或双电源自动切换控制器 ATS）是否未投入。 2）检查备用电源是否失电。 3）检查备用电源自投装置的直流电源是否消失。 4）检查失压站用变压器开关是否确已跳开。 （5）站用电配电屏各支路的事故处理。 1）当交流配电屏各支路的低压断路器跳闸时，允许立即强送一次，如不成功，则查明事故原因。对两段母线供电的负荷，强送不成功可将各配电箱中的转换开关转到另一段无故障的母线。 2）当各分支路配电箱的熔丝熔断时，允许用相同规格的熔丝更换一次，若投入后再次熔断则应查明原因，消除故障后再送。再换熔丝不允许增大熔丝规格，更不允许用铜丝代替
安全注意事项	（1）进入生产场所，应正确佩戴安全帽。 （2）应做好风险分析和安全措施，防止误碰带电设备导致人身触电。 （3）站用电失压故障短时间内无法恢复，应考虑投入应急发电机

附录 D　发变电作业典型事故事件案例

各直接事故原因导致人身伤亡事故举例分析见表 D-1～表 D-13。

表 D-1　　110kV 变电站定期巡检人身触电重伤事故

事故事件名称	110kV 变电站定期巡检人身触电重伤事故
事故事件经过	某日早上，杨××独自一人到 110kV 变电站进行定期巡检工作，约 11:00 到达变电站，区调调度员向杨××反映 35kV 母线电压有异常：A、C 相电压为 21.0kV、B 相电压为 0.1kV，杨××表示随即去进行检查。11:12 左右，杨××在未向任何人汇报的情况下，进入 35kV 高压室，用微机五防紧急解锁钥匙打开 35kV Ⅰ段母线 TV3091 隔离开关挂锁，拉开隔离开关，断开 PT 二次低压断路器，打开柜门，验电后，更换了 35kV Ⅰ段母线 TV B 相高压熔断器，然后合上 3091 隔离开关及 TV 二次低压断路器。之后，杨××在检查设备时发现相邻的 35kV 氮肥厂线的就地保护装置上仍有“35kV TV 断线告警”信号，随即断开 35kV Ⅰ段母线 TV 二次低压断路器，又对 35kV Ⅰ段母线 TV 间隔进行检查，在带电情况下伸手欲摘 35kV B 相高压熔断器时，右手上臂与相邻 TV 引下线之间短路，随即引发三相弧光短路，11:21，1 号主变压器中后备 35kV 复合电压闭锁过流保护动作跳开主变压器 35kV 侧 301 开关。事故造成杨××触电受伤，经医院检查，杨××面部、上半身烧伤，烧伤面积为 40%，其中Ⅲ度烧伤 38%，右手臂、左脚处有明显放电痕迹，构成人身重伤事故
原因分析	杨××对 35kV Ⅰ段母线 TV 间隔进行检查，在带电情况下伸手欲摘 35kV TV B 相高压熔断器时，右手上臂与相邻 TV 引下线之间短路，随即引发三相弧光短路，造成触电受伤事故
暴露问题	（1）违反《电力安全工作规程》和现场运行的相关规定，在单人进行巡视工作时擅自进行倒闸操作和进行维护工作。 （2）未履行“两票”有关管理手续，无票进行作业。 （3）违反有关防误闭锁管理规定，擅自使用解锁钥匙进行操作

表 D-2　　火电建设公司人身重伤事故

事故事件名称	火电建设公司人身重伤事故
事故事件经过	火电建设公司在进行电厂扩建工程的主厂房及原煤斗建筑安装施工的过程中，由其第一建筑工程处承担主厂房的浇筑工作。当主厂房浇筑工作完毕后，将场地移交给电力设备结构工程分公司进行原煤斗的安装工作。在原煤斗安装施工前，电力设备结构工程分公司应按照要求完善相应的安全设施后再进行安装工作。电力设备结构工程分公司忽视了该作业项目施工安全要求，在施工过程中未按要求将作业区域上方用于穿吊装钢绳用的落煤孔采用标准孔洞盖板盖牢，而是为了方便穿吊装钢绳，用一块临时盖板遮盖。电力设备机构工程分公司何××、钳工李×、苏×、临时工刘××以及起重工罗×× 5 人在 3 号机的煤氧间 12m 层准备 3 号机的 4 号煤斗进行吊装施工，建筑公司临时工吕××同时在 3 号机煤氧间 32m 层进行施工，在 4 号煤斗靠汽机间最靠边的落煤孔（孔径：2000mm×600mm）边缘工作中，无意将不符合要求的临时盖板（规格为：1740mm×800mm×18mm）碰撞坠落，砸在了正在下方施工的起重工罗××左肩上，造成罗××左锁骨骨折
原因分析	直接原因：临时工吕××在未考虑到孔洞盖板有可能坠落的情况下，在孔洞边缘作业，将孔洞盖板碰撞坠落，是导致事故发生的直接原因。 间接原因： （1）电力设备结构工程分公司未按项目部及施工作业指导书的要求完善安全措施，对存在的安全隐患重视不够。在施工过程中安全措施不到位，未设安全隔离网，孔洞盖板未按标准化设施的要求设置，将大孔洞用小盖板覆盖（孔洞尺寸为 2000mm×600mm，盖板尺寸为 1740mm×800mm，并且未加限位块），埋下事故隐患，是导致此次事故发生的主要原因。 （2）第一建筑工程处对施工过程的监督管理不到位，其下属建设公司的安全管理不严，作业人员的作业行为不规范。 （3）立体交叉作业的组织协调不力，安全措施不足，监护不到位

续表

暴露问题	（1）各级安全管理工作不到位，相关管理人员的管理工作浮在表面。 （2）相关管理人员对安全工作的重视力度不够，没有真正将安全工作放在首位。 （3）电力设备结构工程分公司安全设施的投入不够，不能有效保障作业人员的安全。 （4）作业人员的安全意识淡薄，安全素质差，作业人员的作业行为不规范。 （5）安全监督的力度不够，未能有效坚持原则、照章办事

表 D-3　　220kV 变电站检修人员违章操作导致全站失压事件

事故事件名称	220kV 变电站检修人员违章操作导致全站失压事故
事故事件经过	事故发生前 220kV 某变电站 220kV Ⅰ母线处于检修状态，220kV 所有开关均运行在Ⅱ母线上。13 时 53 分，220kVⅡ母线母差保护动作，跳开 220kVⅡ母线上所有开关，220kV 某变电站全站失压，直接导致由其供电的另一座 220kV 变电站全站失压及 4 座 110kV 变电站、2 座铁路牵引变电站失压事故
原因分析	检修人员邹××在对 220kV 某变电站 2519 号乙接地开关进行消缺时，对邻近工作地点的带电部位认识不足，危险点分析不充分，没有采取控制措施；楼梯安放位置不当，在升梯子的过程中，梯子与带电的 220kV 2081 隔离开关 A 相拐臂安全距离不够放电，造成 A 相母线接地短路，从而引发事故
暴露问题	（1）工作负责人填写本工作的“危险点控制单”时未对相邻带电设备进行分析，提出控制措施，危险点分析流于形式。工作负责人未考虑梯子在升降过程中与带电设备的安全距离，在存在误碰带电设备的情况下，未履行监护职责，擅自参与检修工作。 （2）工作负责人完成工作许可手续后，未按相关规程规定向全体工作人员交代分工情况、现场安全措施、带电部位和其他注意事项。 （3）工作票签发人未对施工现场的安全措施、工作中与相邻带电设备的安全距离进行充分考虑，对检修设备的检修工艺不熟悉；工作班人员的安排不当；操作人员技术业务素质较差且未将其姓名填写在工作票中；未审核出工作票中的严重填写错误

表 D-4　　高空坠落人身死亡事故

事故事件名称	高空坠落人身死亡事故
事故事件经过	某单位输电工区按 3 月份停电检修计划，安排 500kV 某线停电检修工作。主要工作为：500kV 某线更换部分绝缘子、清扫和走线检查工作。此次检修工作输电工区开出一张工作票，共分 8 个工作小组，开出派工单 8 张。检修总负责人是输电工区副主任袁×，也是工作票签发人，工作票负责人赵×、支××（死者，线路检修员）是第 8 工作小组工作班成员，陆×是第 8 工作小组组长。2 月 5 日，超高压某单位召开 2 月份安全分析会时，对 500kV 某线停电检修工作进行了安排，输电工区编写了停电检修综合方案、“三措”和作业指导书，做好了检修的准备工作，并组织工区全体人员进行了学习。2 月 28 日，工区召开安天线检修专题会，再次组织学习“三措”，并强调检修安全注意事项。3 月 1 日 20 时 10 分，调度批复 500kV 某线停电检修工作。3 月 2 日 8 时 30 分，在办理工作票后，工作负责人赵×组织所有工作人员召开班前会，宣读工作票内容并强调安全注意事项。9 时 10 分，许可工作后，所有检修人员按工作分工分头开展工作。第 8 工作小组在完成××线 16 号塔 B 相跳线自爆绝缘子更换工作后，于中午 12 时左右，转移到 25 号塔准备进行走线检查工作。在小组负责人陆×交代了登塔及走线的安全注意事项后，工作班成员支××和程××依次登塔。12 时 25 分，支××在 25 号塔登塔过程中登至距地面约 18m 高处时，由于未踩稳抓牢，不慎跌落，在下落过程中两次撞击塔材，落至地面。12 时 50 分，市 120 急救人员到达现场，经抢救无效死亡
原因分析	直接原因：该职工在登塔过程中未踩稳抓牢，不慎跌落，在下落过程中两次撞击塔材，落至地面死亡。 间接原因：职工的安全教育不够；职工的安全意识、自我保护意识不强，忽视安全工作细节；职工的“三不伤害”意识不强；检修现场对危险点控制不严

续表

暴露问题	（1）工作人员在工作中思想麻痹，在登塔过程中未踩稳抓牢。 （2）公司系统在研究登高作业防护技术方面还存在一定差距

表 D-5　　人身触电重伤事故

事故事件名称	人身触电重伤事故
事故事件经过	9月9日15时40分，某单位抢修组杨××得知公司专用变压器10kV避雷器有放电现象。 15时59分，35kV ××站10kV I段母线接地，抢修人员发现该公司专用变压器10kV避雷器击穿放电。 16时2分，10kV ××线经申请停电。 18时49分，该公司变压器C相避雷器故障抢修结束。 后续又将有接地故障的10kV ××线教育小区支线A1号杆C相引流线解脱后，隔离故障点。 9月10日1时17分，10kV ××线送电成功。 9月10日8时30分，配电管理所王××、何××、李××、段××四人到事故发生地点，确认10kV ××线教育小区支线A1号杆跳线已经解脱后，继续对10kV教育小区分支线A1号杆后段进行故障巡视检查，何××告知其他三人变压器跌落保险上端A、C两相还带电。 10时45分，四人在解除该支线上的教育小区N4、N6引流线后，对后段线路摇测绝缘正常。 10时55分，四人返回到10kV教育小区分支线A1号杆温泉农贸市场台式变压器处，对线路绝缘进行摇测。此时王××在打电话，何××低头检查绝缘电阻表，段××在组装绝缘棒。 10时59分，在未采取任何安全措施情况下，李××爬上A1号杆温泉农贸市场台变，站在油枕上，准备进行绝缘电阻表接线，右手在握住C相跌落保险支柱瓷瓶过程中，带电的跌落保险上端头对其右手指背面放电
原因分析	直接原因：李××违章爬上A1号杆台式变压器，站在油枕上，准备进行绝缘电阻表接线，右手握住C相跌落保险支柱瓷瓶过程中，带电的跌落保险上端头对其右手指背面放电。 间接原因： （1）当事人未执行停电、验电、装设接地线的安全工作要求，就盲目登杆作业。 （2）作业人员遗忘教育小区支线A1号杆台式变压器A、C相跌落保险上端头带电
暴露问题	（1）工作安排随意。9月10日没有明确的工作负责人，导致在现场没有对故障查找工作进行统筹考虑和安排。 （2）无票工作。9月10日的工作应办理工作票却未办理。 （3）开展工作前，未进行危险点分析和安全技术交底。 （4）隔离支线不彻底，存在隔离后段支线人员触电安全隐患

表 D-6　　220kV变电站带接地开关合隔离开关恶性误操作事故

事故事件名称	220kV变电站带接地开关合隔离开关恶性误操作事故
事故事件经过	某送变电工程公司在220kV某变电站进行2号主变压器102开关接入110kV母差保护屏工作中，施工人员完成二次线接入工作后，准备进行模拟隔离开关量变位测试工作，李××没有核对施工图纸和现场实际，擅自扩大工作范围，误认为测控屏的4、6号端子是辅助接点端子（实际上是1021隔离开关遥控合闸端子），将其短接，引起1021隔离开关遥控合闸，造成带102B0接地开关合1021隔离开关的恶性误操作事故。由于当天母差保护工作，保护跳闸出口连接片已切除，跳闸不成功，110kV该线接地距离III段保护动作跳闸，重合成功，1号主变压器中后备零序及过流I段保护分别跳开110kV母联100开关和1号主变压器中101开关，同时110kV初城站、托洞站备自投装置均正确动作，没有造成变电站失压，没有造成负荷损失

续表

原因分析	施工人员李××擅自扩大工作范围，到2号主变压器测控屏进行工作，并错误地将1021隔离开关遥控合闸端子认定为辅助接点端子，将其短接。另一组施工人员强行用螺丝刀解开五防锁，合上1021隔离开关机构箱的操作电源，改动了安全措施
暴露问题	（1）施工现场管理混乱。施工人员擅自扩大工作范围；野蛮施工，强行解开五防锁改动安全措施。 （2）工作负责人监护不到位。工作负责人自身参加工作，事故发生时，工作负责人在屏前工作，导致事故的施工人员在屏后工作，让工作失去了监护。 （3）工程管理部门监管不到位。对施工单位的现场安全管理要求不严格、不规范，未能督促施工单位按要求布置现场安全措施。 （4）监理单位对施工现场监督不到位。未能及时发现和制止施工人员的违章行为，且对施工方案的审查也不严格

表 D-7　　人身触电死亡一般事故

事故事件名称	人身触电死亡一般事故1
事故事件经过	35kV变电站10kV电站线（置10kVⅡ段母线运行）母线侧10552隔离开关线夹发热，需要消缺。巡检班违规通过解除电磁锁操作的方式，在未断开Ⅱ母线部分线路开关的情况拉开母线侧隔离开关（对其中一线路与TV未作操作）。在2号主变压器10kV母线侧隔离开关10022母线侧、10kVⅡ段母线分段隔离开关处分别装设了一组接地线后，进行隔离开关发热处理工作。处理工作结束后，王×擅自拆除了两组接地线并申请将Ⅱ段母线由检修转冷备用。巡检班王×合上10kV电站线母线侧10572隔离开关。之后王×在操作2号主变压器10kV母线侧10022隔离开关合闸时，发现该隔离开关三相均无法合到位，使用高压绝缘棒推该隔离开关合位未果，接着在设备未转为检修状态的情况下没有戴绝缘手套、没有穿绝缘靴就站在绝缘梯上用扳手敲打隔离开关，但还是没有完全合到位。于是，王×从绝缘梯上下来到工具房拿锤子并回到现场，发现吴××（当时也没有戴绝缘手套、穿绝缘靴）已攀上绝缘梯，王×将取来的锤子递给吴××使用，吴××左手抓住隔离开关构架的角铁、右手持锤子继续敲打隔离开关，约2min后吴××发生触电大叫一声并趴在隔离开关构架上。吴××经抢救无效死亡
原因分析	（1）吴××在处理2号主变压器10kV隔离开关合不到位缺陷时，没有将10kVⅡ段母线转检修状态，也没有做个人防护措施，就站在绝缘梯上用铁锤敲打隔离开关。 （2）吴××触电时，置10kVⅠ段母线带电运行的10kV上×线与置10kVⅡ段母线的10kV ××电站线的交叉跨越处有放电现象，当时10kV ××电站线开关及两侧隔离开关均在合闸位置，致使10kVⅡ段母线带电
暴露问题	（1）巡检班人员在没有断开开关的情况下违规解锁操作拉开了线路的母线侧隔离开关。巡检班人员没有按照县调指令“将10kVⅡ段母线由运行转冷备用”断开10kVⅡ母上所有开关及各侧隔离开关。 （2）巡检班人员在处理2号主变压器10kV母线侧隔离开关10022时合不到位缺陷时，没有停电、装设接地线、没有做好个人防护措施就攀爬到隔离开关构架上处理。 （3）配电线路隐患排查不到位。10kV上×线与10kV ××电站线交叉跨越处的距离不符合线路相关规范，当年至事发时这两回线路共跳闸8次，没有上报也没有彻底查明原因。 （4）变电运行管理所运行、检修人员职责不清分工不明。巡检班人员除了负责检修工作外也从事变电运行工作，严重弱化了检修与运行的相互制衡、相互监督作用
事故事件名称	人身触电死亡一般事故2
事故事件经过	7月23日，某单位所属35kV ××变压器进线故障跳闸，经运行人员检查发现35kVⅠ段母线TV间隔故障。7月24日，变电管理所安排了TV抢修工作，运行人员完成相应停电操作及布置安全措施。此时，在35kVⅠ段母线TV柜旁的35kV ××线305开关柜间隔内，因35kV ××线带站用变压器供电，故305开关柜内的进线触头带电。7月25日，变电管理所检修班周×（死者，工作负责人）带领4名施工安装单位人员进行故障TV穿柜绝缘套管更换及柜内清扫工作。14时17分左右，工作班组在更换TV穿柜套管和完成耐压试验后，工作负责人周×发现TV柜内挡板卡涩，于是走至相邻带电的××线305开关柜前，并弯腰进入柜体内，随后发生了人身触电死亡

续表

原因分析	工作负责人违反《电力安全工作规程》，随意扩大工作范围，本应认真履行监护职责，却在无人监护、未判明305开关柜内是否带电的情况下，冒险进入柜体内部，用手触及挡板，发生触电
暴露问题	（1）工作许可人违反安全规程，母线停电操作项目未完成、安全措施布置未完成，就向工作负责人进行安全交代，办理许可手续。 （2）变电站安全围栏遮拦配置不足、不规范，该站无硬栅栏或屏蔽作用较强的围栏，仅配置了简单的警示条；部分标识牌错误，不符合安规要求。 （3）变电站倒闸操作违章突出，操作中出现了较多不按票操作、操作时无人监护、无唱票复诵、操作顺序错误等情况。 （4）设备缺陷体外循环，未有效闭环管理。变电站投运两年多以来，设备运维缺陷仅记录了6项，有关柜门卡涩无法正常打开、柜内活动挡板不能可靠封闭等安全缺陷，均未纳入信息系统进行管理

表D-8　　110kV带电合接地开关误操作事件

事故事件名称	带电合接地开关误操作事件
事故事件经过	某单位变电管理所检修班到110kV某站处理110kV北Ⅰ线1151开关母线侧静触头脱落缺陷。 7时25分，地调下令将110kV某站110kV北Ⅰ线1151开关由冷备用转为检修状态，监护人周×准确无误接令并正确复诵命令，值班负责人王×在运行记录本上也正确记录了调度操作指令。在接到地调将110kV北Ⅰ线1151开关由冷备用转为检修状态的指令后，操作人陈×、监护人周×和值班负责人王×没有携带接地线，也没有填写操作票，就到110kV配电室检查110kV北Ⅰ线1151开关确在冷备用状态。 7时30分到110kV北Ⅰ线11516隔离开关处，未经验电就合上110kV北Ⅰ线1151617线路接地开关（当时110kV北Ⅰ线在运行带电状态），导致发生了带电合线路接地开关的误操作事件
原因分析	直接原因：带电合上110kV北Ⅰ线北坡侧接地开关。 间接原因： （1）变电运行人员违反《电业安全工作规程》和《电气操作导则》，对调度操作指令理解有误。 （2）因五防系统有故障无法使用，操作过程没有经过五防系统把关
暴露问题	（1）安全生产责任制落实不到位。 （2）变电运行人员思想麻痹、不负责任、安全意识淡薄。 （3）运行人员无视调度指令的严肃性，严重违反调度纪律。 （4）变电运行人员对各类安全生产规章制度掌握不全面。 （5）防误解锁操作管理制度缺失

表D-9　　通信人员在变电站发生高处坠落人身伤亡事故

事故事件名称	通信人员在变电站发生高处坠落人身伤亡事故
事故事件经过	某日上午8时30分左右，杨××和牛×未带安全带及任何工具前往待启动的500kV某换流站某线OPGW进站光缆接续盒处查看缺陷，8时40分左右，杨××通过龙门架爬梯，登上某线OPGW进站光缆接续盒支架，牛×在地面配合。在查看过程中，杨××安排牛×到主控楼通信设备间寻找工具。牛×随即离开工作现场，留下杨××独自在支架上。8时50分左右，附近作业人员左×听到安全帽跌落的声音，回头发现有人坠落在地面，身体呈仰卧状态，人与安全帽脱离
原因分析	杨××独自一人在离地面3.7m的高处组进行某线OPGW进站光缆接续盒支架上工作，在检查光纤接续盒过程中不慎发生坠落，跌落过程中安全帽与头部分离，造成头部直接接触地面，导致撞击致死

续表

暴露问题	（1）安全教育培训存在问题，缺乏针对性和有效性。员工安全意识淡薄，缺乏自我保护意识和相互保护意识。 （2）验收环节安全管理不到位。启动验收流程、到位标准、工作机制及有关验收方案中，缺乏验收安全管理具体内容及措施。 （3）作业过程中未严格执行《电力安全工作规程》及相关规定，作业前未进行风险辨识

表 D-10　　220kV 恶性电气误操作

事故事件名称	220kV 恶性电气误操作
事故事件经过	7 月 18 日 22 时 0 分，220kV××线 2729 断路器 B 相 TA 故障，向调度申请停电处理。 7 月 19 日 4 时 0 分，执行调度令“将 2729 断路器由冷备用转检修状态”，操作人员在五防系统模拟屏进行模拟操作时，出现防误装置模拟系统与五防电脑钥匙信息传递故障，需要解锁操作。监护人彭××认为此项操作任务属于事故处理范畴，没有履行解锁操作手续，自行取下解锁钥匙到现场操作。5 时 11 分，操作人员合上该线路 2729B0 接地开关后，现场下雨，操作人员暂停操作避雨。待雨小后，操作人员继续验明该线路侧 27294 隔离开关靠 TA 侧三相无电压后，准备合上 2729C0 接地开关时，发现接地开关操作杆不在现场，便分头寻查。两人返回时，错误的走到 272940 接地开关操作位置，在没有再次进行验电，没有核对设备编号的情况下，操作人员用解锁钥匙打开 272940 接地开关五防锁，插入操作杆操作，出现带电合接地开关恶性误操作事件
原因分析	直接原因：操作人员走错位置，操作前未核对设备编号，没有按规定对设备验电，违规解锁操作，发生带电合接地开关的行为。 间接原因：变电站五防系统出现通信故障，导致操作人员无法通过五防钥匙正常程序进行操作，需要解锁，使操作过程失去技术防线。 管理原因：该供电局安全生产责任制落实不到位，设备运行管理不到位，未能保证五防设备健康运行；安全生产管理不严，未能严格要求员工执行好相关的规章制度
暴露问题	（1）设备缺陷管理失职； （2）现场监护管理失职； （3）操作与监护技能不足； （4）违规解锁，混淆事故处理和正常操作概念

表 D-11　　恶性电气误操作一级事件

事故事件名称	恶性电气误操作一级事件
事故事件经过	某变电管理所一次班到 220kV 变电站开展“220kV ××线 273 开关辅助开关更换、220kV ××线 2731 隔离开关辅助接点不能正常变位缺陷处理”工作。完成消缺工作后，向巡维中心申请试合 2731 隔离开关（接检修状态的 I 母线）。何×（操作人）考虑到 273 开关两侧 27327、27360 接地开关在合闸位置，因电气连锁无法直接合 2731 隔离开关，随即从钥匙柜中取出“联锁/解锁”切换开关钥匙（与“远方/就地”切换开关钥匙相同），首先将“远方/就地”切换开关切换到“就地”位置，并合上隔离开关控制电源及电机电源低压断路器。随后将“联锁/解锁”切换开关切换到“解锁”位置，操作完成后准备试合 2731 隔离开关时，配合消缺工作的某开关公司技术人员张×建议：“应先将与 2731 有电气闭锁的 27327 和 27360 接地开关拉开，再按规定合上 2731 隔离开关”。何×稍加犹豫后，便听从厂家人员建议，改为先拉开 27327 接地开关。在操作过程中，何×未经核对设备编号，也未检查汇控柜内开关分合状态指示，直接动手误合 2732 隔离开关（接运行状态的 II 母线），造成了带 27327 接地开关合 2732 隔离开关的恶性电气误操作事件
原因分析	操作人何×未认真核对设备名称及编号，未核实汇控柜内隔离开关分合状态指示，在 220kV ××线 273 开关间隔就地汇控柜 2732 隔离开关操作把手已悬挂“禁止合闸，有人工作”标示牌情况下，仍盲目操作 2732 隔离开关至合闸位置，造成该起事件

续表

暴露问题	（1）监护人不清楚操作内容与步骤，在操作过程中未要求何×进行复诵，未确认操作设备状态，监护不到位。 （2）同一间隔内的隔离开关及接地开关电机电源共用一个低压断路器，不具备独立投退功能，投入低压断路器操作其中一台隔离开关或接地开关时，临近带电部分的其他隔离开关也具备操作条件，增加了操作风险。 （3）巡维中心将273开关间隔汇控柜的解锁钥匙识别为“生产设备类”钥匙（该钥匙同时具备“远方/就地”和“联锁/解锁”的切换功能），未将其纳入“防误闭锁类”钥匙进行管理，对电气闭锁钥匙的识别不全面，存在管理真空。 （4）当事人何×未参加2015年操作人、监护人资格考试，不具备操作人、监护人资格，至事件发生之日已无资质工作1年多

表D-12　500kV变电站误碰绕组温度计造成1号主变压器绕组温度高保护动作跳闸三级电力设备事件

事故事件名称	500kV变电站误碰绕组温度计造成1号主变压器绕组温度高保护动作跳闸三级电力设备事件
事故事件经过	某单位变电所试验三班开出第二种工作票对500kV变电站1号主变压器温度二次回路检查。12时38分，1号主变压器绕温高保护动作，跳开1号主变压器500kV侧5031断路器、500kV第三串联络5032断路器、1号主变压器220kV侧211断路器、1号主变压器35kV侧311断路器
原因分析	热工专业人员黎××在对1号主变压器C相低压绕组温度计检查工作结束后，恢复温度计表盖时误碰表计凸轮导致1号主变压器绕组温度高保护动作跳闸
暴露问题	（1）作业风险评估不到位。基准作业风险评估开展不充分、不全面，导致热工专业在开展年度作业风险评估时，未能辨识出在运行温度表计上作业的危险点，漏缺相关作业风险分析。同时，继电保护专业也未辨识出重要设备跳闸回路的危险点，提出具体的防护措施。 （2）工作票把关不严。未充分考虑现场实际情况，工作票未体现温度表计回路工作会影响相关保护的措施。 （3）安全风险管控不到位。变电管理所对重要厂站安全风险监督管理不到位，对全网重点管控的严防发生站内设备短路故障的厂站，未安排相关管理人员到位进行管控。 （4）现场工作人员工作失职。现场检修人员安全意识淡薄，对在运行主变的温度计上工作可能对继电保护造成的影响风险识别不到位、安全意识不足、工作麻痹大意

表D-13　某电厂燃料运行人员电弧灼伤事件

事故事件名称	某电厂燃料运行人员电弧灼伤事件
事故事件经过	某电厂燃料部检修分部申请办理工作票进行6PA皮带机皮带更换工作。事件发生前，燃料6kV输煤A段母线带负荷运行情况：2PA皮带机处于运行状态，6PA皮带机处于停运状态，2PA皮带机开关（6A5上）和6PA皮带机开关（6A6上）位于6kV输煤A段中部的相邻位置。 12:24，燃料运行当班班长邹××打印标准操作票“6PA皮带机电机开关（6A6上）停电”，准备将6PA皮带机开关（6A6上）停电。 12:55左右，邹××单独一人到6kV输煤配电室进行6PA皮带机开关（6A6上）停电操作。 12:59，邹××走错间隔，操作2PA皮带机开关（6A5上）过程中，双手及脸部被电弧灼伤。公司立即启动应急预案，将伤者送往医院进行治疗
原因分析	经初步调查分析，原因为邹××在无人监护的情况下，走错间隔，误操作2PA皮带机开关（6A5上），而开关机械“五防”闭锁装置没有起到作用，造成带负荷拉（合）隔离开关导致其被电弧灼伤

续表

暴露问题	（1）“两票”制度执行不严格。《发电厂操作票技术规范》明确要求电气倒闸操作必须履行监护制度，操作前应核对设备的名称、编号、位置和设备状态，但本次事件中操作人员严重违反相关要求，走错间隔，单人进行操作，失去监护。 （2）开关机械防误操作闭锁装置失效，2PA 皮带机开关（6A5 上）在合闸状态下，可以从工作位置拉出

参 考 文 献

[1] 邱关源．电路［M］．北京：高等教育出版社，2006.
[2] 胡虔生，胡敏强．电机学［M］．北京：中国电力出版社，2009.
[3] 赵玉林．高电压技术［M］．北京：中国电力出版社，2008.
[4] 严璋，朱德恒．高电压绝缘技术［M］．北京：中国电力出版社，2007.
[5] 苗世洪，朱永利．发电厂电气部分（第五版）［M］．北京：中国电力出版社，2015.
[6] 肖艳萍．发电厂变电站电气设备［M］．北京：中国电力出版社，2008.
[7] 潘龙德．电业安全（发电厂和变电所电气部分）［M］．北京：中国电力出版社，2002.
[8] 国网河南省电力公司洛阳供电公司．变电检修现场安全管理［M］．北京：中国电力出版社，2015.
[9] 河北省电力公司．变电检修现场技术问答［M］．北京：中国电力出版社，2013.
[10] 中国南方电网有限责任公司．电力设备检修试验规程［M］．北京：中国电力出版社，2017.
[11] 李建明．高压电气设备试验方法［M］．北京：中国电力出版社，2001.
[12] 丁毓山，徐义斌，徐宏全，杜江．电力工人技术等级暨职业技能鉴定培训教材．电气试验工［M］．北京：中国水利水电出版社，2009.
[13] 陈化钢．电力设备预防性试验方法及诊断技术［M］．北京：中国水利水电出版社，2009.
[14] 史家燕，李伟清，万达．电力设备试验方法及诊断技术［M］．北京：中国电力出版社，2013.
[15] 中国南方电网有限责任公司．南方电网继电保护案例分析汇编［TM］．北京：中国电力出版社，2019.
[16] 万千云，梁惠盈，齐立新，万英．电力系统运行实用技术问答［TM］．北京：中国电力出版社，2004.
[17] 国家电力调度通信中心．国家电网公司继电保护培训教材（上、下册）［TM］．北京：中国电力出版社，2015.
[18] 国家电力调度控制中心国网浙江省电力公司．智能变电站继电保护题库［TM］．北京：中国电力出版社，2016.
[19] 王世祥．变电站继电保护运行维护实用指南［TM］．北京：中国电力出版社，2019.
[20] 朱声石．高压电网继电保护原理与技术（第四版）［TM］．北京：中国电力出版社，2014.
[21] 简学之，刘子俊．变电站继电保护设计图纸审查细则［TM］．北京：中国电力出版社，2019.
[22] 王世祥，刘千宽．电流互感器二次回路现场验收及运行维护［TM］．北京：中国电力出版社，2013.
[23] 王显平．发电厂、变电站二次系统及继电保护测试技术［TM］．北京：中国电力出版社，2006.
[24] 周志敏，周纪海，纪爱华．继电保护实用技术问答［TM］．北京：电子工业出版社，2005.
[25] 电力行业职业技能鉴定指导中心．11-032 职业技能鉴定指导书．电气值班员（第二版）［TM］．北京：中国电力出版社，2010.
[26] 电力行业职业技能鉴定指导中心．11-057 职业技能鉴定指导书．电气试验（第二版）［M］．北京：中国电力出版社，2008.

[27] 电力行业职业技能鉴定指导中心. 11-032 职业技能鉴定指导书. 变电二次安装（第二版）[TM]. 北京：中国电力出版社，2010.

[28] 电力行业职业技能鉴定指导中心. 11-032 职业技能鉴定指导书. 直流设备检修（第二版）[TM]. 北京：中国电力出版社，2010.

[29] 国家电力调度通信中心. 电力系统继电保护实用技术问答（第二版）[TM]. 北京：中国电力出版社，2000.

[30] 国家电力调度通信中心. 电力系统继电保护规定汇编（第二版）[TM]. 北京：中国电力出版社，2008.

[31] 曹团结，黄国方. 智能变电站继电保护技术与应用 [TM]. 北京：中国电力出版社，2015.

[32] 王葵，孙莹. 电力系统自动化（第二版）[TM]. 北京：中国电力出版社，2008.

[33] 国家电力调度控制中心国网浙江省电力公司. 智能变电站继电保护技术问答 [TM]. 北京：中国电力出版社，2016.

[34] 林冶，张孔林，唐志军. 智能变电站二次系统原理与现场实用技术 [TM]. 北京：中国电力出版社，2018.

[35] 贺家李，李永丽，董新洲，李斌，和敬涵. 电力系统继电保护原理（第五版）[M]. 北京：中国电力出版社，2018.

[36] 中国南方电网有限责任公司. 南方电网电力系统继电保护反事故措施汇编（2014 年）[M]. 北京：中国电力出版社，2016.

[37] 国网山东省电力公司烟台供电公司. 电网设备带电检测技术及应用 [M]. 北京：中国电力出版社，2017.